Telecommunications

Veröffentlichungen des / Publications of the

Münchner Kreis

Übernationale Vereinigung für Kommunikationsforschung
Supranational Association for Communications Research

Band/Volume 19

Digitales Fernsehen - Digitaler Hörfunk

Technologien von morgen

Digital Television - Digital Radio

Technologies of Tomorrow

Vorträge des am 25./26. November 1993
in München abgehaltenen Kongresses

Proceedings of a Congress
Held in Munich, November 25/26, 1993

Herausgeber / Editor: F. Müller-Römer

Springer-Verlag
Berlin Heidelberg New York
London Paris Tokyo
Hong Kong Barcelona Budapest

Münchner Kreis
Übernationale Vereinigung für Kommunikationsforschung
Supranational Association for Communications Research
Tal 16, D-80331 München, Telefon: (089) 22 32 38

Wissenschaftliche Leitung des Kongresses:
Dipl.-Ing. Frank Müller-Römer
Technischer Direktor
Bayerischer Rundfunk, Rundfunkplatz 1, D-80335 München

Dieser Kongreß wurde gefördert vom
Bayerischen Staatsminister für Wirtschaft und Verkehr

This congress is sponsored by the
Bavarian Ministry for Exonomic Affairs and Transport

Die Deutsche Bibliothek - CIP-Einheitsaufnahme
Digitales Fernsehen - digitaler Hörfunk: Technologien von morgen; Vorträge des am 25./26. November 1993 in München abgehaltenen Kongresses = Digital television - digital radio / (Münchner Kreis, Übernationale Vereinigung für Kommunikationsforschung).
Hrsg.: F. Müller-Römer. - Berlin; Heidelberg; New York; London; Paris; Tokyo; Hong Kong; Barcelona; Budapest: Springer, 1994
(Telecommunications, Bd. 19)
ISBN-13: 978-3-540-57979-3 e-ISBN-13: 978-3-642-85138-4
DOI: 10.1007/ 978-3-642-85138-4
NE: Müller-Römer, Frank (Hrsg.); Münchner Kreis; Digital television - digital radio; GT

Satz: Reproduktionsfertige Vorlagen der Autoren
SPIN: 10470061 62/3020 - 5 4 3 2 1 0 - Gedruckt auf säurefreiem Papier

Inhalt / Contents

Erzeugung und Codierung digitaler Signale für Hörfunk und Fernsehen

Quellencodierung im Hörfunk

Quellencodierung im Fernsehen

Digital Video Broadcasting (DVB)

Dieser Kongreß wurde
gefördert vom
Bayerischen Staatsministerium
für Wirtschaft und Verkehr

Vorwort

Seit geraumer Zeit beschäftigen sich technisch-wissenschaftliche Institute, öffentlich-rechtliche wie private Rundfunkanstalten und Industrieunternehmen mit Konzeption und Entwicklung digitaler Übertragungssysteme für Fernsehen und Hörfunk. Der "digitale Funkkanal" - erstmals beim mobilen Funktelefon GSM eingesetzt - bietet durch die stets gleichbleibende und hervorragende Empfangsqualität überzeugende Vorteile. Er wird sich daher - so die übereinstimmende Auffassung der Fachwelt - auch in der Massenkommunikation durchsetzen.

Erst moderne, in den letzten Jahren entwickelte digitale Datenkompressionsverfahren, wie MUSICAM für das künftige digitale Radio DAB und MPEG 2 für digitale Fernsehbilder, ermöglichen die für eine digitale Übertragung notwendige Datenreduktion. Insbesondere beim Satellitenfernsehen ergeben sich auf diese Weise zusätzliche Übertragungskapazitäten: Anstelle eines herkömmlichen PAL-Signals können künftig 4 bis 6 digitale Fernsehprogramme übertragen werden.

Ausgehend von der Erzeugung und Codierung digitaler Signale für Hörfunk und Fernsehen, behandelt das Kongreßprogramm ausgiebig das künftige digitale terrestrische Fernsehen "Digital Video Broadcasting (DVB)" und das digitale Radio "Digital Audio Broadcasting (DAB)". In einem weiteren Kongreßteil werden die aktuellen Überlegungen für digitale Verteilnetze für Hörfunk und Fernsehen dargestellt. Dabei wird auch auf das soeben von über 80 Institutionen aus 12 europäischen Ländern unterzeichnete Projekt "Digitales Fernsehen" eingegangen, in dem sich die Unterzeichner verpflichten, alle Anstrengungen zu unternehmen, um das Europäische Digitale Fernsehen bereitzustellen und im Markt ab 1995 einzuführen.

Referenten aus Europa, Japan und USA berichten jeweils über die Systemüberlegungen und -entwicklungen aus Sicht ihrer Länder.

Der vorliegende Band 19 der Reihe Telecommunications enthält alle auf dem Kongreß gehaltenen Vorträge. Da die Referate in deutscher oder in englischer Sprache, jeweils mit Simultanübersetzung, vorgetragen wurden, ist auch dieser Band teilweise zweisprachig gestaltet.

Den Vortragenden und Diskussionsleitern und all den anderen, die in so vielfältiger Weise zum Gelingen dieses Kongresses beigetragen haben, möchte ich meinen ganz besonderen Dank aussprechen.

F. Müller-Römer

Preface

For some time now, technical and scientific institutes, public and private broadcasters and industrial companies have been dealing with the conception and development of digital transmission systems for television and radio. The "digital transmission channel", used for the first time in the GSM cellular mobile radio telephone network, offers promising advantages in the form of constant, excellent reception quality. For this reason, and this is the overwhelming consensus of experts, it will also shape the future of mass communications.

However, the digital data compression processes required for digital transmission have only been available in the past few years. These processes include MUSICAM for the future digital radio (DAB) and MPEG 2 for digital television pictures. The process will provide additional transmission capacity, in particular for satellite TV. In other words, instead of one conventional PAL signal, 4 to 6 digital TV programmes will be transmitted in future.

The congress programme starts with the generation and encoding of digital signals for radio and television and will continue with the detailed treatment of future digital terrestrial television, Digital Video Broadcasting (DVB) and digital radio, Digital Audio Broadcasting (DAB). A further part of the congress will deal with current considerations on digital distribution networks for radio and television. The "Digital Television" project, which has recently been signed by 80 institutes and 12 European countries, will be presented. The signatories to this project have obliged themselves to make every effort to develop the European Digital Television and to launch it from 1995.

Speakers from Europe, Japan and the U.S.A. will report on system considerations and developments in their countries.

This book which is edited as volume 19 in the "Telecommunications" series contains all the papers presented at this congress. Since the talks have been given either in German or in English with simultaneous interpretation, this volume is also partly bilingual.

I want to express my sincere thanks to the authors, the session chairmen and all the others who have in so many ways contributed to the success of this congress.

F. Müller-Römer

Grußwort

Dr. O. Wiesheu

Herr Vorsitzender,
meine sehr verehrten Damen und Herren!

Ich freue mich, Sie im Namen der Bayerischen Staatsregierung, insbesondere auch im Namen unseres Ministerpräsidenten, aber auch persönlich begrüßen zu können.

Die Digitalisierung in Hörfunk und Fernsehen wird nicht nur einen Technologieschub im Bereich der Bild- und Tonübertragung bedeuten. Es wird weitere zukunftsweisende Verbesserungen geben, die sich nicht nur auf perfekten Bildempfang, überlegenen Klang und problemlose Bedienung beschränken. Es wird damit die Erwartung verbunden, daß es eine Vielzahl von programmunabhängigen neuen Diensten geben wird: Einen Datenrundfunk, eine bildgestützte Verkehrslenkung, den Parkplatznachweis in Ballungsgebieten, die Übermittlung von Börsen- und Devisenkursen oder die Unterstützung von dezentralen Telekommunikationsarbeitsplätzen. Alle diese Erwartungen werden mit dem DAB verbunden. Ich hoffe, daß diese technischen Möglichkeiten, die hier aufgezeigt werden, auch realisiert werden können. Auf der anderen Seite steht eine bessere Nutzung der immer knapper werdenden Rundfunkfrequenzen. Ich glaube, das ist ein Thema, das die Bayerische Landeszentrale für neue Medien sowie den Bayerischen Rundfunk insgesamt interessieren wird, und das uns natürlich medienpolitisch auch in den Ländern berührt. Dazu kommt möglicherweise die geringere Sendeleistung, die für den DAB erforderlich ist, was Energieeinsparungen ermöglicht und was gleichzeitig auch schwächere elektromagnetische Felder bedeutet. Auch das ist heute bereits ein Thema, wenn man bestimmte Initiativen, gerichtliche Auseinandersetzungen betrachtet, die heute schon stattfinden, wenn irgendwo ein Sendemast aufgestellt werden muß. Das, was in den letzten dreißig Jahren in diesem Thema nicht denkbar war, wird jetzt zur gängigen Aktualität.

Die Einführung dieser neuen Technologie wird mit Sicherheit auch Impulse für die sender- und empfangsgeräteherstellende Industrie bedeuten. Auch das will ich anschneiden, weil mir das natürlich als Wirtschaftsminister am Herzen liegt. Ich glaube, daß wir mit dieser neuen Technologie etwas erreichen können, wovon sonst immer nur geredet wird. Wenn wir die heutige wirtschaftspolitische Lage anschauen oder die wirtschaftliche Lage generell, dann stellen wir fest, daß wir einen Rückgang an Arbeitsplätzen haben, daß wir sehr viel in alte Technologien investieren müssen, sehr viel Geld für die Strukturen ausgeben, die sich zum Teil schon überlebt haben, daß wir für neuere Bereiche das Geld oft nicht haben, das wir bräuchten. Oder, um es mit Lothar Späth auszudrücken, der dies kürzlich sehr drastisch formuliert hat: "Wir Deutschen sind ein seltsames Volk - wirtschaftspolitisch gesprochen - wir geben viel Geld für die Leichenhäuser aus und für die Geburtsstationen haben wir dann keines mehr." Wir hätten hier etwas für die Geburtsstation. Wir hätten hier etwas Neues, eine innovative Technologie - und ich bin der Meinung, wenn wir aus der jetzigen wirtschaftspolitischen Krise wieder herauskommen wollen, dann wird das nicht nur eine Frage einer besseren konjunkturellen Entwicklung sein. Wir haben neben der konjunkturellen Krise, die jeder kennt, eine strukturelle Krise, die sich mittlerweile auch herumgesprochen hat. Wir werden in vielen Sparten, wo heute Entlassungen stattfinden, wo *Lean Production* das Schlagwort ist, das beherrschende Thema ist, erleben, daß auch bei einer sich verbessernden Konjunktur, die Leute, die heute entlassen werden, morgen an der gleichen Stelle einen Arbeitsplatz nicht mehr bekommen werden. Denn Lean Production bedeutet im Ergebnis, mit weniger Leuten die gleiche Ware oder Menge zu produzieren wie vorher. Das bedeutet, daß wir ein höheres Potential haben werden an Menschen, die auf den Arbeitsmarkt drängen. Ich bin nicht ein Anhänger der These, daß man sich damit abzufinden hat, daß beim nächsten Konjunkturaufschwung der Sockel an Arbeitslosigkeit automatisch erheblich höher sein wird, als er es bisher war. Das ist ja die These, die wir zum Teil von Arbeitgeber- und Arbeitnehmerseite hören. Ich kann dazu nur sagen, Lean Production wird von Unternehmern gemacht - verständlicherweise, von den Gewerkschaften hingenommen, aber die ersten Produkte dieser Lean Production sind die Arbeitslosen, die man dann der Politik vor die

Türe stellt. Wir müssen allerdings dafür sorgen - und nicht nur die Politik alleine - sondern auch Arbeitgeber- und Arbeitnehmerseite, daß wir möglichst vielen Menschen wieder Beschäftigungsmöglichkeiten bieten können. Das geht nicht über konjunkturanregende Programme. Man erlebt dies zur Zeit in Japan - dort werden zum zweiten Mal 100 Mrd. Mark ausgegeben -, daß die konjunkturanregenden Programme nichts nützen. Das geht nicht über die Erhaltungssubventionen für veraltete Strukturen. Das wird nur gehen, wenn wir uns neuen Technologien, den Innovationen, der Forschung und der Entwicklung mehr öffnen, als das bisher der Fall war. Das wird nur gehen, wenn wir für Innovationen, Forschung, Technologie und Technologietransfer mehr Geld ausgeben, als das bisher der Fall war. Das wird nur gehen, wenn wir uns danach richten, was die Konkurrenz - und die Konkurrenz liegt halt in Japan und in den USA - bei den Spitzentechnologien macht. Bei uns sieht das folgendermaßen aus: Sie wissen alle, daß in den öffentlichen Haushalten finanzielle Spielräume für diese Zwecke praktisch nicht mehr vorhanden sind. Wir haben erlebt, daß im Bundeshaushalt der Forschungsetat gekürzt worden ist. Es ist dabei nicht erwähnt worden, daß viele Gelder nach Europa übertragen worden sind, und damit die europäische Forschung ausgebaut werden soll. Hoffentlich kommen sie auch uns zugute. Wir haben in Bayern die spezielle Notwendigkeit, daß wir gerade auch in diesem Bereich erheblich mehr investieren. Wir tun das durch eine Maßnahme, die meines Erachtens auch ordnungspolitisch richtig ist, nämlich indem wir Staatsanteile an Firmen, wo wir die Staatsanteile nicht mehr brauchen, privatisieren und diese Privatisierungserlöse in die Forschung, die Technologie und den Technologietransfer stecken. Wir sind darauf angewiesen, daß wir in die Innovation, in neue Produkte und in neue Forschungsthemen höchstmöglich investieren. Wir sind darauf angewiesen, daß wir durch diese Maßnahmen nicht nur jetzt Arbeitsplätze erhalten, sondern die Arbeitsplätze, die wir in 10 und 15 Jahren brauchen, jetzt vorbereiten und sichern. Wir sind darauf angewiesen, daß wir die Forschungsthemen, die derzeit aktuell werden, insgesamt auch von uns aus bedienen.
Keiner kann heute sagen, welche Investitionen, welche Forschungen so zukunftsträchtig sein werden, daß sie ganze Industriebereiche neu herstellen, neue Arbeitsplätze mit entwickeln und neue Technologien auf den Markt bringen kann. Aber eines kann man heute

mit Sicherheit feststellen: Wenn wir uns an den Themen nicht beteiligen, werden wir uns auch an der internationalen Konkurrenz nicht beteiligen können, wenn sich bestimmte Dinge entwickeln.

Wir haben ja vor ein paar Jahren etwas erlebt, beim Thema Gentechnologie, wo man bei uns die große Skepsis gegen die Gentechnologie entwickelt hat, wo man Gesetze entwickelt hat, die die Forschung gebremst, verbürokratisiert und damit zum Teil verhindert haben, Gesetze, die die Anlage von gentechnischen Produktionsstätten mehr oder weniger verhindert haben, die zumindest die Investoren, die sie anlegen wollten, vertrieben haben. Jetzt wissen wir, daß wir in den USA rund 300 gentechnische Produktionsstätten haben, in Japan 120, in Deutschland 4 oder 6. Jetzt haben wir auf diesem Markt - auf dem rein medizinischen Bereich - bereits ein Volumen von 3,5 Mrd. Mark. Wir haben in Deutschland 22 zugelassene Arzneimittel, die gentechnisch hergestellt werden, in Amerika 20, in Japan 19. Wer kauft am meisten von diesem Markt? Die Bundesrepublik Deutschland, nämlich mehr als 50%. Ich kann nur sagen, wenn wir in der Innovationspolitik so weitermachen, daß wir die Forschung, die Produktion, die Anwendung aus dem Land vertreiben, aber dann die Produkte, die anderswo hergestellt werden, bei uns im Land kaufen, dann werden wir zwar in Zukunft auch Weltmeister sein, aber Weltmeister im Export von Arbeitsplätzen und nicht mehr Weltmeister im Export von Waren und Gütern. Was wir deswegen brauchen, ist nicht nur eine Korrektur der Politik im Bereich der Forschungsförderung, der Entwicklung, der Kooperation von Hochschule und Wirtschaft - gerade im Bereich der Forschung und Technologie - was wir auch brauchen ist eine veränderte Einstellung bei uns in der Bevölkerung zur Technologie. Wir brauchen eine technik-freundlichere Einstellung der Bevölkerung. Wir brauchen Offenheit für Innovation und Forschung. Wir dürfen bei neuen Produkten nicht nur die Risiken sehen, sondern auch die Chancen. Herr Prof. Witte, Sie haben vorhin den Computer angesprochen. Es ist knapp zehn Jahre her, daß es bei uns in Deutschland eine Kampagne gegeben hat, die gelautet hat "der Computer vernichtet Arbeitsplätze" oder "Nein zum verdrahteten Menschen". Vielleicht kommt beim DAB, wenn es eingeführt wird, wieder eine ähnliche Diskussion. Ich nehme das zwar nicht an, denn diese Kampagne, die seinerzeit stattgefunden hat, die bei uns in der

Wirtschaft zunächst zu einer Zurückhaltung gegenüber dem Computer und der Computer-Herstellung geführt hat, ist längst überrollt. Es gibt keinen Betrieb, keinen Büroarbeitsplatz und schon fast keinen Haushalt mehr, der nicht seinen Computer hat. Wir haben mit dieser Kampagne die technische Entwicklung weder aufhalten noch steuern können. Was wir erreicht haben ist die Tatsache, daß wir uns davon ziemlich ausgeklinkt haben. Wir haben mit unserer Kampagne gegen die Bio- und Gentechnologie die Entwicklung nicht aufhalten können. Was wir erreicht haben ist, daß wir uns auch hier weitgehend ausgeklinkt haben. Und wir sind hier, beim DAB, bei einem einsatzreifen Produkt, bei einem Schwerpunkt der Innovation, der umsetzbar wäre. Ich persönlich bin der Meinung, wir sollten nicht warten, bis andere Länder hier aufgeholt und uns vielleicht eingeholt haben, bis andere Länder hergehen und ihre Möglichkeiten hier in die Tat umsetzen. Ich bin deswegen sehr froh, daß der Bayerische Rundfunk, die Bayerische Landeszentrale für neue Medien, Private Rundfunksender sowie Industrie und Telekom bereit sind, hier in Bayern einen Pilotversuch mit dem DAB zu starten. Es soll - wenn ich richtig informiert bin - ein Netz geben, von Nürnberg über München bis nach Salzburg. Ich halte das für richtig, und ich halte es für notwendig, daß wir neue Technologien, die wir haben, möglichst umgehend am Markt einführen, am Markt testen, damit wir derartige Technologien, wenn es möglich ist, auch entsprechend exportieren können. Ich bin nicht damit einverstanden, daß die Intendanten der ARD einen Beschluß gefaßt haben, daß man diese neue Technologie erst im Jahre 1997 einführen will. Warum gerade im Jahre 1997? Weil wir in den Jahren 1995/96 natürlich die Frage der Gebühren-Staatsverträge haben, Neuverhandlungen der Gebühren, und weil man beim Rundfunk natürlich weiß, daß wir politischerseits an dieser neuen Technologie interessiert sind, und weil damit ein gewisser Druck ausgeübt werden soll, um die relativ harte Haltung bei der Gebührenerhöhung bei den Ländern aufzuweichen. Hier wird das DAB instrumentalisiert als Kern- bzw. Teilpunkt für die Gebührenverhandlungen. Mir gefällt dieser Prozeß nicht, weil wir damit möglicherweise die 3 bis 4 entscheidenden Jahre, die wir zur Einführung des DAB benötigen, um in diesem Bereich Marktführer zu sein, versäumen könnten. Und das ist falsch. Wir haben schon genug versäumt. Wir müssen uns deswegen über Möglichkeiten unterhalten, wie wir dieses DAB möglichst zügig insgesamt bei uns in Deutschland einführen können.

Ich will bei dieser Gelegenheit auch an eine Innovation erinnern, die jetzt 70 Jahre alt ist. Das ist nämlich der Hörfunk selbst. Es ist genau 70 Jahre her, am 29.Oktober 1923 war es, um 20.000 Uhr, da wurde in der ersten Rundfunkansage davon gesprochen "es wird davon Mitteilung gemacht, daß am heutigen Tag der Unterhaltungsrundfunk mit Verbreitung von Musikvorführungen auf drahtlos telefonischem Weg beginnt". Die Benutzung war bereits damals genehmigungspflichtig. Aber das konnte kaum jemanden stören, denn am 29.Oktober 1923 gab es noch keinen einzigen zahlenden Teilnehmer. Der Rundfunk war damals als Modetorheit verschrien, hat sich am Anfang nur zögernd entwickelt, wurde dann allerdings ein Massenmedium. Heute haben wir Rundfunkempfangsgeräte in Deutschland in einer Größenordnung von 35 Mio. Geräten, und die Bundesbürger geben jährlich rund 10 Mrd. Mark für Geräte im Audiobereich aus. Der Markt wird sich nach meiner Überzeugung weiterentwickeln, wenn wir mit den technischen Innovationen auf den Markt kommen, die sich hier abzeichnen. Ich kann nur dazu ermuntern, sich dieser Aufgabe zu stellen, und ich möchte bei dieser Gelegenheit erklären, daß wir diese Technologie politischerseits gerne und nachhaltig unterstützen.

Ich wünsche Ihrem Kongress einen recht interessanten Verlauf.

Digitale Rundfunksysteme
- Auswirkungen auf die Industrie- und Wirtschaftspolitik

Gerhard O. Pfeffermann

Der Weiterentwicklung der Rundfunksysteme wird weltweit eine große Bedeutung beigemessen - und das mit Recht, wie nicht zuletzt die ökonomischen Auswirkungen belegen:

Schätzungen der Industrie zu Folge* werden im Audio- und Videobereich 1993 weltweit rund 375 Millionen Endgeräte verkauft; bis zum Jahre 1997 soll diese Zahl auf über 400 Millionen weiter ansteigen. Dabei weist der Fernsehmarkt mit weltweit fast 90 Millionen verkauften Geräten in diesem Jahre und Steigerungsraten in den kommenden Jahren zwischen 4 und 5 % mengenmäßig die höchsten Zuwachsraten auf.

Zwar machen diese Produkte im Weltmaßstab mit rund 15 % wertmäßig nur einen kleinen Anteil der gesamten Elektronikprodukte aus: Für die europäische und insbesondere die deutsche Industrie bilden sie jedoch - neben der Telekommunikation - eines der Hauptzugpferde des Elektroniksektors.

Etwa die Hälfte der europäischen Arbeitsplätze der Unterhaltungselektronik ist in Deutschland angesiedelt. Im vergangenen Jahr entsprach dies ca. 65.000 Beschäftigten, die Mehrzahl davon war im Fernsehbereich tätig.

Hörfunk und insbesondere Fernsehen haben sich in den vergangenen 40 Jahren neben dem Telefon zu den am weitesten verbreiteten Massenkommunikationsmitteln etabliert. Sie haben sich zu einem wichtigen - wenn nicht dem entscheidenden - Informations- und Meinungsbildungsmedium entwickelt. Damit sind sie zu einem Marktfaktor geworden, der zunehmend in das politische und soziologische Gefüge eines Staates einwirkt.

Die starke Wichtung des Fernsehbereichs kommt nicht von ungefähr. Denn das Fernsehen - insbesondere das künftige digitale und das Hochauflösende Fernsehen (HDTV) - stellt wegen der für die Bild/Tonverarbeitung zu bewältigenden Datenströme höchste Anforderungen an die Technik der Hardware- und Software-Entwicklung.

Und da der Fernsehmarkt einen Massenmarkt repräsentiert, wird in diesem Bereich zugleich das entscheidende Know-How zur Massenfertigung elektronischer High-Tech-Produkte überhaupt erworben. Dem zukünftigen Fernsehen kommt damit die

---

* Quelle: Electronic Industries Association of Japan

Bedeutung eines Schrittmachers für den gesamten Bereich der Unterhaltungselektronik und weitergehend auch der Telekommunikation und Bürokommunikation zu.

Welche Position soll nun in dem beschriebenen Wachstumsmarkt der Regulierer beziehen:

Ist es vorteilhaft, den Markt der Rundfunkversorgung sich selbst und dem Spiel der freien Kräfte zu überlassen, oder sollen bestimmte ordnungspolitische Maßnahmen ergriffen werden, um die Entwicklung zu kanalisieren?

Nun, dem internationalen Trend folgend, hat sich auch die Bundesrepublik Deutschland im Bereich der Telekommunikation zur Einführung wettbewerbsorientierter Strukturen entschieden.

Der erste Schritt dazu wurde 1989 mit der Poststrukturreform beschritten. Inzwischen beschäftigen wir uns schon einige Zeit sehr intensiv mit der sogenannten Postreform II und im Zusammenhang damit einem neuen Telekommunikationsgesetz.

Ziel ist eine ausgewogene Telekommunikationsinfrastruktur, die ja auch den Hörfunk- und Fernsehbereich umfaßt. Sie soll einerseits in internationalem Rahmen konkurrenzfähig bleiben; andererseits soll sie ein geordnetes Nebeneinander unterschiedlicher Telekommunikations-Dienste ermöglichen, welche von unterschiedlichen Anbietern im Wettbewerb zur Verfügung gestellt werden können.

Es liegt auf der Hand, daß die weitergehende Liberalisierung auch weitergehende Regularien erforderlich macht. Nur so kann in dem kontinuierlich wachsenden und durch die Digitaltechnik künftig zunehmend miteinander verflochtenen Dienstemarkt ein geordnetes Nebeneinander ermöglicht und ein Chaos vermieden werden.

Dem Ministerium als Ordnungsfaktor obliegt dabei die Aufgabe, für ein stabiles Gleichgewicht zwischen privatem Wettbewerb und staatlicher Regulierung zu sorgen. Im Hinblick auf die Rundfunkversorgung bedeutet dies: Sicherstellung der Grundversorgung der Bevölkerung mit Hörfunk- und Fernsehdiensten.

Rundfunkversorgung ist wie die Bereitstellung von Telefonanschlüssen Infrastrukturleistung, die von allen Bürgern unter gleichen Bedingungen in Anspruch genommen werden soll. Damit dies möglich wird, müssen die Normen, die auf dem Übertragungsweg verwendet werden, einheitlich festgelegt werden - und dies nicht nur im nationalen Bereich, sondern im Sinne des europäischen Binnenmarktes auch im europäischen Rahmen.

Bisher ist für uns in Deutschland (wie in den meisten Ländern) dieses kein besonderes Thema gewesen. Im Fernsehbereich war die im Jahre 1961 eingeführte PAL-Norm einheitlich für die Komponenten Studio, Übertragungsweg und TV-Empfangsgeräte festgelegt und wurde in den meisten europäischen Ländern zur Ausstrahlung von Fernsehsignalen verwandt. Für den Hörfunkbereich war mit dem 1948 eingeführten UKW-Hörfunk eine ähnliche Festlegung getroffen worden.

Mit der Einführung neuer digitaler Technologien im Rundfunkbereich bis hin zum Hochauflösenden Fernsehen (HDTV), mit der Verwendung nicht nur der terrestrischen Rundfunkabstrahlung, sondern neuer Medien wie Koaxialkabel, Satellit, Glasfaserstrecken, mit dem vor uns liegenden Schritt in die Digitaltechnik auch auf diesem Gebiet, stellt sich die Frage nach den zu verwendenden Übertragungsnormen aufs Neue.

Um die Innovationsfähigkeit der Volkswirtschaft konzentrieren zu können, um einen großen Markt schaffen zu können für einheitlich gestaltete Endgeräte, um jeden Bürger gleichermaßen die Empfangsmöglichkeiten für Hörfunk- und Fernsehdienste zu bieten, müssen auch für die neuen Medien und für die neuen Qualitäten von Hörfunk und Fernsehen Normen auf europäischer - und soweit möglich, weltweiter - Basis festgelegt und einheitlich angewendet werden.

Die europaweite einheitliche Anwendung der Normen in diesem Bereich muß sichergestellt werden. Da es sich um Bereich der Infrastruktur handelt, darf am Markt kein Wettbewerb auf Basis unterschiedlicher Standards erfolgen, vielmehr muß der Wettbewerb auf der Basis einheitlicher Standards auf programmlicher und Dienstleistungsebene stattfinden.

Die zukünftige Entwicklung und deren Auswirkungen will ich im folgenden anhand zweiter Beispiele erläutern, einmal den Entwicklungen im Bereich des digitalen Hörfunks und zum anderen zukünftiger digitaler Fernsehsysteme.

Den Einstieg in Digitaltechnik bei der Übertragung von Rundfunkprogrammen bildet der *"Digitale Satellitenrundfunk" (DSR).* Mit diesem Dienst bietet die Deutsche Bundespost Telekom seit der Funkausstellung 1989 erstmals ein komplett digitales Paket von 16 Hörfunkprogrammen in CD-Qualität an, das neben dem Direktempfang über die Satelliten TV-SAT und Kopernikus von über 11 Millionen Kabelkunden empfangen werden kann. Neben Deutschland werden DSR-Programme z.Z. auch in Kabelnetze der Schweiz und der Niederlande eingespeist.

Inzwischen ist ein breites Angebot von Endgeräten im Handel erhältlich, inklusive kombinierter UKW-/DSR-Empfänger, mit digitalem Ausgang zur Aufzeichnung auf DAT- (Digital Audio Tape) bzw. DCC- (Digital Compact Cassette) Rekordern.

Die Telekom ist bereit, ein weiteres DSR-Paket zu schnüren, unter der Voraussetzung, daß sich genügend Programmanbieter finden, so daß es sich wirtschaftlich einsetzen läßt. Dies würde die Attraktivität des Dienstes beträchtlich erhöhen.

Während DSR für den stationären Betrieb konzipiert ist, zielt ein anderes Entwicklungsprojekt eher auf den mobilen Bereich ab: Der digitale Hörfunk *DAB (Digital Audio Broadcasting).* Dieser neue Dienst soll langfristig den UKW-Hörfunk ablösen.

DAB wird wie DSR in der Klangqualität der CD gleich kommen. Verzerrungen und Unterbrechungen beim Empfang, z. B. in schwierigem Gelände oder während der Fahrt im Auto werden der Vergangenheit angehören.

Anders als bei UKW werden jeweils 6 DAB-Programme zu einem Block zusammengefaßt und gemeinsam abgestrahlt. Dies bietet den Vorteil, daß die digitalen Programminformationen zur Übertragung auf eine große Bandbreite (1,5 MHz) verteilt werden können. Fällt beim Empfang ein Teil des breiten DAB-Blocksignals aus, so sind nur wenige Dateninformationen betroffen. Durch intelligente Fehlerschutzverfahren werden die nicht einwandfrei übertragenen Daten wiedergewonnen.

Ein DAB-Block kann im gesamten Verbreitungsgebiet dieselbe Frequenz nutzen (Gleichwellenbetrieb). Damit erlaubt DAB gegenüber dem UKW-Hörfunk, wesentlich mehr Programme im gleichen Frequenzraster abzustrahlen (Faktor 2-3). Da Frequenzen Mangelware sind und zugleich immer mehr Programmanbieter auf den Markt drängen, findet auch aus diesem Grunde die neue Technik meine volle Unterstützung. Außerdem kann die Strahlungsleistung der Sender um den Faktor 20 bis 100 gegenüber herkömmlichen UKW-Sendern gesenkt werden.

Weiterhin wird die digitale Technologie eine Fülle nützlicher Zusatzinformationen ermöglichen, wie Wetterberichte, Verkehrsinformations- und -lenkungshinweise, topaktuelle Nachrichten oder Personenrufdienste.

Zur Einführung von DAB:
Aus technisch-physikalischen Gründen ist für die terrestrische Ausbreitung von DAB der Frequenzbereich von 60 bis 250 MHz am besten geeignet. Es ist daher naheliegend, für DAB den gegenwärtigen UKW-Tonrundfunkbereich 87,5 bis 108 MHz vorzusehen. Da dieser Bereich jedoch europaweit noch für längere Zeit durch den UKW-Rundfunk genutzt wird, hat der BMPT den Fernsehkanal 12 und in Ausnahmefällen Kanal 2 bzw. 3 festgelegt. Dazu müssen zuvor andere Dienste, die diese Frequenzen z. Z. nutzen, ausgelagert werden. Zu diesen eben beschriebenen Festlegungen gibt es kurz- und mittelfristig keine Alternative. Als Ergänzung zu den genannten Frequenzbereichen besteht jedoch die Möglichkeit, für die lokale und ggf. die regionale Versorgung einzelner Sendegebiete den 1,5 GHz-Bereich mit einzubeziehen.

DAB wird seit 1987 als EUREKA-Projekt EU 147 unter Federführung der Bundesrepublik Deutschland in Zusammenarbeit mit wichtigen europäischen Partnern entwickelt. Diese Arbeiten fließen in den Standardisierungsprozeß des europäischen Normeninstituts ETSI ein. Die entsprechenden europäischen Normen sollen bis Ende 1993 fertiggestellt sein.

Da für DAB neue Rundfunkempfänger benötigt werden, bietet das System DAB der europäischen Industrie einen Massenmarkt für hochintegrierte Chips, die in schätzungsweise 600 Millionen Endgeräten allein für Europa einzubauen sind. Um in der Startphase den Empfang von DAB und UKW-Rundfunk zu ermöglichen, werden diese Endgeräte als Mehrnormenempfänger bereitgestellt. Das jährliche Gerätevolumen pro Jahr wird auf ca. 500 Millionen DM geschätzt.

Gegenwärtig haben die europäischen Gerätehersteller gegenüber außereuropäischen einen deutlichen Entwicklungsvorsprung, der nur durch eine schnelle Einführung von DAB gehalten werden kann.

Daher kommt dem vorgesehenen Einführungszeitpunkt in Deutschland zur Internationalen Funkausstellung 1995 eine besondere volkswirtschaftliche und industriepolitische Bedeutung zu.

Die Einführung von DAB kann nur im Konsens mit den Ländern als Träger der Medienhoheit erfolgen. Auf Initiative meines Hauses hin hat die Ministerpräsidentenkonferenz am 25. März 1993 in einem Beschluß das Konzept des BMPT grundsätzlich bestätigt und damit den Weg zur Einführung von DAB geebnet.

Eine wesentliche Forderung dieses Beschlusses lautete, die Frequenzbasis nach der Startphase möglichst rasch zu erweitern, um die gesamte UKW-Rundfunklandschaft abbilden zu können.

Auf der Grundlage des Beschlusses der Ministerpräsidenten hat mein Haus nun umfangreiche Aktivitäten eingeleitet, um die gewünschten Frequenznutzungen in den Empfehlungskatalog der Konferenz der europäischen Verwaltungen für Post und Telekommunikation (CEPT) aufzunehmen.

Leider ist mit dem Beschluß der Intendanten der ARD-Landesrundfunkanstalten DAB - entgegen der ursprünglichen Absicht - frühestens 1997 einzuführen, eine der treibenden Kräfte ausgefallen. Mit diesem Beschluß ist leider auch die Freiräumung der benötigten Frequenzen, z.B. im Kanal 12, aufgeschoben. Ich bedaure diese Entwicklung sehr. Dennoch kann - in Anbetracht der Möglichkeit, den 1,5 GHz-Bereich zu nutzen - DAB 1995 wie geplant und notfalls zunächst ohne die ARD eingeführt werden.

Um Planungssicherheit und zusätzliche Anreize zu schaffen, hat Minister Dr. Bötsch in seiner Presseerklärung vom 23.08.93 öffentlich bekannt gemacht, daß nunmehr auch der 1,5 GHz-Bereich in die frequenztechnische Basis für DAB, insbesondere zur Verbesserung der Versorgungsmöglichkeiten im lokalen und regionalen Bereich, einbezogen wird.

Gegenwärtig ist eine Arbeitsgruppe damit beauftragt, den Frequenzbedarf für DAB unter den Voraussetzungen einer vollständigen Abbildung der UKW-Landschaft zu ermitteln.

Besonders interessante Entwicklungen zeichnen sich im Fernsehbereich ab. Als einer der letzten Hochburgen der Analogtechnik findet nun auch hier das Motto Anwendung, das schon seit Jahren die Unterhaltungselektronikbranche prägt: "The world is going digital".

Die Fortschritte der Digitaltechnik, insbesondere auf dem Gebiet der Datenreduktion, rücken *digitale Fernseh-Übertragungsstandards* in den Bereich des Realistischen. Die Arbeiten daran begannen in den USA. Dort sind sie auch am weitesten fortgeschritten. Eine Reihe von Tests digitaler TV-Systemvorschläge für terrestrische Frequenzen, die Anfang des Jahres dort abgeschlossen wurden, hat gezeigt, daß die Technik für eine vollständig digitale Bildübertragung inzwischen beherrschbar ist. Z. Z. bemüht man sich, in einer "Grand Alliance" die jeweils besten Komponenten der einzelnen Systeme zu einem gemeinsamen, optimierten System zusammenzuschließen. Der Einigungsprozeß gestaltet sich jedoch sehr schwierig.

Es ist abzusehen, daß die entsprechende Norm wohl nicht vor Ende 1994 fertiggestellt sein wird und die amerikanische Regulierungsbehörde, die Federal Communications Commission (FCC), ihre Entscheidung zur Einführung des Systems frühestens Anfang 1995 treffen wird.

Auch Europa hat sich verstärkt der Entwicklung des digitalen Fernsehens zugewandt. Eine Reihe von Forschungsvorhaben auf nationaler und multinationaler Ebene beschäftigt sich mit diesem Thema. Und die Vorteile liegen auf der Hand:

1. Eine optimale Bild- und Tonqualität, die frei ist von Störbeeinflussung, ganz im Gegensatz zu den gegenwärtigen analogen Systemen.

2. Der effiziente Einsatz von Datenreduktionssystemen und damit eine sehr sparsame Nutzung der knappen Frequenzressourcen. In Anbetracht der Tatsache, daß immer mehr Fernsehprogramme auf den Markt drängen und die Kanäle zur terrestrischen und zur Kabelverbreitung bereits jetzt an ihre Kapazitätsgrenze stoßen, ist dies ein ganz wesentlicher Faktor.

3. Mit dem digitalisierten TV-Signal können beliebige digitale Zusatzdaten übertragen werden. Damit wird erstmals die Tür zwischen Fernseh- und Computerwelt hin zu Multimediaanwendungen geöffnet. Bei den Diskussionen in den USA um die künftige Fernsehnorm ist dies übrigens eine wichtige Fragestellung.

Angesichts der Bedeutung des Fernsehbereichs, auch im Hinblick auf den gemeinsamen europäischen Markt und die gegenwärtige TV-Normenvielfalt, ergriff mein Haus vor ca. 2 Jahren die Initiative zur Bündelung der bisherigen Einzelaktionen bei der Entwicklung des digitalen Fernsehens. Daraufhin gründeten im Frühjahr 1992 am zukünftigen Fernsehen interessierte Verwaltungen, Industrieunternehmen, Forschungseinrichtungen, Rundfunkanstalten und Netzbetreiber aus acht europäischen Staaten unter Vorsitz des BMPT die *European Launching Group for Digital TeleVision Broadcasting (ELG).*

Auf Initiative der ELG nun unterzeichneten im Rahmen einer Konferenz in Bonn Anfang September Vertreter von rund 85 europäischen Organisationen ein Memorandum of Understanding (MoU). Ziel dieses MoU ist:

1. Vorschläge für die erforderlichen europaweiten Normen zur digitalen Übertragung vor Fernsehprogrammen über Satellit, Kabel und terrestrischen Empfang zu erarbeiten und dem europäischen Normeninstitut ETSI zur Formulierung der entsprechenden Normen zur Verfügung zu stellen.

2. Lösungsmöglichkeiten im regulativen Bereich zur Einführung des digitalen Fernsehens europaweit abzustimmen.

3. Gemeinsam mit den Programmanbietern, Geräteherstellern und den Netzbetreibern die notwendigen technischen und marktmäßigen Entwicklungen des digitalen Fernsehens einzuleiten.

Jeder Unterzeichner des MoU hat sich zugleich zur aktiven Mitarbeit in einer von mehreren Arbeitsgruppen verpflichtet, die die eben erwähnten technischen, Normierungs- und Marketingaspekte der künftigen Fernsehnorm evaluieren.

Bereits für Ende dieses Jahres ist der erste Entwurf einer Norm für digitale TV-Übertragung via Satellit und wenig später via Kabel vorgesehen. Danach könnten erste Übertragungen über Satellit und Kabel bereits 1995 beginnen. Die Norm für die terrestrische Übertragung von TV-Signalen gestaltet sich erheblich schwieriger und ist erst in etwa 2 Jahren vorgesehen.

Die bisherigen Ausführungen verdeutlichen, daß das künftige digitale Fernsehen ein breites Spektrum unterschiedlicher Anforderungen abdecken muß. Einerseits soll es ein Maximum an Quantität (möglichst viele Programme), andererseits aber auch an Qualität (möglichst hochwerte Übertragung, bis hin zum künftigen HDTV) ermöglichen und möglichst auch allen Übertragungsbedingungen gerecht werden.

Nach allem was z. Z. erkennbar ist, werden die entstehenden Normen, die an sie gestellten Bedingungen erfüllen. Damit wären die technischen Voraussetzungen gegeben, um eine Vielzahl von neuen Formen der Fernsehübertragung realisieren zu können. Ich glaube, es ist noch zu früh, um ein komplettes Bild einer zukünftigen digitalen Fernsehwelt zu skizzieren. Nachdem die Technik eine große Bandbreite von Möglichkeiten bietet, wird es an den Marktkräften liegen, diese Anwendungsformen den Kunden näher zu bringen. Ich bin davon überzeugt, daß diese Entwicklung auch zu neuen medienpolitischen Szenarien führen werden.

Ich bin auch davon überzeugt, daß sich die Fernsehübertragung mit Hilfe der digitalen Technik vom heutigen Schwerpunkt der terrestrischen Versorgung langfristig stärker zur Satelliten- und Kabelversorgung hinorientieren wird.

Aber - lassen Sie mich dies wiederholen - wir befinden uns erst im Frühfeld dieser Entwicklungen und insofern sind alle Aussagen mit Unsicherheiten verknüpft.

Wie immer die Entwicklung im Rundfunkbereich weiter geht: Sie ist sehr spannend und demonstriert eindrucksvoll, daß Europa - wenn es sich zu einer gemeinsamen Aktion aufrafft, auch tatsächlich einen Volltreffer im Weltentor landet.

Entwicklungslinien digitaler Rundfunksysteme und neue Rundfunkdienste

Frank Müller-Römer

1. Einführung

Die Compact Disc (CD) hat in den letzten Jahren einen Siegeszug ohnegleichen angetreten und die klassischen Schallplatten (LP und Single) nahezu verdrängt 1984 wurden in Deutschland erst 4 Millionen CD's verkauft. Im Jahr 1991 - also gerade sieben Jahre später - stieg die Zahl der verkauften CD's auf über 100 Millionen Stück. Mit 71 % bringt die CD im Handel fast 3/4 des gesamten Phono-Umsatzes. Vor kurzem wurde die Markteinführung der Digitalen Compact Cassette (DCC) sowie der Mini Disc (MD) als Nachfolgesysteme für die milliardenfach eingesetzte Compact-Cassette gestartet DCC und MD zeichnen die Signale nach digitalen Verfahren auf. Es ist daher leicht vorauszusagen, daß es auf dem Markt bald nur noch Tonträger mit digitalen Aufzeichnungsverfahren geben wird. Die sprichwörtliche "CD-Qualität" wird damit künftig der Beurteilungsmaßstab für die Produktion im Studio und für die Verbreitung von Programmen sein

Ein starker Zuwachs wird künftig Videoprogrammen, die auf einer Compact Disc angeboten werden, vorausgesagt. Eine Untersuchung von Dataquest zeigt auf, daß sich in den USA das Verkaufsvolumen für digitale Videos auf CD von heute 400 Millionen Dollar auf etwa 6 Milliarden im Jahr 1998 verfünfzehnfachen wird. Auch auf dem Gebiet des individuellen Abspielens von Videobeiträgen wird sich die Digitaltechnik sehr schnell durchsetzen.

In der Studioproduktion wird bei den Rundfunkanstalten sowohl im Hörfunk als auch im Fernsehen die Digitaltechnik auf breiter Basis bereits heute eingesetzt. Erste digitale Produktionseinrichtungen - übrigens mit dem Bildformat 16 : 9 - entstehen.

Die moderne Halbleitertechnologie ermöglicht heute den Einsatz digitaler Übertragungsverfahren im ISDN-Netz, auf Richtfunkstrecken, in Glasfaserkabeln und über Satelliten. Funkkanäle mit digitalem Übertragungsverfahren werden in großem Stil erstmals in den Mobilfunknetzen D1 und D2 verwendet.

Auch in heute gefertigten Fernsehgeräten erfolgt die Signalverarbeitung bereits in hohem Maße digital, was zu hoher Zuverlässigkeit und günstigen Herstellungskosten führt.

Auch in heute gefertigten Fernsehgeräten erfolgt die Signalverarbeitung bereits in hohem Maße digital, was zu hoher Zuverlässigkeit und günstigen Herstellungskosten führt.

Den durchgängigen Einsatz der Digitaltechnik von der Quelle bis zur Senke, also vom Mikrofon und der Studiokamera bis zum Rundfunkgerät und Fernsehempfänger beim Teilnehmer steht bisher die große Datenrate digitalisierter Audio- und Videosignale entgegen. Für diese Datenströme wären eine große Bandbreite und damit auch ein sehr großer Frequenzbedarf nötig.

Der heute erkennbare technologische Stand, den Aufzeichnung und Signalverarbeitung in den nächsten Jahren erreichen werden, sowie entwickelte bzw. erkennbare Quellcodierverfahren zur Verringerung der Datenströme zeigen, daß es in absehbarer Zeit Rundfunksysteme für Hörfunk und Fernsehen geben wird, die durchgehend digital gestaltet sind. Damit sind Vorteile verbunden, von denen drei kurz erwähnt werden sollen:

- Die im Studio erreichbare Qualität kann bis zum Empfänger gebracht werden; Übertragungsfehler werden korrigiert.

- Digitale Systeme sind für alle Übertragungs- und Speichersysteme - auch gerade im Heimsektor - sehr gut geeignet.

- Digitale Funkkanäle in terrestrischen Gleichwellennetzen ermöglichen die Übertragung einer größeren Programmzahl, unterschiedlicher Qualitätsstandards und neuer Rundfunkdienste.

Die Digitaltechnik bietet künftig dem Rundfunk ganz allgemein große Vorteile; die Entwicklung entsprechender Systeme wird daher weltweit sehr schnell voranschreiten.

2. Allgemeine Systembetrachtung

Das Gesamtsystem "Digitaler Rundfunk" - vom Mikrofon und der Kamera bis zum Radio und zum Fernsehgerät - läßt sich in drei Bereiche einteilen:

- Programmproduktion und -sendung,

- Übertragungsstrecke und

- Empfang.

Schnittstellen gibt es zwangsläufig zwischen Senderegie und Übertragungsstrecke einerseits und zwischen Übertragungsstrecke und Empfang andererseits.

2.1 Datenkompression

In den Senderegien Hörfunk und Fernsehen müssen alle Programmbeiträge in einem jeweils einheitlichen digitalen Format gesendet werden. Die digitalen Datenströme, die dabei entstehen, haben sehr hohe Datenraten. Für ein Audiosignal sind dies etwa 1,4 Mbit/s. Für das Bildsignal bei HDTV (1250 Zeilen/50 Hz/2 : 1) ergeben sich 1152 Mbit/s und für das herkömmliche Fernsehbild (625 Zeilen/50 Hz/2 : 1) 216 Mbit/s.

Diese Datenströme würden Übertragungskanäle mit Bandbreiten erfordern, die mit Blick auf die Frequenzsituation weder terrestrisch noch im Satellitenbereich realisierbar wären. Für den Transport des Datensignals zum Teilnehmer ist also eine Datenkompression zwingend erforderlich. Zwei Schlüsseltechnologien werden dafür benötigt:

- Quellcodierung und
- Kanalcodierung mit Fehlerschutz.

Bei den bereits entwickelten oder zur Normierung vorgeschlagenen Datenkompressionsverfahren handelt es sich um solche, denen psycho-akustische und psycho-optische Eigenschaften des Menschen zugrundeliegen (Irrelevanzreduktion): Der Teilnehmer kann das datenkomprimiert übertragene und wieder aufbereitete Audio- und Videosignal nicht vom Original unterscheiden.

Von der Psycho-Akustik her ist bekannt, daß der Mensch Tonsignale unter der Ruhehörschwelle nicht mehr wahrnehmen kann. Das heißt, sehr tiefe und sehr hohe Töne werden nur dann gehört, wenn sie eine gewisse Mindestlautstärke haben. Tonschwingungen eines Originals, die unterhalb dieser Ruhehörschwelle liegen, brauchen daher auch nicht mit zu übertragen werden (Abb. 1).

Darüber hinaus sorgt die Mithörschwelle durch einen Maskierungseffekt für die Anhebung der Hörschwelle. Die unterhalb dieser Mithörschwelle - z.B. beim 1000 Hz-Ton - vorhandenen Schallereignisse sind nicht hörbar und müssen daher ebenfalls nicht mit zum Teilnehmer übertragen werden. Wird nun der Frequenzbereich in einzelne Bänder aufgeteilt (Abb. 2), von denen jedes getrennt bei der Datenkompression verarbeitet wird, ergibt sich insgesamt eine beachtliche Datenkompression - z.Zt. um den Faktor 7 bei einem Hörfunk-Stereosignal: Von etwa 1400 kBit/s auf 192 kBit/s.

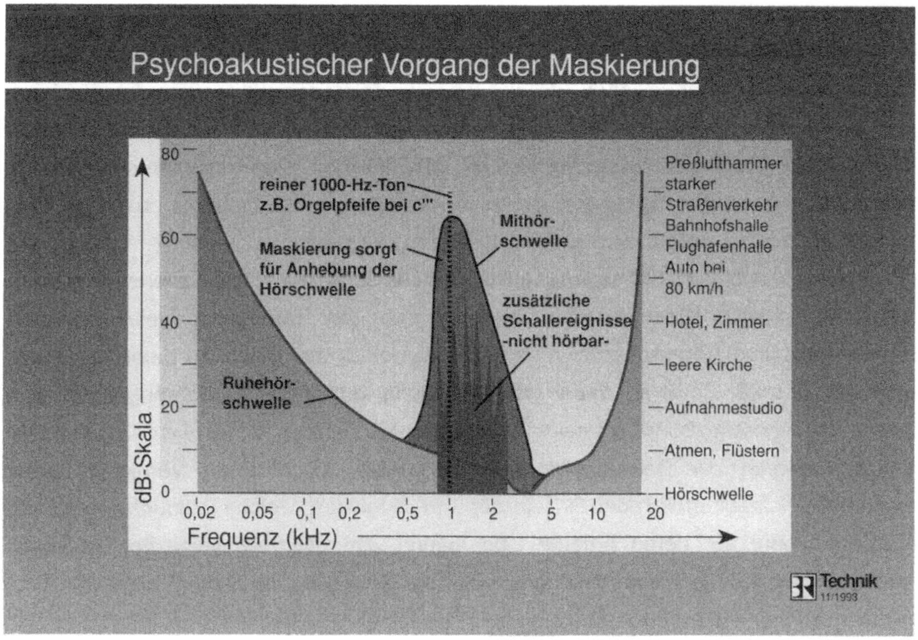
Psychoakustischer Vorgang der Maskierung
reiner 1000-Hz-Ton
z.B. Orgelpfeife bei c'''
Maskierung sorgt für Anhebung der Hörschwelle
Mithörschwelle
zusätzliche Schallereignisse -nicht hörbar-
Ruhehörschwelle
dB-Skala
80
60
40
20
0
0,02 0,05 0,1 0,2 0,5 1 2 5 10 20
Frequenz (kHz)
Preßlufthammer
starker Straßenverkehr
Bahnhofshalle
Flughafenhalle
Auto bei 80 km/h
Hotel, Zimmer
leere Kirche
Aufnahmestudio
Atmen, Flüstern
Hörschwelle
Technik
11/1993

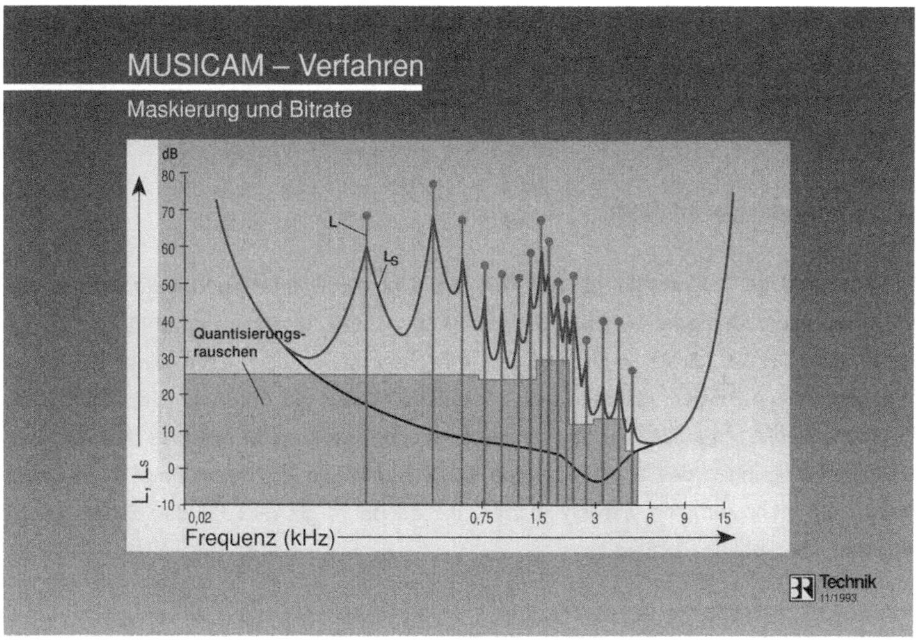
MUSICAM – Verfahren
Maskierung und Bitrate
dB
80
70
60
50
40
30
20
10
0
-10
L
L_S
Quantisierungsrauschen
L, L_S
0,02 0,75 1,5 3 6 9 15
Frequenz (kHz)
Technik
11/1993

Wesentlich komplexer erfolgt die Minimierung des Datenstroms beim Fernsehen durch komplizierte mathematische Verfahren. In einem ersten Schritt wird die Diskrete Cosinus-Transformation (DCT) angewandt. Für einen kleinen Bildausschnitt werden Grundschwingung und hochfrequente Bild-Oberschwingungen ermittelt. Nur die jeweils vorhandenen Schwingungen müssen berücksichtigt werden. Gleichförmige Bildausschnitte erfordern die Übertragung nur weniger Schwingungen, wofür ein geringerer Datenstrom ausreicht (Abb. 3). In einem zweiten Schritt wird eine Quantisierung vorgenommen, wobei in Abhängigkeit vom Bildsingal und den Seheigenschaften des menschlichen Auges zeitweise gröbere Abstufungen vorgenommen werden, wodurch sich der Datenstrom weiter reduziert (Irrelevanzreduktion). Eine zusätzliche Verringerung der zu übertragenden Daten ergibt sich durch den Entropie-Codierer; dabei erhalten häufig vorkommende Schwingungen eine kürzere "Datenbeschreibung" als selten vorkommende. Darüber hinaus werden noch zwei weitere Verfahren zur Datenkompression eingesetzt: Durch einen Vergleich zweier unmittelbar aufeinanderfolgender Einzelbilder wird festgestellt, welche Bildpunkte sich nicht verändert haben; auf deren erneute Übertragung wird ebenfalls verzichtet. In einem weiteren Schritt der Signalverarbeitung ermittelt der Bewegungs-Schätzer, in welche Richtung sich aufgrund der "Bewegungstendenz" einzelne Bildausschnitte im folgenden Bild jeweils verschieben werden. Dann muß nicht mehr der jeweilige Bildausschnitt beschrieben und erneut übertragen, sondern nur noch in das nächste Teilbild verschoben werden. Diese Schritte der Informationsreduktion ergeben dann zusammen mit der Irrelevanzreduktion einen konstanten Datenstrom.

Auf diese Weise ist es möglich, ein Fernsehsignal (Video, Ton und Daten) mit 270 Mbit/s brutto entsprechend CCIR-Recommendation 656 etwa um den Faktor 30 auf 8 - 10 Mbit/s zu komprimieren, ohne daß subjektiv ein Qualitätsunterschied zum Original festgestellt werden kann.

2.2 Übertragungsverfahren

Von den analogen Übertragungsverfahren her sind die Empfangsstörungen durch die Mehrwegeausbreitung eines Signals bekannt (Abb. 4). Die Antenne empfängt einmal das Signal vom Sender direkt; zum anderen erreichen aber auch - mit einer zeitlichen Verzögerung - an Bergen, Häusern usw. reflektierte Wellen die Antenne. Dies führt durch die unterschiedliche Laufzeit zu Phasenverschiebungen und durch teilweise Auslöschung zu Beeinträchtigungen des an der Antenne anstehenden Signals, die im Empfänger selbst später nicht mehr korrigiert werden können. Insbesondere gilt dies für den Empfang mit tragbaren und mobilen Geräten.

Datenreduktion - Digitales Fernsehen
Technik
11/1993

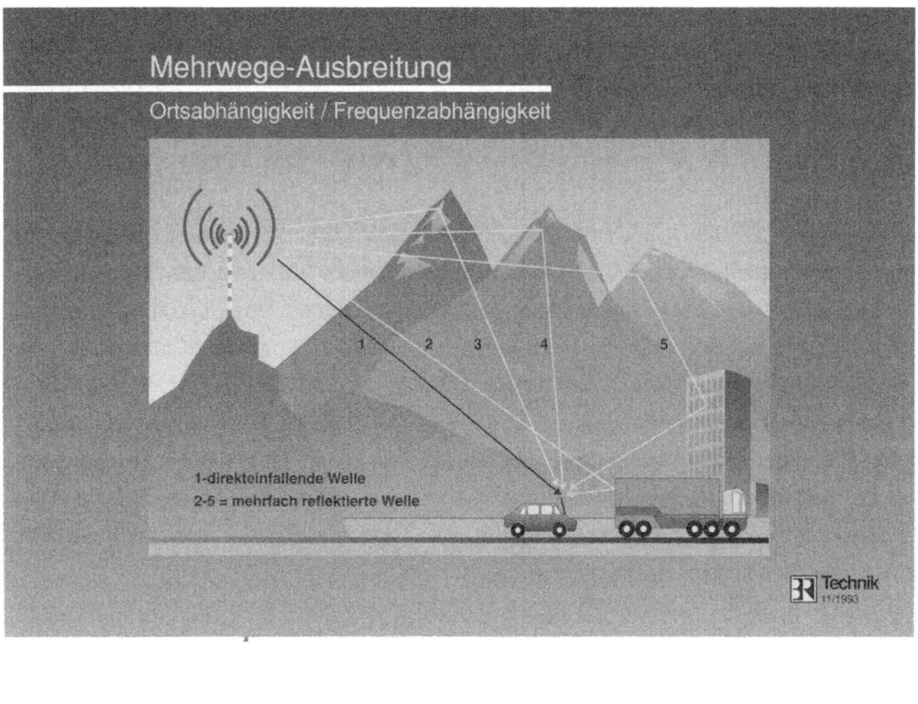
Mehrwege-Ausbreitung
Ortsabhängigkeit / Frequenzabhängigkeit
1
2
3
4
5
1-direkteinfallende Welle
2-5 = mehrfach reflektierte Welle
Technik
11/1993

Darüber hinaus ändert sich der Mehrwegeempfang in Abhängigkeit von der zurückgelegten Wegstrecke und führt damit zu ständigen Signalveränderungen (Abb. 5). Beim Empfang von UKW im Kraftfahrzeug sind diese Störungen jedem bestens bekannt. Die neuen Mobilfunksysteme D1 und D2 fügen nun in den digitalen Datenstrom regelmäßig - den einzelnen Empfängern bekannte - Testsequenzen ein, aufgrund derer der Empfänger die über Mehrwegeempfang zu unterschiedlichen Zeiten eintreffenden Signalströme entsprechend verzögern und aufaddieren kann. Damit werden nicht nur die Nachteile des Mehrwegeempfanges vermieden, sondern darüber hinaus der Effekt des Mehrwegeempfangs auch zu einer Verstärkung des Empfangssignals beim Empfänger ausgenutzt. Die zu unterschiedlichen Zeiten eintreffenden Signale addieren sich und ergeben ein insgesamt stärkeres Summensignal.

Betrachtet man darüber hinaus den Amplitudenfrequenzgang für einen Ort (Abb. 6), so ergeben sich unterschiedliche Signaleinbrüche aufgrund des unterschiedlichen Ausbreitungsverhaltens einzelner Wellenlängen. Die sich so ergebenden Auslöschungen können ein Signal, welches nach den bisherigen analogen Schmalbandverfahren übertragen wird, erheblich stören. Wird nun - eigentlich schon eine Idee, die viele Jahre alt ist - ein Breitbandverfahren - nämlich COFDM (Coded Orthoginal Frequency Division Multiplex) - eingesetzt, können die Störungen vermieden werden, was am Beispiel des DAB-Systems dargestellt werden soll:

Sechs Stereoprogramme werden nach der Quellcodierung so ineinander verschachtelt, daß ihre Daten gleichmäßig auf insgesamt 1536 Trägerfrequenzen aufgeteilt werden (Abb. 7). Die Bitrate eines Programms wird über diese Träger verteilt. Fällt dann bei einem Breitbandsignal in einem Frequenzbereich von 1,5 MHz der eine oder andere Träger durch Störungen aus, kann durch einen entprechenden Kanalschutz bzw. Fehlerschutz das Signal dennoch so korrigiert werden, daß der Zuhörer keinen Fehler bemerkt.

Das Verfahren COFDM ist auch hervorragend für digitale Gleichwellennetze geeignet: Innerhalb eines Versorgungsgebietes können die Datenblöcke für Radio bzw. für Videoprogramme jeweils im gleichen Frequenzbereich übertragen werden. Voraussetzung ist jedoch eine sehr genaue Synchronisation der Sender miteinander. Spezielle Konzepte für die Modulationszuführung müssen noch entwickelt werden. Je größer ein Versorgungsgebiet ist, um so frequenzökonomischer ist also auch ein digitales Gleichwellennetz. Einen erhöhten Frequenzbedarf gegenüber den heutigen analogen terrestrischen Netzen wird man für Regionalprogramme, Lokalprogramme und ein zeitweiliges Auseinanderschalten von Sendernetzen benötigen. Insofern sind digitale Gleichwellennetze nicht ohne weiteres mit analogen Sendernetzen vergleichbar.

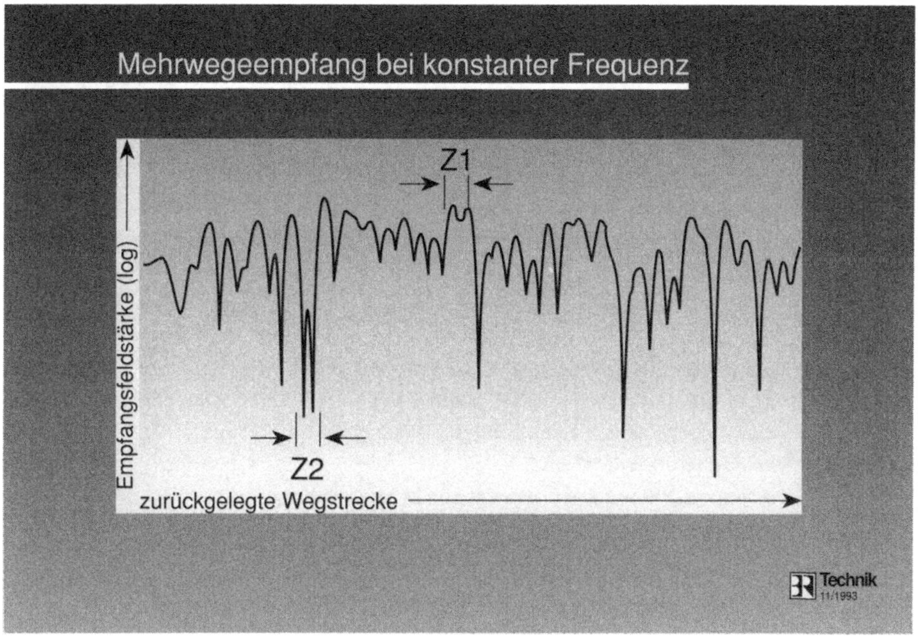
Mehrwegeempfang bei konstanter Frequenz
Z1
Empfangsfeldstärke (log)
Z2
zurückgelegte Wegstrecke
Technik
11/1993

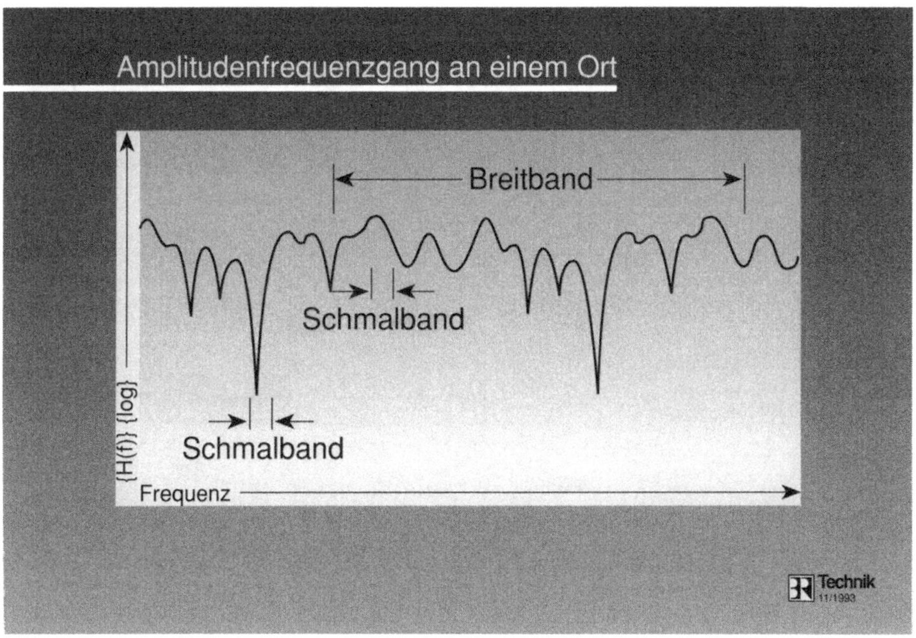
Amplitudenfrequenzgang an einem Ort
Breitband
Schmalband
{H(f)} {log}
Schmalband
Frequenz
Technik
11/1993

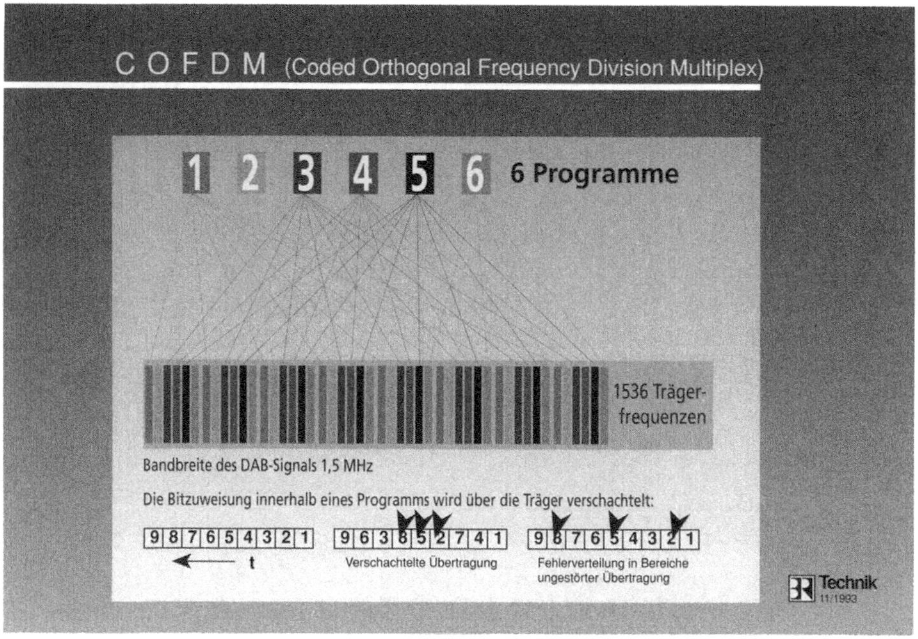
C O F D M (Coded Orthogonal Frequency Division Multiplex)
1 2 3 4 5 6
6 Programme
1536 Träger-frequenzen
Bandbreite des DAB-Signals 1,5 MHz
Die Bitzuweisung innerhalb eines Programms wird über die Träger verschachtelt:
9 8 7 6 5 4 3 2 1
t
9 6 3 8 5 2 7 4 1
Verschachtelte Übertragung
9 8 7 6 5 4 3 2 1
Fehlerverteilung in Bereiche ungestörter Übertragung
Technik
11/1993

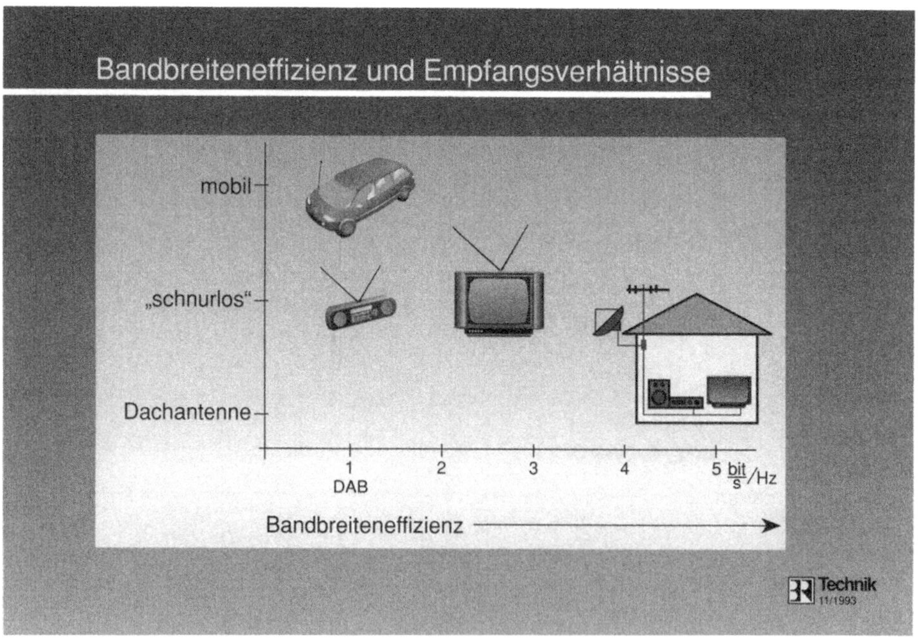
Bandbreiteneffizienz und Empfangsverhältnisse
mobil
„schnurlos"
Dachantenne
1
DAB
2
3
4
5 bit/s/Hz
Bandbreiteneffizienz
Technik
11/1993

Aus Grundsatzuntersuchungen und Überlegungen zu Digital Audio Broadcasting (DAB) heraus ist bekannt, daß bei digitalen Rundfunksystemen zwischen einwandfreien Empfangsverhältnissen und Hochfrequenz-Bandbreite folgender Zusammenhang besteht (Abb. 8):

- Stationärer Empfang mit Richtantenne (Dachantenne oder Satellitenantenne)	5 Bit/s pro Hz
- Empfang mit tragbaren Geräten (Stabantenne)	3 Bit/s pro Hz
- Mobiler Empfang im Kraftfahrzeug	1 Bit/s pro Hz

Daraus läßt sich folgende Aussage ableiten (Abb. 9):

- ein 625 Zeilen-Bild (16 : 9) benötigt mit einer Datenrate von 10 Mbit/s für den Empfang mit einer stationär angebrachten und auf den Sender ausgerichteten Antenne (terrestrisch/Satellit) - bei 5 Bit/s pro Hz - 2 MHz HF-Bandbreite. In einem terrestrischen 8 MHz-Fernsehkanal bzw. über einen Satellitentransponder können daher künftig anstelle eines "anlogen" Programms vier Digitalprogramme in vergleichbarer Qualität übertragen werden.

- Ein Fernsehbild in S-VHS-Qualität kommt dagegen mit einer Datenrate von unter 4 MBit/s aus, so daß 8 bis 10 derartige Digitalprogramme in einen terrestrischen Fernsehkanal oder über einen Satellitentransponder übertragen werden können.

- Für einen einwandfreien Empfang mit tragbaren Geräten bei einer Datenrate von nur 1 Bit/s pro Hz verringert sich die genannte Programmzahl auf

  2 Programme in 625-Zeilen-Qualität und auf

  4 bis 5 Programme in S-VHS-Qualität.

Die Empfangsverhältnisse - Dachantenne oder Stabantenne des tragbaren Gerätes - bestimmen also die Zahl der übertragbaren Programme!

In analogen Systemen nehmen Ton- bzw. Bildqualität mit der Entfernung zum Sender kontinuierlich ab. "Klassische" digitale Systeme haben dagegen ein typisch digitales Verhalten: Hervorragende Qualität bis zu einer gewissen Grenze mit anschließendem

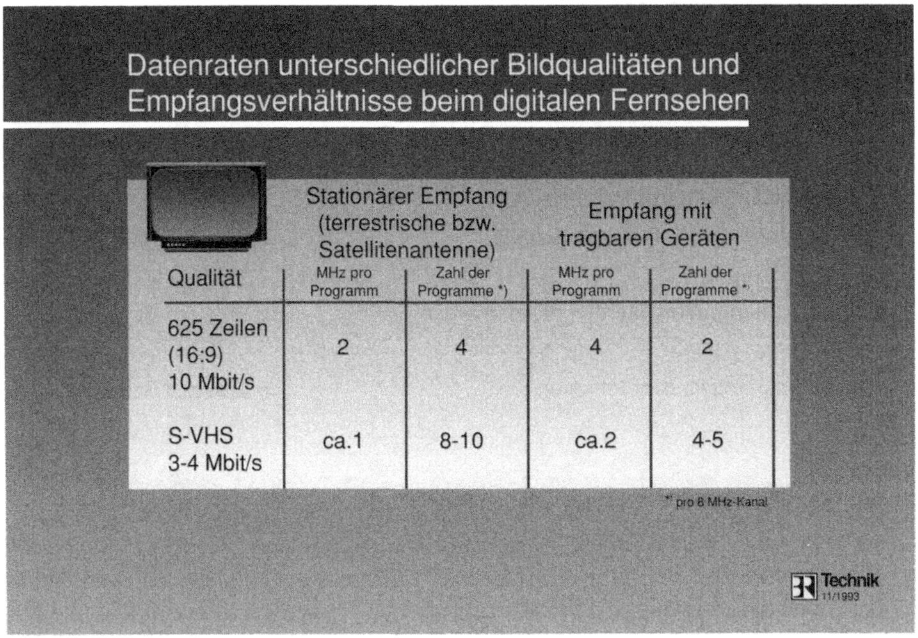

Datenraten unterschiedlicher Bildqualitäten und Empfangsverhältnisse beim digitalen Fernsehen

Qualität	Stationärer Empfang (terrestrische bzw. Satellitenantenne)		Empfang mit tragbaren Geräten	
	MHz pro Programm	Zahl der Programme *)	MHz pro Programm	Zahl der Programme *)
625 Zeilen (16:9) 10 Mbit/s	2	4	4	2
S-VHS 3-4 Mbit/s	ca.1	8-10	ca.2	4-5

*) pro 8 MHz-Kanal

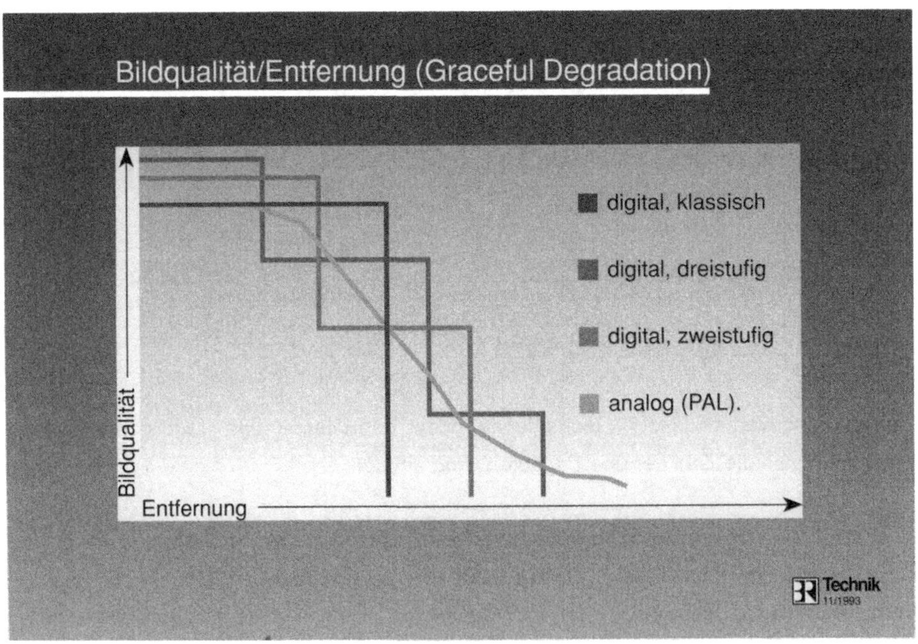

Abbruch. Dieses Verhalten ist für die Rundfunkversorgung nicht akzeptabel, da sich insbesondere in Grenzbereichen des Versorgungsgebietes - aber auch im eigentlichen Versorgungsgebiet bei schwierigen Empfangsverhältnissen - Totalausfälle beim Empfang des Programms einstellen können. Einem weichen Aussteigen auch des Digitalsignals kommt daher eine große Bedeutung zu (graceful degradation; Abb. 10) Der Stand der Technik erlaubt eine Qualitätsabnahme in mehreren Stufen - ähnlich analogen Systemen, z.B. automatisches Umschalten von Stereo auf Mono bei UKW.

3. Systemhierarchie digitaler Übertragungssysteme für Rundfunk

Für neue digitale Rundfunksysteme sollte grundsätzlich gelten, daß die wesentlichen Systemparameter europaweit einheitlich festgelegt werden. Die Entwicklung des digitalen Radios DAB im Rahmen des Eureka-Projektes EU 147 ist dafür ein gutes Beispiel. Gleiches gilt für das kürzlich von über 80 Institutionen aus 12 europäischen Ländern unterzeichnete europäische Projekt "Digitales Fernsehen".

Darüber hinaus sollte soweit als möglich sichergestellt werden, daß neue digitale Systeme für Hörfunk und Fernsehen gleichermaßen für terrestrische Sendernetze, für Satelliten und für Kabelnetze geeignet sind. Allein schon aus Sicht der Endgeräteindustrie ist dies als eine ganz wichtige Forderung.

Der Empfang von Radio- und Fernsehprogrammen geschieht unter ganz unterschiedlichen Empfangsbedingungen (Abb. 11):

- Antennensteckdose im Zimmer,
- Stabantenne tragbarer Geräte,
- Antenne im Kraftfahrzeug.

Auf die Zusammenhänge zwischen Datenrate und Bandbreite, bezogen auf die unterschiedlichen Empfangsbedingungen, wurde bereits hingewiesen.

3.1 Systemhierarchie Hörfunk

Nachdem Radioprogramme zu über 80 % nicht über die Antennensteckdose im Wohnzimmer sondern mit tragbaren Geräten und im Auto empfangen werden, wurde bei der Systemdefinition für ein digitales terrestrisches Hörfunksystem auf einen hierarchischen Systemaufbau verzichtet und das System DAB generell für den mobilen Empfang (1 Bit/s pro Hz) ausgelegt. Ähnliches gilt für das Digitale Satellitenradio (DSR) und für die Unterträ-

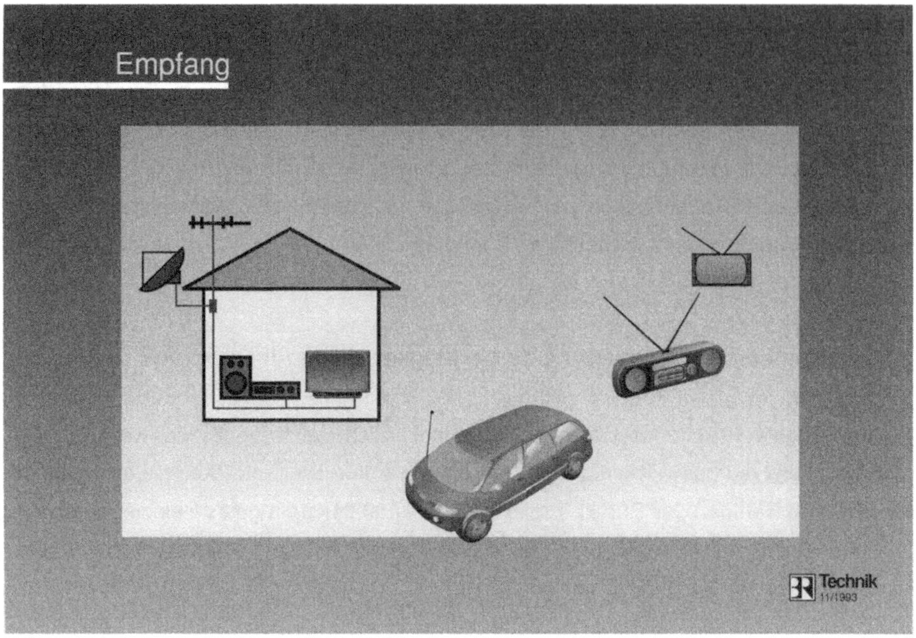
Empfang
BR Technik
11/1993

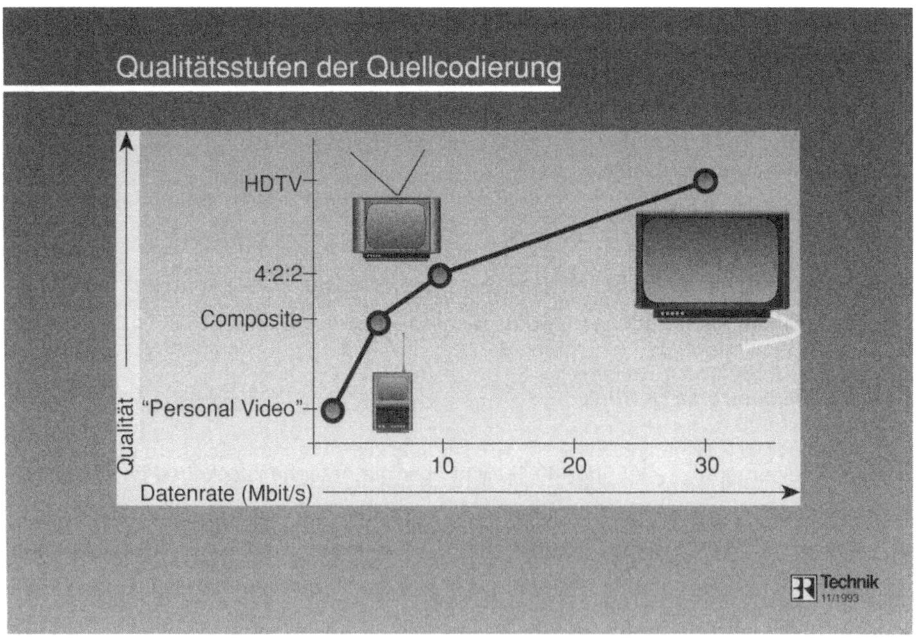
Qualitätsstufen der Quellcodierung
HDTV
4:2:2
Composite
"Personal Video"
Qualität
10
20
30
Datenrate (Mbit/s)
BR Technik
11/1993

gertonübertragungsverfahren für Satelliten. Dort wurden die Übertragungsparameter einer festen Funkstrecke zugrundegelegt.

3.2 Systemhierarchie Fernsehen

Ganz anders sind die Empfangsgewohnheiten beim Fernsehen: Der bei weitem überwiegende Anteil der Fernsehgeräte wird mit Anschluß an eine Antennensteckdose betrieben. Darüber hinaus gibt es einen - stetig wachsenden - Anteil an Zweit- und Drittgeräten, der die Stabantenne für den Signalempfang benutzt. Für ein künftiges digitales Fernsehsystem ist daher - insbesondere mit Blick auf terrestrische Netze - ein hierarchischer Systemaufbau zwingend erforderlich. Derartig hierarchisch aufgebaute Systemkonzepte werden es ermöglichen, in einem 8 MHz-Kanal ein HDTV-Signal auszustrahlen. Der Empfänger entscheidet dann aufgrund der Empfangsbedingungen (Steckdose, Stabantenne, mobiler Empfang) und seiner eigenen Konfiguration, welche Qualität decodiert wird: Beim Empfang über Richtantenne und Antennensteckdose im Wohnzimmer mit dem großen Bildschirm ein HDTV-Programm, im Schlafzimmer mit Stabantenne ein 625-Zeilenbild und im Reisebus bzw. Pkw ein 312-Zeilenbild (Abb. 12).

Unter Einbziehung vorstehend genannter Grundvoraussetzungen werden z.Zt. intensiv in verschiedenen europäischen Arbeitsgruppen und in nationalen Projekten und Gremien Überlegungen für digitale terrestrische Fernsehsysteme angestellt. In der Bundesrepublik Deutschland ist dies eine Projektgruppe im Auftrag des Bundesministeriums für Forschung und Technologie (BMFT) unter Federführung des Heinrich-Hertz-Intituts (HHI), Berlin: "HDTV-T; "Hierarchical digital TV-Transmission" (Abb. 13 und 14).

Grundüberlegung in den verschiedenen Forschungsprojekten Europas ist dabei, in einem herkömmlichen Fernsehkanal mit 8 MHz Hochfrequenz- (HF)-Bandbreite ein Signal in bestmöglicher Qualität, nämlich HDTV, zu übertragen und dabei für einen einwandfreien Empfang die übliche Dachantenne mit Richtcharakteristik vorauszusetzen. Das hierarchisch aufgebaute System soll dann darüber hinaus den Empfang eines Signals, dessen Qualität mit dem heutigen 625 Zeilen-Fernsehen vergleichbar ist, nur mit einer Stabantenne in einwandfreier Qualität ermöglichen. Der dafür geprägte Begriff ist SDTV-Quality (Standard Definition TV; Abb. 15). Der Vorteil liegt darin, daß der gleiche Bildinhalt künftig als HDTV-Signal sowohl auf dem großen Bildschirm im Wohnzimmer als auch mit tragbaren Geräten empfangen werden kann. Nur so können sich nach Auffassung der Rundfunkanstalten die heutigen Fernsehprogramme allmählich zu HDTV-Programmen entwickeln: Neue, von Beginn an entsprechend gestaltete HDTV-Programme wird es aus Kostengründen wohl kaum geben.

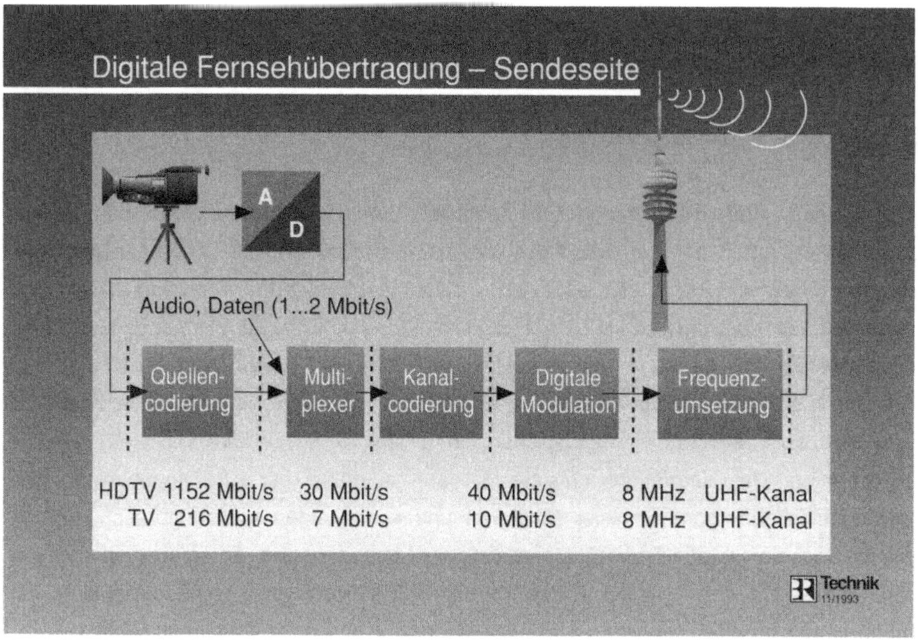
Digitale Fernsehübertragung – Sendeseite
A
D
Audio, Daten (1...2 Mbit/s)
Quellen-codierung
Multi-plexer
Kanal-codierung
Digitale Modulation
Frequenz-umsetzung
HDTV 1152 Mbit/s 30 Mbit/s 40 Mbit/s 8 MHz UHF-Kanal
TV 216 Mbit/s 7 Mbit/s 10 Mbit/s 8 MHz UHF-Kanal
Technik 11/1993

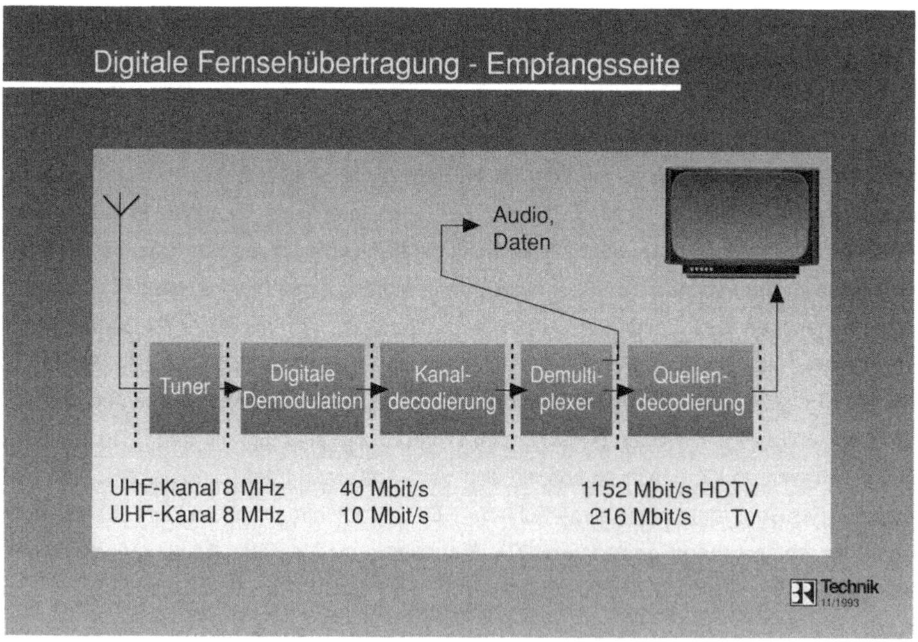
Digitale Fernsehübertragung - Empfangsseite
Audio, Daten
Tuner
Digitale Demodulation
Kanal-decodierung
Demulti-plexer
Quellen-decodierung
UHF-Kanal 8 MHz 40 Mbit/s 1152 Mbit/s HDTV
UHF-Kanal 8 MHz 10 Mbit/s 216 Mbit/s TV
Technik 11/1993

Zwischen der künftigen HDTV- und SDTV-Qualität ist noch eine weitere Stufe, nämlich EDTV (Enhanced Definition TV) vorgesehen, deren Qualität zwischen HDTV und Standard-TV liegt. Der Hauptunterschied liegt in einer besseren Auflösung und in einer geringeren Zahl von Artefakten gegenüber Standard-TV.

Ähnliche Überlegungen gab es in den vergangenen beiden Jahren bei der "European Launching Group on Digital Terrestrial Broadcast", in der viele europäische Rundfunkanstalten, Sendernetzbetreiber, Verwaltungen und Gerätehersteller zusammenarbeiten. Neben dem geschilderten Vorschlag wurden darüber hinaus Alternativüberlegungen angestellt, eine zweite Systemhierarchie anzudenken, um mit dem begrenzten Frequenzvolumen möglichst viele Programme zu übertragen (Abb. 16): Danach könnten in einem 8 MHz-Kanal auch zwei Programme, jeweils in EDTV-Qualität mit stationärem Empfang und in SDTV-Qualität für den Empfang mit tragbaren Geraten (Stabantenne) vorgesehen werden. Dieser Alternativüberlegung liegt wohl die Erkenntnis zugrunde, daß der Empfang von HDTV-Programmen immer nur über die Großbilddarstellung im Wohnzimmer mit Anschluß an die Antennensteckdose erfolgen wird. HDTV-Programme oder Programme mit HDTV-Anteilen könnten daher künftig ausschließlich über Satelliten verbreitet werden. Das terrestrische Frequenzspektrum könnte dann - bei Verzicht auf die terrestrische HDTV-Ausstrahlung -besser ausgenutzt werden

Ein weiterer Vorschlag sah pro 8 MHz-Kanal wiederum nur ein Programm in EDTV-Qualität vor, welches jedoch auch mit portablen Geräten in SDTV- und im bewegten Fahrzeug in LDTV- (Low Definition TV) Qualität empfangbar wäre.

Die Vielzahl künftiger digitaler Satellitenkanale und die stets durch den Mangel an Frequenzen beschränkte Zahl digitaler terrestrischer Fernsehkanäle werden zwangsläufig dazu führen, eine Aufgabenteilung zwischen beiden Verbreitungsmöglichkeiten in der Weise vorzunehmen, daß über das terrestrische digitale Fernsehen künftig schwerpunktmäßig Programme für Teilnehmer mit mobilen und tragbaren Geräten und über Satelliten Programme für den Empfang mit stationär angebrachten Antennen gesendet werden. Andererseits bietet die Einführung von digitalen Gleichwellennetzen langfristig eine sehr interessante Perspektive für die Entwicklung digitaler Fernsehsysteme, weil dadurch eine oprimale Frequenzökonomie erreicht und somit auch die Möglichkeit geschaffen wird, auch terrestrisch mehr Programme und auch Datenrundfunk zu senden.

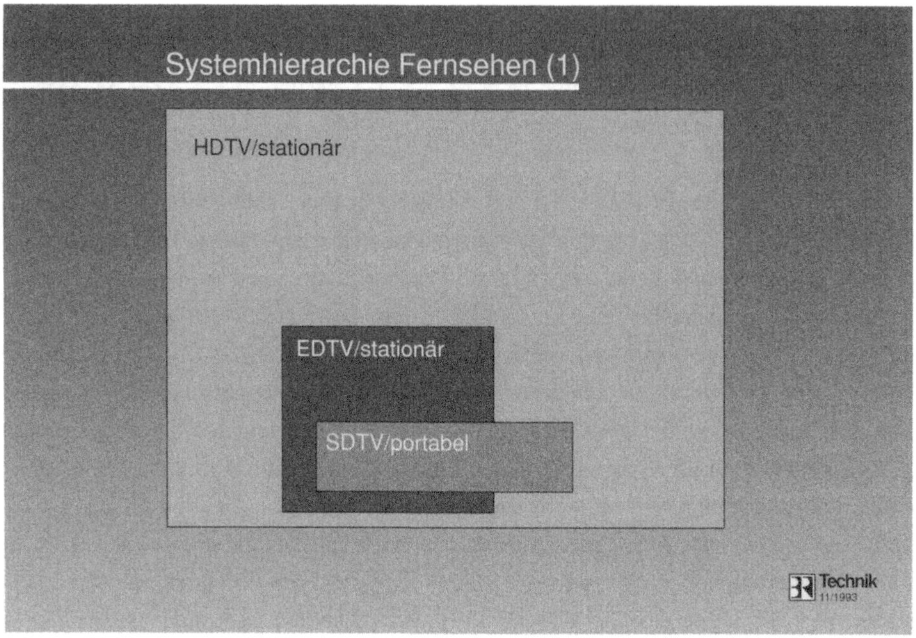
Systemhierarchie Fernsehen (1)
HDTV/stationär
EDTV/stationär
SDTV/portabel
Technik
11/1993

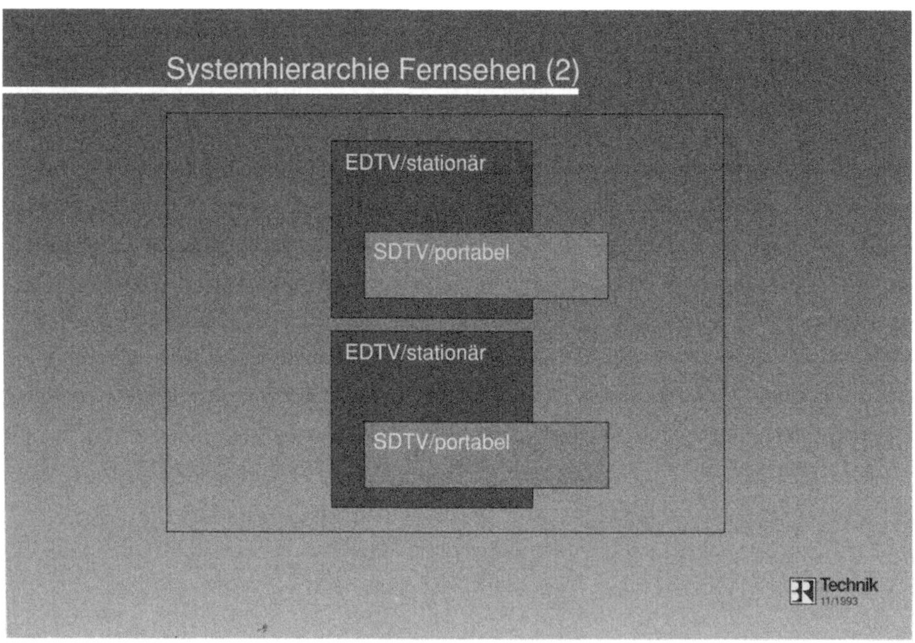
Systemhierarchie Fernsehen (2)
EDTV/stationär
SDTV/portabel
EDTV/stationär
SDTV/portabel
Technik
11/1993

4. Digitale Hörfunksysteme

4.1 Digitales Satellitenradio DSR

Anläßlich der Internationalen Funkausstellung in Berlin 1989 wurde das System "Digitales Satellitenradio (DSR)" eingeführt: Über einen Transponder des deutschen Rundfunksatelliten TV SAT 2 (und des Fernsehsatelliten Kopernikus) werden für den gesamten deutschsprachigen Raum Mitteleuropas - empfangbar mit Antennenanlagen von nur 30 cm Durchmesser - insgesamt 16 Stereo-Radioprogramme übertragen, die auch in die Kabelnetze der Deutschen Bundespost Telekom (Ende 1993 ca. 13 Millionen Haushalte) eingespeist werden. Empfangsgeräte gibt es bereits für weniger als DM 500.-- zu kaufen. Ende 1993 werden etwa 300 000 Teilnehmer DSR empfangen können. Das Digitalzeitalter hat beim Radio also schon längst begonnen.

4.2 Digital Audio Broadcasting (DAB)

Bereits 1980 wurden beim Institut für Rundfunktechnik (IRT) erste Vorüberlegungen und Untersuchungen zur Frage einer terrestrischen Hörfunkausstrahlung mit digitaler Codierung begonnen. 1985 führte das IRT gemeinsam mit dem Bayerischen Rundfunk erstmals Ausstrahlungsversuche im Raum Ingolstadt durch. Obwohl 1985 noch völlig unklar war, in welchem Frequenzbereich später einmal digital codierte Radioprogramme ausgestrahlt werden könnten, entschlossen sich die Rundfunkanstalten der ARD und das IRT, ein Projekt für digitalen terrestrischen Hörfunk zu initiieren.

Auf der europäischen Ministerpräsidentenkonferenz in Stockholm 1986 fiel dann der Startschuß für das Eureka-Projekt EU 147, in dem sich neben Vertretern der deutschen, französischen und holländischen Industrie auch deutsche Forschungsinstitute und das IRT sowie die BBC beteiligten. Das im Rahmen dieses Forschungsprojektes entwickelte System Digital Audio Braodcasting (DAB) ist einführungsreif. In der zweiten - noch bis Ende 1994 laufenden Stufe des Forschungsprojektes - werden einzelne Systemspezifikationen vervollständigt, spezielle integrierte Schaltungen entwickelt, sowie Überlegungen zu neuen Rundfunkdiensten und zu Datenrundfunk angestellt. Die in den USA diskutierten Schmalbandverfahren (Inband on channel - IBOC) stellen unter verschiedenen Aspekten für Europa keine Alternative dar.

DAB wird sich als digitales Übertragungssystem in einigen Parametern wesentlich vom bisherigen analogen UKW-System unterscheiden. Insbesondere sind dies die hervorragende und stets gleichbleibende Empfangsqualität, eine große Frequenzökonomie bei der großflächigen Programmverteilung, ein etwas höherer Frequenzbedarf für die Verbreitung von Regional- und Lokalprogrammen sowie eine gewisse Einschränkung beim Fernempfang außerhalb des eigentlichen Versorgungsgebietes. Mit dem System DAB steht das künftige europäische Radiosystem in "CD-Qualität" zur Verfügung. Es erlaubt einen stets einwandfreien Empfang auch mit tragbaren Geräten, d.h. mit der Stabantenne sowie im fahrenden Kraftfahrzeug.

Die Unterschiede zu UKW führten in letzter Zeit daher bei vielen Rundfunkanstalten, Programmveranstaltern und Medienanstalten zu der Auffassung, daß DAB nicht ausschließlich als Nachfolgesystem für UKW angesehen werden darf. Unter Umständen wird es sich als völlig neues Radiosystem entwickeln.

Zur vollständigen Umsetzung der heute im UKW-Bereich gesendeten Programme auch in DAB sowie für die Berücksichtigung weiterer Programmanbieter würde jedoch das bisher angedachte Frequenzvolumen des Fernsehkanals 12 - zumindest für das Gebiet der Bundesrepublik Deutschland - bei weiten nicht ausreichen. Der Frequenzbereich 230 bis 240 MHz, der heute noch militärisch genutzt wird, müßte mittelfristig hinzukommen; in einzelnen Gebieten der Bundesrepublik Deutschland wird dies auch für die übrigen Fernsehkanäle des Fernsehbandes III gelten. Darüber hinaus wird der neu dem Rundfunkdienst zugewiesene Frequenzbereich bei 1,5 GHz teilweise für DAB benötigt. Der Sicherung ausreichender zusammenhängender frequenzmäßiger Ressourcen im internationalen und nationalen Rahmen kommt eine große Bedeutung zu.

Der bisher von der deutschen DAB-Plattform vorgeschlagene Start von DAB im Jahr 1995 kann nicht eingehalten werden, da die Landesrundfunkanstalten der ARD aufgrund der schwierigen finanziellen Situation diesen Termin nicht mit tragen. Eine grundsätzliche Entscheidung über die Finanzierung der Sendernetze für DAB muß dennoch bald getroffen werden, damit die notwendigen Vorbereitungsarbeiten zum Start von DAB im Jahr 1997 (ggf. über eine Vorfinanzierung) durchgeführt werden können. Jede Verzögerung dieser Entscheidung führt zu einer weiteren Verschiebung des gesamten Projektes und gefährdet damit DAB insgesamt.

Um erste Dienste des Datenrundfunks testen und konkrete Akzeptanzuntersuchungen durchführen zu können, wird in verschiedenen Gebieten der Bundesrepublik Deutschland (Berlin, Bayern, Raum Dresden, im Rhein-Neckar-Gebiet und im Großraum Köln-Bonn) die Durchführung von Pilotversuchen für die Jahre 1995/96 geplant.

Einer zügigen Einführung von DAB kommt insbesondere auch unter industrie- und beschäftigungspolitischen Gründen eine besondere Bedeutung zu.

4.3 Digitale Tonunterträger bei der analogen Satellitenausstrahlung

Seit längerer Zeit ist bekannt, daß in einem Satellitentransponder neben dem analogen PAL-Fernsehsignal eine zusätzliche Übertragungskapazität zur Verfügung steht. Nach dem bekannten Panda-Wegener-Verfahren konnten bisher neben dem analogen Fernsehton bei 6,5 MHz sechs weitere Hörfunkprogramme - oder drei Stereo-Hörfunkprogramme - als Analogsignale übertragen werden (Abb. 17).

Bereits ist vergangenen Jahr startete das IRT gemeinsam mit einigen Landesrundfunkanstalten über den Satelliten Kopernikus einen Feldversuch, wobei in einem 2 Mbit/s-Datenstrom nach MUSICAM datenkomprimierte Stereoprogramme übertragen werden.

Seit der Internationalen Funkausstellung 1993 liegt nun auch ein Vorschlag von SES für das Satellitensystem ASTRA vor, welcher neben der Übertragung eines analogen Fernsehbegleittones auf den Frequenzen 7.02 und 7.20 MHz die Übertragung von insgesamt 12 Stereo-Hörfunkprogrammen mit einer Datenrate von jeweils 192 kBit/s vorsieht. Ebenfalls unter Verwendung des MUSICAM-Verfahrens wird dabei jeder Tonträger mit 130 kHz Bandbreite genutzt (Abb. 18).

Verschiedene Rundfunkanstalten - so auch der Bayerische Rundfunk - werden künftig über digitale Tonunterträger - z.B. parallel zum Fernsehprogramm des Bayerischen Fernsehens - Hörfunkprogramme zu den UKW-Grundnetzsendern zuführen und auf diese Weise teuere terrestrische Leitungen der Deutschen Bundespost Telekom einsparen. Ob es eines Tages auch die Möglichkeit geben wird, diese Tonunterträger mit allgemein auf dem Markt angebotenen Satelllitenempfängern zu empfangen - und damit das Verbreitungsgebiet gegenüber UKW wesentlich auszuweiten, muß abgewartet werden.

4.4 Digitales Hörfunksystem im 1,5 GHz-Bereich

Seit über 15 Jahren befassen sich die Europäische Rundfunkunion (UER) sowie die großen westeuropäischen Rundfunkanstalten mit Planungsüberlegungen für einen Hörfunksatelliten im 1,5 GHz-Bereich, dessen Programme auch mit kleinen tragbaren Geräten und mobil im Kraftfahrzeug empfangen werden können (Abb. 19). Die Rundfunkanstalten der ARD - insbesondere der Deutschlandfunk - haben diese Forderungen immer nachdrücklich unterstützt. Leider gelang es anläßlich der Internationalen Funkverwaltungskonferenz 1979 nicht, in einem für einen derartigen Dienst geeigneten Frequenzbereich bei 1,5 GHz eine entsprechende Zuweisung vorzunehmen. Dieses Ziel konnte erst anläßlich der Weltweiten Funkverwaltungskonferenz 1992 erreicht werden. So wurde der Frequenzbereich 1452 bis 1492 MHz sowohl für den Rundfunkdienst über Satelliten als auch für terrestrischen Rund-

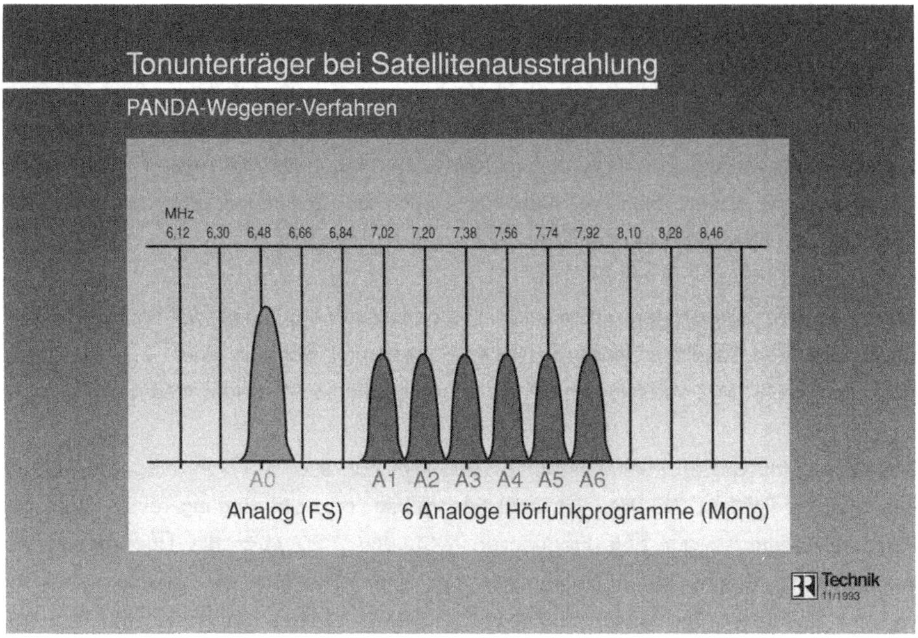
Tonunterträger bei Satellitenausstrahlung
PANDA-Wegener-Verfahren
MHz
6,12 6,30 6,48 6,66 6,84 7,02 7,20 7,38 7,56 7,74 7,92 8,10 8,28 8,46
A0
A1 A2 A3 A4 A5 A6
Analog (FS)
6 Analoge Hörfunkprogramme (Mono)
Technik
11/1993

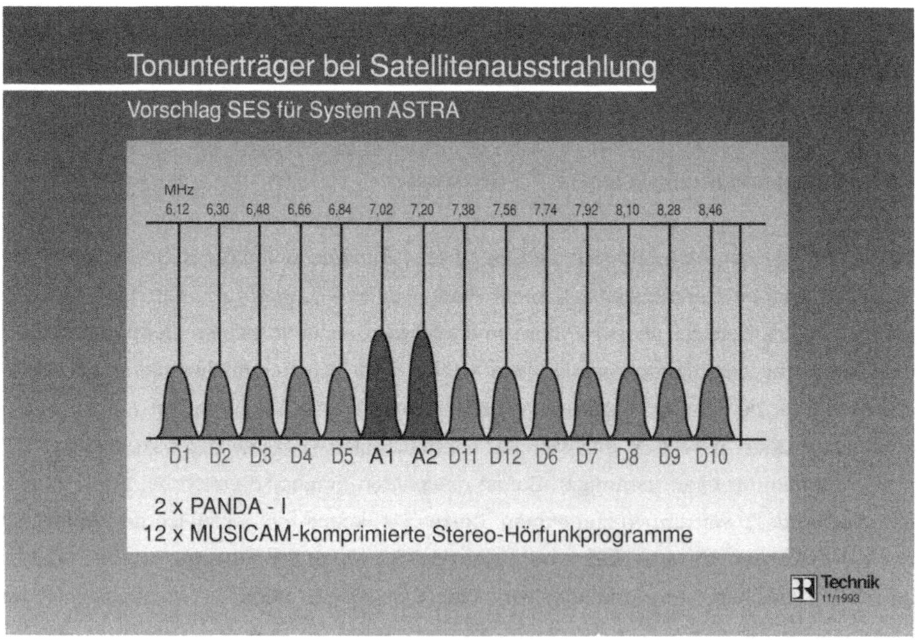
Tonunterträger bei Satellitenausstrahlung
Vorschlag SES für System ASTRA
MHz
6,12 6,30 6,48 6,66 6,84 7,02 7,20 7,38 7,56 7,74 7,92 8,10 8,28 8,46
D1 D2 D3 D4 D5 A1 A2 D11 D12 D6 D7 D8 D9 D10
2 x PANDA - I
12 x MUSICAM-komprimierte Stereo-Hörfunkprogramme
Technik
11/1993

funk - jeweils auf primärer Basis - zugewiesen. In einer Reihe von Fußnoten wird die Übergangszeit geregelt. Eine uneingeschränkte Nutzung dieses Frequenzbereichs wird erst ab dem Jahr 2007 möglich sein.

Unter Zugrundelegung der Arbeiten im Eureka-Projekt DAB ist es wohl unbestritten, daß dieses oder ein ähnliches Übertragungsverfahren auch für den digitalen Satellitenhörfunk Anwendung finden wird. Insbesondere in Kanada fanden dazu bereits erste umfangreiche Versuche statt. Insbesondere für die flächendeckende Versorgung großer Gebiete wird der künftige digitale Hörfunksatellit im 1,5 GHz-Bereich kostengünstig neue Möglichkeiten eröffnen. Viele "Flächenstaaten" haben dafür ihr Interesse bekundet. Bei entsprechender Wahl der Systemstemparameter können dann die Programme in Gebieten dichter Bebauung, in denen es zu Empfangsbeeinträchtigungen beim Satellitenempfang kommt, mit kleinen terrestrischen Sendern geschlossen werden.

Darüber hinaus wird in einigen Ländern, so in Frankreich und auch in der Bundesrepublik Deutschland, geplant, den Frequenzbereich 1,5 GHz auch für terrestrischen DAB-Rundfunk zu nutzen. Dies dürfte mit Blick auf die hohen Kosten eines entsprechenden Sendernetzes jedoch nur für Ballungsgebiete und entlang von Hauptverkehrsachsen interessant sein.

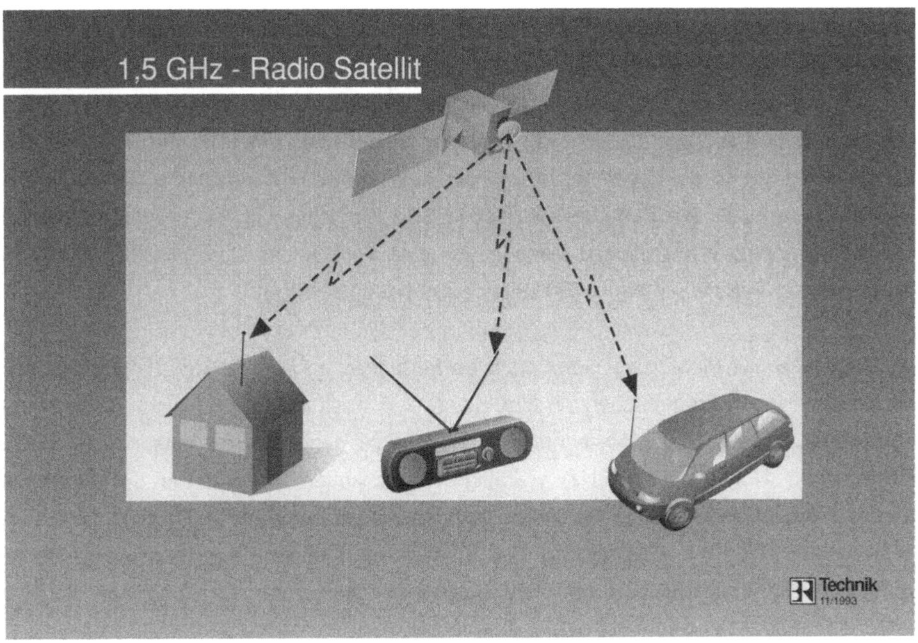

5. Digitale Fernsehsysteme (Satellit und Kabel)

Am 10. September 1993 wurde im Beisein des Bundesministers für Post und Telekommunikation in Bonn die Übereinkunft für das europäische Projekt "Digitales Fernsehen" von über 80 Institutionen aus 12 europäischen Ländern unterzeichnet.

In diesem Memorandum of Understanding (MoU) verpflichten sich Vertreter von Satelliten- und Netzbetreibern, Geräteherstellern, Programmanbietern und Verwaltungen im Rahmen eines offenen Forums, gemeinsam alle Anstrengungen zu unternehmen, um das europäische digitale Fernsehen bereitzustellen und im Markt ab 1995 einzuführen.

Das Memorandum of Understanding hat zum Ziel:

- Vorschläge für europäische Standards für die Übertragung des digitalen Fernsehens über Kabel und Satellit sowie für die terrestrische Übertragung zu erarbeiten, wobei erstere bereits bis Ende 1993 vorliegen sollen.

- In Zusammenarbeit aller Beteiligten die Entwicklung der Technik zu gestalten, die regulatorischen Voraussetzungen zu beeinflussen sowie die Einführung des digitalen Fernsehens in Europa vorzubereiten.

5.1 Digitale Satellitensysteme

Der Startschuß für das digitale Satellitenfernsehen wird bereits 1994 in den USA fallen. Dort will die Direct TV-Gruppe (eine Gemeinschaftsgründung des Raumfahrtkonzerns Hughes und mehrerer Fernsehanbieter) mit zwei Satelliten bis zu 160 Programme ausstrahlen. Der erste Satellit soll noch Ende 1993 gestartet werden. Der Empfang wird mit Satellitenspiegeln von nur 45 cm Durchmesser möglich sein, da für leistungsstarke Satellitentransponder Frequenzen des Rundfunksatelliten (DBS-) Bereiches verwendet werden können. Die zum Empfang erforderlichen Decoder will eine Tochter des französischen Thomson-Konzerns zum Preis von 500 bis 700 Dollar auf den Markt bringen

Im Gegensatz zur Einführung eines digitalen terrestrischen Fernsehens, für das es praktisch keinen freien Frequenzbereich gibt, bieten sich auch in Europa für die Satellitennutzung unterschiedliche Orbitpositionen und noch nicht genutzte Frequenzbereiche (DBS-Bereich von 11,7 bis 12,5 GHz) vielfältige Möglichkeiten. Ähnlich wie die genannten amerikanischen Unternehmen bemühen sich daher auch europäische Satellitenfirmen wie SES und EUTELSAT, Entwicklung und Einführung digitaler Fernsehsatelliten-Übertragungssysteme voranzutreiben, um mehr Satellitenkanäle vermarkten zu können. SES hat daher soeben die Entscheidung für den Start einen sechsten Satelliten für das System ASTRA bekanntgegeben. Neben dem Satelliten 1 E (Start Anfang 1995) soll der sechste Satellit 1 F (Start 1996) die Übertragungsmöglichkeit für 40 digitale Kanäle (ca. 200 Programme insgesamt) bieten. Auch EUTELSAT plant, Programmanbietern entsprechende Übertragungskapazität für digitale Fernsehprogramme anzubieten. (Satelliten "Hot Bird" Ende 1994 und "Hot Bird Plus" 1996.)

Sowohl die öffentlich-rechtlichen Rundfunkanstalten als auch die kommerziellen Programmanbieter in der Bundesrepublik Deutschland haben sich zu einer Mitarbeit im MoU Digitales Fernsehen zusammengefunden und arbeiten in den einzelnen Gruppen mit.

Als Ergebnis der ersten Sitzungen der Arbeitsgruppe Kabel und Satellit des Projektes Digitales Fernsehen wurden die Benutzeranforderungen für ein digitales Fernsehsystem über Satellit und Kabel formuliert. Danach soll die Einführung von digitalem Fernsehen über Satellit Mitte 1995 geschehen. Um dies zu erreichen, muß bis Ende 1993 ein entsprechender Normentwurf erarbeitet und im Anschluß daran verabschiedet werden. Vorgaben für das Übertragungssystem sind, daß die Kosten einer kompletten Empfangseinheit für Einzelempfang (Satellitenantenne, Satellitenempfänger plus Decoder) zum Zeitpunkt der Einführung nicht mehr als etwa 600 ECU betragen dürfen. Innerhalb von zwei Jahren soll dieser Preis auf ein Niveau von etwa 350 ECU zurückgehen. Weiterhin wurde festgelegt, daß die Quellcodierung sowie das Multiplexing ausschließlich den Standard MPEG 2 nutzen dürfen.

Die technische Arbeitsgruppe des Projektes Digitales Fernsehen wurde beauftragt, einen Vorschlag für die Kanalcodierung und Modulation, angepaßt für jedes Verbreitungsmedium (Satellit, Kabel, Gemeinschaftsantennen und terrestrische Verbreitung) zu erarbeiten. Dabei soll eine möglichst große Gemeinsamkeit zwischen den unterschiedlichen Übertragungssystemen erreicht werden. Für alle Verbreitungswege soll ein gemeinsames Scrambling-System entwickelt werden. Darüber hinaus soll das jetzt vorzuschlagende System sowohl abwärts kompatibel zu dem Standard MPEG 1 (VHS-Qualität) sein, als auch aufwärts kompatibel für spätere HDTV-Programme. Dafür wurde eine Studioqualität nach CCIR 601 als Qualitätsniveau definiert. Die Übertragungssysteme sollen darüber hinaus für die Bildformate 4 : 3 und 16 : 9 geeignet sein. Für die Toncodierung wird das Verfahren MUSICAM mit fünf einzelnen Tonkanälen vorgeschlagen.

Die schnelle Systemfestlegung von Normen für die digitale Verbreitung von Fernsehprogrammen über Satellit und Kabel und die geplante Betriebsaufnahme 1995 haben zur Folge, daß nur bereits fertig entwickelte Verfahren für die Codierung und vorhandene Gerätebausteine berücksichtigt werden können. Der "Stand der Technik" (heutige Erkenntnisse) kann daher meist nicht berücksichtigt werden, so z.B. für ein optimiertes "weiches" Aussteigen des Signals am Rand des Versorgungsgebietes (graceful degradation).

Die zügige Einführung des digitalen Satellitenrundfunks ist aber nur dann möglich, wenn von Beginn an **alle** heute analog verbreiteten Fernsehprogramme auch in der neuen digitalen Norm ausgestrahlt und über Kabelanlagen weiterverbreitet werden. Die Teilnehmer können dann **alle** Programme mit nur einer Satellitenempfangsantenne bzw. über einen Kabelanschluß empfangen ("alles aus einer Hand").

5.2 Verteilung digitaler Fernsehprogramme in Kabelnetzen

Die BK-Netze der Deutschen Bundespost Telekom sind weitgehend mit bis zu 30 Fernsehprogrammen belegt und bieten im Frequenzbereich bis 300 MHz keine Kapazitätsreserven. Anders sieht es mit dem Bereich 300 bis 450 MHz aus, der bisher im 12 MHz-Raster für die Verbreitung von D2 MAC-Programmen reserviert war, aber nur in geringem Umfang auch dafür genutzt wird. Einspeisung und Verbreitung digitaler Fernsehprogramme in BK-Netzen erfordern daher entweder eine zusätzliche Übertragungsmöglichkeit auch oberhalb von 450 MHz oder eine Umstrukturierung und andere Nutzung des Bereiches 300 bis 450 MHz.

Nach Aussagen des Zentralverbandes der Elektroindustrie Deutschlands (ZVEI), Fachverband Unterhaltungselektronik, sind derzeit nur etwa 20 % der Fensehgeräte für den Empfang des Bereiches 300 bis 450 MHz ausgerüstet. Die "schnelle" Einspeisung von über Satelliten verbreiteten digitalen Fernsehprogrammen in BK-Netze im Bereich 300 bis 450 MHz und deren Empfangsmöglichkeit lassen sich daher nur über Vorsatzgeräte bewerkstelligen, die die digital in BK-Netzen verbreiteten Fernsehprogramme in analoge Signale umsetzen, welche von allen heute eingesetzten Fernsehgeräten - vergleichbar mit den Videorekorder-Signalen - empfangen werden können. Aus der Industrie ist bekannt, daß entsprechende Überlegungen angestellt und Geräteentwicklungen begonnen werden.

Private Antennennetze nutzen heute vielfach schon erweiterte Frequenzbereiche. Darauf muß bei der Konzeption der Vorsatzgeräte geachtet werden.

Mit dem künftigen unmittelbaren Anschluß von Haushalten an Glasfasernetze der Deutschen Bundespost Telekom wird sich der Engpass in den Kabelnetzen beheben lassen. Bis Ende 1995 werden - so die Angaben der DBP Telekom - allein 1,2 Millionen Haushalte in den neuen Bundesländern über Glasfaser-Infrastruktur mit allen nachgefragten Diensten versorgt. Die Frage der Umsetzung digitaler Programmsignale in analoge Signale - ebenfalls mit Vorsatzgeräten - bleibt davon unberührt.

Auf eine weitere Entwicklung in den USA, auf das **Dial-Ton-TV,** soll noch hingewiesen werden: Regionale Telefongesellschaften beginnen derzeit mit der Einrichtung neuer Übertragungsnetze, die gleichzeitig für den üblichen Fernsprechverkehr und für den neu hinzukommenden **Dial-Ton-TV-Sendedienst** geeignet sind. Dabei werden für die größeren Übertragungsstrecken Glasfaserkabel und für die darunter liegenden Übertragungsebenen (regional und lokal) gemischt Koax- und normale Telefonkabel eingesetzt - bis hin zum Hausanschluß. Der Dial-Ton-Dienst gestattet das Anwählen einer theoretisch unbegrenzten großen Zahl von Video-Signalquellen - in gleicher Weise, wie heute beliebige Fernsprechteilnehmer angewählt werden können. In einer Zentrale wird dann das gewünsche Programm bzw. der gewünschte Kanal über das Koaxialkabel in den einzelnen Haushalt durchgeschaltet. Eine weitere Veringerung der Bandbreite wird durch die Übertragung digital komprimierter Signale erreicht. In der einfachsten Form können die zu übertragenden Fernsehprogramme soweit reduziert werden, daß sie in VHS-Qualität über kürzere Entfernungen ausschließlich über die vorhandenen Fernsprechleitungen übertragen werden können.

5.3 Digitales Fernsehsystem im 22 GHz-Bereich

Zur Internationalen Funkverwaltungskonferenz 1992 hatten verschiedene Staaten Vorschläge für eine Frequenzzuweisung für ein digitales Fernsehsatellitensystem im 22 GHz-Bereich unterbreitet. Für die Regionen 1 und 3 - also auch Europa - kam es zur Zuweisung des Bereiches 21,4 bis 22,0 GHz für den Dienst Fernsehen. Für die Nutzung wird "breitbandiges HDTV" empfohlen. Ab dem Jahr 2007 hat der Dienst Rundfunk (Fernsehen) in diesen Bändern Priorität gegenüber anderen Diensten.

Aufgrund eines Forschungsauftrages des Bundesministeriums für Forschung und Technologie (BMFT) der Bundesrepublik Deutschland hat sich das Institut für Rundfunktechnik (IRT) seit über sechs Jahren mit dem Projekt eines Fernsehsatelliten im 22 GHz-Bereich für die Ausstrahung digitaler Fernsehsignale befaßt. Künftige digitale Übertragungsverfahren mit Datenkompression ermöglichen eine ganz besonders frequenzökonomische Nutzung dieses Bereiches. Mit Satellitensendeleistungen von etwa 100 W je Transponder kann auch im ungünstigsten Monat noch eine Versorgungssicherheit von 99,7 % beim Empfang mit etwa 70 bis 90 cm großen Parabol-Empfangsantennen gewährleistet werden.

Mit Blick auf die Entwicklung des digitalen Fernsehens im Bereich 11 bis 13 GHz und die sich dabei ergebenden großen Übertragungskapazitäten wird durchaus kritisch abzuwarten sein, ob der Frequenzbereich um 22 GHz überhaupt Interessenten für eine Nutzung finden wird.

6. Datenrundfunk und Multimedia

Bei digitalen Übertragungssystemen handelt es sich generell um "transparente" Systeme: Anstelle eines Hörfunk- oder Fernsehprogramms kann im gleichem Datenstrom - oder in einer Teilmenge davon - auch ein ganz anderer Inhalt zeitgleich an die Allgemeinheit oder auch an einzelne Benutzergruppen transportiert werden.

Der heute in Deutschland geltende Rundfunkbegriff beschreibt Rundfunk, d.h. den heutigen Hörrundfunk und Fernsehrundfunk - als für die Allgemeinheit bestimmte Veranstaltung und Verbreitung von Darbietungen aller Art in Wort, in Ton und in Bild unter Benutzung elektrischer Schwingungen ohne Verbindungsleitungen oder längs oder mittels eines Leiters. Die kennzeichnenden Merkmale des Begriffs Rundfunk sind die gleichzeitige Verbreitung einer Mitteilung oder eines Programms an jedermann. Die Aussendung von "Daten", die es bisher weder beim Hörrundfunk noch beim Fernsehrundfunk gibt, erfüllt, wenn die Verbreitung zeitgleich und an die Allgemeinheit geht, die wesentlichen Grundsätze des Rundfunk-Begriffs. Dieser muß daher - auch unter Brücksichtigung der fernmelderechtlichen Aspekte - aktualisiert und in der Formulierung angepaßt werden.

Heute gibt es

Hörrundfunk und
Fernsehrundfunk

Künftig wird es mit Sicherheit auch einen "Datenrundfunk" geben. Die damit zusammenhängenden Grundsatzfragen müssen baldmöglichst geklärt werden. Im Zusammenhang mit der Einführung des Digitalradios DAB diskutieren die Rundfunkreferenten der Länder, das Bundesministerium für Post und Telekommunikation und die Rundfunkanstalten diese Frage augenblicklich sehr intensiv.

Am Beispiel Digital Audio Broadcasting (DAB) sollen künftige Datenrundfunkdienste näher erläutert werden: Der Datenstrom eines DAB-Multiplex-Signals von 1,5 Mbit/s ist in einzelne Datenpakete von 16 kbit/s unterteilt. Durch Zusammenfassung von Datenpaketen können dann Datenströme unterschiedlicher Größe übertragen werden. Die Zusammenfassung von 12 x 16 kbit/s ergibt z.B. 192 kbit/s - die Datenrate für die Übertragung eines Stereoprogramms.

Bei den erwähnten DAB-Pilotversuchen soll eine Reihe neuer Datenrundfunkdienste erprobt werden; so wären folgende Dienste vorstellbar:

- Informationsdienst für umfassende Verkehrsinformationen für einzelne Autobahnabschnitte nach Richtungen getrennt mit künstlicher Sprachausgabe und Anzeigemöglichkeit auf einem kleinen Display (Fahrtroute und ggf. Streckenbelastungen und empfohlene Umleitung). Organisation und Vermarktung könnten von Servicebetreibergesellschaften übernommen werden.

- Nachrichtenagenturen könnten umfassende Wetterinformationen und Bilddienste an Abonnenten z.B. für PC-Multimediaanwendungen anbieten.

- Börseninformationssystem mit der Möglichkeit, die Daten auf einem Display darzustellen und auszudrucken.

Die über einen herkömmlichen Satellitentransponder übertragbare Datenmenge von etwa 40 Mbit/s wird ohnehin in einzelne Datenpakete strukturiert werden müssen, um mehrere digitale Fernsehprogramme - auch mit wechselnden Datenraten - übertragen zu können. So sind neben DAB weitere Datenrundfunkdienste - auch mit größeren Datenraten - denkbar:

- Aktuelles Informationssystem für geschlossene Benutzergruppen oder für jedermann mit gesprochener Nachricht und mit Darstellung auf dem Fernsehgerät sowie der Möglichkeit, Nachrichten und Mitteilungen auch auszudrucken ("Elektronische Zeitung").

- Systeme zur Fort- und Weiterbildung.

- Softwareübertragung an geschlossene Benutzergruppen etc.

Die drahtlose Ausstrahlung neuer Datenrundfunkdienste wird auch auf die bestehenden "Rundfunk"-Breitband- und Antennenanlagen Auswirkungen haben. Diese werden damit langfristig zu "Datenübertragungssystemen".

Neben den neuen Möglichkeiten des Datenrundfunks mit Diensten, die überhaupt nichts mehr mit dem klassischen Radio und Fernsehen zu tun haben, werden die Multimedia-Anwendungen zu vielen Berührungspunkten mit digitalen Rundfunksystemen führen: Neben Musik sowie stehenden und bewegten Bildern werden Texte, Grafiken und Sprache im allgemeinen gesendet und übertragen. Dabei werden diese Programme nicht mehr nur passiv erlebt, sondern der PC-Nutzer (bzw. der Zuschauer) greift in das Geschehen ein und kann mit den von ihm empfangenen Multimedia-Daten arbeiten, d.h. diese bearbeiten und verändern. So wurde gerade von Sony bekanntgegeben, daß 1995 ein 32 bit-CD-ROM auf dem Markt gebracht werden wird, wodurch dreidimensionale Grafik und damit eine völlig neue Generation des "spielerischen Fernsehens" ermöglicht wird. Die mobile

Kommunikation, die z.Zt. noch auf Telefon- und Datenübertragung beschränkt ist, wird sich mittelfristig in eine mobile Bild- bzw. Multimedia-Kommunikation entwickeln (künftiger Standard MPEG 4).

Nach neuesten Ankündigungen soll bereits Mitte 1997 in Korea die Massenproduktion des 256 Megabit-Speichers anlaufen. Dieser Speichertyp wird insbesondere der Entwicklung tragbarer Multimediatechnik wie Fernsehgerate, Bildtelefon und PC einen wesentlichen Impuls verleihen.

Nach dem schweizer Experten Daniel Riner ist Multimedia ein interaktives, audiovisuelles und voll digitalisertes Medien-Verbundsystem. Damit wird zugleich auch deutlich, daß durch das Zusammenwachsen von Computer- und Unterhaltungsindustrie in Multimedia-Endgeräten das klassische Radio und Fernsehen nur noch Teil eines digitalen Datenübertragungssystems an jedermann und an geschlossene Benutzergruppen sein werden. Diese Entwicklung wird auch eine Fülle von Urheberrechtsfragen und von rundfunkrechtlichen Problemen aufwerfen.

7. Schlußbemerkungen

Vor etwa 40 Jahren - zu Weihnachten 1952 - wurde nach dem zweiten Weltkrieg in der Bundesrepublik Deutschland der Fernsehrundfunk zu Weihnachten 1952 mit dem Vorläufer des heutigen ARD-Programms wieder gestartet. Bis 1965 wurden dann die terrestrischen Sendernetze für insgesamt drei Fernsehprogramme ausgebaut. Damit fand die "erste Revolution" - gemeint ist die Einführung des Fernsehens überhaupt - ihren Abschluß.

In den Jahren 1980 bis 1990 wurde eine Fülle von Satellitentranspondern für die Übertragung von Fernsehprogrammen bereitgestellt. Der Ausbau der BK-Netze der Deutschen Bundespost Telekom fällt in diese Zeit: Heute können über 13 Millionen Kabelhaushalte und zusätzlich etwa 5 Millionen Haushalte mit Satelliten-Direktempfang mehr als 30 Fernsehprogramme empfangen. Damit fand die "zweite Revolution" statt: Wir können heute tagtäglich aus einer großen Vielzahl von Programmen auswählen.

Ab 1995 wird uns die "dritte Revolution" mehr als 200 digitale Fernsehprogramme bescheren - so die Prognose der Satellitenhersteller und vieler Programmanbieter. Wird es dann endlich neben einer großen Zahl von Programmen ("Vielzahl") auch eine größere inhaltliche Angebotspalette ("Vielfalt") geben?

Die ersten drei Fernsehprogramme waren - und das ist im Prinzip bis heute so geblieben - "Vollprogramme". Die heute über Kabel und Satellit empfangbaren 30 Fernsehprogramme bestehen zum Teil aus Vollprogrammen; es haben sich aber auch schon viele Spartenprogramme wie Sportkanäle, Filmkanäle, Nachrichtenkanäle und spezielle Musikprogramme dazwischenschoben.

Das Hinzukommen digitaler Fernsehkanale stellt uns vor gewichtige Fragen:

- Wird uns die Übertragungskapazität für 200 oder 300 oder gar 400 Digital-Fernsehprogramme den **"Fernsehprogramm-Kiosk"** bescheren? Ähnlich wie wir heute am Zeitungskiosk aus einer schon fast unübersehbaren Zahl von Zeitungen und Zeitschriften auswählen können? Wird es eine große Zahl von Spartenprogrammen, bis hin zum speziellen Programm für Segler, für Jäger und für Golfspieler oder für andere spezielle Zuschauergruppen - z.B. den Kunstliebhaber der Sendereihe "1000 Meisterwerke" - geben? Oder den 24-Stunden Wetterkanal? Oder "Rund ums Auto"? Auch für ARD und ZDF mit ihren großen Archivbeständen bieten sich interessante Aspekte.

- Wird es Variationen heute gesendeter Vollprogramme geben, in denen die unterschiedlichen Programmbeiträge nach Schwerpunkten (z.B. Unterhaltung, Information o.ä.) sortiert in der Hauptsendezeit parallel zum eigentlichen Programm gesendet werden? Eine interessante Überlegung insbesondere für ARD und ZDF.

- Oder wird es Übertragungen von Ereignissen geben, bei denen der Zuschauer selbst auswählt, aus welchem Blickwinkel er das Ereignis sehen will? Das Fußballspiel wird dann einmal wie bisher übertragen und darüber hinaus wird auf fünf oder sechs Parallelkanälen das Signal jeweils nur einer Kamera übertragen, so daß der Zuschauer letztendlich selbst entscheiden kann, aus welcher Perspektive er das Spiel sehen will?

- Werden wir Pay-TV-Spielfilme künftig mit gestaffelten Anfangszeiten sehen können, um nicht die gesamte Spieldauer abwarten zu müssen?

Die Rundfunkanstalten werden künftig nur noch "Übertragungskapazitäten" - z.B. 27 MHz eines Satellitentransponders - anmieten und die Aufteilung in einzelne Datenströme selbst vornehmen:

8 Mbit/s	für einen Qualitätsbeitrag
4 Mbit/s	für Unterhaltung
2 Mbit/s	für Teleshopping o.ä.

Die Aufteilung in unterschiedliche Datenraten ist auch ständig variierbar.

Entscheidend wird natürlich auch sein, wie die Fülle neuer Programme oder modifizierter Programme finanziert werden kann. Besteht dafür noch ein großes, auszuschöpfendes Werbepotential? Oder gibt es einen zunehmend größeren Markt für "werbefreie" Pay-TV-Programme, damit wir künftig unsere Spielfilme wieder ungestört - allerdings gegen teueres Geld - sehen können? Ist der Werbemarkt ausgereizt und müssen sich die neuen digitalen Programme auf die Bedürfnisse zahlungskräftiger Minderheiten richten? Das Prognos-Institut schätzt, daß Einnahmen aus Pay TV in Westeuropa von 2,1 Milliarden US-Dollar im Jahr 1990 auf 8,4 Milliarden US-Dollar steigen werden. Und Bertelsmann schätzt, daß sich der Umsatz der Kommunikationsbranchen allein in Deutschland von heute 70 Milliarden bis zum Jahr 2000 auf 140 Milliarden DM verdoppeln wird

Oder wird es in größeren Umfang Systeme für "Pay per view" geben, in denen der Zuschauer jeweils nur den Beitrag zahlt, den er sieht? 2 Mark für den Film und 19 Pfennige für die Wetterkarte?

Die neuen Spartenprogramme werden sich - so die Fachleute - schon mit Zuschauerzahlen von einigen 100 000 Abonnenten als Pay TV oder Pay per view (in Verbindung mit Spezialwerbung) rechnen. Die Kosten betragen auch nur einen Bruchteil der großen Vollprogramme.

Eines steht fest: Pay TV und Pay per view werden für den Zuschauer immer wesentlich teurer sein, als die heutige Rundfunkgebühr, die für nur DM 24,50 sämtliche Radio- **und** Fernsehprogramme ins Haus liefert, und die Finanzierung der kommerziellen Programme über Werbung.

Der Finanzierung der Programme, die die Grundversorgung für jedermann sicherstellen müssen, über die Rundfunkgebühr kommt dann eine besondere Bedeutung zu: So wird allen Menschen - auch den ärmeren - zu einem "berechenbaren" Pauschalbetrag eine Mindestmenge an Programmen zur Verfügung gestellt. Die Programmfinanzierung ausschließlich über Pay TV und Pay per view - von einigen Politikern gern immer wieder gefordert - würde sehr bald die Frage aufwerfen: "Fernsehen nur noch für Reiche"?

Völlig ungeklärt ist auch die Frage nach der inhaltlichen Auswahl aus 200 Fernsehprogrammen. Gibt es dann Programmzeitschriften auf dem PC oder wöchentlich als 200 Seiten-Buch? Muß ein Kanal nur noch als "Auswahlhilfe" vorgesehen werden? Wie schnell wird sich das heutige Zuschauerverhalten ändern, wonach - auch in den USA - der Zuschauer in den Hauptsendezeiten auf die großen Hauptprogramme schaltet?

Die Transparenz digitaler Fernsehübertragungssysteme wird in Verbindung mit dem künftigen Datenrundfunk dazu führen, daß auch Fernsehen nur noch ein Teil der künftigen elektronischen Vertriebsebene für Daten und Dienstleistungen insgesamt sein wird. Gibt es daher künftig für den Vertrieb von Waren und Dienstleistungen den **"Elektronischen Marktplatz"**? Mit dem Direct Response TV (DRTV) wird für die Produktgruppen Tonträger, Bücher und Kassetten bereits 1993 ein Umsatz von 1 Mrd. DM erreicht.

Wird es künftig auch **"Elektronic Direct Marketing"**, d.h. die elektronische Direktwerbung geben? Heute beträgt der Aufwand für Prospekte und deren Postversand etwa 10 Mrd. DM pro Jahr allein in der Bundesrepublik Deutschland. Die Werbewirtschaft diskutiert diese Fragestellung augenblicklich sehr intensiv

Noch eine abschließende Bemerkung: Wie wird die dritte Revolution im Fernsehen, wie werden die 200 oder mehr digitalen Fernsehprogramme die Medienwelt verändern? Funktioniert dann überhaupt noch das heutige System der Programmzulassung? Wer kontrolliert und reguliert die Einhaltung gesetzlicher Bestimmungen für Jugendschutz, Werbung, etc.? Von Gewalt ganz zu schweigen! Bisher war Fernsehen ein wichtiges nationales und internationales kulturelles Medium, das Völker vereinte und für die gesellschaftliche Entwicklung von großer Bedeutung war. Künftig wird es bloß noch Fernsehen sein - als Mittel zum Zweck für kommerzielle Unternehmen.

Die fast überhastet schnelle Entwicklung der digitalen Satellitentechnik wirft viele Fragen auf, die noch geklärt werden müssen. Wahrscheinlich wird die technische Entwicklung wieder einmal die Medienpolitik überholen.

Das Bildformat 16:9, HDTV und digitales Fernsehen - wirtschaftspolitische Zwänge oder marktbezogene Zusammenhänge?

Albrecht Ziemer

Die Themenstellung meiner Ausführungen verspricht zunächst einmal einen schwierigen Einstieg, da es sich bei dem Breitbildformat 16:9, bei HDTV und beim digitalen Fernsehen um drei verschiedene Begriffe handelt, die nicht in allem deckungsgleich sind und von daher streckenweise einer getrennten Betrachtung unterzogen werden müssen. Insbesondere gibt es nicht auf Anhieb eine verbindende Strategie zwischen diesen drei technischen Ansätzen, was gerade auch in ihrer publizistischen Behandlung dazu fuhrt, daß sie oftmals ungeordnet oder auch falsch interpretiert behandelt werden.

Der Begriff HDTV, hochauflösendes Fernsehen, wird dabei zu einer Art Oberbegriff fur die Fortentwicklung der Fernsehtechnik und galt lange Zeit als Patentlösung, mit der sich die wirtschaftspolitische Konkurrenzsituation der unterhaltungselektronischen Industrie entscheidend verbessern läßt. Im gleichen Zusammenhang taucht dann immer auch das neue breitere Bildformat 16:9 auf, das oftmals mit HDTV gleichgesetzt wird, also vorgeblich schon HDTV ist. Einzig das digitale Fernsehen wird etwas differenzierter gewurdigt und mit einer Vervielfachung der Ausstrahlungskapazitäten und neuen Angebotsformen fur Programme - wie Pay-TV und Pay-per-View - in Verbindung gebracht.

Ich möchte daher diese drei technischen Möglichkeiten zunächst noch einmal für sich getrennt charakterisieren.

Das Bildformat 16:9 führt gegenüber unserem heutigen Bildformat 4:3 - entsprechend 12:9 - zu einem deutlich breiteren Bild, das aber nicht mit den noch breiteren Bildformaten wie z.B. Cinemascope verwechselt werden darf. Es führt zu einer Angleichung des heutigen Fernsehformats an die Entwicklung der Kinoformate, die sich nach dem 2. Weltkrieg deutlich verbreitert haben, ohne daß es bei ihnen jedoch zu einer einheitlichen Festlegung gekommen ist. Dieses neue breitere Fernsehbild soll sich den menschlichen Sehgewohnheiten besser anpassen, und es soll eine augenfreundlichere Bildgestaltung zulassen. Weltweit besteht Konsens, daß HDTV dieses Bildformat haben soll. Zunächst einmal bedeutet 16:9 aber nur Breitbildfernsehen und nicht HDTV.

Der Schritt zu HDTV als dem hochauflösenden Fernsehbild mit etwa der doppelten Zeilenzahl im Vergleich zu unserem heutigen Fernsehen - also z.B. 1125 oder 1250 Zeilen statt den 625 Zeilen der PAL-Welt - erlaubt rein technisch gesehen eine Großbildwiedergabe des elektronischen Fernsehbildes. Die höhere Auflösung erlaubt Bilddiagonalen von 1,40 m und mehr, ohne daß man dann beim gewohnten Betrachtungsabstand die Zeilenstruktur wahrnimmt oder das Bild flau wird. HDTV heißt also Großbildfernsehen, und dieses soll in Anlehnung an die Entwicklung der Kinobildformate immer auch Breitbildfernsehen, also 16:9, sein.

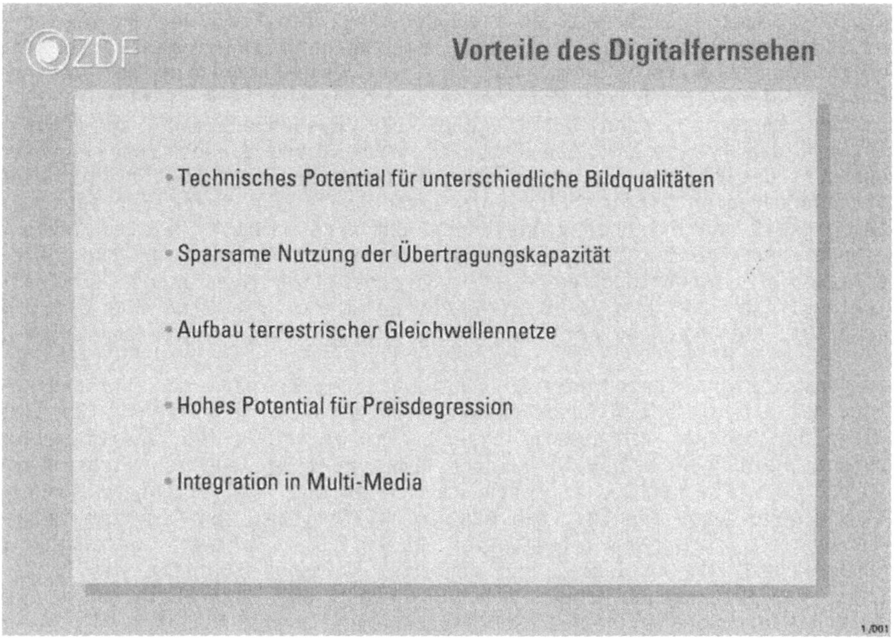

Bild 1

Die digitalen Ausstrahlungstechniken bedeuten einen revolutionären Schritt in der Fernsehwelt. Sie sind zu unseren heutigen analogen Ausstrahlungstechniken mit den Normen NTSC, PAL/PALplus und Secam nicht kompatibel. Der mit ihnen einhergehende Quantensprung in technologischer und auch wirtschaftspolitischer Hinsicht rechtfertigt aber eine solche inkompatible Revolution, weil sich damit für die Zukunft eine Fülle von Vorteilen und Perspektiven ergeben, die auch auf anderen Gebieten der Telekommunikation der Digitaltechnik zum Durchbruch verholfen haben. Für die Fernsehwelt sind das im wesentlichen (vgl. Bild 1):

- Technisches Potential für Bildauflösungen von "small definition" (z.B. VHS) bis "high definition" (HDTV)

- In Abhängigkeit von Quellen- und Kanalcodierung extrem sparsame Nutzung der Übertragungskapazitäten. Als Beispiel seien angeführt: 4 - 8 TV-Programme je Satellitenkanal, Aufbau terrestrischer Gleichwellennetze, HDTV-Ausstrahlung in herkömmlichen Kanälen.

- Preiswerte und billige Endgeräte durch Gleichheit von Bauteilen.

- Einbettung in die sogenannte Multi-Media-Welt; Verbindung von Fernsehen, Telekommunikation und PC.

Nun ist es gerade diese Querverbindung zu anderen Bereichen der Wirtschaft, die neue Einflüsse aufkommen läßt und das Vorgehen komplizierter werden läßt. Alle Entscheidungen haben damit auch immer eine wirtschaftspolitische Dimension, die z.B. auf Deutschland bezogen nicht nur die etwa 50.000 Arbeitsplätze der unterhaltungselektronischen Industrie berührt, sondern auch die etwa 85.000 Arbeitsplätze der Halbleiterindustrie mit einbezieht. Hier sei ein kurzer Exkurs gestattet: Die Unterhaltungselektronik nimmt ca. 30 % der Chip-Produktion ab, weitere 50 % entfallen auf Telekommunikation und Computer, die restlichen 20 % auf den Maschinen- und Fahrzeugbau. Der Massenverbrauch an "Chips" bestimmt die Preise und die Produktionsfähigkeit dieses intelligenten Rohstoffs des 21. Jahrhunderts; ohne Massenverbraucher begibt sich eine Wirtschaftsregion hinsichtlich Chip-Technologie und ihrer Fertigung in Abhängigkeit von externen Zulieferern und wird damit in vielen Schlüsselbereichen fremdbestimmt. Darüber hinaus knüpft sich an die Chip-Fertigung die Erwartung an eine außerordentlich dynamische Marktentwicklung. Für das Jahr 2000 wird ein Weltmarkt von etwa 600 Mrd. DM geschätzt, entsprechend der Größenordnung des heutigen Automobilmarktes.

Noch komplizierter wird der Entscheidungsprozeß, wenn man berücksichtigt, daß die High-Tech-Ausprägung der Unterhaltungselektronik für sich allein nur bedingt marktbeeinflussend ist. Die Fülle der individuellen Kaufentscheidungen im heutigen Endgerätemarkt folgt nämlich micht übergeordneten wirtschaftspolitischen Einsichten und Zielsetzungen, sondern ist vielmehr davon geprägt, daß man ein Hilfsmittel zur Programmwiedergabe und zur Programm-Präsentation kauft. Die Software bestimmt in diesem Prozeß die Hardware, und neu hinzukommende Begriffe wie Multimedia, Pay-TV, Pay-per-view, Video-on-demand und Interaktivität - und damit das Hinzutreten neuer Vertriebswege und neuer Anbieter mit einer entsprechenden Auswirkung auf Benutzerverhalten, Prioritäten und Bedienoberfläche - lassen hier für die Zukunft eher mehr als weniger Komplexität der Einflüsse erwarten.

Die Auswirkungen eben dieser Einflüsse und Komplexitäten machen es schwierig bis unmöglich, eine gesicherte Prognose für die Entwicklung der künftigen TV-Struktur abzugeben. Dabei sind noch nicht einmal die medienpolitischen Strukturen gemeint - die ich ohnehin in meinen Betrachtungen nicht in den Vordergrund stellen mochte -, sondern nur die technischen Strukturen. Es lassen sich aber gewisse alternative Szenarien aufzeigen, aus denen sich dann die wirtschaftspolitischen Auswirkungen, Rückwirkungen auf den Markt und entsprechende Zusammenhänge herleiten lassen. Bevor ich auf diese moglichen Szenarien näher eingehe, möchte ich, wenn auch sehr ungeordnet, die Erkenntnisse aufführen, die Europa bei seinen Bemuhungen um die Einfuhrung neuer Fernsehtechniken in den vergangenen Jahren sammeln konnte. Durch die "MAC-Episode" hat Europa eine Art Feldtest absolviert, der diese Erkenntnisse als weitgehend gesichert erscheinen läßt und Europa so einen gewissen strategischen Vorsprung vor anderen Regionen wie z.B. den USA und Japan gebracht hat; man sollte von daher eigentlich sehr genau wissen, was geht und was nicht geht.

- Wichtigster Punkt dieser Erkenntnisse ist, daß bei allen technischen Veränderungen eine Synchronisation mit der Software, also den programmlichen Möglichkeiten, erfolgen muß. Ohne diese Verknüpfung lassen sich technische Veränderungen im Markt nicht erfolgreich einführen. Negativbeispiele dazu sind HDTV über MUSE und MAC, die Bildplatte, der Bildschirmtextdienst usw., alles Ansätze, die sich vornehmlich aus Gründen eines viel zu beschränkten Softwareangebots bislang am Markt nicht durchsetzen konnten. Positivbeispiele sind die CD, Videorecorder und das Satellitenfernsehen. Letzteres ist vielleicht sogar das augenfälligste Beispiel der Verknüpfung von Hard- und Software: Es entstand

- aus Mangel an terrestrischen Frequenzen - sehr schnell ein umfangreiches und vielfältiges Programmangebot über Satellit durch neue Programmanbieter, der Hardware-Markt der Satellitenreceiver folgte diesem Programmangebot nach, er eilte ihm nicht voraus!

- Eine weitere Erkenntnis ist, daß sich in dem breiten und heterogenen Markt der Unterhaltungselektronik, der sich mit seinem Erfolg auf eine Fülle einzelner Kaufentscheidungen abstützen muß, technisch inkompatible Schritte nur sehr schwer umsetzen lassen. Eine inkompatible Veränderung muß einen sehr überzeugenden Zusatznutzen vorweisen können, um vom Markt angenommen zu werden. Negativbeispiel sind die MAC-Normen, Positivbeispiel wiederum die CD.

- Simulcast, d.h. Doppelversorgung, zur Umsetzung inkompatibler Veränderungen ist ein äußerst langwieriges und sehr teures Vorgehen, das in der Regel wirtschaftlich nicht vertretbar ist. So sind die notwendigen Simulcast-Zeiträume bei der Fernsehversorgung mit mindestens 10, wahrscheinlich aber eher 15 Jahren anzusetzen. Der Programmanbieter wird Simulcast immer ablehnen, weil es sein Publikum nicht vergrößert, seine Kosten aber erhöht.

- Technische Innovationen weisen auch im Erfolgsfall nur eine Marktdurchdringung auf, die in den ersten 4-5 Jahren nicht über 5 % hinausgeht und erst nach etwa 10 Jahren 40 % erwarten läßt. Bild 2 zeigt den Verlauf dieser Marktdurchdringung an so verschiedenen aber erfolgreichen Innovationen wie S/W-Fernsehen, Farbfernsehen, Videorecorder und CD. Die Kurven sind nahezu deckungsgleich.

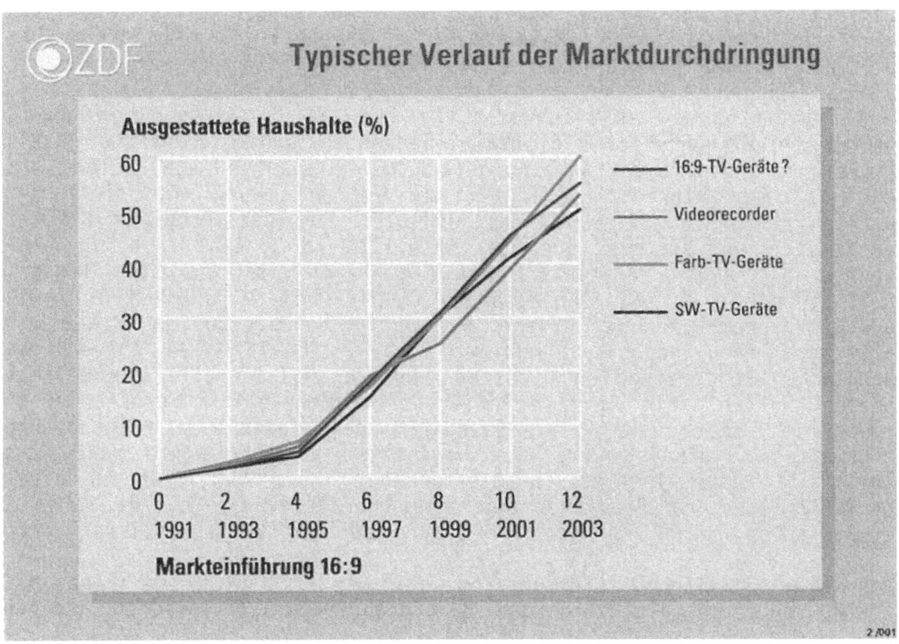

Bild 2

- Die Erhöhung der technischen Qualität über eine gewisse Grundschwelle hinaus ist ein sehr ungewisser Anreiz für den Markt. Wenn das qualitative Grundbedürfnis abgedeckt ist, reicht eine reine Qualitätserhöhung keinesfalls, um inkompatible Schritte durchzusetzen. Negativbeispiel: HDTV-Bildwiedergabe auf Röhrengeräten, die mit ihrer bauartbedingten maximalen Bildgröße von etwa 90 cm Diagonale die heutige 625-Zeilen-Technik nicht überfordern. Nur der Fachmann erkennt auf Bildschirmen dieser Größe den Unterschied zwischen 625-Zeilen-Technik (PAL, PALplus) und HDTV.

- Handhabungsvereinfachung ist immer ein Motor für Veränderungen, rechtfertigt aber nur selten inkompatible Schritte wie z.B. die Einführung der CD.

- Multifunktionen schrecken eher ab, als daß sie Kaufanreiz sind. Der Durchschnittskonsument nimmt sie zur Kenntnis ohne sie aktiv zu nutzen. Beispiel: Speicherfunktionen im Komforttelefon, Musikwiedergabe über Videorecorder.

- Quantitative Erhöhung des Angebots ist mit Sicherheit ein sehr großer Kaufanreiz und wohl auch das stärkste Argument zur Umsetzung inkompatibler Schritte. Positivbeispiel: Einführung des Satellitenfernsehens.

- Kann man die Erhöhung des quantitativen Angebots mit einer Qualitätssteigerung verbinden, so hat man eine Idealkombination für eine erfolgreiche Einführung von Innovationen. Diese Kombination erlaubt in der Regel für inkompatible Schritte eine hohe Erfolgswahrscheinlichkeit anzunehmen. Positivbeispiele: UKW-Radio, Satellitenfernsehen, Kabelanschluß.

Vor dem Hintergrund dieser Erkenntnisse möchte ich die in jedem Fall nur inkompatibel zur bestehenden TV-Infrastruktur vollziehbare Einführung des digitalen Fernsehens in 2 alternativen Szenarien aufzeigen und analysieren. Diese Analyse bezieht sich schwerpunktmäßig auf wirtschaftspolitische Zielsetzungen sowie auf die Komplexe "Breitbildfernsehen 16:9" und "Hochauflösendes Fernsehen, HDTV".

Im 1. Szenario, wie es stichwortartig in Bild 3 zusammengefaßt ist, erfolgt die Einführung des digitalen Fernsehens ohne technische Qualitätsveränderungen. Die Erscheinungsform der digitalen Ausstrahlung auf dem Bildschirm hinsichtlich Bildformat und Auflösung entspricht dem heutigen Fernsehen. Wegen der aufgeführten Simulcast-Probleme erfolgt die Ausstrahlung zunächst nur über Satellit und bezieht sich auf neue Dienste, die einen relativ raschen Break-even-point erwarten lassen. Damit stehen in der Einführungsphase Dienste mit Zugangskontrolle wie Pay-TV, Pay-per-View oder Video-on-demand im Vordergrund, weil sie mit ihrer Break-even-Betrachtung nur bei etwa 10 bis 15 % der notwendigen technischen Reichweite von Diensten ohne Zugangskontrolle liegen. Mit anderen Worten, ein werbefinanziertes kommerzielles Fernsehangebot braucht im deutschen Markt als geschäftliche Grundlage eine technische Reichweite von mindestens 5 Mio. Haushalten - Prof. Witte hatte das einmal die Medieneinstiegsschwelle genannt - im Vergleich zu einem Pay-TV-Anbieter wie Premiere, der seinen Break-even-point bereits auf der Basis von 700.000 Abonnenten = technische Reichweite erreichen kann.

Nach einem sehr langen Zeitraum, innerhalb dessen eine Durchdringung des Marktes auch mit digitalfähigen Multistandardgeräten erfolgt, können

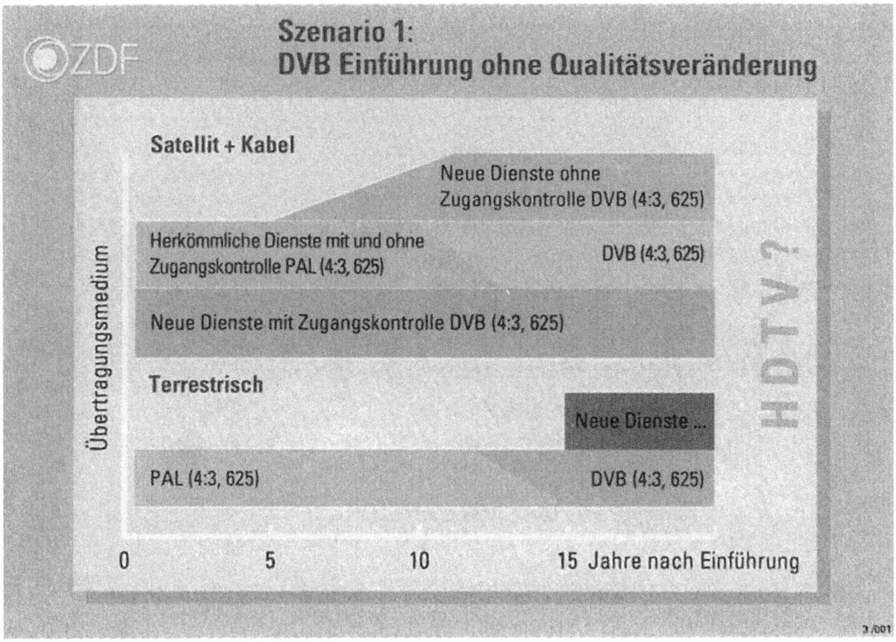

Bild 3

dann auch die Fernsehdienste ohne Zugangskontrolle auf digitale Ausstrahlung umgestellt werden. Diesem Umstellprozeß wird möglicherweise eine kurze Phase der Parallelausstrahlung vorangehen, auf jeden Fall ist eine vollständige Umstellung auf die Digitalausstrahlung und ein Abschalten der herkömmlichen Analogausstrahlung für diese freien Angebote erst machbar, wenn die Marktdurchdringung digitalfähiger Endgeräte deutlich über 90 % liegt. Wie dem vorangehenden Bild 2 entnommen werden konnte, werden dazu etwa 15 Jahre benötigt, innerhalb derer nach Einführung der Digtialausstrahlung die Analogausstrahlung beizubehalten ist. Das gilt übrigens nicht nur für öffentlich-rechtliche Programme mit ihrem "Versorgungsauftrag", sondern auch für die kommerziellen Programme, soweit sie Breitenwirkung haben und damit so etwas wie Verbraucherschutz entstanden ist. Umstell- und Abschaltzeiten, wie sie in den USA mit 5 Jahren angegeben werden, sind zumindest für europäische Verhältnisse eine Illusion. So mußte z. B. die Fernsehausstrahlung mit 819 Zeilen in Frankreich nach Einführung der 625-Zeilen-Secamnorm noch über mehr als 15 Jahre durchgehalten werden, bis praktisch das letzte Altgerät ausgestorben war; in England dauerte die Simulcastphase für 405 Zeilen s/w zu 625 Zeilen - PAL gar 18 Jahre (1967 bis 1985).

Wie in Bild 4 wiedergegeben, führt eine Analyse dieses Szenarios zu folgenden wirtschaftlichen Vorteilen:

- Ein ausreichender Programmstock ist von Anbeginn verfügbar, da keine technische Qualitätsänderung erfolgt. Durch Beibehalt des Bildformats 4:3 und der Auflösung mit 625 Zeilen können alle vorhandenen Programmquellen ohne jeden technischen Zusatzaufwand weiter genutzt werden.

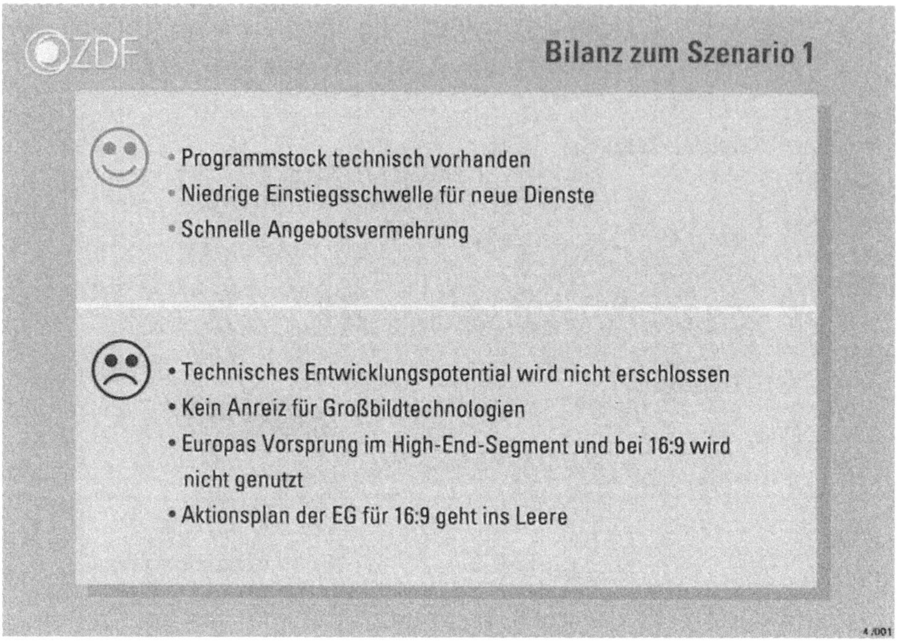

Bild 4

- Für neue Programmanbieter liefert dieses Szenario einen großen wirtschaftlichen Anreiz, da relativ geringe Vorlaufkosten entstehen.

- Durch erhebliche quantitative Ausweitung des Programmangebots, auch wenn es zugangskontrollierte Spartenangebote sind, entsteht im Markt ein großer Kaufanreiz.

Diesen Vorteilen stehen folgende Nachteile gegenuber:

- Das Entwicklungspotential der Digtitaltechniken wird durch Beibehalt der heutigen Qualitätsparameter nicht genutzt und wegen damit fehlender Softwareanreize voraussichtlich auf lange Zeit auch nicht erschlossen werden können. Das betrifft insbesondere die Fortentwicklung des Fernshens zu HDTV und die damit einhergehende Großbildtechnologie.

- Der Vorlauf und die Stärke der europäischen unterhaltungselektronischen Industrie im oberen Marktsegment (High-End) und in der 16:9 Technik wird nicht genutzt und nicht als strategische Hilfe ausgebaut. Das Digitalfernsehen zielt vielmehr auf "Supermarktelektronik", einem Gebiet in dem Europa traditionell Wettbewerbsnachteile hat.

- Der jüngst verabschiedete Aktionsplan der EG, der die Durchsetzung des Bildformats 16:9 mit ca. 230 Mio ECU über 4 Jahre fördert, geht ins Leere, weil der Zukunftsmarkt des digitalen Fernsehens auf dem herkömmlichen Bildformat 4:3 aufbaut.

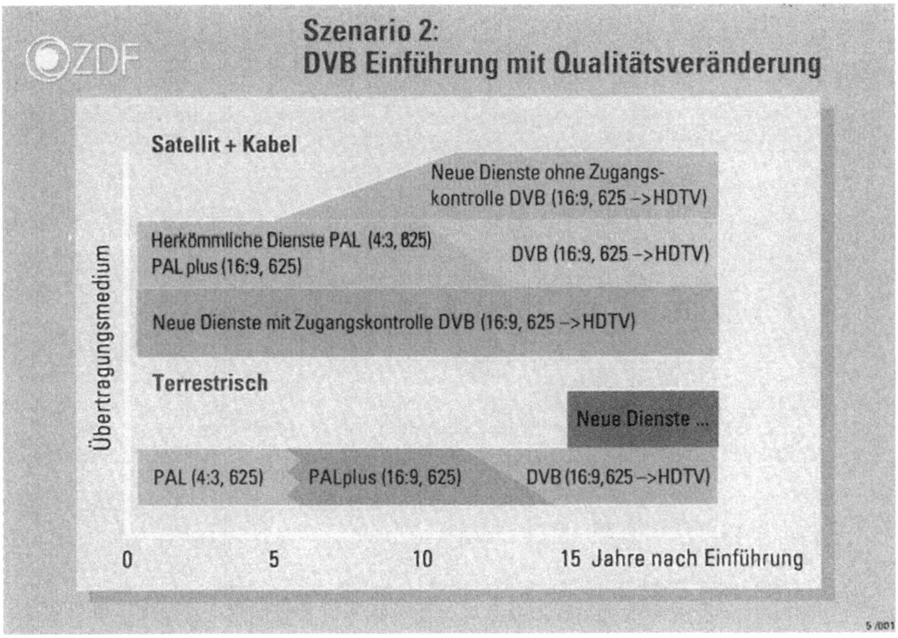

Bild 5

Vorüberlegungen verschiedener europäischer Pay-TV-Anbieter, wie aber insbesondere auch der Ansatz von Hughes Communications, USA mit seinem Direct-TV-Projekt, folgen diesem Szenario Nr. 1.

In einem Kontrastszenario hierzu, dem Szenario Nr. 2 wird das digitale Fernsehen mit einer Veränderung der technischen Bildqualität eingeführt. Im einzelnen heißt das, das Digitalfernsehen wird schwerpunktsmäßig an das Bildformat 16:9 gekoppelt und seine technischen Parameter werden so angelegt, daß aus einer Eingangsstufe später über kompatible Fortentwicklung Großbildfernsehen, HDTV entstehen kann. Dieses Szenario, wie es im Bild 5 zusammengefaßt ist, entspricht weitgehend den heutigen (planerischen) Vorstellungen der EG-Administration, der European Launching Group for DVB, die sich am 16.09.93 gegründet hat, und dem Ansatz des US-amerikanischen FCC.

Die Vor- und Nachteile von Szenario 2 gegenüber Szenario 1 sind weitgehend spiegelverkehrt. An der Notwendigkeit eines langjährigen Beibehalts der bestehenden analogen Ausstrahlung ändert sich im Szenario 2 gegenüber dem Szenario 1 jedoch nichts, es besteht vielmehr darüber hinaus die Notwendigkeit, diese analoge Ausstrahlung in ihrer Erscheinungsform auf dem Bildschirm dem digitalen Signal anzupassen. Dem Zuschauer ist es nämlich zutiefst gleichgültig, woher und wie sein Signal auf den Bildschirm gekommen ist, er setzt dort jedoch dieselbe Erscheinungsform voraus. Daraus folgt, daß in diesem Szenario der unmittelbare Zwang besteht, daß Bildformat 16:9 auch in der PAL-Welt einzuführen. Hierzu sind die technischen Voraussetzungen durch die inzwischen abgeschlossene kompatible Fortentwicklung von PAL zu PALplus gegeben.

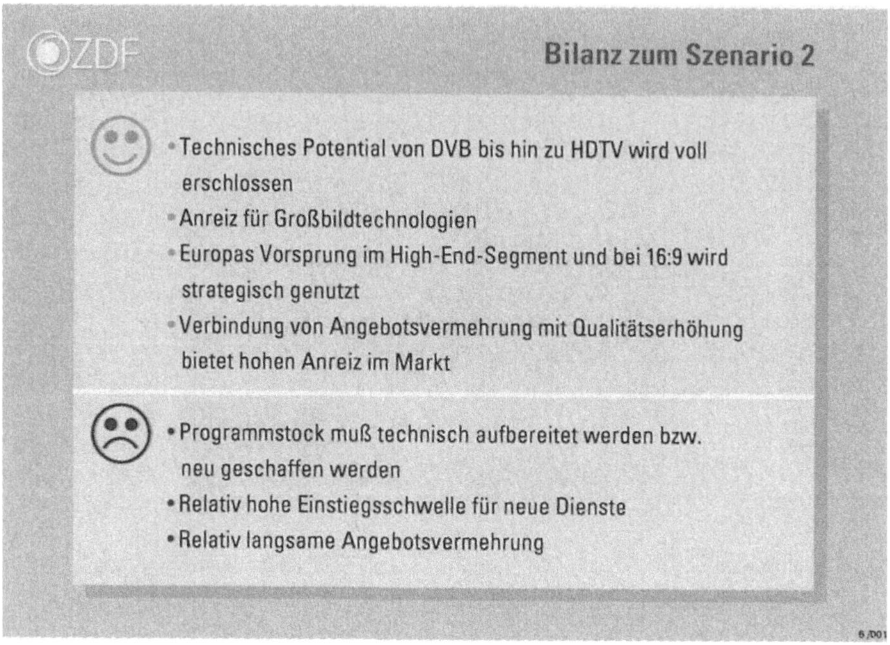

Bild 6

Die Vorteile des Szenairo 2 sind im einzelnen (vgl. Bild 6):

- Durch den Einbezug einer Qualitätsverbesserung eröffnet dieses Szenario von vornherein das technologische Entwicklungspotential der digitalen Ausstrahlung. Der Weg zu einer kompatiblen Fortentwicklung bis hin zu einem Großbildfernsehen, HDTV wird eröffnet.

- Europas Vorsprung im Marktsegment der High-End-Geräte und in der 16:9 Technologie wird voll ausgenutzt und im Markt umgesetzt.

- Der 16:9-Aktionsplan der EG liefert eine gute Basis und fügt sich in eine Gesamtstrategie.

- Die Verbindung von Qualitätserhöhung und Quantitätserweiterung ergibt die besagte optimale Kombination für eine positive Umsetzung im Markt.

Dem stehen natürlich auch Nachteile und Unwägbarkeiten gegenüber, die sich wie folgt zusammenfassen lassen:

- Ein Programmstock für das Bildformat 16:9 besteht nur bedingt. Dafür steht gegenwärtig nur der szenische Bereich mit seinem Filmstock zur Verfügung. Die erwähnte Verkopplung mit z. B. PALplus eröffnet hier jedoch einen Ausweg, weil so auch in den vorhandenen traditionellen Programmen langsam und verträglich das Bildformat 16:9 eingeführt wird, was die programmliche Basis verbreitert und maßgeblich zur Schaffung eines zukunftssicheren Programmstocks in 16:9 beiträgt.

  Darauf beruht ja im übrigen auch der Denkansatz des Aktionsplans der EG.

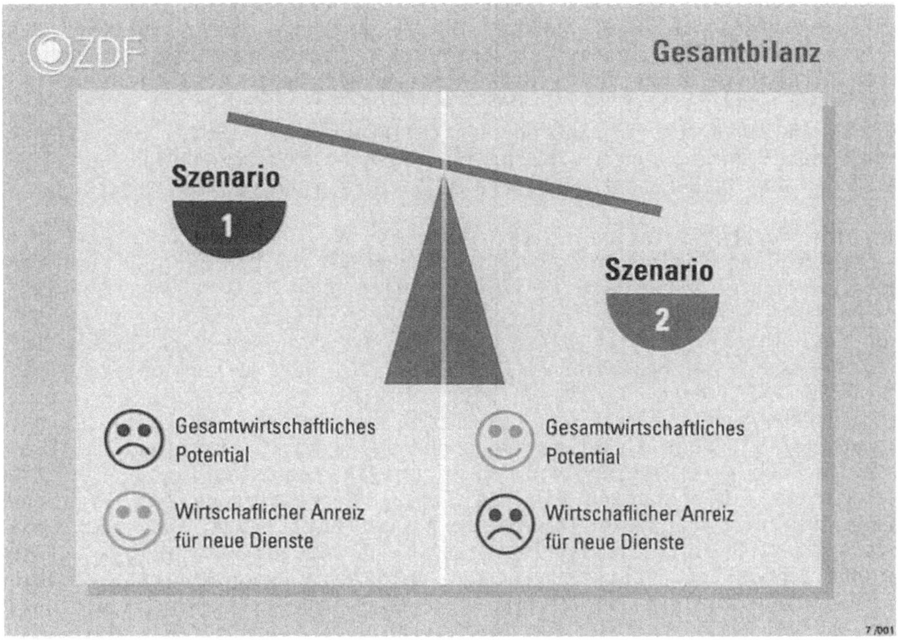

Bild 7

- Der wirtschaftliche Aufwand für den Programmanbieter ist bei diesem Szenario in der Einstiegsphase der digitalen Ausstrahlung höher. Er muß auch in die Qualität finanzieren. Dadurch wird der Break-even-point auch bei zugangskontrollierten Diensten zweifelsfrei angehoben. In Verbindung mit der zuvor angegebenen Gesamtstrategie des EG-Ansatzes muß dieses aber nicht zu prohibitiven Rückschlüssen führen.

In Bild 7 wird nun versucht, eine abschließende Wertung dieser beiden Szenarien vorzunehmen. Die wirtschaftpolitische und volkswirtschaftliche Bilanz verläuft eindeutig zugunsten des Szenario 2, weil nur so das wirtschaftliche und technische Zukunftspotential der digitalen Ausstrahlung von Anfang an voll erschlossen wird. Die betriebswirtschaftliche Einzelbetrachtung, insbesondere für neu hinzustoßende Programmanbieter verläuft dagegen ebenso eindeutig zugunsten des Szenario 1. Hier spielt insbesondere die unmittelbare technische Verfügbarkeit von Programmen, also Software eine dominierende Rolle.

Nun heißt es in der Unterhaltungselektronik: Software drives Hardware! Kommen also keine anderen Einflüsse hinzu, überläßt man die Marktentwicklung einzig der betriebswirtschaftlichen also unternehmerischen Initiative - wie es eigentlich ja auch sein soll - so wird sich zwangsläufig das Szenario 1 einstellen. Unter "anderen Einflüssen" sollte man nun unter keinen Umständen in Analogie zur MAC-Direktive eine neue EG-Direktive verstehen, die z. B. für das Digitalfernsehen bindend das Bildformat 16:9 vorschreibt. Die Erfahrungen mit solcher Art Dirigismuns sind so schlecht, daß man das kein zweites Mal versuchen sollte. Aber flankierende Maßnahmen wie beispielsweise der erwähnte EG-Aktionsplan für 16:9 oder aber auch ein Konsens im "European DVB-Projekt" (früher ELG) zum Bildformat 16:9, ähnlich wie ja auch die Spezifikationen des amerikanischen FCC dieses Bildformat für Digitalfernsehen vorsehen, wären sicherlich Schritte in die richtige Richtung. Also nicht Marktregulation sondern Marktstimulation ist gefragt. Hierzu sei angemerkt, daß die Spätstarter in Sachen Breitbildfernsehen 16:9, die Japaner gerade dabei sind, durch eine breitangelegte Rücknahmeaktion der 4:3-Empfänger dem 16:9-Format auch ohne HDTV zum Durchbruch zu verhelfen.

Für eine Marktstimulation besteht bereits aktueller Bedarf, weil die Weichenstellung für eines der beiden Szenarien in Europa schon in den nächsten Monaten erfolgen wird. Die Arbeitsgruppe Technik des "European DVB-Project" wird noch in diesem Jahr an die Standardisierungsorganisation ETSI ihren Vorschlag einreichen. Da er sich schwerpunktmäßig auf die Kanalcodierung beziehen wird und sich bei der Quellencodierung auf den MPEG 2-Standard abstützen wird, bleibt er formatneutral. Eine Formatverknüpfung ist auch von ETSI nicht zu erwarten. Somit findet der Formatentscheid über die ersten Anwendungen im Markt statt und fällt er z. B. in Europa in Richtung 4:3, so wird sich zwangsläufig das Szenario 1 einstellen. Bleibt dann die USA gemäß FCC-Festlegung bei 16:9 und führt die zuvor genannte japanische Aktion zum Erfolg, so kommen die Impulse zur Großbilddisplay-Technologie, Großbilddarstellung usw. in Zukunft sicherlich nicht aus Europa. Auch beim Programmmarkt, ohnehin von den USA dominiert, wird sich an deren Vormachtstellung dann nichts mehr ändern, weil die mit dem Breitbildformat einhergehende gestalterische Innovation ihren Basismarkt ebenfalls in den USA behalten wird, allen EG-Grünbüchern und Media-Projekten zum Trotz.

Vieles an meiner abschließenden Wertung mag all zu holzschnittartig erscheinen. Darin lag aber auch meine Absicht, denn nur so schien es mir möglich, Problemfelder und Folgewirkungen aufzuzeigen.

Digitales Fernsehen - Herausforderung für die Kommunikationswirtschft von morgen

Georg Kofler

Sehr geehrte Damen und Herren,

die neue Digitaltechnik für die Übertragung von Fernsehprogrammen wird, wie jede Massentechnologie, die Welt ein Stück weiter verändern: Die Welt der Kommunikation, die Welt der Marktwirtschaft und des internationalen Wettbewerbs, die Welt der Kultur. Wir können davon ausgehen, daß sich die Transportkapazität von Satelliten- und Kabelsystemen mit dem Einsatz der digitalen Kompression um den Faktor 10 - später vielleicht noch mehr - vergrößern wird. Ein Satellit, der heute 15 Fernsehprogramme überträgt, wird morgen deren 150 verbreiten. Die Kapazität von Kabelnetzen, die mit der analogen Technik 30 bis 50 Fernsehkanäle verteilen, wird in wenigen Jahren mühelos 300 bis 500 digitale Fernsehangebote umfassen.

Für mich besteht kein Zweifel, daß Menschen und Unternehmen diese neuen Möglichkeiten nutzen werden. Neue Technologien haben stets Phantasie, Spieltrieb und Unternehmergeist der Menschen beflügelt. Sie haben natürlich nicht nur Erfolgschancen, sondern auch Irrwege eröffnet. Dies wird beim digitalen Fernsehen der Zukunft nicht anders sein: Das Risiko des Irrtums ist der ständige Begleiter von Freiheit, Marktwirtschaft und Innovation.

Meine Damen und Herren, unter dem Begriff der audiovisuellen Medien verstanden wir bisher Filme, Video- und Fernsehprogramme. Dieser Markt hat in den letzten Jahren einen Wachstumsboom erlebt, der insbesonders durch die Einführung des Privatfernsehens europaweit angekurbelt wurde Heute werden auch in diesen Bereichen die Grenzen des Wachstums und der Angebotsvielfalt sichtbar: Die Anzahl der Kinobesucher stagniert, die Videotheken haben ihre besten Jahre hinter sich, und auch das werbefinanzierte Privatfernsehen spürt das Ende der Fahnenstange. Mehr Programme wird die deutsche Werbewirtschaft kaum noch finanzieren können, eher werden es weniger. Dieser Trend gilt auch für die entwickelten Medienmärkte des Auslandes.

Ich bin überzeugt, daß die Einführung der Digitaltechnik in den nächsten 10 bis 15 Jahren einen Entwicklungssprung bewirken wird. von den audiovisuellen Medien zur audivisuellen Kommunikationswirtschaft. Der elektronische Transportweg, bislang für die Laufbilder des Fernsehens reserviert, wird die neue Autobahn der Kommunikation Ihre Grundlage bildet die Verschmelzung der Technologien von Fernsehen, Computer und Telekommunikation. Ihre Nutzungsmöglichkeiten sind praktisch unbegrenzt, jedenfalls so lange, wie ihre neuen (und alten) Produkte vom Markt ausreichend akzeptiert werden Bereits im Jahr 2000 oder kurz danach wird ein erheblicher Teil der Produkt- und Dienstleistungsangebote, die heute in Gestalt von vielen Tonnen Papier die Briefkasten der Konsumenten verstopfen, auf elektronischen Wegen in die Haushalte kommen schneller, effektiver und ohne Umweltbelastung.

Viele, wahrscheinlich die meisten Produkte der künftigen Kommunikationsmärkte sind noch nicht bekannt. Aus heutiger Sicht scheinen mir drei Entwicklungen in wirtschaftlicher und inhaltlicher Hinsicht von großer Bedeutung zu sein:

Erstens: Der Fernseh-Kiosk

Schon heute ist absehbar, daß das Jahr 1995 zum Startjahr des digitalen Fernsehens in Europa wird.

Als Programmanbieter werde ich im digitalen Zeitalter nicht mehr Satellitentransponder oder Kabelkanäle anmieten, sondern Übertragungskapazität für bestimmte Datenmengen. Zum Beispiel ein Megabit pro Sekunde für die Übertragung von Zeichentrick oder Teleshopping, vier Megabit pro Sekunde für Spielfilme oder sechs Megabit pro Sekunde für ein hochwertiges Sportfernsehen. Die Programmanbieter werden je nach Programmart und erwünschter Empfangsqualität die angemietete Übertragungskapazitat nach eigenem Ermessen verteilen können. Nehmen wir an, ein Veranstalter würde einen ganzen Transponder mit der Übertragungskapazität von 40 Megabit pro Sekunde mieten: Damit könnte er 10

Spielfilmkanäle oder vielleicht auch 30 bis 40 unterschiedliche Homeshopping-Angebote verbreiten.

Durch die Vervielfachung der Übertragungskapazität können die Verbreitungskosten für Fernsehen deutlich gesenkt werden. Der elektronische Zugang zu den Haushalten, bislang eine große Barriere für jedes neue Fernsehprogramm, wird für einen Bruchteil der bisherigen Investitionen möglich sein. Auf dieser Basis wird eine neue Generation von Fernsehprogrammen entstehen: das **Special Interest Fernsehen**. Fernsehprogramme für Zielgruppen, die viel kleiner sein können als beim werbefinanzierten Privatfernsehen, das zum Überleben hohe Einschaltquoten braucht. Fernsehprogramme, die wie Zeitschriften bezahlt werden: Im Abonnement (Pay-TV) oder als Einzelsendung (Pay-per-View). Ich nehme an, daß sich ein erheblicher Teil dieser Special Interest-Angebote durch eine Mischfinanzierung aus Entgelten und zielgruppenorientierter Werbung ernähren wird, so wie das auch bei Fachzeitschriften üblich ist. Allerdings besteht kein Zweifel, daß die Entgelte der Abonnenten stets die wichtigste Finanzierungsquelle sein werden.

Special Interest Fernsehen wird in naher Zukunft so selbstverständlich sein, wie heute die Special Interest Zeitschriften. Die Kosten solcher Spartenprogramme werden nur einen Bruchteil der herkömmlichen nationalen Vollprogramme betragen. Sie liegen eher in der Größenordnung nationaler Publikumszeitschriften. Manche von ihnen werden bereits mit einigen hunderttausend Abonnenten wirtschaftlich erfolgreich sein.

So entsteht **neben dem Zeitungs-Kiosk der neue Fernseh-Kiosk.**

Ich denke, daß auch die inhaltliche Ausstattung des Fernseh-Kiosk dem nationalen Print-Kiosk ähnlich sein wird. Schließlich bleiben die anzusprechenden Zielgruppen mehr oder weniger die selben. Warum soll den begeisterten Golfer, der das Golfmagazin abonniert hat, nicht auch ein spezielles Golf-TV interessieren? Oder den Käufer von Automagazinen ein Fernsehkanal rund ums Auto? Bereits diskutiert wird der gewaltfreie Kinderkanal oder ein Fernsehangebot, das die Interessen der Senioren besonders berücksichtigt. Oder Fernsehprogramme in unterschiedlichen Sprachen für in Deutschland lebende Ausländer. Den Hochglanzmagazinen über Reisen, besser Leben und schöner Wohnen kann auch im Fernsehen entsprochen werden. Abenteuerurlaube sind in bewegten Fernsehbildern wahrscheinlich aufregender als auf dem Foto. Die Fernsehwelt wird sich auch der Musik stärker öffnen: von der Country-Music bis zum klassischen Konzert, Musical oder Oper. Der 24-stundige Wetterkanal ist in den USA bereits auf Sendung, er wird in Zukunft noch mehr Informationen anbieten können, die der Konsument jeweils für seine Region abrufen kann.

Hinzu wird eine Vielzahl von sogenannten "On-Demand"-Kanälen kommen, also Abrufdienste für bestimmte Programmkategorien, die sich der Zuschauer ansehen kann, wann immer er Zeit dafür findet. Beispielsweise wird es einige Dutzend Filmkanäle geben, auf denen die neuen Kinohits zu beliebiger Zeit gegen Einzelentgelt abrufbar sind. Wenn der gleiche Film jede Viertelstunde beginnen soll, damit er für den Zuschauer möglichst komfortabel zur Verfügung steht, dann werden damit mindestens 4 Kanäle gefüllt. 10 aktuelle Spielfilme, die nach diesem System vermarktet werden, nähmen dann 40 bis 50 Kanäle in Anspruch. In einem weiterentwickelten System wird dem Kunden auch der zeitunabhängige Zugriff zu ganzen Film-, Sport- oder Musikbibliotheken angeboten werden. Die Videothek kommt zu ihm nach Hause und begründet einen neuen Geschäftszweig dieser Industrie, den **audiovisuellen Versandhandel**. Abrufbar werden sicherlich auch Lottoscheine, Kreuzworträtsel oder Computersoftware und - im wahrsten Sinne - jede Menge Daten. Spätestens hier wird klar, daß viele dieser Dienste mit dem traditionellen Fernsehen nur noch das technische Transportvehikel gemein haben. Es handelt sich um keine Veranstaltung des Massenmediums Fernsehen mehr, sondern um eine **neue, elektronische Vertriebsebene von Produkten und Dienstleistungen.**

Wie wird das digitale Special Interest Fernsehen den herkömmlichen Fernsehmarkt beeinflussen? Meine Einschätzung lautet: In den kommenden fünf bis sieben Jahren werden diese Kanäle keine nennenswerte Umverteilung der Marktanteile bewirken. Ich bin ziemlich sicher, daß die führenden fünf nationalen Vollprogramme auch noch im Jahr 2000 gut 70 Prozent des Sehermarktes auf sich vereinigen. Weitere 20 Prozent werden auf werbefinanzierte, allgemein empfangbare Spartenprogramme des Privatfernsehens sowie die Dritten und Satellitenprogramme des öffentlich-rechtlichen Fernsehens entfallen. In der Kategorie der restlichen 10 Prozent werden sich die internationalen

Satellitenprogramme, terrestrisch einstrahlende Sender aus den angrenzenden Nachbarstaaten, regionales und lokales Fernsehen sowie die neuen Special Interest-Angebote bewegen.

Auch ohne große Marktanteile wird das Special Interest Fernsehen die freiheitliche und marktwirtschaftliche Komponente innerhalb des dualen Rundfunksystems in Deutschland verstärken. Viele Gründe sprechen dafür, daß die neuen Programmangebote auf privatwirtschaftlicher Basis veranstaltet und finanziert werden. Die Ambitionen von ARD und ZDF, ebenfalls Pay-Programme zu veranstalten, sind rational nicht nachvollziehbar. Ich kann nicht verstehen, wie die öffentlich-rechtlichen Anstalten neue Programmprojekte realisieren wollen, wenn sie ganz offensichtlich schon nicht in der Lage sind, ihren derzeitigen Bestand an Programmen und Organisationsapparaten zu finanzieren. Außerdem ist schwer einzusehen, was diese neuen Spartenprogramme mit dem Auftrag zur Grundversorgung zu tun haben. Die Grundversorgung kann ja nur schlechter werden, wenn die öffentlich-rechtlichen Anstalten ihre Energien auch noch auf die Restversorgung konzentrieren. Hinzu kommt, daß ARD und ZDF bereits gewichtig im Pay-Geschäft vertreten sind Über die Gebühreneinzugszentrale sind sie die weltweit größten Veranstalter von Zwangs-Pay-TV.

Zweitens: Der audiovisuelle Marktplatz

Digitale Kommunikation wird verstarkt für den Vertrieb von Waren und Dienstleistungen eingesetzt werden Bereits heute setzen die amerikanischen Homeshopping-Kanale Waren im Gesamtwert von über 3 Milliarden Dollar pro Jahr um. Allein das amerikanische Homeshopping-Network (HSN) wickelt pro Tag durchschnittlich 122.000 Bestellungen ab. Die Zuwachsraten sind enorm. Auch im deutschen Privatfernsehen werden Waren zur telefonischen Bestellung angeboten. Das Stichwort lautet DRTV - Direct Response Television. DRTV wird als Sonderwerbeform eingesetzt und wird in diesem Jahr Warenumsätze in der Größenordnung von einer Milliarde DM generieren. Die meist verkauften Produktgruppen sind Tonträger, Bücher, Videokassetten und Gebrauchsgegenstände wie z.B. Fitneßgeräte.

Seit dem 1. Oktober 1993 ist in Europa der erste Homeshopping-Kanal via Satellit auf Sendung, bezeichnenderweise ein Anbieter aus den USA, der erfolgreiche Shopping-Sender QVC (Quality Value Convenience). QVC versteht sich als Warenhaus, das anstelle eines gedruckten Versandkataloges eben einen audiovisuellen Katalog anbietet. Der Sender dient als audiovisuelles Schaufenster und Verkaufstheke in einem. Auch hier ist einsichtig: es handelt sich nicht mehr um Fernsehen im herkömmlichen Sinn, sondern schlicht um ein Vertriebsinstrument, das die Transporttechnik des Fernsehens nutzt.

Der elektronische Vertrieb wird in den nächsten Jahren zahlreiche Warengruppen erfassen: Reisen, Finanzdienstleistungen, Versicherungen, Aktienkäufe, Leasingangebote beispielsweise für Autos, die man sich zur Probefahrt bestellen kann. Ein anderes Beispiel wäre die Vermarktung von Spielen: anstatt die Diskette für ein elektronisches Spiel im Geschäft zu kaufen, kann sie künftig über Satellit oder Kabel direkt auf den PC oder das Spielgerät geladen werden. In den USA gibt es bereits konkrete Planungen für interaktive Spiele, die es dann ermöglichen, daß ein PC-Besitzer in München mit einem Kollegen in Hamburg eine Schachpartie spielt.

Insgesamt wird der digitale Bildschirm neben dem Fernsehen zunehmend auch die Funktion eines audiovisuellen Marktplatzes erfüllen, der eine Vielzahl von Waren anbietet und die bisherigen Einkaufsmöglichkeiten für die Konsumenten komfortabel und zeitsparend ergänzt.

Drittens: Das elektronische Direktmarketing

Neue Kommunikationsmöglichkeiten haben schon immer zum Entstehen von neuen Ideen für Werbung und Marketing geführt. Werbung ist ein natürlicher und in vielerlei Hinsicht wertvoller Bestandteil der Kommunikationswirtschaft. Der klassische Werbespot im Fernsehen ist Massenwerbung mit breiter Streuwirkung. Das besondere Merkmal der neuen digitalen Fernsehdienste ist die **Individualisierung des Sehverhaltens.** Damit werden diese Kommunikationsstraßen mit ihren geschlossenen Benutzergruppen auch für individuell adressierbare Werbebotschaften und Marketingideen interessant: das elektronische Direktmarketing wird möglich.

Direktmarketing wird bisher fast ausschließlich mit bedrucktem Papier betrieben, das die Briefkästen der angesteuerten Konsumenten als Postwurfsendung oder Zeitungsbeilage erreicht. Im Jahr 1993 wird die deutsche Wirtschaft weit über 20 Milliarden DM in diesen Bereich investieren - mehr als dreimal so viel wie für die Fernsehwerbung. Der Großteil dieser Ausgaben wird für Papier- und Portokosten verbraucht. Mailings, Beilagen, Bestellkupons oder Lose der Klassenlotterie werden über die elektronischen Transportwege ohne Papier und mit sehr viel weniger Porto auskommen. Ich bin daher sicher, daß sich auch die Werbewirtschaft am Aufbau der digitalen Kommunikationssysteme mit neuen Ideen und Investitionen beteiligen wird.

Der Übergang vom analogen zum digitalen Fernsehen

Ähnlich wie bei der Einführung des bleifreien Benzins wird es auch einen fließenden Übergang vom analogen zum digitalen Fernsehen geben. Ich schätze, daß die analoge Übertragungstechnik noch mindestens 15 Jahre neben den digitalen Systemen betrieben wird. Aber schon nach fünf bis sieben Jahren werden digitale Empfangs- und Fernsehgeräte den größeren Marktanteil im Bereich der Neuanschaffungen haben als die analogen Auslaufmodelle - wenn nicht, dann haben wir das Projekt falsch angefaßt.

Für die erfolgreiche Vermarktung der digitalen Empfangsgeräte sind zwei Voraussetzungen unabdingbar:

1. Den Kunden müssen neue, attraktive Programme und Dienste geboten werden. Ohne Entertainment und ohne neue inhaltliche Anwendungsmöglichkeiten bleibt die schönste Technik kalt und unverkäuflich. Ich bin - wie Sie den vorherigen Ausführungen entnehmen können - sehr zuversichtlich, daß die Unterhaltungs- und Kommunikationsindustrie diese neuen Chancen nutzen wird.

2. Über die neue Technik sollten sowohl die herkömmlichen als auch die neuen Fernsehangebote empfangbar sein. Die Einführungsgeschwindigkeit des digitales Fernsehens wird beschleunigt, wenn es in der Lage ist, alles "aus einer

Hand" zu bieten. Dadurch entsteht insbesonders für die Käufer neuer Geräte ein klarer Zusatznutzen, der im Marketing plausibel zu vermitteln ist. Eine vergleichbare Situation gab es bereits bei der Einführung des Kabels: Der Zuschauer konnte mit der neuen Technik sowohl die herkömmlichen terrestrischen Fernsehprogramme als auch die neuen Kabel- und Satellitenprogramme empfangen. Alles spricht dafür, diese erfolgreiche Strategie auch auf der neuen Entwicklungsstufe des digitalen Fernsehens anzuwenden. Daher sollten die Kabel- und Satellitenbetreiber im Interesse ihres weiteren Erfolges dafür sorgen, daß die bisherigen Fernsehprogramme für einen Übergangszeitraum von mehreren Jahren parallel in der analogen und der digitalen Technik übertragen werden.

Herausforderung für den Wirtschaftsstandort Deutschland

Es steht außer Frage, daß Kommunikation <u>die</u> Wachstumsbranche der Zukunft sein wird. Dies gilt für den Bereich der Hardware ebenso wie für die Software. Die internationale Wettbewerbsfähigkeit des Wirtschaftsstandortes Deutschland wird in diesem strategischen Schlüsselmarkt maßgeblich mitentschieden. Das vereinte Deutschland hat mit seinen 32 Millionen Fernsehhaushalten eine klare Chance, bis zur Jahrtausendwende die europäische Führungsrolle im Kommunikationsmarkt zu übernehmen. Kein anderes Land neben den USA verfügt über eine vergleichbare Infrastruktur an Verkabelung, Satellitenempfang, Logistik, Kaufkraft. Diese Möglichkeiten müssen in den kommenden Jahren mit Entschlossenheit und Energie genutzt werden. Schon heute gibt es genügend Kommentatoren, die Deutschland aufgrund seines verpaßten Anschlusses in wichtigen Bereichen der Hochtechnologie als Absteigerland porträtieren möchten. Die Kommunikationswirtschaft der Zukunft bietet eine vergleichslose Chance, den Gegenbeweis zu führen. Medienpolitik wird daher in verstärktem Maße auch Wirtschafts- und Industriepolitik.

Wir sind mit dieser Erkenntnis leider nicht allein. Der internationale Wettbewerb um die neuen Märkte wird sich in den kommenden Jahren in bisher ungekanntem Ausmaß verstärken. Diese Entwicklung wird die Schwächen des nationalen

Protektionismus, den traditionellen Hang Europas zu Dirigismus und Überregulierung schonungslos offenlegen. Was jahrzehntelang nach gutem alten Brauch durch versteckte oder offene Subventionierung, Quoten- und andere Protektionsregelungen funktionierte, wird plötzlich vor dem Abgrund fehlender Wettbewerbsfähigkeit stehen. Wir wissen sehr genau, daß die mächtigsten Kommunikations- und Elektronikkonzerne der Welt - nicht nur solche aus den USA, auch einige aus europäischen Nachbarländern - für die Eroberung des deutschen Medien- und Kommunikationsmarktes kräftig rüsten. Ein solches Filetstück kann man sich schließlich auch was kosten lassen. Wenn diese "Interessenten-Konkurrenten" mit Macht an unsere Tore pochen, dann darf kein deutscher Michel in Pantoffeln und Zipfelmütze "Grüß Gott" sagen. Da sind leistungsfähige Unternehmen mit Kompetenz und Organisation gefordert - und natürlich auch mit einer satisfaktionsfähigen Gewichtsklasse. Gegen internationale Milliardenunternehmen haben nationale Mittelständler keine Chance.

Wettbewerbsfähigkeit können Unternehmen auf Dauer nur bewahren, in dem sie sich dem Wettbewerb im Markt stellen. Wir wissen aus zahllosen Erfahrungen, daß Protektionismus langfristig jene schwächt, die er zu schützen gedenkt. Politik kann unternehmerische Leistung nicht ersetzen, wohl aber durch eine verläßliche und marktorientierte Ordnungspolitik unterstützen. In den siebziger Jahren bewegte Willy Brandts Devise "mehr Demokratie wagen" das öffentliche Bewußtsein. Heute müssen wir den Regierungen und Institutionen der europäischen Gemeinschaft zurufen: " Mehr Markt wagen!" Das Fernsehen der Zukunft braucht weniger Regulierung und mehr Markt. Letzlich entscheiden die besseren Programme und nicht die besseren Behörden.

Mehr Markt wagen: für eine wettbewerbsorientierte Medien- und Kommunikationspolitik

Medienfreiheit gilt bislang nicht für alle Medien gleichermaßen. So ist die Pressefreiheit substantiell liberaler als die Fernsehfreiheit, die durch umfangreiche Zulassungs- und Aufsichtssysteme staatlich reglementiert wird. Begründung dafür ist die demokratiepolitische Sonderstellung des Massenmediums Fernsehen als, wie das Bundesverfassungsgericht sagt, "eminenter Faktor der öffentlichen Meinungsbildung". Die Sondersituation des Fernsehens ergab sich insbesonders durch den Mangel an technischen Verbreitungsmöglichkeiten und entsprechend begrenzten Zugangschancen. Mit den neuen Übertragungstechniken werden diese Begründungen jedenfalls teilweise obsolet. Wenn der neue Fernseh-Kiosk mehr nationale Programmangebote enhält, als national verbreitete Zeitungen und Zeitschriften bestehen, dann stellt sich die grundsätzliche Frage, warum für den Fernseh-Kiosk andere Spielregeln gelten als für den herkömmlichen Zeitungs-Kiosk. Da ich die Elternliebe der deutschen Aufsichtsbehörden zum Privatfernsehen seit vielen Jahren erfahre, weiß ich natürlich, daß man die jetzt mehr oder weniger erwachsenen Kinder nicht so einfach ohne gesetzlichen Begleitschutz in die rauhe Wirklichkeit entlassen wird. Trotzdem ist es unabdingbar, daß den deutschen Medienunternehmen die notwendigen Spielräume für ihre nationale und internationale Wettbewerbsfähigkeit gegeben werden. Sonst werden die neuen Marktchancen vor allem durch ausländische Konzerne wahrgenommen, die ohnehin über mehr Bewegungsfreiheit und Finanzmittel verfügen. Das kann man wollen, dann sollte man es aber auch sagen.

Ich bin durchaus einverstanden, daß weiterhin gesetzliche Vorkehrungen zum Schutz der Meinungsvielfalt im deutschen Fernsehen getroffen werden. Für die Meinungsvielfalt können jedoch nur Programme mit entsprechenden publizistischen Inhalten von Bedeutung sein, also Vollprogramme oder Spartenprogramme mit Informationsschwerpunkten

Hingegen muß in Hinblick auf das Special Interest Fernsehen eine deutliche Liberalisierung des Rundfunkrechts erfolgen. Dies gilt besonders für spezialisierte Pay-TV- oder On-Demand-Dienste sowie für den großen Wachstumsbereich des elektronischen Vertriebs und Marketings. Es ist offensichtlich, daß der herkömmliche Rundfunkbegriff, die Grundlage der bisherigen Fernsehregelungen, angesichts der neuen Formen audiovisueller Kommunikation zu überdenken ist. Eine Neubestimmung und Differenzierung ist unerläßlich. Gerade die erwähnte Vielzahl neuer Spartenprogramme und fernsehverwandter Dienste sind nicht mehr die Mittel der Massenkommunikation mit den staats- und kulturpolitischen Funktionen im Sinne des klassischen Begriffes von Fernsehen oder Rundfunk. Eher im Gegenteil: Sie bedingen eine Individualisierung des Nutzungsverhaltens, indem sie die unterschiedlichsten Produkte und Waren vertreiben, die sich die Kunden im audiovisuellen Versandhandel bestellen Sicherlich bedarf es keiner naheren Begründung, daß solche Programme keine Einflußfaktoren der publizistischen Meinungsvielfalt sind, jedenfalls in keinem hoheren Ausmaß als die vielen Special Interest Zeitschriften, für die es keine medienrechtlichen Sonderregelungen gibt. Ob ein einzelner Film, ein Videospiel oder ein Wetterkanal uber die neuen elektronischen Transportwege abgerufen wird, ist kein Thema der Demokratie, sondern ein Thema des Marktes, ein Thema der individuellen Zuschauerwunsche. Daher haben nicht Regierungen oder Aufsichtsbehörden, sondern die Nachfrage der Konsumenten über die Existenzberechtigung solcher Produkte zu entscheiden. Special Interest Fernsehen muß in Zukunft rechtlich genauso behandelt werden wie die Special Interest Zeitschriften. Für die Bewertung von Konzentrationsfragen sollte das normale Wirtschafts- und Kartellrecht greifen, wie auch im Pressewesen Es gibt keinen Grund für die Annahme, daß das publizistische Verantwortungsbewußtsein der audiovisuellen "Verleger" geringer ausgepragt sei als jenes der Verleger von Druckerzeugnissen, das mittlerweile anerkannt und selbstverständlich ist.

Meine Damen und Herren, wenn sich die Realitat verandert, muß sich auch das Recht weiterentwickeln. Das ist keine formaljuristische Betrachtung, sondern eine sehr praktische Notwendigkeit. Das digitale Fernsehen und die damit verbundenen Wachstumsmärkte brauchen neue Programme Wer sonst, wenn nicht die führenden Medienunternehmen dieses Landes soll die Innovationen vorantreiben und in neue Programmangebote investieren? Das wird natürlich schwer, wenn jeder neue Wetterkanal von 15 Landesmedienanstalten auf seine demokratie-politische Verträglichkeit hin überpruft wird

Ich bin sicher, daß auch das digitale Fernsehen für wortgewandte Kultur-pessimisten ein willkommener Anlaß sein wird, die Verkaufszahlen ihrer Bücher zu erhöhen. Und auch Journalisten und Politiker, die qua Ideologie die Einführung des Privatfernsehens noch nicht verkraftet haben, werden neue Präsentationen geben. Wir sollten ihnen heute genauso wenig folgen wie vor zehn Jahren. Sonst hätten wir in wenigen Jahren nur noch die Ideologie, außerdem noch die falsche, während die Konkurrenten den Markt beherrschen Ich hoffe, daß die Alternativen klar sind und Ihnen die Entscheidung leicht fällt

Digitale Studiotechnik für Hörfunk und Fernsehen - Randbedingungen für digitale Übertragungsverfahren

Jürgen Heitmann

1. Einleitung

Der Autor sieht es nicht als seine Aufgabe an, einen Überblick über den Stand der verfügbaren Technik an (digitalem) Gerät für Radio- und Fernseh-Produktionsstätten zu geben. Das Schlüsselwort lautet "Randbedingungen". Das heißt, der Beitrag befaßt sich mit der Grenze zwischen der Quelle eines Hörfunk- oder Fernsehsignals, dem Studiostandard, und einem digitalen Übertragungsstandard (transmission standard). Wie vertragen die beiden sich miteinander oder besser gesagt, wie beeinflussen sie sich gegenseitig?

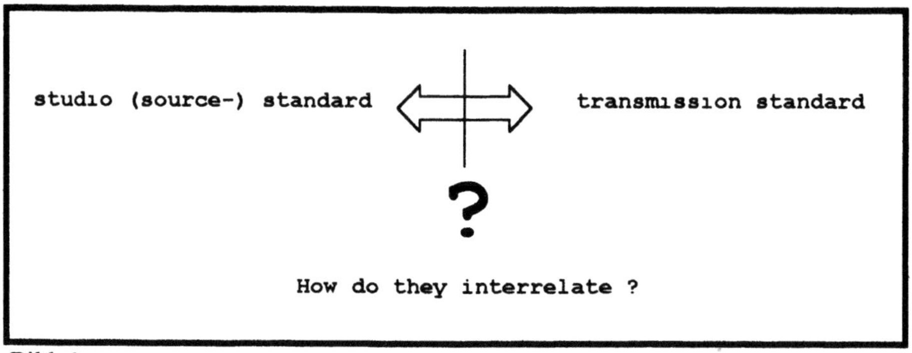

Bild. 1

In anderen Beiträgen wurde schon darauf hingewiesen, daß digitale Übertragung eine Signalqualität an Bild und Ton zu vermitteln vermag, die eine analoge, herkömmliche Studiotechnik überhaupt nicht bereitstellen kann. Trotzdem entstehen gerade bei der Anbindung einer digitalen Übertragungsstrecke an ein analoges Studio die geringsten Probleme. Da schon heute bei analogen TV-Komponentenstudios der PAL-Coder für die analoge PAL-Übertragung nur einmal im Postübergaberaum benötigt wird, kann dieser leicht durch A/D-Wandler und entsprechende Codierer ersetzt werden, um die TV-Signale auf eine digitale Übertragungsstrecke zu geben. Die Probleme liegen also woanders.

2. Studiostandards und Übertragungsstandards

Die normale Flußrichtung eines Broadcast-Signals - sei es Hörfunk, sei es Fernsehen - geht von der Quelle über den Programm-Transport zum Empfänger. Für die Quelle verfügen wir über digitale Studiostandards, für den Programm-Transport sind Transmission-Standards oder auch Recording-Standards anzuwenden und für den (TV) Empfang gibt es Display-Standards. Der Fluß des Signals geht von links nach rechts (Bild 2).

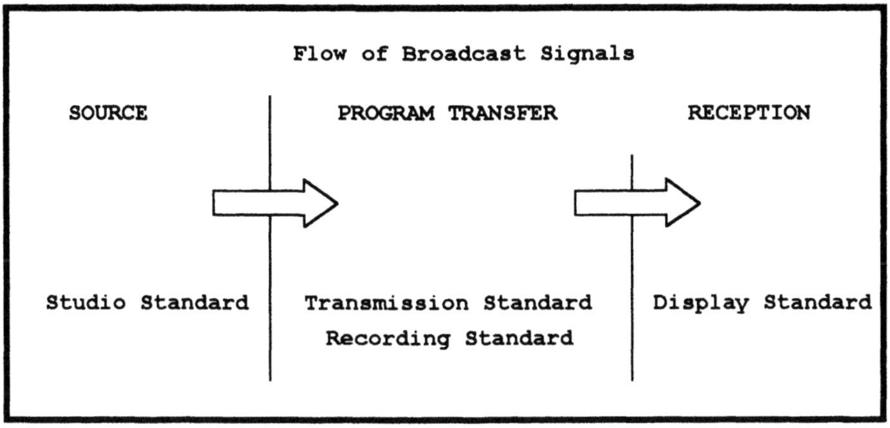

Bild 2

Werfen wir einen Blick in die Vergangenheit, und zwar auf die Entstehungsgeschichte der analogen TV-Standards. Ausgangspunkt waren die Bedingungen, die Eigenschaften des Empfängers. Nicht des technischen Empfängers, sondern des menschlichen. Die psychophysiologischen Eigenschaften unserer Sinne, unseres Gehörs und im Falle TV unserer Augen, waren bestimmend. Die Anzahl der Fernsehzeilen wurden für einen bestimmten Betrachtungsabstand festgelegt aufgrund der Auflösungsgrenze unserer Augen. Diese Parameter des Displays wurden zugleich Parameter der Übertragung und der Quelle (Bild 3).

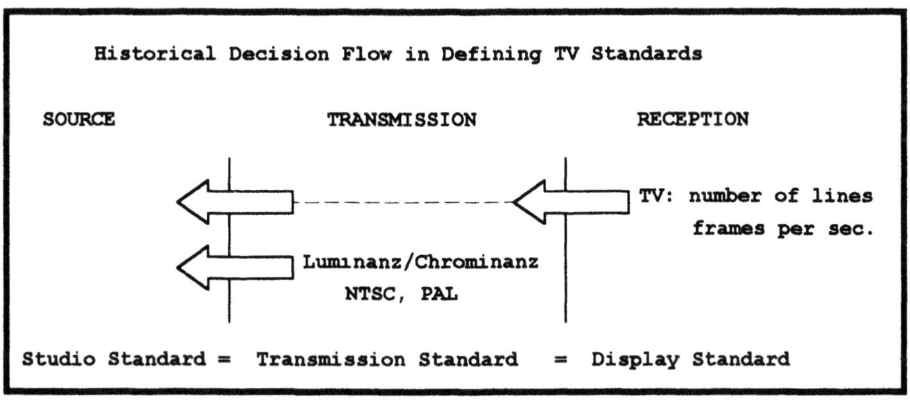

Bild 3

Als später zur Farbübertragung mit Hilfe von NTSC und PAL Luminanz und Chrominanz verschachtelt wurden, bestimmte das Farbübertragungsverfahren auch den Produktions-Standard an der Quelle. Das heißt, wir hatten eine vollständige Identität von Studio-Standard, Transmission-Standard und Display-Standard.

Diese Identität und diese Art des damaligen Entscheidungsflusses sind heute - im digitalen Zeitalter- nicht mehr unbedingt gegeben.

Betrachten wir dazu, welche Entwicklung in den USA die Diskussion um die Einführung von digitalem "advanced Television" -wir sagen HDTV- genommen hat.

In den USA hatte sich im Mai 1993 eine sog. "Grand Alliance" zusammengefunden, die neben vielen anderen Übertragungsparametern 960 aktive Zeilen, 24/30 Bilder/sec und Progressive Scanning empfahl. Für diesen empfohlenen Transmission-Standard gab und gibt es jedoch keinen äquivalenten Studio-Standard. Und damit auch kein verfügbares Studio-Equipment. Es gibt jedoch Studio-Equipment für 1035 aktive Zeilen und 59,94 Hz und Interlace-Scanning. Allerdings gibt es in den USA für diesen Produktions-Standard wiederum keinen äquivalenten Übertragungs-Standard (Bild 4).

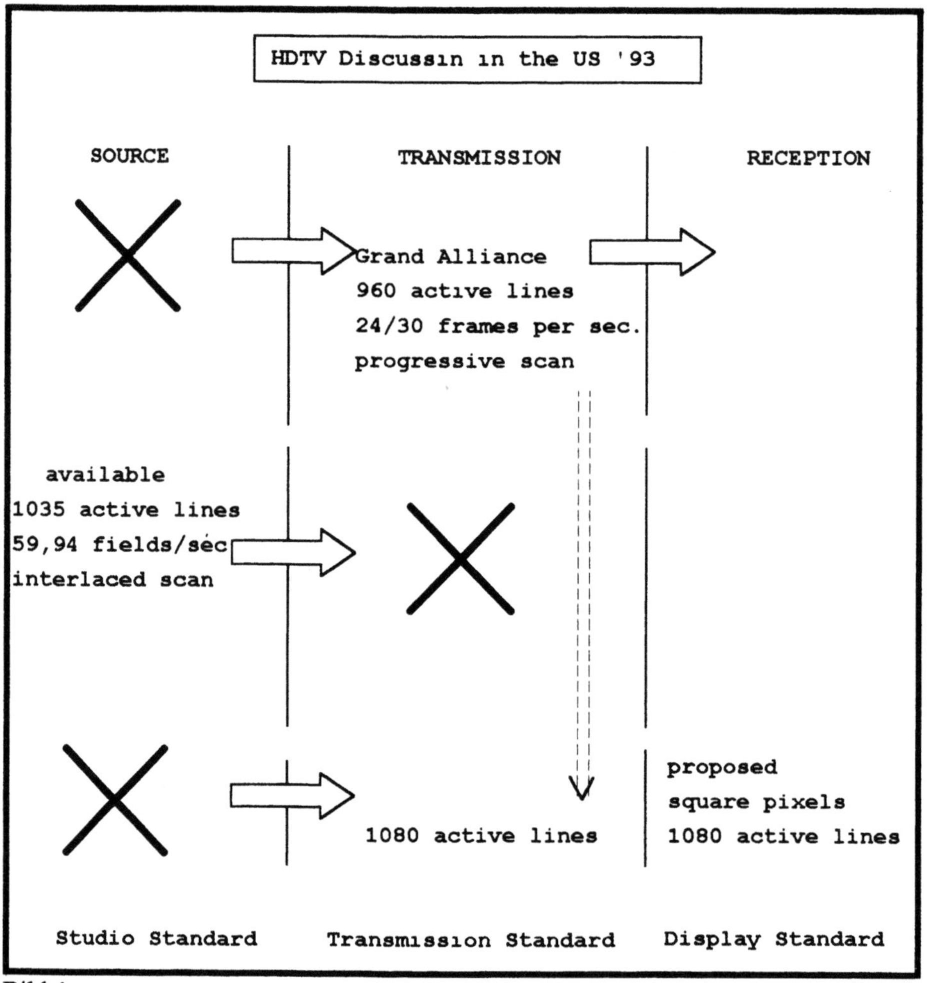

Bild 4

Von der Display-Seite her wurde aus Gründen der sog. Interoperability zwischen verschiedenen Medien von der US-Computer-Industrie die Forderung nach "Square-Pixels" aufgestellt. Square Pixels bedeuten eine aktive Zeilenzahl von 1080. Zum Zeitpunkt dieser Forderung gab es nun weder einen Übertragungs- noch einen Studio-Standard mit 1080 aktiven Zeilen. Vor wenigen Wochen hat die Grand Alliance nun die 1080 Zeilen als Übertragungs-Parameter übernommen. Ein Studio-Standard ist bei der SMPTE im Entstehen, Studio-Equipment ist für diesen Standard jedoch selbstverständlich noch nicht verfügbar.

Natürlich könnte man heutzutage völlig losgelöst voneinander einen Studio-Standard für die Quelle, einen Transmission-Standard für die Übertragung und einen Display-Standard für den Empfänger definieren. Es ist technisch keinerlei Problem, an den einzelnen Übergangsstellen Converter einzufügen, die den Studio-Standard in einen Übertragungs-Standard umsetzen und den Übertragungsstandard in einen in den Basisparametern abweichenden Display-Standard (Bild 5). Basis- oder Primärparameter ist zum Beispiel die Zeilenzahl. Erinnert sei nur an die 100Hz-TV-Empfängertechnik. In der Welt der Personal-Computer ist es ebenfalls üblich, dem Nutzer die Entscheidung zu überlassen, ob er ein gespeichertes Grafiksignal mit 50, 70 oder 100 Bildwechseln je Sekunde dargestellt haben möchte.

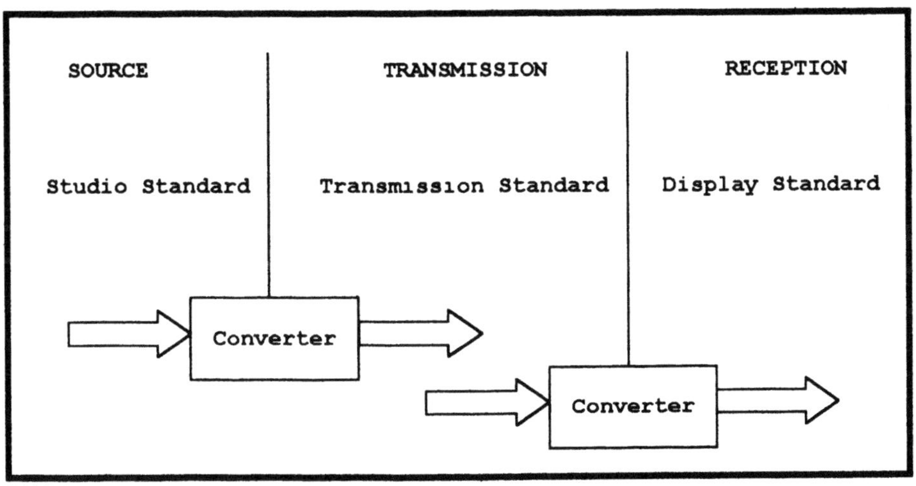

Bild 5

Bezogen auf Radio und Fernsehen ist allerdings die Ökonomie eines derartigen Vorgehens sorgfältig zu prüfen. Converter -obwohl technisch möglich- verursachen Kosten.

3. Primärparameter digitaler Audio- und Videosignale

Diese Converter-Boxen lassen sich vermeiden, wenn wesentliche Parameter eines digitalen Audio- oder Videosignals unverändert bleiben beim Übergang vom Studio zur Übertragung und von der Übertragung zum Display. Zu den primären Parametern gehört sicherlich im Fall des Fernsehbildes die Anzahl der Zeilen, die Zahl der Bildwechsel je Sekunde, die Art des Abtastrasters (Interlaced oder Progressive) und das Verhältnis von Bildhöhe zu Bildseite (Bild 6).

```
            Parameters of Digital Audio&Video Signals

primary:    number of samples per second (time/spatial resolution)
            frames per second (TV)
            number of lines (TV)
            interlace/progressive (TV)
            aspect ratio

secondary:  number of bits per sample (dynamic resolution)
            number of samples per line (TV)
            mono/stereo

      bits:  16, 20                          bits:   8, 10
Audio                             TV CCIR 601
      kHz:   32, 44, 48                      MHz:    13,5 (Y)
```

Bild 6

Andere, hier nicht aufgeführte primäre Parameter sind für die Bilddarstellung der Signaltypus (Luminanz, Chrominanz, R, G, B) und die Art der Gammavorentzerrung. Gründe der Ökonomie werden dazu führen, an der Quelle -im Studio- nicht wesentlich mehr an Qualität bereitzustellen, als beim Empfänger nach der Übertragung ankommt.

Zu den sekundären Parametern gehören die Anzahl der Bit je Abtastwert und im Falle TV die Anzahl der Abtastwerte je Zeile.

4. Programm-Transport

Bild 2 zeigte den Fluß eines Broadcast-Signals von der Quelle über den Programm-Transport (Program-Transfer) zum Empfänger. Dabei wurde ganz bewußt vom Programm-Transport gesprochen, denn Programme können auf verschiedene Weise von A nach B gebracht werden. Einmal mit Hilfe elektrischer Übertragungsverfahren und zum anderen aufgezeichnet auf transportablen Speichermedien: dem Magnetband, der magnetischen/optischen Diskette oder einem Halbleiterspeicher.

Die Übertragung muß unterschieden werden nach Verteilung (Distribution) und Zuspielung (Contribution). Die Verteilung ist gekennzeichnet durch "Real Time" und ist gedacht zum "einmaligen Verzehr" durch unsere Sinne. Eine Zuspielung von Programmen erwartet eine weitere Bearbeitung dieser Programme in der Produktion oder Postproduktion (Bild 7).

Die gleiche Unterteilung finden wir, wenn der Programm-Transport mittels Aufzeichnung erfolgt. Zu den Verteil- Standards wie VHS und den Zuspiel-Standards wie Betacam SP tritt hier noch die Frage des Archivierungs-Standards hinzu.

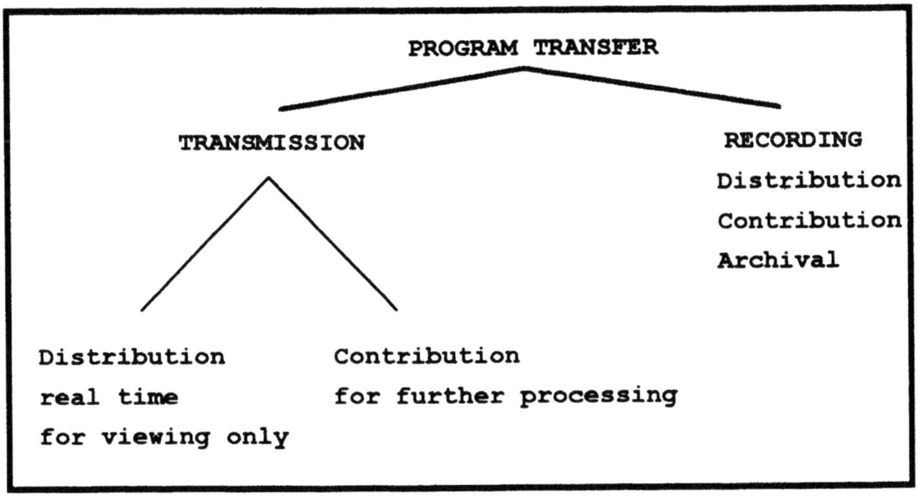

Bild 7

5. Datenkompression

Die Technik ist heute gefordert, nicht nur qualitative Höchstleistungen an Bild und Ton zu erbringen, sondern auch ökonomische Wege der Übermittlung aufzuzeigen. Damit sind wir beim Thema Data-Compression und Data-Reduction. Für die künftige Diskussion ist es erforderlich, diese beiden Begriffe durch klare Definition deutlich voneinander abzugrenzen.

Data Compression ist ein mathematischer Prozeß der Redundanzreduktion. Dieser Prozeß ist voll reversibel. Dabei werden die statistischen Eigenschaften der übertragenen Zeichen ausgenutzt, im wesentlichen ihre unterschiedlichen Häufigkeiten. Die Data Compression hat einen nicht konstanten Reduktionsfaktor zur Folge, der vom Signal abhängig ist. Dies führt zu einer variablen Datenrate, sofern eine Real Time Übertragung vorliegt. Der Verzicht auf eine Real Time Übertragung ermöglicht die Übertragung mit einer konstanten Datenrate. Data Compression ist ideal geeignet für die Speicherung von Signalen in Medien, die Random Access erlauben, wie Disk und RAM. Compression ist nicht anwendbar für Studio Tape Recorder. Das Editing bei TV- Tape Recordern erfordert, daß die Bildgrenzen in äquidistanten Längenabschnitten auf dem Band auftreten. Compression liefert ein Signal, das für einige Sekunden des Signals 30 cm an Bandlänge erfordert , für die gleiche Zeiteinheit an anderer Stelle im Signal aber z. Bsp. 60 cm. Dies würde auch bei Mehrspur- Audio-Bandrecordern die nachträgliche Aufzeichnung einzelner Spuren unmöglich machen.

```
data compression: mathematical process of reducing redundancy
                  fully reversible
                  using statistical properties of transmitted characters

                                    ⇩

                  non constant reduction factor depending on signal
                  variable data rate for real time transmission
                  non real time transmission for constant data rate
                  ideal for storage devices with random access
                  not applicable for TV-studio tape recorders (insert edit)

data reduction: a) mathematical process of reducing irrelevancy
                  not reversible
                  using the limited resolution of our eyes and ears

                                    ⇩

                  non constant reduction factor depending on signal
                  variable data rate for real time transmission
                  non real time transmission for constant data rate
                  ideal for storage devices with random access
                  not applicable for TV-studio tape recorders (insert edit)

                b) mathematical process of reducing relevancy
                  not reversible
                  used in combination with irrelevancy reduction & data
                  compression to achieve a constant reduction factor

                                    ⇩

                  constant data rate
                  recordable for TV-studio tape recorders
```

Bild 8

Data Compression verwenden viele von Ihnen täglich - und zwar beim PC, um die Speicherkapazitäten von Festplatten zu erhöhen oder bei Electronic Mail, um die Übertragungszeit zu reduzieren. Von der Data Compression müssen wir die Data Reduction deutlich unterscheiden .

Data Reduction können wir wieder in zwei Kategorien einteilen. Data Reduction ist einmal ein mathematisches Verfahren zur Irrelevanzreduktion. Irrelevanz ist alles das, was unsere menschlichen Sinne -Ohren und Augen zum Beispiel- nicht wahrnehmen können. Dieser Prozeß ist nicht reversibel. Ein Ergebnis ist wieder ein nicht konstanter Reduktionsfaktor, der vom Signal abhängt. Es gelten damit alle Folgerungen, die schon bei der Diskussion der Compression dargestellt wurden.

Irrelevanzreduktion ist ein geeignetes Mittel, um Datenmengen zu begrenzen. Irrelevanzreduktion wird bei Radio und TV seit jeher genutzt. Aufgrund der Tatsache, daß unser Gehör maximal ca. 16 kHz auflösen kann, haben wir uns auf die Erzeugung, Speicherung und Übertragung von Audiosignalen von maximal 20kHz beschränkt. Aber Achtung: Der Irrelevanzreduktion wohnt eine Gefahr inne:

Betrachten wir 2 Verfahren (a und b in Bild 9), die jedes für sich eine reine Irrelevanzreduktion vornehmen. Die Hintereinanderschaltung beider Verfahren kann im Ergebnis aber durchaus den Bereich der Irrelevanzreduktion verlassen und zu einer wahrnehmbaren Informationsreduktion führen. Und damit sind wir bei der zweiten Kategorie von Data Reduction, der Relevanz-Reduktion.

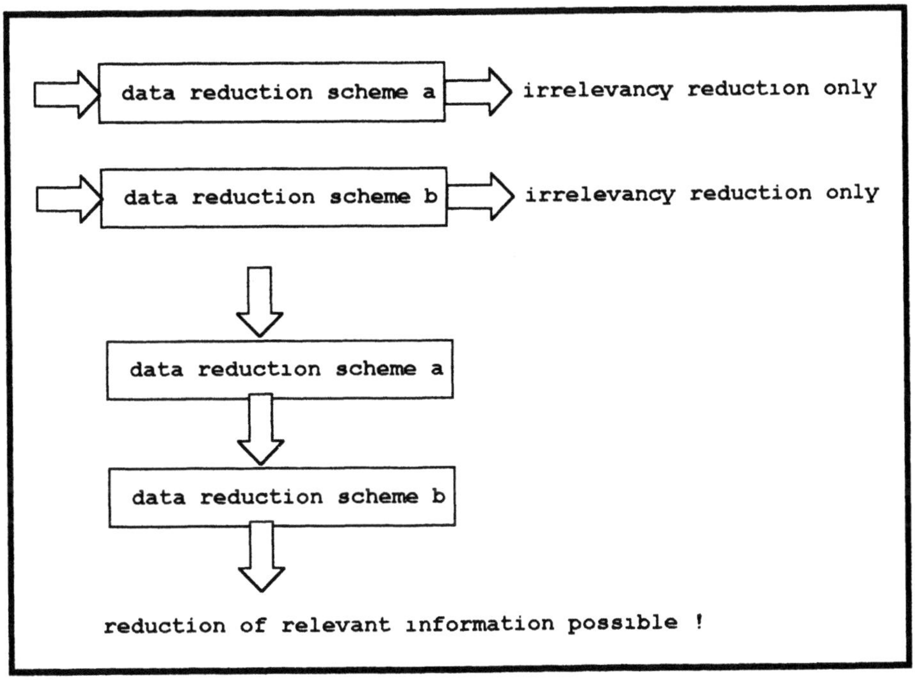

Bild 9

Relevanzsreduktion ist ebenfalls ein irreversibler Vorgang.

Relevanzsreduktion wird häufig benutzt in Verbindung mit Redundanz- und Irrelevanzreduktion, um einen konstanten Reduktionsfaktor zu erreichen. Man könnte auch sagen, die Reduktion wahrnehmbarer Information wird in Kauf genommen, um über einen vom Signal unabhängigen Reduktionsfaktor eine konstante Datenrate zu erreichen. Diese konstante Datenrate erst erlaubt die Real Time Aufzeichnung der reduzierten Signale auf Tape Recordern.

Wo - auf dem Wege von der Quelle über den Programm-Transport zum Empfänger-werden wir in Zukunft mit Data Compression und Data Reduction zu rechnen haben?

Sofern es sich um den direkten Weg von der Quelle zum Empfänger handelt, werden wir Reduktionsverfahren finden, die die Grenze zur Relevanzreduktion überschreiten. Diese Reduktion wahrnehmbarer Information wird signalabhängig sein und - zugegeben - nur einen zeitlichen Teil des Signals betreffen. MPEG2 zählt für mich zu diesen Verfahren.

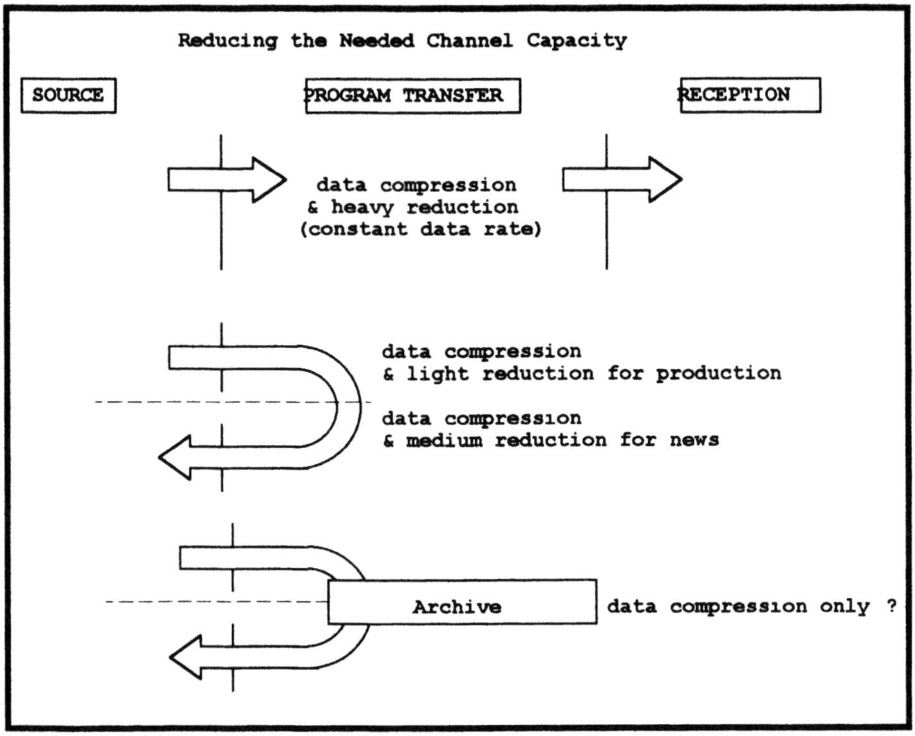

Bild 10

Es gibt jedoch - wie schon dargestellt - beim Programm-Transport nicht nur den Fall der Distribution zum Endabnehmer, sondern auch den Fall der Contribution. In diesem Fall wird nur eine mittlere Irrelevanz-Reduktion zulässig sein, um bei Hintereinanderschaltung derartiger Prozesse einen genügend großen Abstand zur Relevanzreduktion zu haben. Deshalb verwenden professionelle digitale TV-Recorder nur einen Reduktionsfaktor von 2. Ein höherer Reduktionsfaktor wird bei der News Acquisition und News Nachbearbeitung zulässig sein. Nicht weil die Qualitätsanforderungen geringer wären, sondern weil die dort erforderlichen Produktionsschritte höhere Reduktionsfaktoren erlauben.

Wir haben jedoch noch einen dritten Weg für den Programm-Transport und das ist der Weg über das Archiv. In Bild 10 ist die Verwendung der Data Compression für Archivierungszwecke mit einem Fragezeichen versehen, da es (von einigen Audio-Fachleuten) die Aussage gibt, daß reduzierte Signale als nicht archivfähig betrachtet werden.

6. Digitales Broadcast Studio

Wir hatten eingangs die Frage gestellt, welchen Einfluß das Digital Broadcast Studio - Fernsehen und Hörfunk - und die digitale Übertragung aufeinander haben. Ist das Eine die Voraussetzung des Anderen? Erfordert die digitale Übertragung bestimmte Geräteinvestitionen im Broadcast-Studio?

Ein Teil der Fragen läßt sich mit einem erdachten Beispiel beantworten, der Kombination von analogem Studio und digitaler Übertragung. Beide vertragen sich wie eingangs dargestellt problemlos.; es ist nur am Ausgang des Studios die erforderliche A/D-Umsetzung vorzunehmen.

Das digitale Broadcast Studio müssen wir differenzierter betrachten:

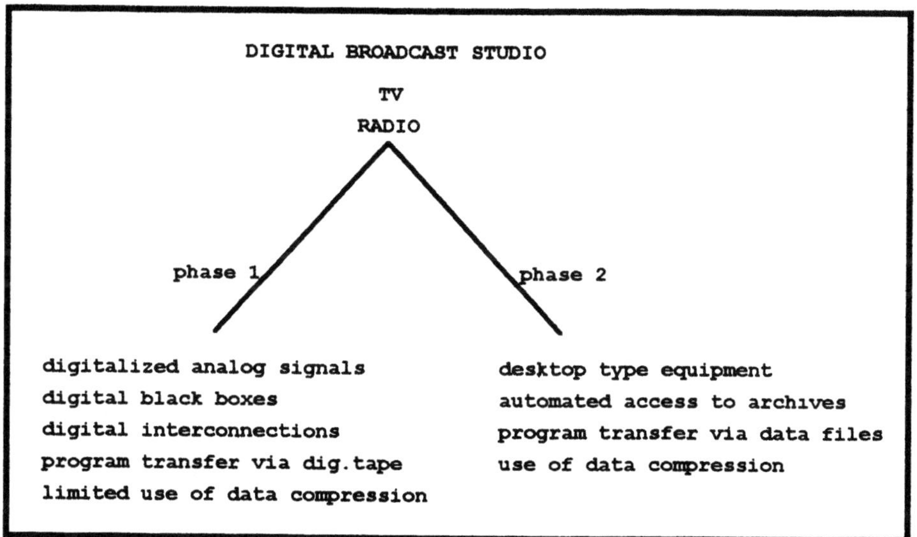

Bild 11

Ein digitales Studio kann - und das möchte ich als Phase 1 der Entwicklung bezeichnen - ein Studio sein, das digitalisierte analoge Signale verwendet. Diese Signale entstehen in sog. digitalen "Black Boxes", die über digitale Interfaces verbunden sein können. Der Programm-Transport erfolgt im wesentlichen über digitales Magnetband. Die Anwendung von Data Compression ist kaum genutzt. Der Unterschied eines digitalen Broadcast Studios dieser Phase 1 zum analogen Studio ist sehr gering, soweit es die Verbindung mit einer digitalen Übertragung betrifft.

Es wird jedoch eine Phase 2 in der Entwicklung der digitalen Broadcast Studios geben (Bild 11). Diese Phase 2 wird u.a. gekennzeichnet sein durch sog. Desktop Type Equipment in Verbindung mit dem Einsatz von Workstations im Signal-Bearbeitungsbereich. So wird es meiner Meinung nach vorstellbar sein, daß die Journalisten, die heute nicht nur ihre Texte auf dem PC schreiben, sondern auch selbst die Sendungen moderieren, künftig das Nachrichten-Bildmaterial auch selbst editieren. Dazu wird es Desktop Systeme geben, die ein "nonlinear, online editing" erlauben. Da die Bedienung eines solchen Systems nicht schwieriger sein muß als die Bedienung eines PC-Textsystems, wird der heutige Edit-Operator überflüssig.

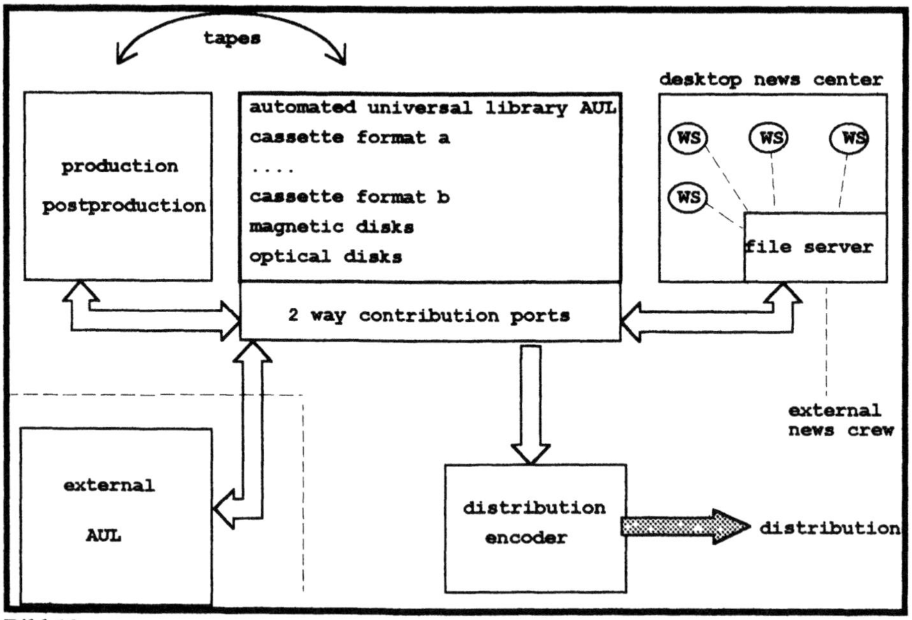

Bild 12

Die 2. Phase im digitalen Broadcast Studio wird auf jeden Fall einen automatischen Zugriff auf die Archive enthalten müssen. Es gibt heute schon Roboter-Systeme für Archive, die beliebige Bandformate, beliebige Diskettenformate (auch gemischt) handhaben können. Voraussetzung ist nur, daß die Band-, bzw. Diskettengeräte automatisierbar sind. Dies bedeutet, daß künftig Programme nicht mehr per Band und Post oder Kurier versandt werden, sondern daß der Programmaustausch per Daten-File erfolgt. Dies wird möglich werden durch Anwendung der Data-Compression und dem Aufbau von High-Speed-Datennetzen. Die 2. Phase der Entwicklung von digitalen Broadcast Studios ist damit sehr eng mit der Entwicklung von Datennetzen zur digitalen Übertragung verbunden. Allerdings betrifft dies weniger die Verteilnetze direkt zum "Endverbraucher".

Zum Abschluß soll ein Blick auf eine der möglichen Formen eines digitalen Broadcast Studios versucht werden (Bild 12).

Im Zentrum steht die Automated Universal Library, kurz AUL. Diese Library kann auf unterschiedliche Archivierungsmedien - Tape, Disk - zugreifen. Unterschiedliche Aufzeichnungsformate werden automatisch auf das einheitliche digitale Contribution Format umgesetzt. Die AUL kann auch Teil eines automatisierten Sendeablaufs sein. Ihren Kern bilden nicht Videorecorder, sondern Datenrecorder.

Zwischen dem Bereich der Produktion und Postproduktion und der AUL wird teilweise sicherlich auch weiterhin der Programm-Transport durch das körperliche Bewegen von Bändern und Disketten erfolgen. Dies kann in der Zukunft jedoch immer stärker durch den elektronischen Versand von Daten-Files über ein spezielles High-Speed-Data-Contribution-Network abgelöst werden. Die AUL verfügt hierfür über mehrere 2-Wege Contribution Ports.

So wie beim Versand eines Bandes per Post das aufgezeichnete Signal auf dem Versandweg nicht gleichzeitig abgehört oder betrachtet werden kann, ist dies beim Programm-Transport über ein Data-Network ebenfalls nicht erforderlich. Dies erlaubt damit den effizienten Einsatz von Data-Compression - wie er von Electronic Mail her ja bekannt ist- und es erlaubt auch den Verzicht auf eine Real-Time Übertragung. Dies kann sowohl eine Beschleunigung als auch eine Zeitdehnung bedeuten.

Über ein solches Data-Network können auch AUL's eingebunden werden, die sich an völlig unterschiedlichen Orten befinden.

Auf der anderen Seite der Post-Produktion befindet sich ein operativer Bereich, den ich als "Desktop News Center" bezeichnet habe. Hier befinden sich mehrere Workstations, die in Verbindung mit einem File Server ein editieren erlauben. Der File Server hat über das Contribution Network eine Verbindung zur AUL. Es wird auch für externe News Crews möglich sein, Nachrichten-Files direkt im Server abzulegen. Für die Verbindung der Workstations mit dem Server wird ein separates Data-Network verwendet. Die transportierten Daten-Files repräsentieren Bild- oder Tonsignale, die einem höheren Grad an Irrelevanzreduktion unterworfen wurden, als es für den Produktionsbereich zulässig wäre.

Bild 12 zeigt drei digitale Netzwerke, 'contribution production', 'contribution news' und 'distribution'. Sie unterscheiden sich in dem Maß der angewandten Datenreduktion.

Für einen automatischen Sendeablauf kann das Signal von der AUL über das Contribution Network auch an einen Distribution Encoder gehen, der es in einen digitalen Verteil-Standard umsetzt. Dieser Verteil-Standard wird zugunsten niedriger Übertragungsraten auch Relevanzreduktion zulassen.

Stand der Quellencodierung für Bild und Ton

Hans Georg Musmann

Zusammenfassung: Es wird ein Überblick über den derzeitigen Stand und die zukünftigen Entwicklungen der Codierungsalgorithmen zur Datenkompression von Video– und Audiosignalen gegeben. Der derzeitige Stand der Codierungen ist durch die neuen Standardisierungsvorschläge der ISO und des CCITT gekennzeichnet. Die diesen Vorschlägen zugrundeliegenden Codierungskonzepte werden erläutert und daraus Ansätze abgeleitet, die Basis der zukünftigen Entwicklungen sind.

1 Einführung

Die Quellencodierung ermöglicht eine wirtschaftlichere Ausnutzung bestehender Übertragungssysteme und ermöglicht darüber hinaus die Einführung ganz neuer Kommunikationsdienste. Beispielsweise erfordert die digitale Darstellung eines Farbfernsehsignals in Studioqualität die Übertragungsrate von etwa 2000 digitalen Fernsprechkanälen. Die damit verbundenen hohen Übertragungskosten sind der Grund, daß es bis heute keine weit verbreiteten bidirektionalen visuellen Kommunikationsdienste gibt.

Die beachtlichen Fortschritte der datenreduzierenden Quellencodierung zusammen mit denen der Mikroelektronik ermöglichen es heute, daß die Datenraten digitaler Fernsehsignale um den Faktor 20 oder mit gewissen Einschränkungen um den Faktor 200 reduziert und diese Codierungsverfahren auch wirtschaftlich realisiert werden können. Zur Zeit kommen die ersten Bildfernsprechgeräte auf den Markt, mit denen ein Fernsehbild reduzierter Auflösung über nur einen Fernsprechkanal übertragen werden kann. Somit kann ein ISDN–Basisanschluß dazu verwendet werden, um mit einem der beiden B–Kanäle mit jeweils 64 kbit/s das digitale Fernsprechsignal und mit dem zweiten das digitale Bewegtbildsignal zu übertragen.

Nachfolgend werden die grundlegenden Konzepte der Video– und Audiocodierung sowie die möglichen Weiterentwicklungen erläutert.

2 Codierung von Videosignalen

Die digitale Darstellung eines Studio–TV–Signals erfordert gemäß der CCIR–Recommendation 601 [1] eine Nettodatenrate von 166 Mbit/s, s. Tab.1. Es ist das Ziel der ISO, einen MPEG–2–Codierungsstandard zur Datenkompression zu entwickeln, der bei einer Datenrate von 4 bis 5 Mbit/s eine Bildqualität vergleichbar mit der von NTSC/PAL/SECAM und bei einer Datenrate von 8 bis 10 Mbit/s eine Bildqualität ähnlich der von CCIR 601 erreicht [2]. Mit dieser MPEG–2–Codierung können in einem bestehenden terrestrischen Fernsehkanal

	CCIR 601-625	SIF-625	CIF
ANZAHL DER ABTAST-WERTE JE ZEILE LUMINANZ: CHROMINANZ:	 720 360	 352 176	 352 176
ANZAHL DER AKTIVEN ZEILEN JE BILD LUMINANZ: CHROMINANZ:	 288 288	 288 144	 288 144
QUANTISIERUNG IN BIT JE ABTASTWERT	8	8	8
BILDFOLGEFREQUENZ	50 ZEILEN-VERSCHRANKT	25 NICHT ZEILEN-VERSCHRÄNKT	29.97 NICHT ZEILEN-VERSCHRÄNKT
BITRATE IN MBIT/S	166	30 5	36.5

Tab. 1. PCM–Formate für Videosignale

voraussichtlich etwa 4 digitale Fernsehsignale einschließlich der zugehörigen Ton- und Fehlerschutzsignale anstelle eines analogen Fernsehkanals übertragen werden, s. Tab.2.

Um die genannten beachtlichen Datenkompressionen zu erreichen, werden sog. hybride Codierungsverfahren angewendet, die aus einer Kombination von bewegungskompensierter Prädiktion und Transformationscodierung bestehen. Die Verfahren gehen von der Modellvorstellung aus, daß ein Bild durch translatorisch bewegte Blöcke beschreibbar ist. In Bild 1 ist die bewegungskompensierte Prädiktion dargestellt. Das Bild k–1 sei bereits übertragen und beim Empfänger verfügbar. Das nächste zu übertragende Bild k wird in quadratische Blöcke von N x N Bildpunkten unterteilt. Für jeden Block des Bildes k wird ein Verschiebungsvektor

	ANALOGE UBERTRAGUNG	DIGITALE ÜBERTRAGUNG
HF - BANDBREITE BZW. UBERTRAGUNGSBITRATE	8 MHz	24 MBIT/S
MODULATION UND CODIERUNG	RESTSEITEN-BAND-AM	5 MBIT/S JE TV - SIGNAL
ANZAHL DER TV - KANÄLE	1	4

Tab. 2. Terrestrischer Fernsehrundfunkkanal

(Displacementvektor) $\vec{D}$ gemessen und übertragen, der angibt, wo dieser Block im vorausgehenden Bild k–1 war. Zur Konstruktion eines sog. Prädiktionsbildes werden beim Sender und Empfänger dem Displacement entsprechende Bereiche aus dem vorangegangenen Bild k–1 zusammengesetzt. Das Prädiktionsbild wird beim Sender mit dem zu übertragenden Bild k verglichen und nur das Differenzbild, die sog. Prädiktionsfehler übertragen.

Zur Messung der Displacementvektoren $\vec{D}$ sind mehrere Verfahren entwickelt worden [5] [6]. Im Vergleich zur sog. 3–Step Block Matching Technique [5] liefert die hierarchische Schätzmethode [6] ein homogeneres Displacementvektorfeld und approximiert die physikalische Bewegung genauer. Diese Eigenschaften sind insbesondere für interpolative Codierungsverfahren von Bedeutung.

Zur Codierung der Prädiktionsfehler hat sich die Diskrete Cosinus Transformation (DCT) als besonders effizient erwiesen. Jeder Block mit 8 x 8 Bildpunkten bzw. Prädiktionsfehlern wird,

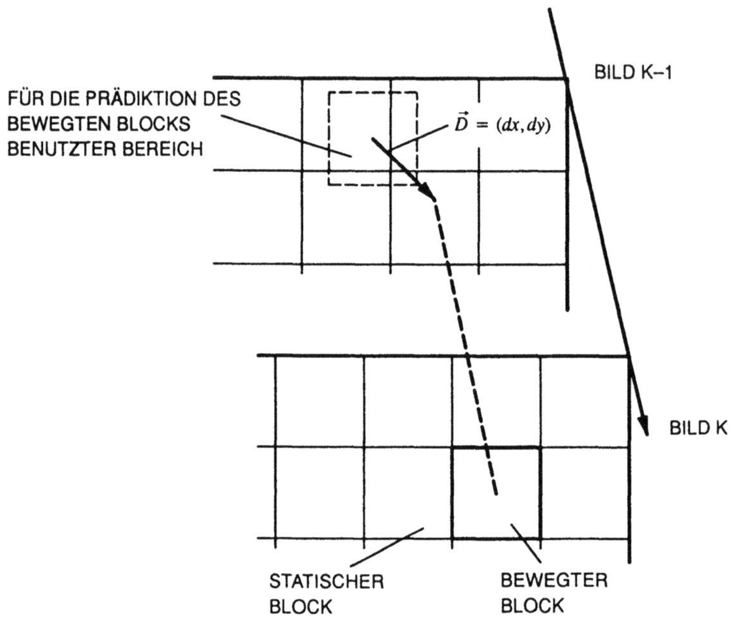

Bild 1. Illustration der bewegungskompensierenden Prädiktion

wie in Bild 2 dargestellt, mittels einer DCT in den Frequenzbereich transformiert und ergibt dort einen Block mit 8 x 8 DCT–Spektralkoeffizienten.

Während die Energie des Bildsignals zufällig über einen Block verteilt sein kann, konzentriert sich die Energie des korrespondierenden DCT–Blocks vorzugsweise auf Koeffizienten mit niedrigen Frequenzen. Diese Tendenz hängt von den Korrelationen der Abtastwerte ab. Für eine effiziente Codierung und Übertragung werden die DCT–Koeffizienten deshalb mit dem Zigzag–Scan entsprechend Bild 3 sequentiell angeordnet. Dieser Scan beginnt mit dem DC–Koeffizienten gefolgt von niederfrequenten AC–Koeffizienten und endet bei hochfrequenten

Koeffizienten. Nach einer Quantisierung ergeben sich häufig sehr kleine Werte oder Null für die hochfrequenten AC–Koeffizienten. Nachdem der letzte von Null verschiedene Koeffizient codiert worden ist, kann zur Verbesserung der Codierungseffizienz ein spezielles End Of Block (EOB) Codewort gesendet werden. Einem Decoder wird damit angezeigt, daß die restlichen AC–Koeffizienten in der Reihenfolge des Scans jeweils Null sind.

Um die Eigenschaften des menschlichen visuellen Wahrnehmungssystems auszunutzen, wird eine gewichtete Quantisierung der Spektralkoeffizienten angewendet. Eine geeignete Quantisierung berücksichtigt die Eigenschaft, daß im allgemeinen die subjektive Wahrnehmung unempfindlicher gegenüber Quantisierungsrauschen bei hohen Frequenzen ist. Deshalb wird eine Quantisierungsmatrix eingeführt, die eine gröbere Quantisierung von hochfrequenten DCT–Koeffizienten gestattet.

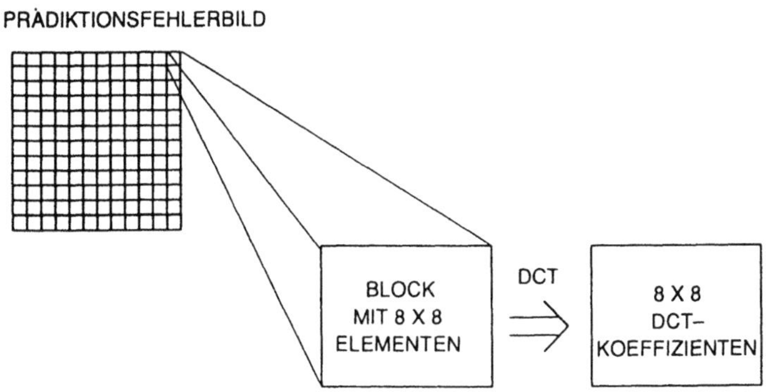

Bild 2. Diskrete Cosinus Transformation (DCT) von Prädiktionsfehlern

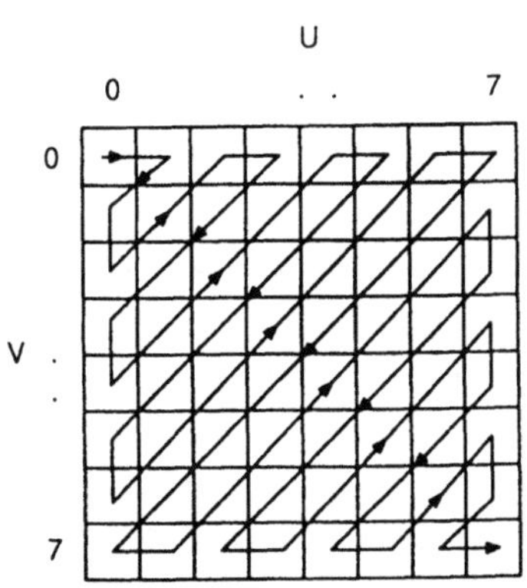

Bild 3. Zigzag–Scan für Blöcke mit 8 x 8 DCT–Koeffizienten

Es liegt im Interesse mehrerer Anwendungen, ein codiertes Videosignal in unterschiedlichen Bildauflösungen zu decodieren, ohne daß der gesamte Datenstrom decodiert werden muß. Die Realisierung dieser sog. Scalability–Forderung setzt voraus, daß Teile eines codierten Datenstromes für sich decodierbar sind. Eine Lösungsmöglichkeit bietet die Pyramiden–Codierung [7], s. Bild 4. Nach einer Decimation mittels eines Tiefpaßfilters, mit dem das TV–Signal aus einem HDTV–Signal extrahiert wird und Reduktion der Abtastfrequenz von 72 auf 13,5 MHz, kann eine beliebige Codierung zur Übertragung des TV–Signals angewendet werden, z.B. eine MPEG–2–Codierung. Die im Coder decodierte TV–Information wird interpoliert, um sie mit der Abtastfrequenz des HDTV–Signals darzustellen. Das rekonstruierte Signal X_{LL} wird anschließend vom HDTV–Eingangssignal subtrahiert. Das Differenzsignal $X–X_{LL}$ stellt die hochfrequenten Komponenten des HDTV–Signals dar, die mit einem separaten Coder übertragen werden können. Die auf diese Weise gewonnene Möglichkeit der Scalability wird mit einer insgesamt um etwa 20% erhöhten Anzahl zu codierender Abtastwerte bezahlt. Obwohl ein Teil der dafür erforderlichen zusätzlichen Datenrate durch die Codierung des Differenzsignals $X–X_{LL}$ anstelle von X zurückgewonnen wird, bleibt bisher noch eine Verminderung der Bildqualität zu beobachten.

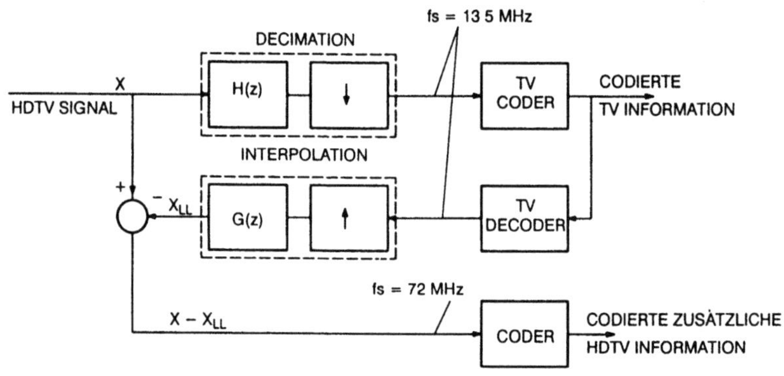

H(z) – Tiefpaßfilter ↓ – Reduktion der Abtastfrequenz

G(z) – Tiefpaßfilter ↑ – Erhohung der Abtastfrequenz

Bild 4. Coder einer zweistufigen Pyramiden–Codierung

Die Hybrid–Codierung liegt auch dem CCITT–Codierungsstandard H.261 [8] zugrunde, mit dem Bewegtbilder für Bildfernsprech– und Videokonferenzanwendungen im Common Intermediate Format (CIF) gemäß Tab. 1 über einen digitalen Kanal mit nur 64 kbit/s übertragen werden können. Aufgrund der sehr niedrigen Übertragungsrate ist die zeitliche Auflösung des Common Intermediate Format für diese Anwendung auf 10 Hz reduziert worden. Der CCITT–Codierungsstandard H.261 liefert eine akzeptable Bildqualität solange die Bewegungen in der Bildfolge moderat sind. Mit zunehmender Bewegung werden sog. Moskito– und Blockartefakte sichtbar. Um diese Störeffekte zu vermeiden, gehen neue Codierungsverfahren von der block–basierten zu einer objekt–basierten Verarbeitung über. In einem ersten Schritt sind damit verbesserte Prädiktionsbilder zu erwarten, da die Randbereiche von bewegten Objekten exakter dargestellt werden.

Die sog. objekt–basierte Analyse–Synthese–Codierung [9] beschreibt jedes bewegte Objekt einer Mindestgröße durch drei Parametersätze, die Form, Bewegung und Farbe des Objektes definieren, s. Bild 5. Dabei kann die Form des Objektes zweidimensional oder dreidimensional mittels eines sog. Wireframes dargestellt werden. Für bewegte Objekte, die durch

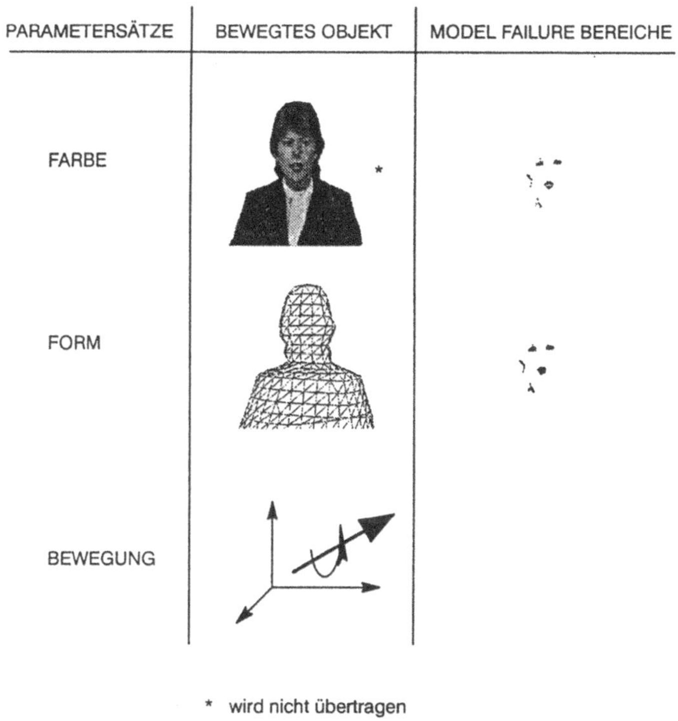

Bild 5. Darstellung der zu übertragenden Parametersätze bei einer objekt–basierten Analyse–Synthese–Codierung

das gewählte Modell darstellbar sind, werden lediglich die Änderungen der Bewegung und Form übertragen. Nur für Bildbereiche, die durch das Modell nicht beschreibbar sind, die sog. Model–Failure–Bereiche, wird die Farbe, d.h. die Luminanz– und Chrominanzinformation zusammen mit der Form übertragen. Erste Ergebnisse zeigen, daß nur noch für 3–4% eines Bildes im Mittel die Luminaz– und Chrominanzinformation übertragen werden müssen [10] [11]. Ein kürzlich vorgestellter Analyse–Synthese–Coder [12] für Quarter–CIF–Bildauflösung benötigt nur noch 11 kbit/s Übertragungsrate und ermöglicht damit die Übertragung von Bewegtbildsequenzen im analogen Fernsprechnetz oder im Mobilfunknetz.

Beim Bildfernsprechen werden im wesentlichen Kopf–Schulteransichten übertragen. Diese Vorkenntnis kann genutzt werden, indem zur Darstellung der Form vorgefertigte, parametrisierte 3D–Wireframe–Modelle angewendet werden, deren Veränderungen mit weniger Parametern beschrieben werden können als die eines Wireframes, der automatisch vom Coder generiert wird [13], [14]. Bei der sog. semantischen Codierung [15], [16] wird untersucht, ob es möglich ist, die Mimikparameter zu schätzen, um dann z.B. das Schließen und Öffnen eines

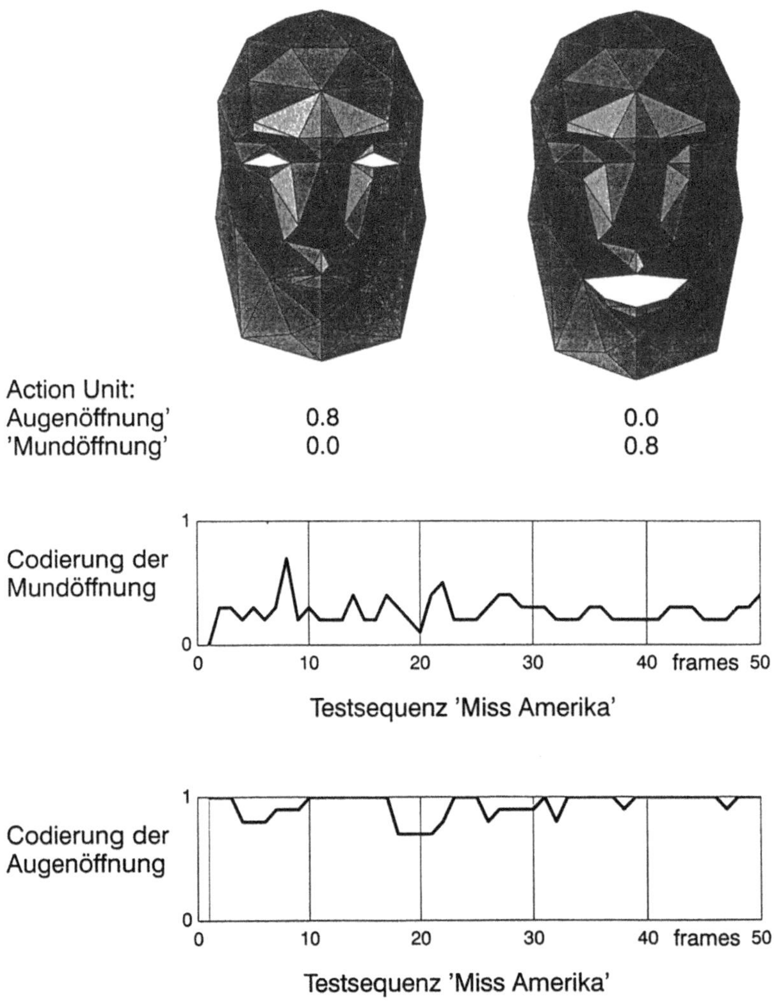

Bild 6. Darstellung der Action Units einer semantischen Codierung

Auges nur mit einem Parameter, einer sog. Action Unit, zu übertragen, die alle zugehörigen Änderungen des Wireframes auslöst, s. Bild 6. Erste Abschätzungen zeigen, daß mit diesen Ansätzen die Übertragungsrate auf eine Größenordnung von etwa 5 kbit/s bei QCIF–Auflösung reduziert werden kann.

3 Codierung von Audiosignalen

Die digitale Darstellung eines stereophonen Audiosignals in Studioformat gemäß der CCIR Recommendation 646 [3] erfordert eine Abtastfrequenz von 48 kHz und eine gleichförmige Quantisierung entsprechend 16 bit pro Abtastwert. Daraus resultiert eine Datenrate von 768 kbit/s für ein monophones Tonsignal und entsprechend 2 x 768 kbit/s, also etwa 1,5 Mbit/s für ein Stereosignal. Aufgrund der etwas geringeren Abtastfrequenz von 44,1 kHz ergibt sich für das Stereosignal einer Compact Disc eine Datenrate von 2 x 705 kbit/s, also etwa 1,4 Mbit/s, s. Tab.3. Von der ISO MPEG ist ein Codierungsstandard [4] für Audiosignale entwickelt worden, der eine Tonqualität vergleichbar mit der einer Compact Disc bei einer Datenrate von 2 x 128 kbit/s erreicht. Er ermöglicht es unter anderem, daß ein datenkomprimiertes Videosignal im Source Input Format gemäß Tab.1 zusammen mit dem datenkomprimierten Audiosignal auf einer Compact Disc aufgezeichnet werden kann, s. Tab.4.

Bild 7 zeigt das allgemeine Blockschaltbild des Audio–Coders. Zunächst wird das am Eingang eingespeiste PCM–Audiosignal aus dem Zeitbereich in eine Darstellung im Frequenzbereich umgesetzt, was einer Zerlegung des Eingangssignals in Spektralkomponenten entspricht. Eine ähnliche Zerlegung in die sog. Frequenzgruppen wird auch vom menschlichen Gehör bei der Wahrnehmung von Tonsignalen vorgenommen. Anschließend wird jede aus der Zeit–Frequenzbereichs–Umsetzung hervorgegangene Spektralkomponente individuell entsprechend den aktuellen Maskierungseigenschaften des Gehörs quantisiert und codiert. Die Steuerinformation für die Quantisierer wird dabei aus einer Schätzung der aktuellen signalabhängigen Maskierungsschwelle gewonnen, die parallel zur Zeit–Frequenzbereichs–Umset–

	CCIR 646	COMPACT DISC
ABTASTFREQUENZ IN KHZ	48	44.1
QUANTISIERUNG IN BIT JE ABTASTWERT	16	16
BITRATE IN KBIT/S:	2 x 768	2 x 705

Tab. 3. PCM–Formate für Audiosignale

	BITRATE IN MBIT/S	
CODIERTES VIDEOSIGNAL (SIF)	1,15	(MPEG 1)
CODIERTES AUDIOSIGNAL	0,256	(MPEG 1)
GESAMT BITRATE	1,4	(CD – DATENRATE)

Tab. 4. Compact Disc als Video–ROM

zung vom psychoakustischen Modell berechnet wird. Diese Berechnung basiert auf den Gesetzen der Psychoakustik [17], die die Wahrnehmungseigenschaften des menschlichen Gehörs beschreiben. Die Maskierungsschwelle gibt die maximal erlaubte Quantisierungsfehlerleistung für jede einzelne Spektralkomponente an. Die Quantisierung ist optimal, wenn jede Spektralkomponente exakt mit der durch die Maskierungsschwelle vorgegebenen Genauigkeit quantisiert und codiert wird. In diesem Fall wird das dem Nutzsignal überlagerte Quantisierungsgeräusch vom menschlichen Gehör gerade noch nicht wahrgenommen.

Die Zeit–Frequenzbereichs–Umsetzung kann entweder mit einer Filterbank oder einer Transformation oder auch einer Kombination von beiden realisiert werden. Theoretisch kann gezeigt werden, daß Filterbank und Transformation unter gewissen Bedingungen äquivalent sind und sich durch eine einheitliche Darstellungsform beschreiben lassen [19]. Zur Gewähr–

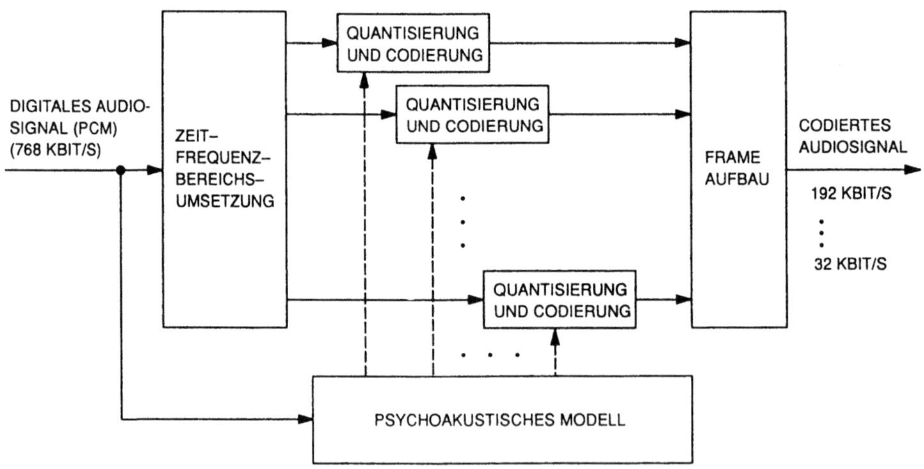

Bild 7. Allgemeines Blockschaltbild des Audio Coders

leistung einer effizienten Codierung ist es erforderlich, daß die Anzahl der zu codierenden Spektralkomponenten in jedem Zeitintervall nicht größer ist als die Anzahl der Abtastwerte des Eingangssignals. Im Falle der Realisierung mit einer Filterbank, wo die Spektralkomponenten Teilbandsignale sind, müssen daher die Abtastfrequenzen für die Teilbandsignale am Ausgang der Filterbank an die Bandbreiten der Teilbänder angepaßt werden. Zu diesem Zweck wird eine Abtastratenreduktion durchgeführt. Diese wiederum führt aufgrund der nicht–idealen Bandpaßfilter zu Aliasing–Komponenten in den Teilbandsignalen, die Aliasing–Störungen im rekonstruierten Signal bewirken können. Durch den Einsatz von Filterbänken mit Aliasing–Kompensation kann dieses Problem jedoch vermieden werden [20]. Die Entscheidung für die geeignete Realisierung der Zeit–Frequenzbereichs–Umsetzung resultiert i.a. aus einem Kompromiß zwischen Implementationsaufwand, Zeitauflösung und Spektralauflösung. Eine gute Spektralauflösung ist wichtig für die Codierung von eingeschwungenen Signalen, wie z.B. reinen Tönen, eine gute Zeitauflösung ist wichtig bei transienten Signalen, wie z.B. Anschlägen.

Das psychoakustische Modell berechnet jeweils für kurze Zeitintervalle des PCM–Eingangssignals einen Schätzwert für die aktuelle signalabhängige Maskierungsschwelle. Für jede Spektralkomponente gibt die Maskierungsschwelle im zugehörigen Frequenzintervall die gerade noch wahrnehmbare Quantisierungsfehlerleistung an. Diese wird dann zur Generierung der Steuerinformation für die dynamische Bit- bzw. Rauschleistungszuweisung verwendet, indem die aktuell erforderliche Anzahl der Quantisierungsstufen für jede Spektralkomponente und jedes Zeitintervall bestimmt wird.

Der im Rahmen von ISO MPEG entwickelte Audio–Codierungsstandard besteht aus drei Layern, wobei Komplexität und Codierungseffizienz von Layer I zu Layer II und Layer III jeweils zunimmt. Layer I und II unterscheiden sich im wesentlichen in der Verarbeitung und Codierung der Teilbandsignale. Layer III erhöht die Frequenzauflösung, d.h. die Anzahl der Teilbandsignale.

Umfangreiche subjektive Tests sind zu folgendem Ergebnis gekommen [21]. Für ein stereophones Tonsignal wird eine der Compact Disc vergleichbare Qualität bei einer Datenrate von 2 x 192 kbit/s mit einem Layer I Codec und bei einer Datenrate von 2 x 128 kbit/s mit einem Layer II und Layer III Codec erreicht. Die erreichte Qualität erfüllt die Anforderungen der sog. Broadcast Distribution Qualität. Bei einer Datenrate von 128 kbit/s für ein stereophones bzw. 64 kbit/s für ein monophones Tonsignal erreicht der Layer III Codec die beste heute bekannte Audioqualität. Für die meisten Testsignale wird eine Qualität erreicht, die der der Compact Disc sehr nahe kommt. Lediglich bei einigen sehr kritischen Testsignalen werden Codierungsfehler deutlich wahrgenommen und als störend empfunden.

Die kritischen Tonsignale sind dadurch gekennzeichnet, daß ein einzelnes Musikinstrument dominiert. Untersuchungen haben gezeigt, daß in diesen Fällen zwischen rechtem und linkem Tonsignal eine relativ große Stereo–Korrelation besteht, die durch das bisherige Joint Stereo Coding nicht zur Datenkompression genutzt wird. Ein neuer Vorschlag zur Ausnutzung dieser Stereo–Redundanz basiert auf einer laufzeitkompensierten Prädiktion [18]. Dabei werden im ersten Schritt die Laufzeitunterschiede zwischen rechtem und linkem Tonsignal gemessen und kompensiert, s. Bild 8. Anschließend kann die Stereo–Redundanz der nun nahezu zeitgleichen Tonsignale mit einem Kurzzeitprädiktor zur Datenkompression eliminiert werden.

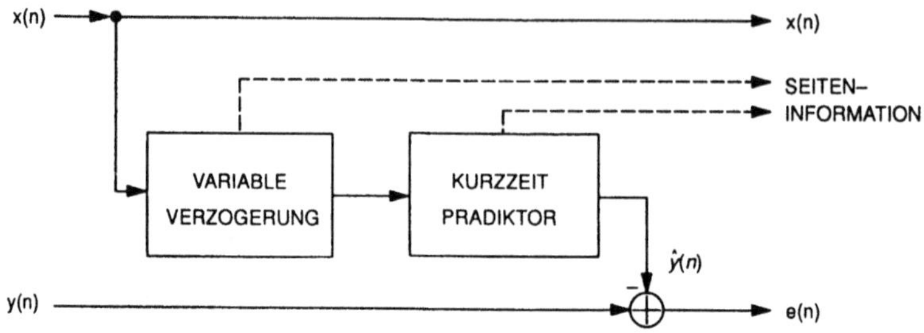

Bild 8. Blockschaltbild eines laufzeitkompensierten Prädiktors zur Stereo–Redundanzreduktion

Es konnte bereits nachgewiesen werden, daß die laufzeitkompensierte Prädiktion einen beachtlichen Codierungsgewinn bringt. Es muß jedoch noch überprüft werden, ob die auf diese Weise erweiterte Codierung nach Layer III bei einer Datenrate von 2 x 64 kbit/s bereits eine mit der Compact Disc vergleichbare Tonqualität liefert.

4 Zusammenfassung

Mit dem ISO MPEG–2–Codierungsvorschlag wird in Kürze ein Codierungsverfahren für Fernsehrundfunksignale zur Verfügung stehen, das bei einer Übertragungsbitrate von etwa 5 Mbit/s eine Bildqualität vergleichbar mit der von NTSC/PAL/SECAM liefert.

Das Problem eines Multiresolution–Standards oder der sog. Scalability mit der Forderung, daß Teile eines codierten Datenstromes für sich decodiert werden können, um Bilder reduzierter Auflösung zu erzeugen, ist noch nicht zufriedenstellend gelöst.

Object–basierte Codierungen bieten die Möglichkeiten zur Verbesserung der Bildqualität und zur Codierung mit sehr niedrigen Datenraten in der Größenordnung von 8 kbit/s, letztes jedoch nur für Bildsequenzen mit eingeschränkten Bewegungsvorgängen.

Die bei kritischen Testsignalen noch hörbaren Codierungsverzerrungen einer Audiocodierung mit 2 x 64 kbit/s können mit den vorgeschlagenen Verbesserungen der Layer III–Codierung wie z.B. mit einer laufzeitkompensierten Prädiktion reduziert werden. Es muß noch überprüft werden, inwieweit damit die angestrebte CD–Tonqualität bereits erreicht wird.

Literatur

[1] CCIR, "Encoding parameters of digital television for studios", CCIR Recommendation 601, Geneva, 1982.

[2] ISO/IEC JTC1/SC29/WG11, "WG11 status report", doc. N0203, Mai 1992.

[3] CCIR,"Source encoding for digital sound signals in broadcasting studios", CCIR Recommendation 646, Geneva, 1986.

[4] ISO/IEC, "Draft International Standard DIS 11172: Information technology–coding of moving pictures and associated audio for digital storage media at up to about 1.5 Mbit/s", ISO/IEC JTC1/SC29/WG11, Geneva, April 1992.

[5] T.Koga, K.Iinuma, A.Hirano, Y.Iijima, T.Ishiguro, "Motion–compensated interframe coding for video conferencing", IEEE National Telecommunications Conference, New Orleans, pp. G.5.3.1–G.5.3.5, LA, Dezember 1981.

[6] M. Bierling, "Displacement estimation by hierarchical blockmatching", 3rd SPIE Symposium on Visual Communications and Image Processing, Cambridge, USA, pp. 942–951, November 1988.

[7] K.M.Uz, M. Vetterli, D.J. Le Gall, "Interpolative multiresolution coding of advanced television with compatible subchannels", IEEE Trans. on Circuits and Systems for Video Technology, Vol. 1, No.1, pp. 86–99, März 1991.

[8] CCITT, "Video codec for audio visual services at p x 64kbit/s", CCITT Recommendation H.261, Geneva, 1990.

[9] H.G.Musmann, M.Hötter, J.Ostermann, "Object–oriented analysis–synthesis coding of moving images", Signal Processing: Image Communication, Vol.3, No.2, November 1989.

[10] M. Hötter, "Optimization and efficiency of an object–oriented analysis–synthesis coder", accepted for publication in Signal Processing: Image Communication

[11] J. Ostermann, "Object–oriented analysis–synthesis coding based on the source model of moving flexible 3D objects", accepted for publication in IEEE Transactions on Image Processing.

[12] P. Gerken, "Object–based analysis–synthesis coding of image sequences at very low bit rates", submitted for publication to IEEE Transactions on Circuits and Systems for Video Technology; Special Issue on Very–Low–Bit–Rate Video Coding.

[13] M.Rydfolk, "CANDIDE: A parameterized face", Dep.Elec.Eng.Rep. LiTH–ISY–I–0866, Linköping Univ., Okt.1987.

[14] K.Aizawa, H.Harashima and T.Saito, "Model–based analysis synthesis image coding (MBASIC) system for a person's face", Signal Processing: Image Communication, Vol.1, No.2, pp. 139–152, Okt. 1989.

[15] R. Koch, "Adaption of a 3D facial mask to human faces in videophone sequences using model based image analysis", Proc. of the Picture Coding Symposium 1991, pp.285–288, Tokyo, Japan, Sept. 1991.

[16] H. Li, P. Roivainen and R. Forchheimer, "3D–motion estimation in model–based facial image coding", IEEE Trans. on Pattern Analysis and Machine Intelligence, Vol.15, No.6, pp. 545–555, Juni 1993.

[17] E. Zwicker, H.Fastl, "Psychoacoustics, facts and models", Springer Verlag, 1990.

[18] H. Fuchs, "Improving joint stereo audio coding by adaptive inter–channel prediction", Proc. of the IEEE Workshop on Applications of Signal Processing toAudio and Acoustics, New Paltz, Oktober 1993.

[19] M. Temerinac, B. Edler, "LINC: A common theory of transform and subband coding", IEEE Trans. on Communication, Vol. 41, No.2, pp. 266–274, Februar 1993.

[20] H.J.Nussbaumer, M.Vettli, "Computationally efficient QMF filter banks", IEEE Proc. ICASSP 1984, pp.11.3.1–4, 1984.

[21] H.Fuchs, "Die Hörtests im Rahmen der ISO/MPEG–Audio Standardisierung", Berichtsband der 17. Tonmeistertagung, Karlsruhe, November 1992.

Künftige Entwicklungslinien der Quellencodierung für Tonsignale

Dieter Seitzer

Kurzfassung. Die Entfernung von Redundanz und Irrelevanz aus dem Musiksignal erlaubt CD-Qualität bei Datenraten um 200 kbit/s für Stereosignale und Reportagequalität für Sprache bis 32 kbit/s.

Weitere Verbesserungen werden angestrebt durch die verfeinerte Anpassung der Zeit/Frequenzauflösung der Verfahren an diejenige des Ohres. Die unterschiedlichen Verdeckungseigenschaften des Ohres für rauschartige und sinusähnliche Signale können in weiter entwickelte psychoakustische Modelle und entsprechend adaptive Codierung und Quantisierung eingebracht werden. Äußerst hilfreich sind objektive Meßverfahren, welche Hörversuche mit Testpersonen bei der Optimierung der Verfahren weitgehend ersetzen können.

Einführung

Die Kompaktdisk hat mit einer Abtastfrequenz von 44,1 kHz und 16 bit pro Abtastwert für die Amplitudencodierung einen neuen Qualitätsstandard bei Audiosignalen gesetzt. Daneben war es immer schon das Ziel, niedrigere Bitraten bei möglichst geringer Qualitätseinbuße zu erzielen. So sei an den Standard G.711 aus dem Jahr 1971 erinnert, bei dem die Bandbreite auf 3,4 kHz für einen Monokanal beschränkt war und die Übertragung mit 64 kbit/s vorgenommen wurde. Im Jahre 1988 wurde dann die Bandbreite bei G.722-Standard auf 7 kHz erhöht und die Datenrate mit 64 kbit/s beibehalten. Als Vorläufer für die heutigen Verfahren der Tondcodierung aus dem Jahr 1980 sei NICAM erwähnt, das schon Blockcodierung verwendet [1]. Im Jahr 1992 kam es dann zum ISO 11 172-3-Standard mit Abtastfrequenzen von 32 kHz, 44,1 kHz und 48 kHz und Datenraten zwischen 32 kbit/s und 384 kbit/s für monofone und stereofone Signale.

Damit war die Datenreduktion hochwertiger Musiksignale weltweit anerkannt. Als Grundlage dienen die von den Partnern des EUREKA-Projekts 147 "Digitaler Rundfunk" erarbeiteten Verfahren MUSICAM und ASPEC (Bild 1). Diese beiden Verfahren zeigten die beste Qualität bei den Tests, die Radio Schweden im Jahre 1991 durchgeführt hat. Bei der Verfolgung des ISO-MPEG-Standards

11 172 wurde nun beschlossen, die Vorteile beider Verfahren zu verbinden. Das Ergebnis waren die Layer I, II und III mit den jeweiligen Zielbitraten von 192 kbit/s, 128 kbit/s und 64 kbit/s. Da über Layer I und II an anderer Stelle dieser Tagung berichtet wird, möchte ich mich auf die niedrigen Bitraten von 64 kbit/s und möglichst darunter beschränken.

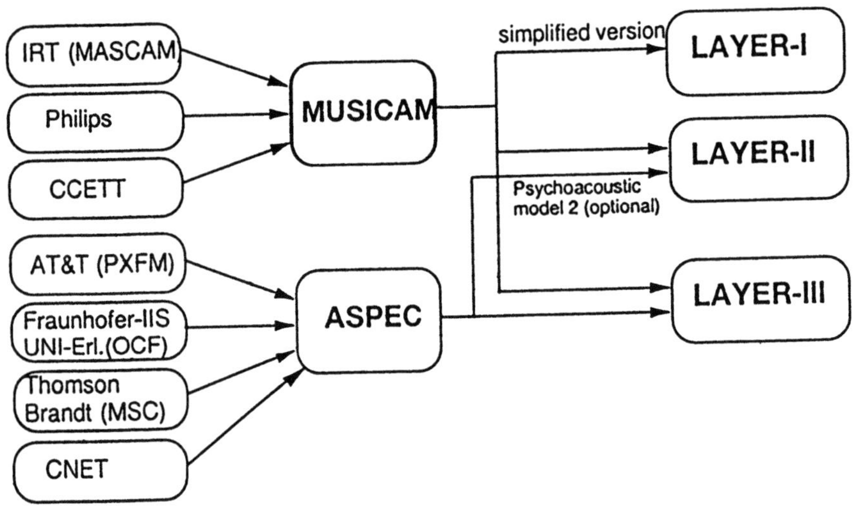

Bild 1: Entstehung der ISO MPEG 11172 Coder [12]

Wichtige Bewertungskriterien bei der Codierung sind die bereits angesprochene Bitrate und die erreichbare Qualität. Unter Transparenz versteht man hierbei, daß kein im Hörtest feststellbarer Unterschied zwischen dem Original und der codierten Fassung besteht. Daneben gibt es die Reportagequalität (commentary grade), bei der ein Unterschied zum Original zwar feststellbar ist, aber zumindest ein Hifi-Telefon damit realisiert wird. Ein weiterer Qualitätsparameter ist die durch die Codierung verursachte Verzögerung. Sie sollte möglichst gering sein; je nach Anwendung sind unterschiedliche Werte tolerierbar. Ein weiterer Qualitätsparameter ist die Komplexität für die Realisierung eines Codierverfahrens. Sie bestimmt die bei der Verwirklichung als ASIC notwendige Siliciumfläche und bestimmt über diesen Wert letztlich den Preis. Verfahren, bei denen die Komplexität des Coders wesentlich größer ist als im Decoder sind im digitalen Rundfunk wegen der unterschiedlichen Zahl von Sendern und Empfängern vorzuziehen. Im Standard ist ferner festgelegt, daß die Decoder der höheren Schichten abwärts kompatibel sein sollen.

2. Grundlagen der Codierung

Die effiziente Codierung beruht auf der Entfernung von Redundanz und Irrelevanz aus dem Signal. Unter Redundanz versteht man die Abhängigkeit der aufeinanderfolgenden Abtastwerte, die im Sender eliminiert und im Empfänger komplett wieder hergestellt werden kann. Die Irrelevanz nutzt die Eigenschaften des Ohrs als Nachrichtenempfänger aus; d.h. es wird Information, die der Empfänger nicht hören kann, entfernt. Sie ist deswegen unwiederbringlich verloren und kann im Empfänger nicht mehr rekonstruiert werden. Irrelevanz in diesem Sinne ist schon die Einschränkung der Bandbreite auf 20 kHz und die Zahl der Dualstellen von 16 bit bei der Codierung. Der aktuelle Fortschritt bei der Codierung mit niedrigen Bitraten wird durch den Effekt der Verdeckung erzielt. Verdeckung findet sowohl im Zeit- als auch im Frequenzbereich statt. Darunter versteht man, daß bei gleichzeitiger Anwesenheit zweier Audiosignale das leisere durch das lautere verdeckt, d.h. unhörbar wird. Darüber wird weiter unten noch die Rede sein.

Die Grundstruktur eines Codec zeigt Bild 2. Das von einer hochwertigen digitalen

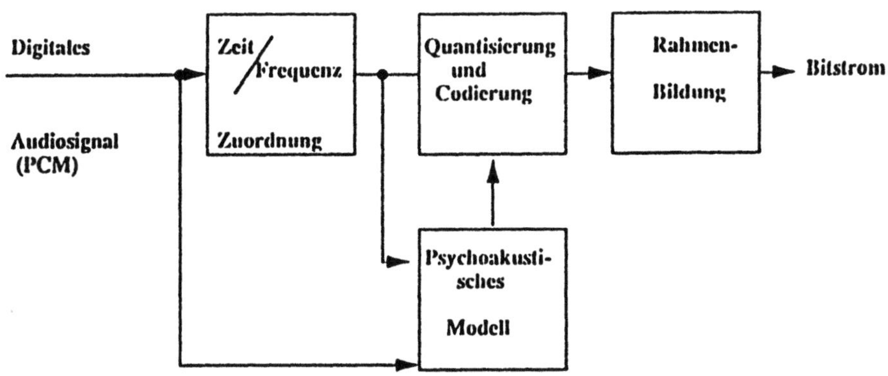

Bild 2: Grundstruktur eines Coders [2]

Signalquelle kommende Signal wird in einem ersten Block aus dem Zeit- in den Frequenzbereich abgebildet. Je nach Form der verwendeten Filterbank entstehen dabei "Teilbänder" oder "Frequenzlinien". Das Eingangssignal wird ferner einem zweiten parallel dazu befindlichen Block, welcher das Ohr und seine Eigenschaften als Modell repräsentiert, zugeführt. Darin werden Schätzwerte für die Mithörschwelle des Quantisierungsfehlers berechnet. Im Quantisierer und Coder werden die im Frequenzbereich befindlichen Linien codiert mit dem Ziel, das Rauschen, das durch die Quantisierung hereingeführt wird, unter der Maskierungsschwelle zu halten. Je nach Algorithmus wird dieser Schritt in unterschiedlicher Weise durchgeführt. Bei der Rahmenbildung werden alle Daten zu einem seriellen Bitstrom mit konstanter Übertragungsrate zusammengefügt. Ein Rahmen besteht aus sehr unterschiedlichen Daten (Bild 3). Er beginnt mit einem Kopf zur Synchronisation, gefolgt von Daten

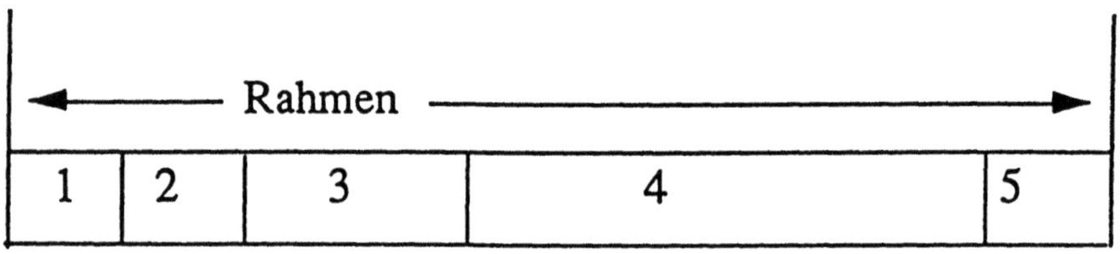

1 Kopf (Synchronisation)
2 Fehlerschutz
3 Seiteninformation (Bitzuweisung, Skalenfaktoren)
4 Signalwert (Koeffizienten)
5 Zusatzdaten (Programm, Dienste)

Bild 3: Format eines für die Übertragung vorgesehenen Rahmens

zur Fehlersicherung. Im Anschluß daran kommen verschiedene Zusatzinformationen, welche z.B. die Zuordnung von Wortlängen zu den verschiedenen Frequenzbereichen ebenso festlegen wie die Größe der Quantisierungsstufe in den einzelnen Bereichen (Skalenfaktoren). Erst dann kommen die eigentlichen Frequenzlinien oder Werte im Frequenzbereich, die dann gefolgt werden von Hilfsdaten für die allgemeine Information. Die unterschiedliche Bedeutung der einzelnen Datenbits bringt es mit sich, daß sie unterschiedlich gut geschützt werden können bei der Übertragung, weil sich zufällig auftretende Fehler je nach Lage im Rahmen auf der Empfangsseite sehr unterschiedlich auswirken können.

3. Codierverfahren und Standards

An dieser Stelle sei kurz auf die 3 sog. Layer des ISO/MPEG-Codec eingegangen. Die Zielbitrate bei der Entwicklung für den Layer I betrug 192 kbit/s pro Kanal. Bei ihm wird auf geringe Komplexität Wert gelegt. Die Filterbank unterteilt den Frequenzbereich in 32 Teilbänder mit einer Bandbreite von 750 Hz bei 48 kHz Abtastfrequenz. Dabei enthält ein Rahmen mit einer Dauer von 8 ms 384 PCM-Werte. Der Coder verwendet Blockkompandierung und unterschiedliche Quantisierungsstufen durch verschiedene Skalenfaktoren. Im Layer II war die Ziel-Bitrate 128 kbit/s. Die Länge des Rahmens ist auf den dreifachen Wert, nämlich auf 24 ms ausgedehnt. Dadurch benötigt man einen größeren Zwischenspeicher und vergrößert die Verzögerung. Durch die Zunahme der Rahmenlänge kann mehr Seiteninformation aufgewendet werden, ohne daß der Anteil an der Gesamtbitrate zu sehr wächst. Die Rahmenlänge entspricht 1152 PCM Abtastwerten. Die Bitzuordnung erfolgt in den Teilbändern mit unterschiedlicher Länge: In den niederen Bändern mit 4 bit, in den mittleren mit 3 bit und in den hohen Bändern mit 2 bit. Beim Layer III wird durch eine nachgeschaltete MDCT-Transformation eine weitere Aufteilung der Frequenzbänder vorgenommen, so daß man näher an die Frequenzgruppen des Ohres heranreicht. Die Dauer des Rahmens ist gleich, die Zielbitrate ist noch niedriger, nämlich 64 kbit/s. Vom ASPEC-Verfahren übernommen wurden die Färbung des Quantisierungsrauschens durch nichtlineare Quantisierung, die Umschaltung des Zeitfensters bis auf 8 ms herunter und die Entropie-Codierung mit unterschiedlicher Wortlänge, aus der durch wiederum längere Zwischenspeicherung eine konstante Datenrate entsteht.

4. Trends bei der Codierung von Audiosignalen

Die Trends werden beeinflußt durch die Anwendungen und die Fortschritte in Forschung und Entwicklung.

Folgende Anwendungen sind schon realisiert worden bzw. stehen unmittelbar bevor:

- Digitaler Rundfunk, wie er im Rahmen des EUREKA-Projekts 147 entwickelt wurde. In Verbindung damit ist die Mehrfachcodierung ebenso wie die Stereocodierung weiter zu untersuchen.

- Multimedia-Anwendungen, d.h. die Toncodierung für die Speicherung in PCs und das Editieren mit anderen Signalen z.B. von Bildern.
- Übertragung von Tonsignalen über ISDN für Reportagen und Videokonferenzen bzw. vom Studio zum Sender.
- Mehrkanalton für HDTV.
- Digitale Speicherung auf Magnetträgern (Band, Disc).

Die Anwendungen bedienen sich des durch die Forschung und Entwicklung zur Verfügung gestellten Instrumentariums und setzen hierbei u.U. Prioritäten bezüglich der Reihenfolge der Durchführung.
Parallel dazu geht die Entwicklung der Mikroelektronik weiter. Sie macht immer komplexere Verfahren möglich und durch Massenherstellung auch wirtschaftlich.

Im folgenden wird auf Tendenzen in der Forschung eingegangen:
Ausgangspunkt ist die Grundstruktur eines Coders [2] mit den Grundfunktionen (Bild 2)

- Zeit/Frequenz-Abbildung
- Psychoakustisches Modell
- Quantisierer und Codierer
- Rahmenbildung zur Übertragung

4.1 Zeit/Frequenz-Abbildung

Die Anforderungen an die Codierung hängen von der Zeit- bzw. Frequenzauflösung des Ohres ebenso ab wie von der Verdeckung im Zeit- und Frequenzbereich. Ein im Zeitbereich ablaufendes Schallereignis verdeckt andere Signale davor und danach [2]. Laut den Messungen von Spille [3] beträgt der Wert der Vorverdeckung im ungünstigsten Fall nur 1,5 ms, der der Nachverdeckung 3 ms oder mehr. Demgegenüber beträgt die Blocklänge bei Layer I 8 ms, bei Layer II 24 ms und bei Layer III zwischen 8 ms und 24 ms. Die Einschwingzeiten liegen zwar darunter. Trotzdem besteht die Gefahr, daß bei ungünstiger Lage eines Blocks gegenüber einem transienten Schallergebnis insbesondere Vorechos hörbar werden können.

Bei gleichzeitigem Auftreten von Schallereignis und Maskierer ist die Maskierung durch diejenige im Frequenzbereich gegeben: Wie im Bild 4 zu sehen, ergeben sich charakteristische Kurven für die Verdeckung der dem Schallereignis spektral benachbarten Bereiche. Zur Untersuchung der Maskierung wird ein frequenzgruppenbreites Schmalbandrauschen verwendet. Die Steilheit des Abfalls der Mithörschwelle nach tiefen Frequenzen ist 27 dB/Frequenzgruppe, die nach höheren Frequenzen hängt vom Pegel ab, beträgt aber im ungünstigsten Fall (bei niedrigen Pegeln) immer noch 23 dB/Frequenzgruppe. Diese "Spreading Function" ist die Kurve geringster Verdeckung (Bild 5) und wird in verschiedenen Verfahren u.a. im nachfolgend noch dargestellten NMR verwendet.

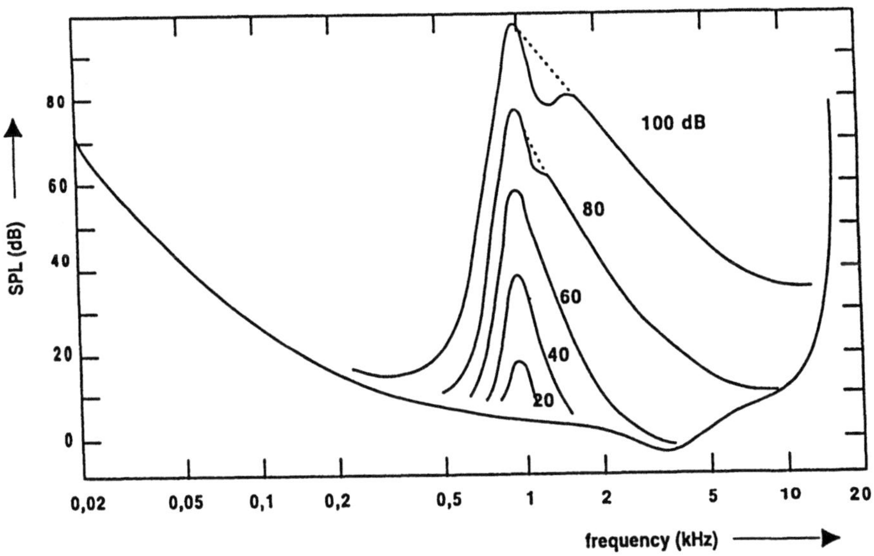

Bild 4: Pegel eines Testtones, der durch Rauschen mit der Breite einer Frequenzgruppe und einer Mittenfrequenz 1 kHz verdeckt wird bei unterschiedlichen Pegeln des Rauschens [10]

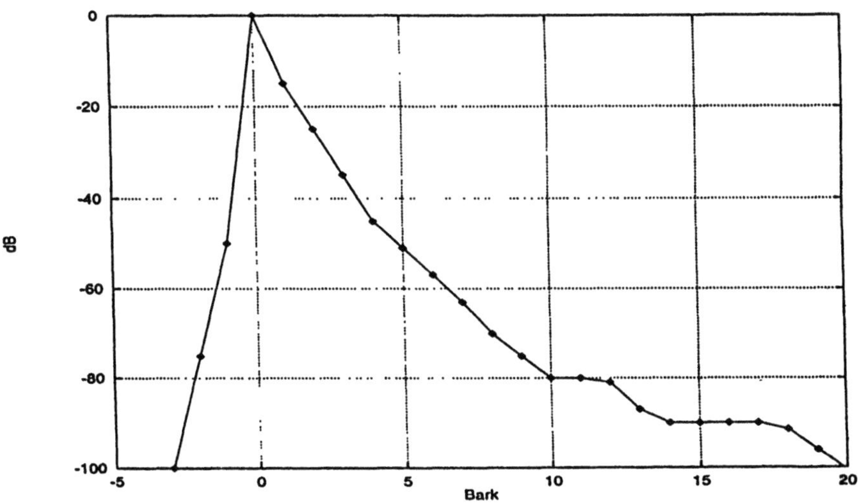

Bild 5: "Spreading Function" als Kurve geringster Verdeckung [11]

Betrachten wir nun eine Frequenzskala, wie sie von Zwicker [4] und anderen mittels Schmalbandrauschen ermittelt wurde. Als Frequenzgruppe wird die geringe Bandbreite Δf bezeichnet, innerhalb der die wahrgenommene Lautstärke vom Ohr zu einem Gesamteindruck zusammengefaßt wird. Die Breite der Frequenzgruppen beträgt bis zu Frequenzen von 500 Hz etwa 100 Hz (Bild 6) und nimmt dann nach einem nichtlinearen Gesetz zu. Das Bild zeigt, daß insbesondere Teilbandverfahren von Layer I und II mit 32 Teilbändern die Frequenzgruppen sehr unvollkommen

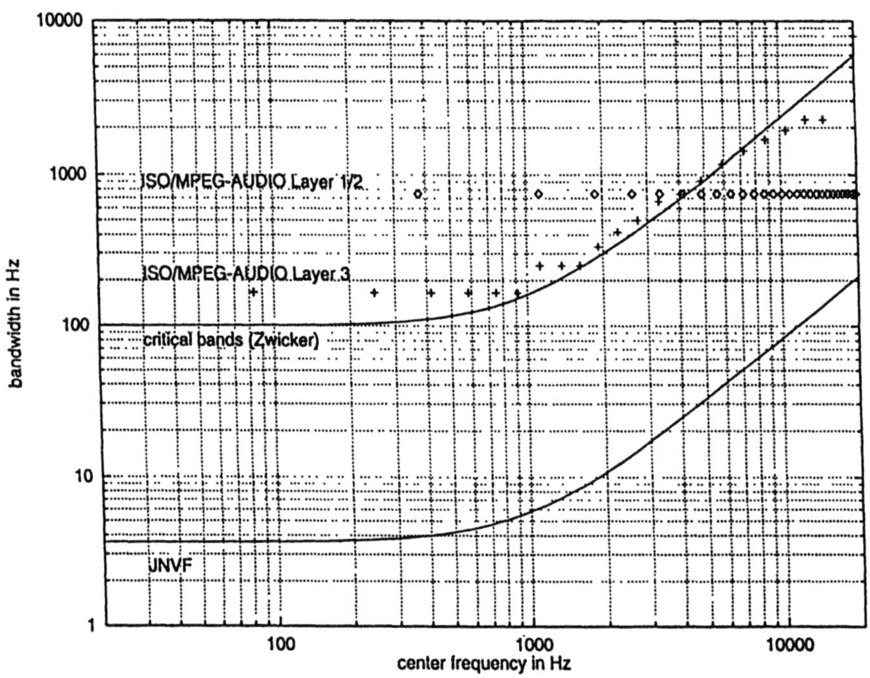

Bild 6: Breite der Frequenzgruppen (Critical bands) als Funktion der Mittenfrequenz und gerade noch wahrnehmbarer Frequenzänderung (JNVF). Die in der Zeit-Frequenzabbildung von Layer I bis III verwendeten Bandbreiten sind ebenfralls eingetragen [11]

nachbilden, wohingegen die Anpassung mit dem höheren Aufwand des Layer III schon besser gelingt. Insbesondere bei niedrigen Bitraten empfiehlt sich die Einhaltung der Frequenzgruppen.

Noch schwieriger gestaltet sich die Anpassung an die kleinste noch hörbare Frequenzabweichung bei sinusförmigen Signalen. Sie beträgt bei Frequenzen bis 500 Hz etwa 3,6 Hz und steigt darüber allmählich an (JNVF in Bild 6).

Faßt man in einer Zwischenbilanz zusammen:

Die durch Verdeckung im Zeitbereich ermittelte Zeitauflösung des Ohrs beträgt T_v = 1,5 ms (vorher) bzw. T_v = 3 ms (nachher), die im Frequenzbereich beste Frequenzauflösung beläuft sich auf B = 3,6 Hz. Das ergibt:

$$T_v \cdot B = 1{,}5 \text{ ms} \cdot 3{,}6 \text{ Hz} = 0{,}5 \cdot 10^{-2} = 0{,}0054.$$

Bei einem Nachrichtenkanal ist dieser Wert bestenfalls 0,5 (dieser Wert wird in Anlehnung an die Physik gelegentlich "Heisenberg-Grenze" genannt); d.h. das Ohr hört u.U. 100 mal besser.

Bei allen Vorbehalten gegen diesen Vergleich ist die zwingende Folgerung:

> Das technische System muß in weiten Grenzen adaptiert werden. Dabei muß die Adaption vom Signal gesteuert werden.

Eine an die Frequenzgruppen angepaßte Frequenzdarstellung bei höchstmöglicher Zeitauflösung (Zeit x Bandbreite = 0,5) im jeweiligen Frequenzbereich ist die Bark-Transformation [5]. Bei ihr werden die Frequenzgrenzen der Bereiche sehr eng an die Frequenzgruppen angepaßt. Das zugehörige Zeitfenster ist variabel und liegt genau an der Heisenberg-Grenze. Die Leistungen des Ohrs werden damit immer noch nicht erreicht, da im Ohr die Lage der jeweiligen Frequenzgruppe sich dorthin verschiebt "wo die meiste Information aufgenommen werden kann". Die Modellierung dieser Vorgänge z.B. durch Nachbildung der Erregungsmuster auf der Basilarmembran, ist im Forschungsstadium [6], um längerfristig genauere Ohrmodelle zu schaffen. In der Zwischenzeit begnügt man sich mit einfacheren, aber weniger aufwenigen Nachbildungen.

4.2 Psychoakustisches Modell

Ein wichtiges Hilfsmittel bei der Entwicklung der Codierverfahren sind objektive Verfahren zur Messung der subjektiven Qualität. Durch ihre Reproduzierbarkeit können sie auch kleine Unterschiede beim Vergleich bzw. Fortschritte bei der Optimierung der Codierung anzeigen und in der Zeit zwischen den aufwendigen Hörtests mit Experten die Entwicklung leiten. Innerhalb eines Codec dienen sie zur Umschaltung der Codierungsparameter. Ein solches Verfahren ist unter der Bezeichnung NMR = Noise-to-Mask-Ratio [7] bekannt. Aus dem Eingangssignal berechnet es blockweise die Maskierungskurve in den Frequenzgruppen und aus dem Fehlersignal zwischen Original und codiertem

Signal den Abstand dazwischen. Bei verdecktem, d.h. unhörbarem Fehler, ist das NMR negativ. Im Bild 7 ist z.B. im Frequenzbereich zwischen etwa 5 kHz und 10 kHz das NMR positiv und Störungen werden hörbar.

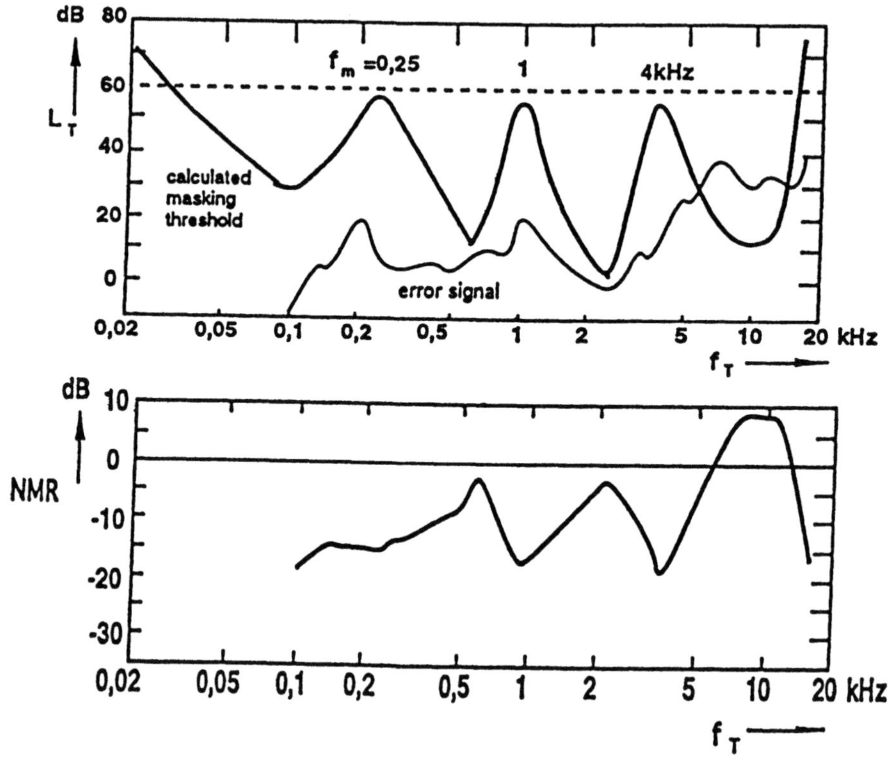

Bild 7: Aus dem Signal berechnete Verdeckungskurve, Fehlersignal des Codierverfahrens (oben) und aus der Differenzabgeleitetes Noise-to-Mask Ratio NMR (unten) [7].

Man kann nun über einen längeren Zeitraum ein Musikstück verfolgen und Histogramme sowohl für die Überschreitung der Hörbarkeitsschwelle (Audible Error Signal = aes) wie auch die in einem negativen Abstand liegende Reserve (Error Margin Signal = ems) aufnehmen.

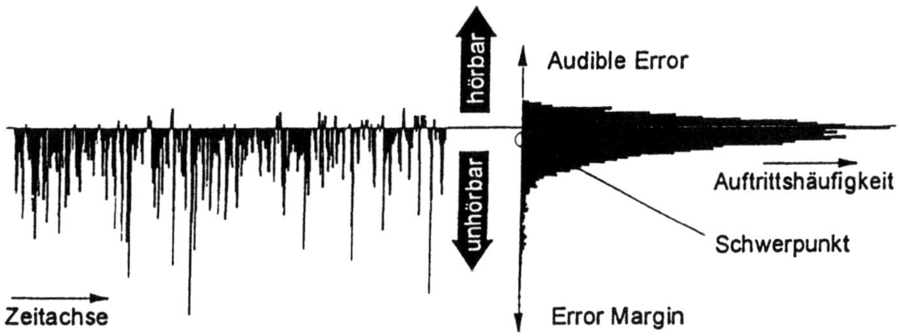

Bild 8: Histogramme des hörbaren Fehlers aes und Fehlerspielraums ems aus dem Zeitverlauf dieser Werte in einer Frequengruppe [5]

Die Mittelwerte der Histogramme für die Frequenzgruppen zeigt Bild 9.

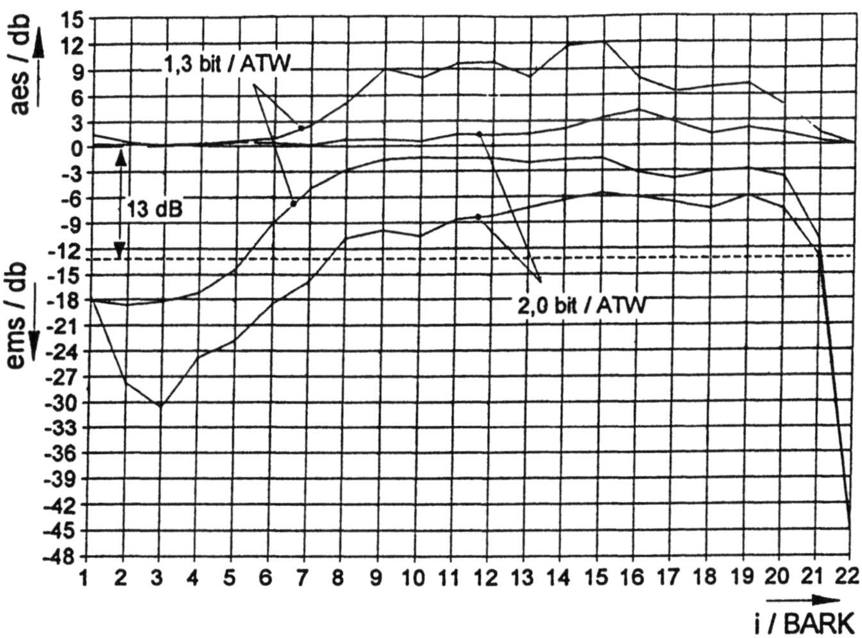

Bild 9: Verlauf der Parameter aes und ems lt. Bild 8 in verschiedenen Frequenzgruppen für unterschiedliche Bitraten [5].

Das Ziel bei der Optimierung eines Codierverfahrens muß sein, die vorhandenen Spielräume im ems gegen die hörbaren Fehler aes auszugleichen. Im Bild 9 ist z.B. deutlich erkennbar, daß beim Übergang von 1,3 bit pro Abtastwert auf 2 bit der hörbare Fehler erheblich ab- und die Reserve deutlich zunimmt.

Die Parameter aes und ems sind auch geeignet, um verschiedene Generationen des Signals bei der Tandemcodierung zu untersuchen. Dies zeigt Bild 10. Trotz Akkumulation der Fehler geht die Qualität auf einen Grenzwert zu, was sicher nicht für jedes Codierverfahren zutrifft, aber als Qualitätskriterium verwendet werden kann. Die Kurven wurden für das dem Layer III zugrunde liegende ASPEC-Verfahren aufgenommen.

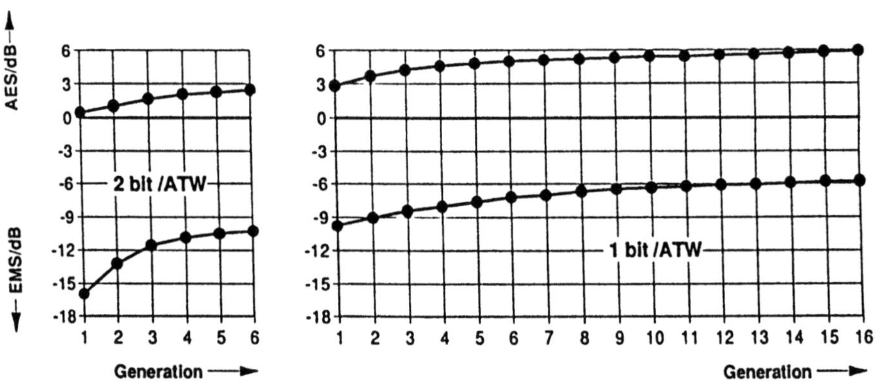

Bild 10: Hörbarer Fehler und Fehlerspielraum bei der Tandemcodierung [5].

Der zulässige Wert des NMR ist für die Verdeckung von rauschartigen Signalen anders als für reine Sinussignale und deren Harmonische. Zur Charakterisierung wurde der Tonalitätsbegriff eingeführt. Er geht davon aus, daß tonhaltige Signale vorhersagbar sind. Die Werte des letzten und vorletzten Blocks werden verwendet, um Betrag und Phase des aktuellen Blocks zu schätzen. Der Abstand zwischen Schätzung und aktuellem Wert wird normiert und als eine Art "Chaosmaß" zur Steuerung der Werte der erlaubten Störung verwendet. Die erlaubte Störung wird auch zur Umschaltung der Blocklänge herangezogen, um die Hörbarkeit von Vorechos durch rechtzeitige Verbesserung der Zeitauflösung (z.B. beim Layer III) zu verhindern.

Obige Zusammenhänge lassen sich qualitativ wie folgt zusammenfassen: Tonale Signale sind vorhersagbar und erlauben wegen der damit eliminierbaren Redundanz die Senkung der Bitrate. Ist das Signal nicht vorhersagbar und wird eher rauschartig, dann funktioniert die Verdeckung besser und die Datenraten werden durch Irrelevanzreduktion erniedrigt. Auf diese Weise kommt man bei quasi stationären Signalen der Perceptual Entropy schon sehr nahe.

Es verbleibt die Tatsache, daß die für die Codierung notwendige Datenrate bei transienten Vorgängen u.U. erheblich variiert (Bild 11). Reicht die Umschaltung

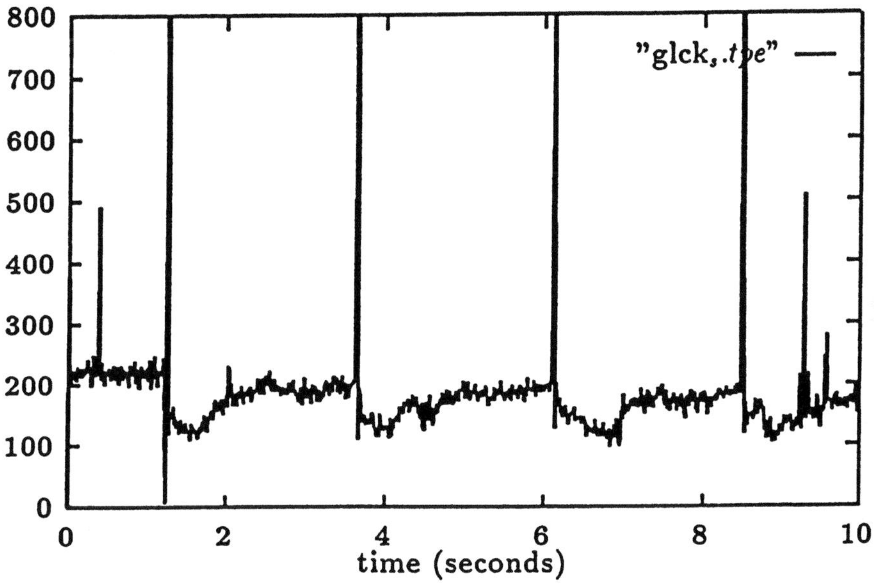

Bild 11: Relativer Verlauf der Perceptual Entropy pro Block bei transienten Vorgängen beim "Glockenspiel" [12].

der Blocklängen nicht aus, so können die zur Übertragung bei niedrigen Bitraten verwendeten Codetabellen für die Huffmann-Codierung umgeschaltet und die variable Bitrate durch einen Zwischenspeicher gepuffert werden (Bit-Reservoir).

4.3 Synthese von Tonsignalen

Obwohl es vom heutigen Stand der Musikcodierung zweifelhaft erscheint, daß eine Modellierung von Musiksignalen durch Quellenmodelle ähnlich wie bei Sprache Erfolge verspricht, sei diese mögliche wenn auch spekulative Richtung der Codierung durch Synthese angesprochen. Bei der Sprache dient der Sprachtrakt als Quellenmodell, wobei die Stimme als Pulsgenerator und der Nasen-Rachenraum als Filter dargestellt wird. Bei Musik liefe dieser Weg auf eine "Erkennung" der gerade verwendeten Instrumente oder gar des Musikstückes und deren codierte Übertragung hinaus, was denkbar aber momentan wenig aussichtsreich scheint. Naheliegender wäre es, wie bei der Vektorquantisierung von Sprache Codebücher für Signalabschnitte begrenzter Länge zu erstellen und dann den bestgeeigneten Codebucheintrag mitzuteilen [8]. Zwischen der Erkennung und Modellierung des Tonsignals durch Signalabschnitte liegt ein weites noch wenig bearbeitetes Betätigungsfeld.

5. Zusammenfassung

Die Entfernung von Redundanz und Irrelevanz aus dem Musiksignal bis in die Nähe der gehörbedingten "Perceptual Entropy" [9]. hat die Audiocodierung erheblich vorangebracht, so daß CD-Qualität (Transparenz) bei Datenraten um 200 kbit/s für Stereosignale und Reportagequalität für Sprache bis 32 kbit/s mit heutigen Codierverfahren erreicht ist.

Weitere Verbesserungen werden, getrieben durch laufende und in Vorbereitung befindliche Anwendungen, angestrebt und auch realisierbar durch die verfeinerte Anpassung der Zeit/Frequenzauflösung der Verfahren an diejenige des Ohres z.B. mittels der Bark-Transformation oder durch Modellierung der Vorgänge auf der Basilarmembran. Die unterschiedlichen Verdeckungseigenschaften des Ohres für rauschartige und sinusähnliche Signale können in weiter entwickelte psychoakustische Modelle und entsprechend adaptive Codierung und Quantisierung eingebracht werden. Äußerst hilfreich sind objektive Meßverfahren, welche Hörversuche mit Testpersonen bei der Optimierung der Verfahren weitgehend ersetzen können und auch inkrementelle Fortschritte durch Ausgleich zwischen vorhandenen Reserven und u.U. hörbaren Fehlern anzeigen. Bis diese Verfeinerungen wirksam werden, müssen die bei transienten Vorgängen unvermeidlich zunehmenden Bitraten durch Pufferung mit Speichern aufgefangen werden oder mit Übertragungsraten weit über der noch nicht erreichten Perceptual Entropy erkauft werden.
Psychoakustische Modelle für das stereofone Hören sind bisher noch wenig erforscht, geschweige denn abgesichert. Hier hat die Anwendung den Forschungsstand überholt.

Parallel dazu geht die Entwicklung der Mikroelektronik weiter, so daß immer komplexere Verfahren auch wirtschaftlich realisiert werden können.

Wie weit man im Augenblick noch von der wohl endgültigen Grenze durch Irrelevanzreduktion entfernt ist, zeigt die seit Küpfmüller bekannte Tatsache, daß das menschliche Bewußtsein im stationären Zustand nur etwa 50 bit/s aufnehmen und verarbeiten kann.

Literatur

1. Caine, C.R., English, A.R., O'Cleary, J.B.H.: NICAM 3: near-instantaneaously companded digital transmission system for high qualitiy sound programmes", Teh Radio and Electronik Engineer, Vol. 50, No. 10. Oct.
   1980, S. 519-530.
2. G. Stoll, K.-H. Brandenburg; Das ISO/MPEC-Audio-Codec: Ein generischer Standard für die Codierung von hochqualitativen digitalen Tonsignalen; 9. ITG-Fachtagung Hörfunk, 18.-20.02.1992 in Mannheim.
3. J. Spille; Messung der Vor- und Nachverdeckung bei Impulsen unter kritischen Bedingungen, internal report, Thomson Consumer Electronics, Hannover, 1992.
4. E. Zwicker; Psychoakustik, Springer Verlag, Berlin, Heidelberg, New York, 1982.
5. R. Kapust; Qualitätsbeurteilung codierter Audiosignale mittels einer BARK-Transformation, Diss. Technische Fakultät der Universität Erlangen-Nürnberg, 1993.
6. B. Paillard, P. Mabilleau, S. Morissette, J. Soumagne; PERCEVAL: Perceptual Evaluation of the Qualitiy of Audio Signals; J. Audio Eng. Soc., Vol. 40, No. 1/2 January/February 1992.
7. Brandenburg, K.H.; Sporer, Th.: "NMR and Masking Flag": Evaluation of Qualitiy Using Perceptual Criteria. 11th Internat. AES Conference, May 29-31, 1992, Portland; Proc. pp. 169-179.
8. W.Y. Chan; A. Gershow: "High Fidelity Audio Transform Coding with Vector Quantization", Proc. of the ICASSP 1990.
9. J.D. Johnston: Estimation of Perceptual Entropy Using Noise Masking Criteria: Proceedings of the ICASSP 1988, pp. 2524-2527.
10. E. Zwicker, H. Fastl; Psychoacoustics-Facts and Models, Hirzel-Verlag, Stuttgart, 1967.
11. Th. Sporer, U. Gebur, J. Herre, R. Kapust; Evaluating a Measurement System; 95th AES Convention, Oct. 1993, New York.
12. K.H. Brandenburg, G. Zimmer, A. Thimet, M. Dietz; Variable Data Rate Recording on a PC Using MPEG-Audio Layer III; 95th AES Convention, Oct. 1993, New York.

Signalerzeugung und Quellencodierung für den digitalen Hörfunk

Henning Wilkens

Einleitung

Die Umsetzung eines analogen Audiosignales in digitaler Form führt zunächst zu einem sehr hohen Datenstrom wie z.B. bei der Kompaktdisc oder auch bei der digitalen Magnetaufzeichnung (DAT). Für ein Hörfunksystem jedoch benötigt dieser Datenstrom viel zu hohe Bandbreite, so daß nach einem Datenreduktionsverfahren gesucht werden muß, das zunächst einmal die Ausgangsqualität unangetastet läßt, aber daneben noch weitere für die Bearbeitung der Audiosignale und den Betrieb in einem Funkhaus und die Ausstrahlung betreffende Anforderungen erfüllen muß. Bei ISO-MPEG sind diese Forderungen mit aufgenommen worden, so daß der sogenannte Layer II MUSICAM /1/ auch bei RS (für CCIR), der Weltorganisation für den Telekommunikationsbereich die Anwendungsempfehlung für den Rundfunkbereich bekommen hat. Daß dieser Standard auch in Zukunft für heute schon erkennbare Erweiterungen offen ist - dies ist unter anderem Gegenstand der Arbeitsphase II bei ISO MPEG - ist eine weitergehende Forderung.

Rundfunkanforderung an ein Quellcodierverfahren

Die Rundfunkanwendung datenreduzierter Audiosignales in Stereo oder Mono läßt sich unterteilen in die Bereiche Studio / Funkhaus, Zuführung zu den Sendern und Ausstrahlung. Im Studio, zu dem auch die Verbindung zwischen Studios und Funkhäusern gehört, werden die Signale gewonnen und weiterverarbeitet. Für die Nachbearbeitungsprozesse

Pegeländerung
Frequenzgangänderung
Verhallung
Aufzeichnung (mehrfach)
Schnitt
Mischung verschiedener Ausgangssignale

müssen die Verfahren so gestaltet sein, daß auch nach mehrfachem Durchlaufen dieser Prozeduren ein Unterschied zwischen einem nicht datenreduzierten und einem datenreduzierten Signal nicht hörbar sein darf.

Für die Zuführung der auszusendenden Signale zu den Sendern sind die Anforderungen nach Bearbeitbarkeit nicht mehr so hoch, es soll lediglich eine dreimalige Kaskadierung des Codierungsprozesses nach evtl. Pegeländerung möglich sein. Auf der anderen Seite steigt hier die Anforderung nach Fehlertoleranz auf fehlerbehafteten Übertragungsstrecken.

Diese Forderung steht an höchster Stelle bei der Ausstrahlung. Beim Empfänger wird nur noch relativ wenig an dem wiedergewonnenen Signal modifiziert, z.B. Lautstärkeregelung, Höhen- und Tiefenanhebung oder -absenkung. Aber wie das Signal möglichst unversehrt beim Empfänger ankommt nach Durchlaufen des sehr störungsanfälligen Funkfeldes, das stellt auch an die Quellcodierung weitere Anforderungen, um mit möglichst wenig Datenrate für den Fehlerschutz signalangepaßt die größtmöglichste Wirkung zu erzielen.

Das neben den auf das Signal bezogenen Anforderungen noch weitere eher praktische Gesichtspunkte für die Auswahl eine Rolle spielen, gilt nicht nur für den Rundfunkbereich, sondern eher für die gesamte Einsatzpalette.

- Kontinuierliche Codierung
- Möglichste geringe Verarbeitungszeit (Verzögerung)
- Unterbrechungsmöglichkeit
- Geringe Komplexität bei Encoder und Decoder
- Möglichkeit zur preiswerten Massenproduktion

Die letzte Forderung erweitert den Anforderungskatalog nocheinmal, da im Sinne der vielfachen Anwendbarkeit die notwendige Flexibilität nur durch etwas höheren Aufwand erreicht werden kann, bei geschickter Auslegung jedoch Anwendung in vielen Umgebungen mit angepaßten Parametersätzen zuläßt.

Das Quellcodierverfahren MUSICAM

Soll für ein analoges zweikanaliges stereophones Audiosignal ein Kanal zur Verfügung gestellt werden, so muß der Frequenzumfang bis zu 20 kHz reichen und ein Dynamikbereich von eigentlich mehr als 100 dB zur Verfügung stehen. Beachtet man jedoch die Eigenschaft des Gehörs, das sich auf die jeweiligen akustischen Gegebenheiten einstellt, so läßt sich durch schnelle Abprüfung des Signals an dem sogenannten psychoakustischen Modell herausfinden, welche Signalkomponenten momentan relevant und welche nicht relevant sind. Für diese Prüfung unterteilt man zweckmäßig das Frequenzband in kleine Abschnitte, sogenannte Frequenzgruppen, die auch für die Lautheitsbildung relevant sind, und prüft hier maximale Pegel- und Verdeckungseffekte. Da die Verdeckungseffekte auch in die benachbarten Frequenzgruppen hineinreichen, ist auch hier eine Verknüpfung erforderlich. Hat man so die Mithörschwelle ermittelt, kann man effizient den relevanten Teil des Signals codieren.

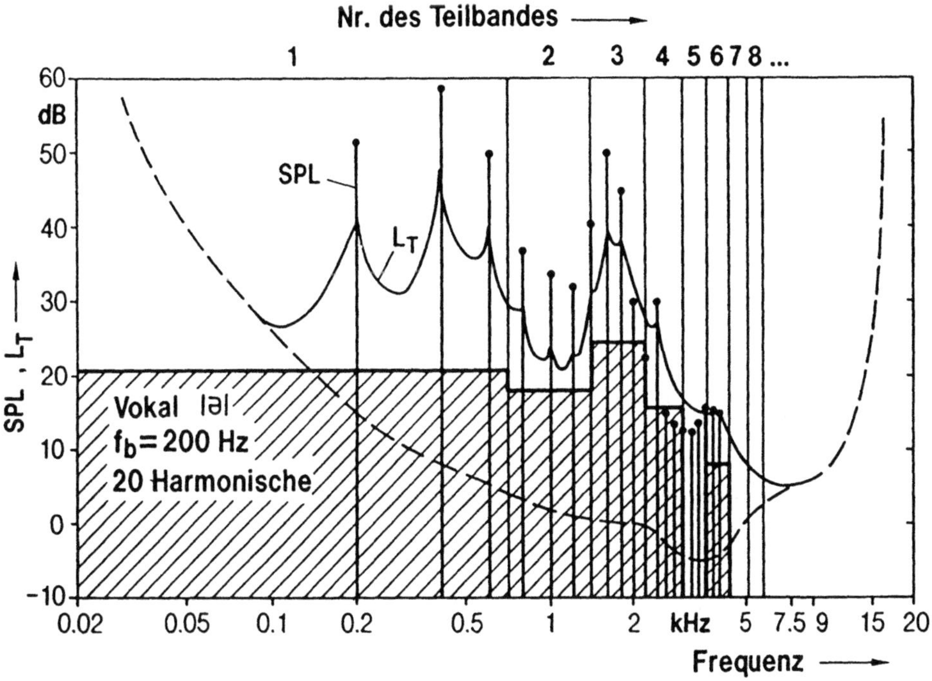

Abb. 1

MUSICAM Codierung eines Tonsignals unter Ausnutzung der Verdeckung

Die **Abbildung 1** zeigt für den Vokal 9 die Signallinien, die Mithörschwelle und das resultierende unhörbare Quantisierungssignal. Diese Prüfung am psychoakustischen Modell muß ständig wiederholt werden und auch hier macht man sich die zeitlichen Verdeckungsmechanismen des Ohres zunutze und wählt die Unterteilung in 24 ms-Blöcke. Es gibt durchaus Signalkonfigurationen, in denen entweder Frequenzauflösung oder Zeitauflösung genauer sein müßten. Dann müssen zusätzliche Algorithmen angewandt werden oder die resultierenden Abweichungen müßten so sein, daß sie schlimmstenfalls zwar hörbar aber nicht störend sind. Die psychoakustischen Phänomene, die hier ausgenutzt werden, sind schon lange bekannt, sie ließen sich jedoch in der Analogtechnik nur sehr beschränkt einsetzen, da die ständig notwendige Anpassung des Kanals an das Signal nur mit schnellen

Prozessen in der Digitaltechnik möglich sind. Von Anbeginn an bei der Entwicklung von MUSICAM /2/ stand auch die Hypothese Pate, daß ein frequenzgruppenunterteiltes Signal sich robuster bei der Ausstrahlung verhält, da Fehler in einem kleinen Frequenzbereich des Signals erträglicher sind, als wenn immer das gesamte Signal gestört ist.

Anforderungen der Kanalcodierung an die Quellcodierung

Es ist üblich, in fehlerbehafteten Kanälen Datenkapazität zum Fehlerschutz hinzuzufügen (Kanalcodierung). Hierzu sind sehr wirkungsvolle Methoden entwickelt worden, die zunächst davon ausgehen, daß jedes Signal die gleiche Wichtigkeit aufweist und deshalb auch gleich geschützt werden muß. Im Ergebnis werden dann entweder alle Signale korrekt reproduziert oder gar keines. Dieses ist jedoch einerseits sehr aufwendig, d.h. es ist viel Kapazität für den Fehlerschutz notwendig, andererseits ist es jedoch für ein Rundfunksystem gar nicht notwendig. Betrachtet man die Eigenschaft des Wahrnehmungsapparates (die Grundstrategie gilt sowohl für das Ohr wie auch für das Auge), so stellt man fest, daß nicht korrekte Signalteile sehr unterschiedlich in der Störwirkung sind. Geht man diesem Phänomen konsequent nach und verteilt den Fehlerschutz ungleichmäßig so, daß in der Störwirkung hochwirksame Signalteile hoch geschützt werden und weniger störende weniger geschützt werden, so benötigt man einerseits erheblich weniger Kapazität für den Fehlerschutz und erreicht andererseits ein weicheres Ausstiegsverhalten (graceful degradation). Hierzu muß allerdings bei der Quellcodierung schon eine Sortierung in weniger wichtige und wichtige Daten vorgenommen werden. Durch entsprechende Anordnung der Datenwörter wird dieser Forderung bei MUSICAM Rechnung getragen.

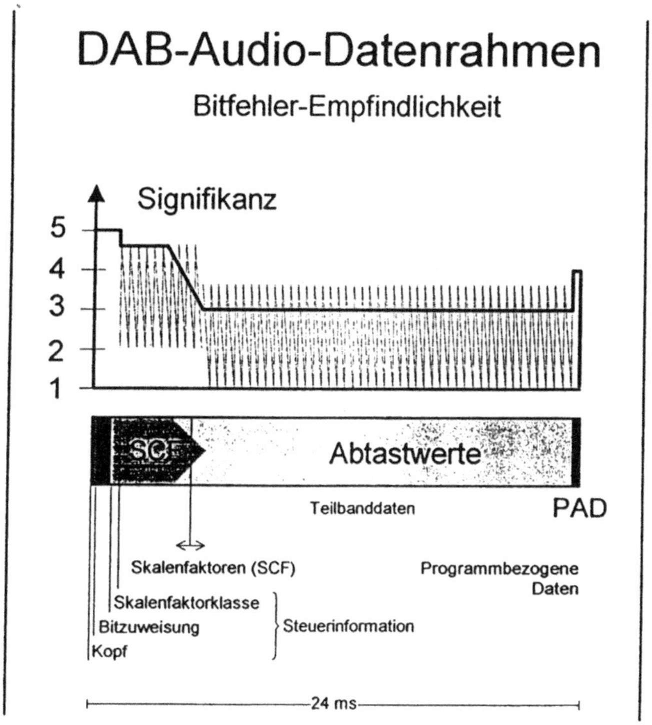

Abb. 2

Bitfehler-Empfindlichkeit des DAB Audio Datenrahmens

Die **Abbildung 2** zeigt die Anordnung und Signifikanz der Datenwörter. Höchste Wichtigkeit haben neben dem Datenkopf die Anweisungen, welche Bits wofür wichtig, die sogenannte Bit-Allocation, daneben auch die Aussagen über die sogenannten Skalenfaktor-Klassen. Dann mit weniger Schutzbedarf die Skalenfaktoren (Aussage über die höchsten vorkommenden Pegel innerhalb einer Frequenzgruppe) und zuletzt die eigentlichen Datenwörter.

Wendet man nun für diese drei in ihrer Bedeutung unterschiedlichen Bestandteile des Datenstroms unterschiedliche Fehlerstrategien an, so erreicht man das in **Abbildung 3** gezeigte weiche Ausstiegsverhalten für das digitale Verfahren DAB.

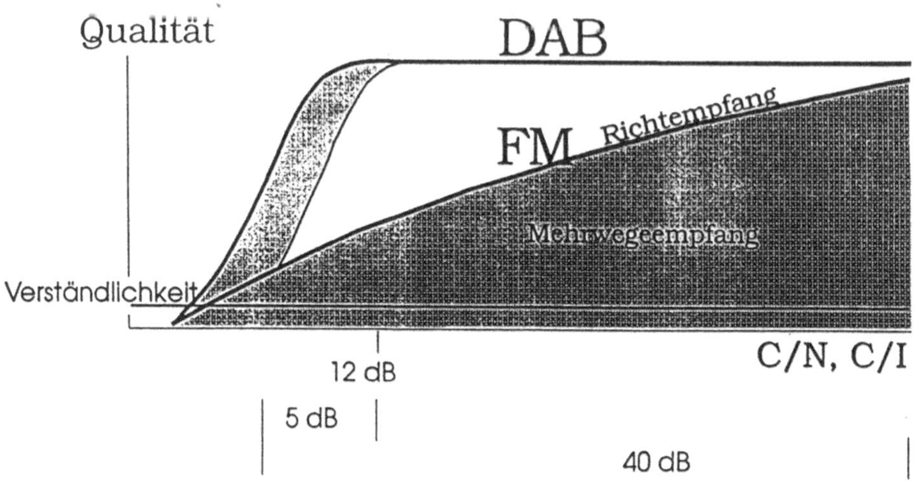

Abb. 3

Vergleich des Aussteuerungsverhaltens von digitalen Systemen und UKW-FM

Bis zu einem gewissen Störabstand wird alles perfekt reproduziert. Dann treten Fehler in den Datenwörtern auf, danach in den Skalenfaktoren und zuletzt in den signalentscheidenden Teil bis zum kompletten Ausstieg. Die subjektive Qualität nimmt dabei ab, jedoch ist ein abruptes Aussteigen nicht zu beobachten.

Im Vergleich zu dem Verhalten bei digitalen Systemen ist ebenfalls in **Abbildung** 3 noch einmal das Ausstiegsverhalten von UKW-FM dargestellt. Beim Vergleich fällt auf, daß der Ausstiegsbereich bei UKW-FM erheblich größer ist als bei digitalen Verfahren mit weichem Ausstiegsverhalten. Der Vorteil beim digitalen Verfahren ist jedoch, daß der fehlerfreie Bereich erheblich größer ist und bis zu niedrigeren Störabständen hin erhalten bleibt, während bei UKW-FM auch bei hohen Störabständen schon erhebliche Beeinträchtigungen eintreten können.

Zukünftigere Erweiterungsmöglichkeiten

Bei der Codierung stereofoner Signale ist schon davon Gebrauch gemacht worden, daß auch hier wieder Signalanteile zur Lokalisation nicht benötigt werden. So konnten durch Betrachtung beider Signale gemeinsam ("Joint Stereo") weitere Datenreduktionen vorgenommen werden. Bei der Weiterentwicklung der Raumdarstellung, wie sie sich besonders vorteilhaft mit einem HDTV-Großbild ergeben hat, aber auch bei einer Weiterentwicklung zum Raumklang, wie sie von einigen CD-Firmen schon aufnahmetechnisch realisiert wird, werden sich weitere Reduktionsmöglichkeiten ergeben. Hier kann man von dem Phänomen Gebrauch machen, daß zwar für die Lokalisation und den Raumklang die vollständigen Wiedergabesignale gebraucht werden, nicht jedoch übertragen werden müssen. Sie können vielmehr aus den übertragenen kompatiblen Stereosignalen und den zusätzlichen Informationen rekonstruiert werden. Für die Wiedergabe hat sich inzwischen die internationale Anordnung mit drei Frontlautsprechern und zwei seitlichen Raumlautsprechern herauskristallisiert und ist vom RS (früher CCIR) empfohlen worden.

In der **Abbildung 4** ist ein schematischer Abhörraum mit Lautsprechern dargestellt. Für derartige Wiedergabeanordnungen kodierte Signale lassen sich in kompatibler Weise in den MPEG-Datenstrom integrieren. Die Abbildung 5 zeigt den Datenrahmen und die Realisierung der Erweiterung auf Mehrkanalumgebungston MUSICAM-SURROUND /5/. Mit der bei MPEG als definierten Form des Datenrahmens lassen sich auch andere kompatible Ergänzungen entwickeln, wie mehrkanaliger Kommentarton und mehrsprachige Fassung des Stereotons und weitere Kombinationen. Die Strategie, den Datenrahmen zu definieren, nicht jedoch den Codieralgorithmus, läßt ständige Verfeinerungen und damit ein Übergehen auf niedrigere Datenraten bei Erhalt der Ausgangsqualität zu. Der Empfänger ist, sofern er standardgerecht gebaut worden

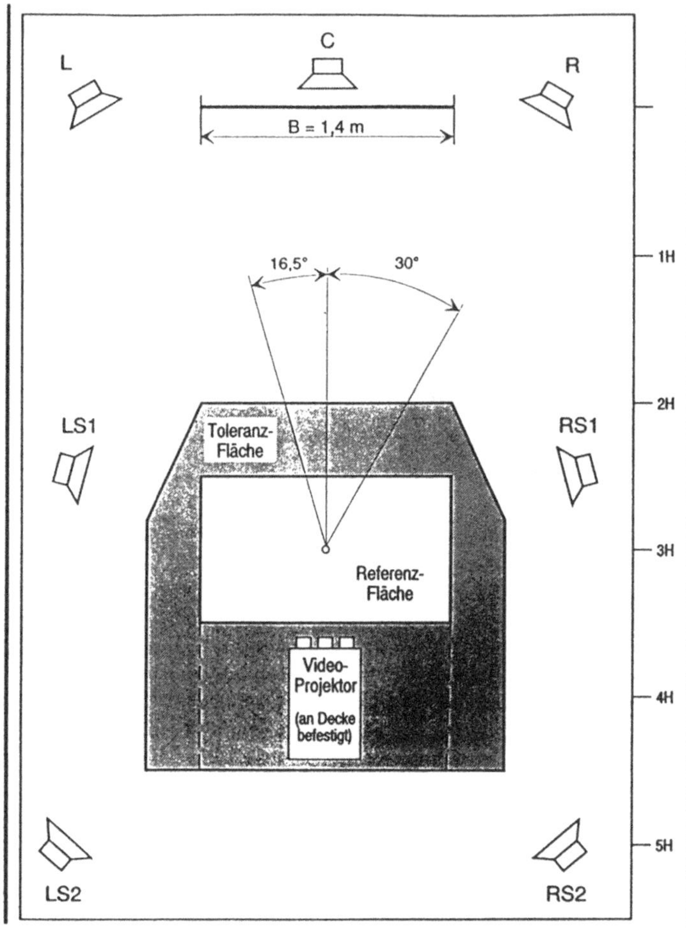

Abb. 4

Beispiel der Referenz-Wiedergabe für Mehrkanalton mit HDTV

ist, in der Lage, diese Signale im Falle der Stereoanwendung vollständig und im Falle der Mehrkanalaussendung kompatibel zweikanalig wiederzugeben.

Zusammenfassung

Der MUSICAM-Ansatz der Quellcodierung von Audiosignalen erfüllt von Anbeginn die Systemanforderungen des Rundfunks, so daß auch bei

RS (früher CCIR) die Empfehlung dieses Systems für die Aussendung Zuführung zu Sendern und Verbindung von Studios empfohlen wurde. Insbesondere für die Ausstrahlung, wo es auf sehr robustes Verhalten ankommt, hat sich der Teilbandansatz mit dem ungleichen Fehlerschutz unterschiedlich wichtiger Signalelemente in Richtung auf weiches Ausstiegsverhalten bewährt. Die flexible Definition des Datenrahmens bei ISO MPEG läßt zukünftige Verbesserungen der Codieralgorithmen und Erweiterung der Wiedergabeverfahren kompatibel zu.

Literaturangaben:

/1/ International Standard ISO/IEC 11172-3 "Audiopart of Coding of Moving Pictures and Associated Audio for Digital Storage Media add up to about 1.5 Mbit/s"

/2/ EBU Doc. GT V3 3:01 "Basic Audio Quality Requirements for Digital Audio Bitrate Reduction Systems for Broadcast Emission and Primary Distribution" Contribution to CCIR Study Group 10, March 1991

/3/ Theile, G.; Stoll, G.; Link, M.: "Low bit rate Coding of High Quality Audio Signals in Production to MASCAM System" EBU Review Technical No. 230, August 1988 ppa. 158-181

/4/ Weck, Ch.: "Unequal Error Protection for Digital Sound Broadcasting - Principle and Performance" 94th AES Convention, March 1993 Berlin, Preprint No. 3459

/5/ Stoll, G.; Theile, G.; Nielssen, S.; Silzle, A.; Link, M.; Sedlmeyer, R.; Breford, A.: "Extension of ISO MPEG Audio Layer II to Multi Channel Coding: The Future Standard for Broadcasting Telecommunication and Multimedia Applications" 94th AES Convention, March 1993, Berlin, Preprint No. 3550

Source Coding for Television - European Approaches

Ralf Schäfer

1. Introduction

Digital Television has become one of the most rapidly growing areas in the field of information technology during the last years. This is demonstrated by the many cable and satellite systems which are under development in the U.S.A. and by the enormous participation in the European DVB project, with about 100 signatories of the Memorandum of Understanding. During the years 1994 and 1995 several satellite and cable systems will become operational in the U.S. offering several hundreds of TV channels locally (by cable) or nation-wide (by satellite). The same development will occur in Europe, where at least SES-ASTRA will launch its 1e satellite in 1995 offering about 100 TV channels. European cable operators will have to follow this development rather quickly due to reasons of competition.

HDTV, however, is not as close as digital TV, but it is clear, that HDTV will also be introduced digitally. R&Ds in this field are going on in the U.S. (Grand Alliance), in Japan (ISDB) and in Europe (HD-SAT, dTTb, ^{H}DTV$_{T}$, DVB-project).

All digital transmission systems for TV and HDTV rely on heavy image compression with reduction factors in the range of 30...50, because only by using these high compression rates digital transmission could become about 4 time as efficient as analogue transmission thus saving channel capacity and costs.

Although there are still differences in standards (i.e. 525/59.94 and 625/50 for TV, 1125/60 and 1250/50 for HDTV) as far as image generation and display are concerned, there seems to be convergence all over the world in the field of image coding. Most digital TV and HDTV systems rely on the forthcoming MPEG2 standard of the ISO.

The basic coding algorithm used in MPEG will be explained in chapter 3 and some tools for scalability are described in Chapter 4.

Finally the application of these tools to digital video broadcast will be presented in Chapters 5 and 6, and emphasis will be put on hierarchical systems, which are the favoured solution in Europe.

2. The basic MPEG coding scheme

The basic coding scheme used in MPEG [1] is a hybrid DCT with motion compensation, which is shown in Figure 1.

The principle consists in computing a temporal prediction of the frame to be transmitted and to calculate the prediction error, which is transmitted after further processing. This prediction error, and with it the transmission rate, can be kept small, if the motion of picture blocks between adjacent frames is known (by applying motion estimation) and can therefore be compensated.

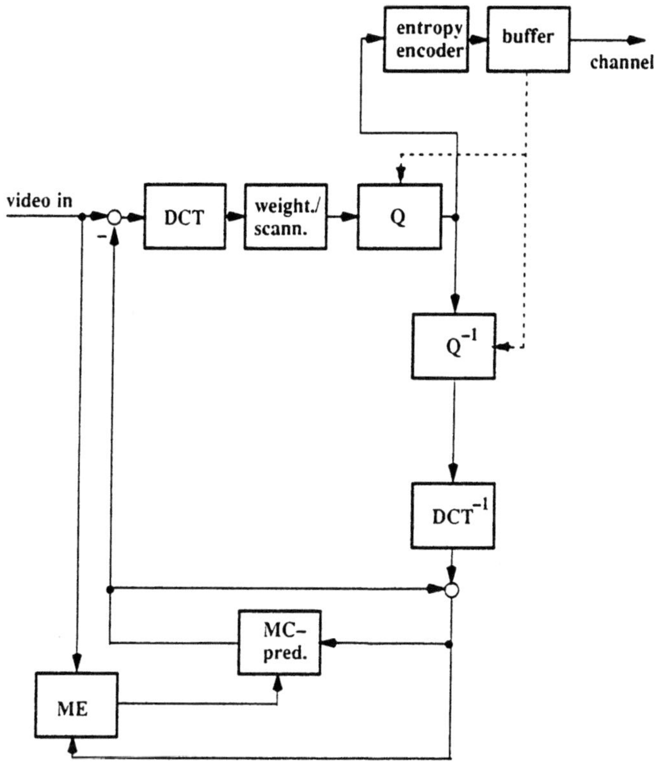

Figure 1: Block diagram of hybrid DCT codec with motion estimation (ME) and motion compensation (MC)

Blocks of temporal prediction errors are DCT transformed and the DCT coefficients are quantized (Q) and entropy encoded with code words of variable length (VLC, RLC) in order to exploit the redundancy in the statistics of the coefficient values. The variable data rate coming out of the entropy encoder is subsequently smoothed in a buffer, which controles the fixed output rate by a feedback loop to the quantizer. In the case of buffer overflow a coarser quantizer is selected, which results in a lower data rate.

The MPEG scheme uses three different processing modes, resulting in 3 different kinds of frames 2 as shown in Figure 2:

- I-frames: No temporal prediction is used, the DCT is directly applied to the pixel data (Intra frames)

- P-frames: Temporal forward prediction is used and the DCT is applied to the prediction error (Predictive Frames)

- B-frames: Bi-directional prediction, i.e. interpolation is used, which normally results in a lower prediction error than for P-frames (Bi-directional frames)

All the frames between two I-frames are called a group of pictures (GOP), and the number of these frames is called GOP length n. The distance between two P-frames is denoted as m, which means that m>1 results in m-1 B-frames, whereas no B-frames are used for m=1, and no P-frames for m=0. m, n and a variety of other coding parameters such as quantization tables and code books are selectable by the user, which results in a large flexibility, and therefore a choice between implementation complexity and performance can be made.

In this so-called generic coding scheme of MPEG only the coding syntax is defined and therefore the user can decide, which tools provided by the syntax he will apply.

A certain preordering of the tools has been made by creating so-called profiles. These profiles define the tools, which have to be supported by a decoder, and a higher profile decoder must be able to decode the bit stream of each lower profile encoder (onion principal).

Furthermore up to 4 different levels, which correspond to the spatial image resolutions (i.e. LOW (288x360), MAIN (576x720), HIGH 1440 (1152x1440) and HIGH (1152x1920)) may exist in the different profiles.

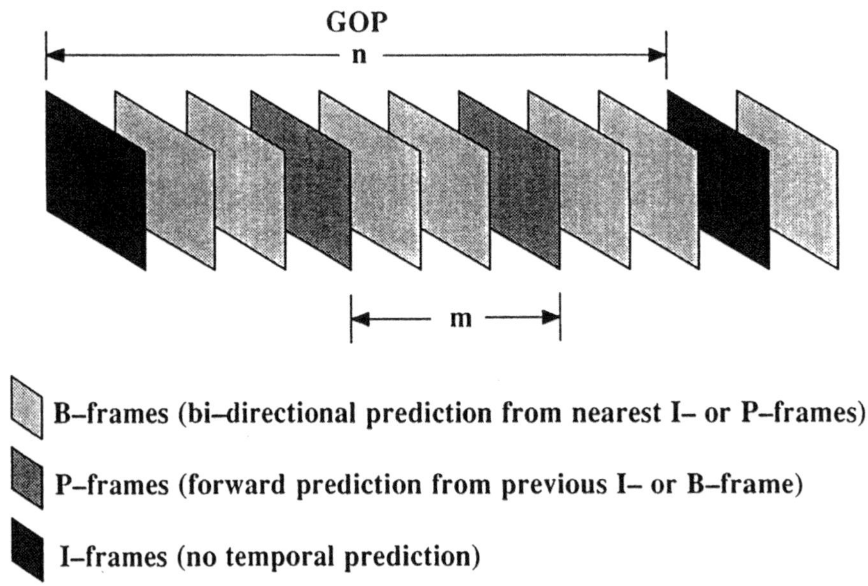

Figure 2: Group of pictures (GOP) with I-, P- and B-frames

3. MPEG profiles and HDTV applications

When writing this paper 5 different profiles, as shown in Table 1, were defined in MPEG. In this matrix the profiles are shown against the levels, and the crosses define those "conformance points", which are allowed by MPEG. This means that these points have been verified by extensive testing including bit stream exchange among different independent laboratories and that applications for these profiles and levels exist.

Levels					
HIGH		x			x
HIGH 1440		x		x	x
MAIN	x	x	x		x
LOW		x	x		
Profiles	SIMPLE	MAIN	SNR	SSP	HIGH

Table 1: Profiles and levels of MPEG2 with valid conformance points (x)

SIMPLE

In the SIMPLE profile no B-frames and no "dual-prime", which is a special kind of forward prediction, are allowed. Luminance versus chrominance resolution is 4:2:0.

MAIN

In this profile all prediction modes, i.e. I-, P- and B-frames are allowed.

SNR

Additionally to the MAIN profile SNR-scalability is allowed, by which two different bit streams, one representing a coarsely quantized picture and one representing a finer quantized picture are generated. SNR scalability will be described in more detail in Chapter 4.

SSP

Additionally to SNR-scalability spatial scalability (see Chapter 4) is allowed. This means that up to 3 different data streams can be generated, where one represents the TV-layer (MAIN level) and one or two (generated by SNR scalability) data streams represent the HDTV-layer (High 1440 level). Two data streams in the TV-layer and one HD-stream are also possible.

HIGH

In addition to the SSP profile temporal scalability is allowed, by which a progressive sequence may be encoded within a quasi interlaced bit stream. This is a proposal coming from the U.S., where progressive scan for HDTV is demanded by the computer industry. In addition 4:2:2 luminance/chrominance sampling is used instead of 4:2:0 as in the other profiles.

Actually the Grand Alliance in the U.S. is in favour of the MAIN profile & HIGH level for HDTV and some European broadcasters support this approach. HD-DIVINE has built a system [2], which corresponds to the HIGH 1440 level and has now made a commitment to use the MAIN profile of MPEG. However, the level, HIGH 1440 or HIGH is not yet decided.

The HDTV$_T$ project in Germany [3] is supporting the SSP profile & HIGH 1440 level, which corresponds to a proposal of the former "Working Group on Digital Video Broadcast - WGDTB" of the European DVB project [4].

NHK of Japan is in favour of the HIGH profile & HIGH level, because this is ideally suited for rugged satellite transmission in the 20 GHz range, and where more bandwidth then in a 12 GHz satellite, in a cable or in a terrestrial channel is available [5].

4. Scalability

As mentioned in the previous chapter, three different kinds of scalability are provided by MPEG. Scalability is a useful tool for broadcast applications, when compatible TV/HDTV transmission and/or graceful degradation in case of adverse receiving conditions are desired (see Chapter 5).

Spatial scalability

Spatial scalability, which can be used to generate a TV- and an HDTV-bit stream from an HDTV-signal, is shown in Figure 3. The HD-signal is first down-converted, and the resulting TV-signal is encoded and sent to a multiplexer (MUX). Additionally this signal is locally decoded and up-converted, and the up converted TV signal is used to predict the HD-picture. There is only a gain in the I-frames by using this kind of prediction whereas in the P- and B-frames the upconverted signal is normally not used.

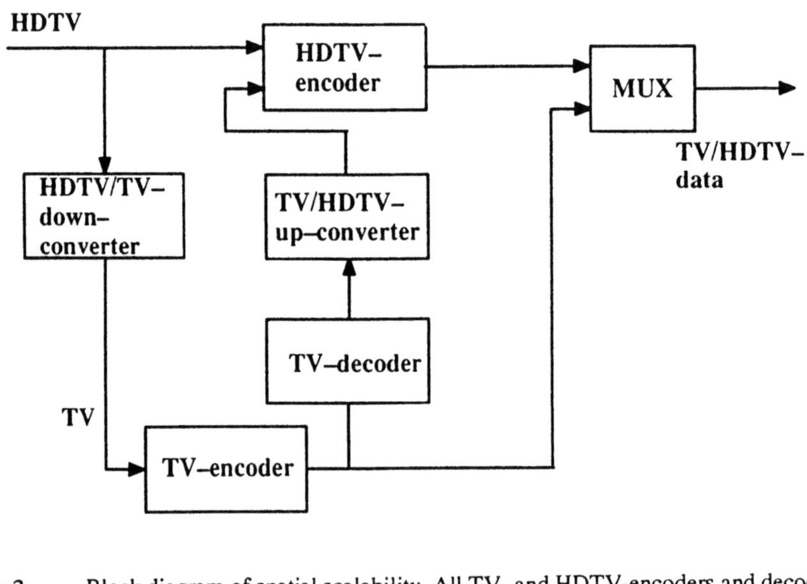

Figure 3: Block diagram of spatial scalability. All TV- and HDTV-encoders and decoders use the standard MPEG hybrid DCT.

SNR-scalability

SNR scalability, which is used to generate two different pictures of the same spatial resolution but of different quality, is shown in Figure 4. The signal is processed as in a normal hybrid encoder. The coefficients coming out of the DCT transform are firstly quantized, VLC encoded and transmitted. Afterwards the quantization error **q** is generated, also quantized, VLC encoded and transmitted as a second data stream. The quantized quantization error **q**' is fed back into the prediction loop in order to achieve maximum quality in the upper layer. At the decoding side, these two data steams just have to be added before the inverse DCT.

SNR scalability is used in the SNR profile.

Hybrid scalability

Hybrid-scalability is the combination of spatial and SNR scalability and in the SSP profile & HIGH 1440 level up to three layers, i.e. spatial scalability plus one or two SNR scales in the TV-layer or in the HD-layer are allowed.

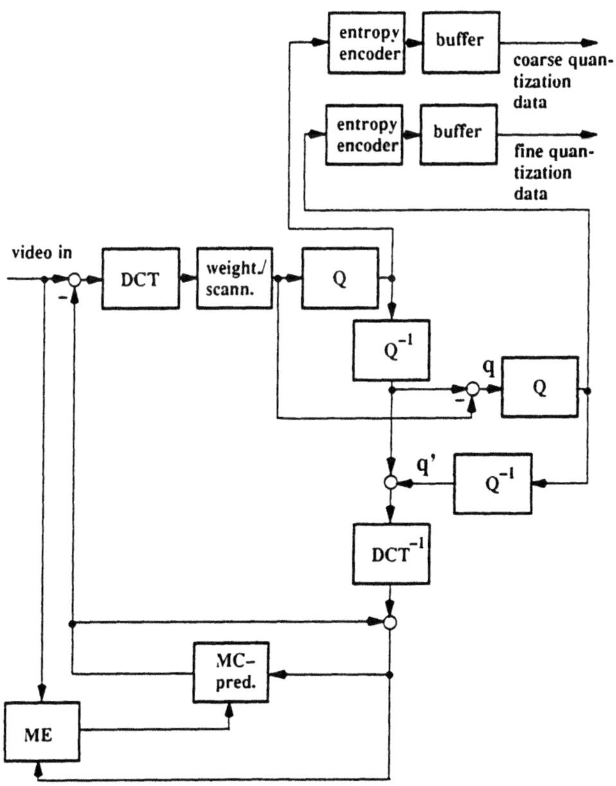

Figure 4: Block diagram of SNR-scalable hybrid DCT-codec

5. Scalable MPEG coding in a broadcast environment

The requirements of a digital terrestrial broadcast system were defined by the former WGDTB of the European DVB project. It has been proposed to develop a hierarchical system as shown in Figure 5. One single 8 MHz channel should carry one HDTV signal with an embedded EDTV and an embedded SDTV signal. HDTV and EDTV can only be received with rooftop antennas whereas the SDTV signal can be received in a portable manner. In the case, that this system will not be technically feasable, a fallback proposal has also been defined, which consists only in a two level hierarchy with stationary HDTV and portable SDTV reception. The channel should be reconfigurable to two "stationary" EDTV programs with embedded "portable" SDTV programs or as fallback solution to only two "portable" SDTV programs.

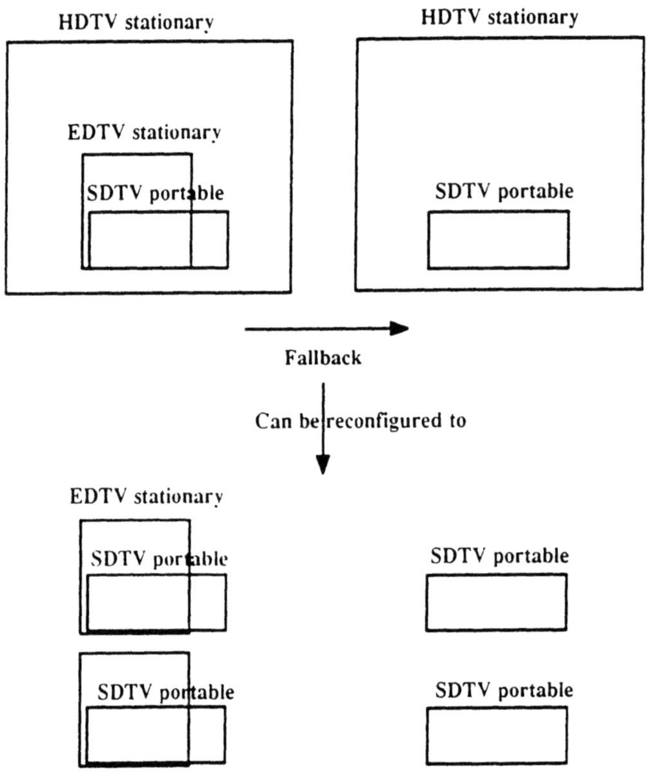

Figure 5: Proposal of the European WGDTB for a hierarchical digital terrestrial TV-system

Motivated by these proposals the German joint research project "Hierarchical Digital Television Transmission - $^{H}DTV_{T}$" has developed a system, which corresponds to the fall-back solution in the HD-mode and to proposed solution in the reconfigured mode.

This system is shown in Figure 6. It is hierarchical and reconfigurable, which means, that it can be run either in a TV- or in an HDTV-mode.

In the HDTV-mode there are two resolution layers (TV and HD) and two quality levels (HD1 and HD2) in the HD-layer. Therefore the system will provide two service levels (TV and HDTV) and graceful degradation in 3 steps. The TV-part is transmitted in a very rugged form in order to allow portable reception.

The TV-signal is generated by using spatial scalability and the HD2-signal is generated by using SNR scalability.

In the TV-mode, two programs (TV_A, TV_B) can be transmitted in one channel, each of them being transmitted in two levels (TV1 + TV2). The TV1 part is again transmitted in a rugged manner in order to allow portable reception. In this case only SNR scalability is used to generate the TV2-signal.

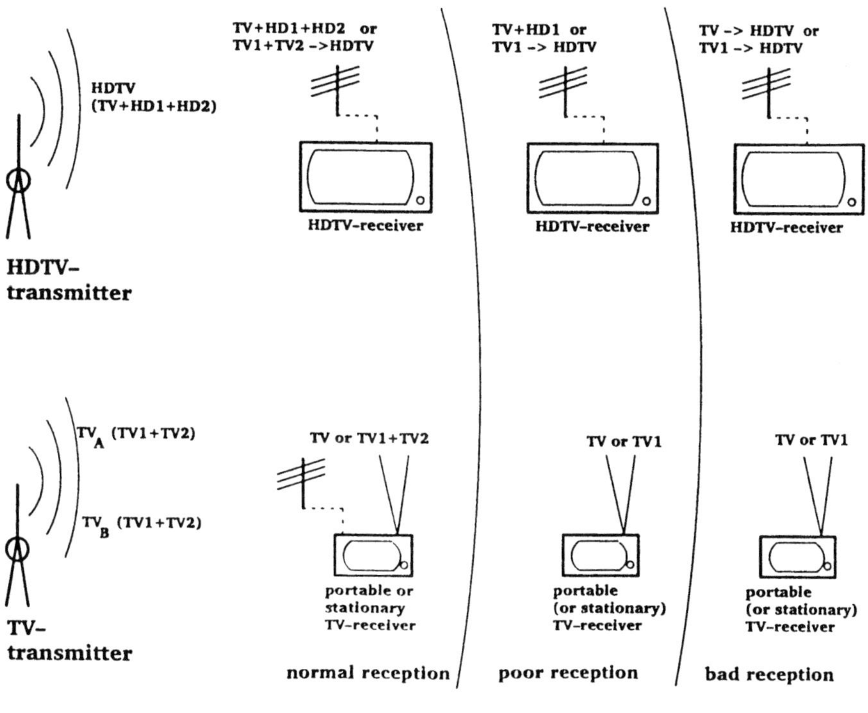

Figure 6: System approach of the $^H DTV_T$ project

6. Scalable coding and hierarchical modulation

A scalable MPEG encoder as described in the previous chapter generates up to three different bit streams. These different bit streams have to be transmitted with different ruggedness and therefore special channel coding and modulation schemes have to be applied.

In the HDTV$_T$ system OFDM in combination with concatenated coding (convolutional and Reed-Solomon) in connection with 64-multi resolution QAM (64 MR-QAM) is considered for the terrestrial channel.

The mapping of the three different bit streams TV, HD1, HD2 onto the 6 bits of the 64 MR-QAM constellation is shown in Fig. 7. The TV-stream is mapped onto the four largest clouds in the four quadrants, which correspond to a QPSK with 4 constellation points representing 2 bits. The required SNR on the receiving side is about 12 dB, which allows for portable reception.

The HD1 bit stream mapped onto the four clouds in each quadrant, which again corresponds to 2 bits. The required SNR value at the receiver is 24 dB.

Finally the HD2 bit stream is mapped onto each of the 4 remaining single constellation points, which also correspond to 2 bits. 29 dB SNR are required to decode this signal.

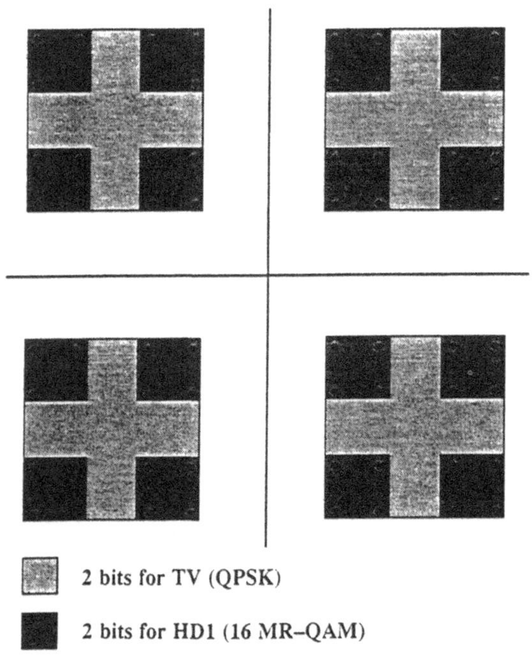

Figure 7: Constellation of the 64 MR-QAM with mapping of the 3 data streams TV, HD1 and HD2

In the reconfigured TV-mode a 16 MR-QAM is used, which results in a costellation of 4 clouds by 4 costellation points. Each cloud can carry two bits and two additional bits are carried within the clouds. Thus the two data streams TV1 and TV2 can be mapped onto these 2x2 bits.

7. Conclusions

Actually a great deal of convergence concerning image compression for broadcast applications can be observed all over the world. Most digital TV- and HDTV-systems under development rely on the forthcoming MPEG2 standard. While for TV applications in cable networks and on satellites most systems will use the MAIN profile & MAIN level, several options are open for terrestrial TV-transmission and for HDTV.

Due to the special characteristics of the terrestrial channel, at least some provisions for graceful degradation are required. As far as HDTV is concerned, compatible TV/HDTV transmission is an important option in order to allow for reception with low cost TV-receivers which will facilitate the introduction of HDTV.

TV/HDTV compatibility and graceful degradation can be realized by using the scalable options of MPEG2 in combination with appropriate channel coding and modulation schemes.

A hierarchical system providing these two options is actually under development in the German $^{H}DTV_{T}$ system. This system is not only suitable for terrestrial broadcast, but it can also be used for satellite and cable transmission, although only scalable coding but no hierarchical modulation will be used in those cases. Such a scalable HDTV system will allow for compatible TV/HDTV transmission, thus allowing the reception of HDTV programs with low cost TV receivers, which will facilitate the introduction of HDTV.

8. References

[1] ISO/IEC, "Generic Coding of Moving Pictures and Associated Audio", Third working draft (New York), July 16, 1993.

[2] O. Franceschi, P. Marklund, "The HD-DIVINE Coding Algorithm", Proceeding of International Workshop on HDTV '92, Kawasaki, Japan, November 18-20, 1992.

[3] R. Schäfer, "Das HDTV-T Projekt im Rahmen der europäischen Entwicklungen zu digitalem TV/HDTV", Proceedings of 5. Dortmunder Fernsehseminar, Dortmund 29.9. - 1.10.1993 (in German)

[4] WGDTB 1063, "Report to the European Launching Group on the Prospects for Digital Terrestrial Television", November 1992

[5] K. Katoh et al., "Integrated Services Digital Broadcasting - ISDB", Proceedings of International Symposium on Broadcasting Technology, 4th to 6th September 1993, Beijing, China

Source and Channel Coding of Advanced in the US - Achieving High Spectrum Efficiency in Terrestrial Broadcasting

William F. Schreiber

Abstract. A brief history of HDTV development is given. The requirements for good system performance are listed and methods of achieving these results are discussed. It is concluded that high spectrum efficiency is a key element for most applications. This requires joint source and channel coding, providing the interoperability that is essential in both broadcasting and nonbroadcasting applications.

1. Introduction

In order to deal with this subject properly, it is necessary to devote a substantial part of the discussion to presenting the background. No design decisions in TV are entirely technical. Economic considerations and public-policy issues have a large and perfectly proper influence. It is quite appropriate to consider what kind of TV service we want and how much of our resources, both public and private, are proper to devote to it. As long as we intend to maintain over-the-air broadcasting, we cannot leave these matters entirely to the market. However, some of the economic issues primarily concern the welfare of specific companies in specific countries. Particularly in the US, where the standards-setting process is being carried out in public and where any person or company is free to participate, we must be vigilant to guard against purely private concerns being represented as unbiased scientific or technical discussions. An object lesson was provided in the middle 80s, when the NHK 1125/60 system was for a time supported by the US State Department, against the national interest and that of most American companies, until the US Congress became aware of the economic issues that were involved.

A certain amount of humility is required in these discussions, as HDTV broadcasting, especially by digital means, is *terra incognita* to most of us. It is worth recalling that if we had followed the advice of many American TV-industry members, we would have an NTSC-compatible system that gave performance not much better than NTSC itself. If we had continued to follow the advice of NHK and a number of Japanese manufacturers, MUSE would already have been adopted for terrestrial broadcasting in the US, and 1125/60 would be the worldwide studio standard. Everyone realizes that this would have been a terrible mistake, yet we still are seeing 1125/60 being pushed for production.

Some of the material in this paper is based on my book [1], some on a report written for the European Commission [2], and some on a paper presented earlier this month at an IEE meeting in London. The opinions herein are those of the author only.

2. A Short History

The modern history of high-definition television began in 1970 when the Japan Broadcasting Corporation (NHK) began the development of what turned out to be the 1125/60 system.[1] A fair assumption is that one of the important goals of the development was to control the next chapter in television, something that had been impossible for NTSC. The NHK system was intended to be distributed by wideband (100 MHz) satellite broadcasting (DBS) and to coexist with, not replace, NTSC. The original concept evidently proved unfeasible, so the MUSE compression system was developed, permitting transmission in standard 27-MHz transponder channels. The system was deliberately made incompatible with NTSC, PAL, and SECAM.

Vigorous attempts to have 1125/60 accepted as a production and international exchange standard sparked countermoves in Europe and the US. Under project Eureka 95, the principal European TV interests designed and developed 1250/50 HD-MAC, emphasizing an evolutionary path to advanced systems, while, in the US, TV interests remaining after the loss of most of the domestic consumer-electronics industry persuaded the Federal Communications Commission (FCC) to launch an Inquiry, and to appoint the Advisory Committee on Advanced Television (ACATS). The chairman is Richard E. Wiley, former chairman of the FCC. Still going on, the Inquiry has devolved into a process to select HDTV (now called Advanced Television — ATV) terrestrial broadcasting standards. The FCC is relying on market forces to set appropriately related standards in other media.

The failure of the Japanese to win the standards battle is partly due to incorrect judgments about the probable reaction of European and American interests and partly to technical misjudgments about what kind of system might be appropriate outside of Japan. However, Japanese manufacturers are sure to get a large proportion of the equipment market no matter what standard is finally selected.

American broadcasters have always viewed HDTV as more a threat than an opportunity, since they did not (and still do not) see how it can expand their viewership. They are willing to spend money to protect their market, and so have supported the developments, albeit reluctantly. Initially, broadcasters were overwhelmingly in favor of compatible systems. Considerable backing was given to Advanced Compatible Television (ACTV) from the Sarnoff Laboratories, which hid enhancement information within the normal signal. New receivers would detect this extra data and use it to increase the aspect ratio to 16:9 and to improve the resolution marginally. Some work was also done on augmentation systems, sending enhancement information in a second

---

[1]It is worth noting that France gave up its 819-line monochrome system to get color with 625-line SECAM in 1965. High resolution is not the only important aspect of TV image quality.

channel. However, the main limitation on NTSC quality in the home is channel impairments, not resolution, so these systems did not work very well. In addition, they required keeping NTSC on the air indefinitely, and it was beginning to be recognized that NTSC was actually a very inefficient way to use bandwidth.

Two events dramatically changed the outlook. The first was the simulcasting proposal of Zenith in 1988. Zenith maintained that it would be possible to transmit HDTV in 6 MHz and at such low power that taboo channels could be used, if an entirely new system were employed. This made simulcasting, and the eventual abandonment of NTSC, much more practical than had been assumed; opinions about compatibility started to change. The FCC ruled out augmentation systems and stated that no more than 12 MHz could be used to serve both old and new receivers.

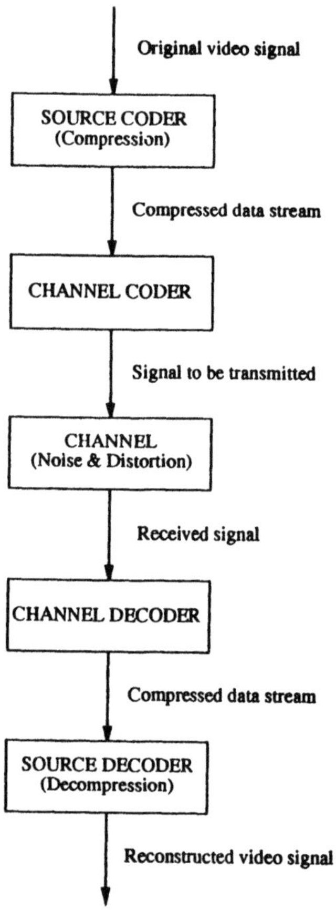

Fig 1. Video Transmission System

The second event was the proposal of an all-digital system by General Instrument (GI). This was a truly radical proposal, but not in the way that was understood by journalists and even many TV executives. What was new was digital transmission, or *channel coding*. All systems, even the "analog" MUSE and ACTV, had used digital *source coding,* although not with such high compression ratios.

It is very important to understand the difference between source coding and channel coding. As shown in Fig. 1, the source coder compresses the video signal so that it contains less data, and the channel coder sends the data through the channel, in spite of impairments such as noise, interference, and echoes. Channel and source coding are reversed at the receiver, producing an approximation to the original video.

The capacity of the terrestrial channel for digital transmission is quite limited, requiring a very high compression ratio — between 50 and 80. The compression method used in the proposed systems is similar to that of MPEG. An estimate of adjacent frames is made by motion-compensated prediction. The prediction error is coded using the discrete cosine transform (DCT). From 20 to 25 Mbits/sec are transmitted, leaving from 12 to 18 Mbits/sec for video information after error correction. Generally speaking, European experts believe these rates are too low for true HDTV using the full range of subject matter now common.

channel. However, the main limitation on NTSC quality in the home is channel impairments, not resolution, so these systems did not work very well. In addition, they required keeping NTSC on the air indefinitely, and it was beginning to be recognized that NTSC was actually a very inefficient way to use bandwidth.

Two events dramatically changed the outlook. The first was the simulcasting proposal of Zenith in 1988. Zenith maintained that it would be possible to transmit HDTV in 6 MHz and at such low power that taboo channels could be used, if an entirely new system were employed. This made simulcasting, and the eventual abandonment of NTSC, much more practical than had been assumed; opinions about compatibility started to change. The FCC ruled out augmentation systems and stated that no more than 12 MHz could be used to serve both old and new receivers.

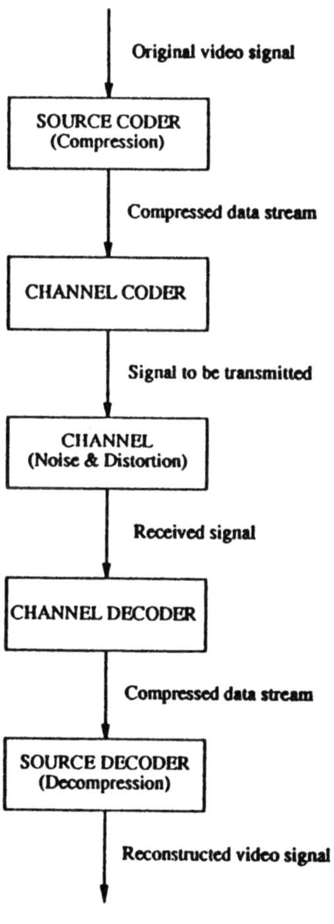

Fig 1. Video Transmission System

The second event was the proposal of an all-digital system by General Instrument (GI). This was a truly radical proposal, but not in the way that was understood by journalists and even many TV executives. What was new was digital transmission, or *channel coding*. All systems, even the "analog" MUSE and ACTV, had used digital *source coding*, although not with such high compression ratios.

It is very important to understand the difference between source coding and channel coding. As shown in Fig. 1, the source coder compresses the video signal so that it contains less data, and the channel coder sends the data through the channel, in spite of impairments such as noise, interference, and echoes. Channel and source coding are reversed at the receiver, producing an approximation to the original video.

The capacity of the terrestrial channel for digital transmission is quite limited, requiring a very high compression ratio — between 50 and 80. The compression method used in the proposed systems is similar to that of MPEG. An estimate of adjacent frames is made by motion-compensated prediction. The prediction error is coded using the discrete cosine transform (DCT). From 20 to 25 Mbits/sec are transmitted, leaving from 12 to 18 Mbits/sec for video information after error correction. Generally speaking, European experts believe these rates are too low for true HDTV using the full range of subject matter now common.

The American systems have done a good job of data compression, and studio picture quality has been good most of the time with the images that have been used in the tests at the Advanced Television Test Center. However, the test images, for the most part, have quite limited vertical resolution, as they are produced by interlaced cameras. No series of rapid scene changes has been tested. Very little computer-generated imagery has been used. It is well known that for the latter, progressive scan is mandatory because the of interline flicker that prevails with interlace.

A major question mark about these systems concerns the channel-coding methods. These are quite similar to schemes now used for digital transmission in telephone lines. They do not account for the wide variation of signal strength from near-in to far-out receivers, nor are they likely to work adequately in the presence of large and rapidly varying echoes. Accurately pointed directional antennas are required on all receivers, even small portables. In addition, there is a tradeoff between data rate and coverage area at threshold. At data rates that give adequate pictures, this has resulted in reduced coverage as compared with current NTSC practice.

The testing procedure did not produce a clear winner. Under pressure from the ACATS, the proponents have formed a "Grand Alliance," which is in the process of making a joint proposal. The Alliance intends to use both interlace (1080x1920, perhaps also 1080x1440) and progressive scan (720x1280) initially, and to migrate to 1080-line progressive "when the technology allows." So far, the system proponents have apparently refused to consider using the European developments in orthogonal frequency-division multiplex (OFDM) and single-frequency networks (SFN), which seem to be highly superior and to offer better spectrum efficiency.

A controversy now rages on the question of interlace vs progressive scan. Computer interests, in company with many from the digital imaging community (printing and photography) have succeeded in introducing the concept of interoperability (easy interchange of data between signals of different quality, in different applications, and of different epochs) into the FCC process. The Commission, on its own initiative, has called for nondisruptive improvement over time for the broadcast system. Everyone agrees that progressive scan and square pixels promote interoperability, but manufacturers and some broadcasters prefer to use interlace, at least initially. It appears that some of the loudest support for interlace comes from manufacturers who are still hoping that their already developed interlaced equipment can be used for production.

Great interest has been shown by groups outside of terrestrial broadcasting in the compression technology that has been developed, if not in HDTV itself. Hughes and an independent broadcaster are planning to put up a DBS system in the near future. Cable companies, and even some broadcasters, think that they can make more money with many NTSC-definition channels than with a few HDTV channels. A number of well funded ventures are underway. The development of compression systems for cable is being led by CableLabs. There has also been renewed interest in interactive TV (although this does not have much to do with digital video transmission) and substantial funds have been committed. The most important venture involves Microsoft,

Time-Warner, and Tele-Communications Inc (TCI), the largest software, entertainment, and cable companies in the country. The most recent announcement concerns the proposed $33 thousand million (American billion) merger of Bell Atlantic and TCI.

The insistence of computer companies on interoperability (and therefore progressive scan) grows out of their belief that multimedia workstations will be a very important product line in the future. The rapid decrease in the cost of computation and memory and the rapid increase in computing power mean that much more computing must be done if revenues are to be maintained. Nothing uses up computer power as much as high-resolution moving images. Therefore, there is a universal desire within the industry to see good color images in a window on the screen, with many of these images coming from broadcast television.

This emphasis on interoperability fits well with the Clinton administration's proposal for a National Information Infrastructure (NII). The NII could simply be an upgrading of the Internet. It is intended that anyone with a terminal would have easy access to large numbers of data bases for education, entertainment, and work. Whatever the usefulness of the NII may eventually be, many companies see profit possibilities in building and operating such a network. Thus there is a lot of support in industry for this initiative, which is being directed by Vice-President Gore.

For the Europeans, the situation in the US presents an opportunity to push for (a set of) world-wide HDTV standards, should they be so interested. The work on interoperability, if pursued properly, may well solve the technical problems and make easy transcoding among all the different HDTV standards quite practical. The American systems are deficient in coverage and probably in reliability. European investment and experience in OFDM could make a real contribution by complementing the US developments and so helping to reach the goal.

3. Current Considerations

One of the issues that is much discussed in the US at present is interoperability. We may define interoperability as that characteristic of an imaging system that permits easy interchange of data between systems of different spatiotemporal resolution, different applications, and different times. Full interoperability means that encoders with widely varying performance can readily communicate with decoders of widely varying performance and price. In this case, picture quality depends primarily on which module — encoder or decoder — has the lower performance. The question of interlace takes on great importance in this matter, since this technique makes transcoding much more difficult.

Even without the foregoing considerations, TV system design is not easy, particularly in a system that is to last a long time and inevitably will be used in ways not foreseen at the outset. There are many tradeoffs among the desirable attributes in view of spectrum and cost constraints. In this presentation, I shall concentrate on the importance of interoperability and on the methods by which it may be achieved. I have also presented a brief history of the development of HDTV. In this section, I shall discuss the performance parameters by which TV systems may be rated, and the system choices that are needed to achieve the desired capabilities.

3.1 Need for multiresolution capabilities

One issue that is finally getting the attention it deserves is the need for multiresolution capability, i.e., the provision of a number of levels of price/performance with easy interchange of signals between different levels. This is seen by broadcasters primarily as a requirement of the computer industry, which is calling for interoperability between the world of TV broadcasting and the multimedia workstations that are expected to be of great importance in the coming years. However, it is just as important for broadcasting itself, where the problem of transcoding between NTSC and PAL/SECAM has never been completely solved. With the coming of advanced TV (ATV) systems, and with the probable distinction among production, transmission, and display formats, the number of different standards is sure to increase. The need for inexpensive receivers and set-top ATV-to-NTSC converters makes easy interoperability even more urgent. A proper solution will involve both source and channel coding.

3.2 Digital broadcasting not a panacea

Ever since the proposal by General Instrument Corp. in 1990 for an all-digital terrestrial broadcasting system, it has been widely believed that this was the key to both interoperability and to the efficient and reliable use of the broadcasting spectrum. While such a belief is to be expected among journalists and the financiers who control broadcasting and cable companies, most of whom don't seem to understand the essential difference between analog and digital, it is disappointing to find it in the technical community.

Among the claims that were originally made for digital broadcasting were higher compression ratio, more efficient use of the spectrum, and the suppression of analog channel impairments. When interoperability was introduced into consideration by the computer industry, digital broadcasting was again seen as the single factor that would provide a solution. None of these claims is true. Compression ratio is primarily a function of source coding, not channel coding. (All systems ever proposed for HDTV use digital source coding.) Digital transmission in analog channels is less efficient, not more efficient, than analog transmission. Channel impairments are not removed by digital broadcasting; they must first be removed to permit digital transmission at useful rates. Finally, interoperability is not easier in digital systems. Interoperability is much more difficult in systems using a high compression ratio. The MUSE system, generally derided as an "analog" system, is actually more interoperable than any of the all-digital systems being proposed in the US.[2] The real key to interoperability lies

---

[2]The higher the compression ratio and the more unlike the transmitted signal is to a conventional video signal, the more difficult is transcoding.

partly in the proper choice of a hierarchy of scanning standards. It also requires the use of a source-coding method that separates the coded data into a pyramid structure and a channel-coding method that makes it easy for less expensive receivers to recover just the information needed without complete decoding.

3.3 Performance parameters.

Among the measures of performance by which TV systems can be compared are spectrum efficiency, coverage and reliability, cost to broadcasters and viewers, interoperability, and the existence of plausible transition scenarios for the introduction of the new service and the phaseout of NTSC.

By spectrum efficiency, we mean the amount of TV service — the number and technical quality of different programs available to each viewer — for a given allocation of spectrum. Since, in the US, only about 20 stations can be accommodated in each area out of the 68 channels allocated, it is evident that it is just as important to raise the ratio 20/68 as it is to maximize the quality that can be delivered in 6 MHz. The best proposed methods might eventually require the allocation of only 20 channels, thus making it much easier to maintain terrestrial broadcasting in the face of severe competition for spectrum from mobile services.

Coverage and reliability relate to the resistance of the system to analog channel impairments due to noise, ghosts, and interference. NTSC is very poor in this respect, requiring a SNR of at least 28 dB and a spacing of more than 150 miles between stations on the same channel.

Cost relates to the complexity of coding and decoding, the amount of power that must be transmitted, and the kind of antennas that must be used, particularly at the receiver. A substantial portion of the receiver signal-processing complexity in digital systems is the automatic channel equalizer, required to achieve the necessary data rate and error rate. On the other hand, digital transmission will require about 12 dB less transmitter power than NTSC, which is highly advantageous.

The FCC has long called for nondisruptive improvement over time for the new TV service. This requirement, if satisfied, will go a long way towards achieving the degree of interoperability desired by the computer industry and other users of high-resolution imaging systems. It implies that earlier lower-performance ATV receivers will still be able to deal with later higher-resolution transmissions.

The FCC's plan for an orderly transition calls for serving existing NTSC receivers by simulcasting on the existing channels for about 15 years after the new service is introduced. Each current license holder who desires to broadcast ATV will be given an extra new channel for this purpose. When NTSC is phased out, the old channels will be returned to the FCC for new services. It is likely that the NTSC shut-down will be politically impossible unless a fairly inexpensive way to continue using old receivers is provided, and that new receivers of low price-performance are available.

3.4 System choices.

The desired performance will be achieved by making the appropriate system choices. The main choices are whether or not to provide backward compatibility to NTSC/PAL/SECAM, whether to use interlace or progressive scan, the type of source and channel coding used and whether to link them or not, whether to use all-digital or hybrid coding (all-analog coding is easily ruled out), whether to use single- or multiple-carrier modulation, and whether to stay with powerful centralized transmitters or to go to cellular single-frequency networks.

Fortunately, the battle over backward compatibility with NTSC has apparently been decided in favor of using an entirely new system and to provide services to existing receivers by simulcasting. The FCC deserves a lot of credit for making this forward-looking decision in the face of the virtually unanimous (but mistaken) opinion in the TV industry at that time that NTSC compatibility was essential to a successful HDTV system. This example of nearly everyone being wrong at the same time should be held in mind when considering other contentious issues such as progressive scan.

The interlace-progressive issue is not yet decided. In my view, interlace is an idea whose time has come and gone. Whatever slim arguments can be made in favor of interlace, they apply only in cases in which camera, channel signal, and display are all synchronized, with no storage. It is perfectly clear that no ATV system will be of this type. The objectives of interlace — mainly the reduction of large-area flicker — can be met in new systems without compromising vertical resolution, without introducing artifacts, and without making high-quality transcoding very expensive.

Currently proposed all-digital systems completely separate source and channel coding. While this is consistent with Shannon's theory, all of the source-coding schemes now proposed produce data of two quite different kinds, neither free of redundancy. One kind — the selected transform coefficients — does not require error-free transmission. Adding noise to the coefficients produces an effect quite similar to that of adding noise to normal video signals. The other kind — adaptive selection information, motion vectors, etc — does require essentially perfect transmission. With this kind of data, joint source and channel coding gives higher transmission efficiency.

All-digital transmission has caught the attention of nearly everyone with its aura of modernity and the picture of distinct ones and zeros traveling through messy channels, to be perfectly restored at the receiver. Of course, this is not at all what really happens. In analog channels with high digital transmission rates, complex analog waveforms are actually transmitted and complex error correction is necessary in order to achieve a low error rate. In fact, digital modulation *reduces* transmission efficiency in most cases, since a range of output states is reduced to a single state by quantization. The real question is the effect of the modulation method on the compression that can be achieved by the source coding. Recent experiments in my own laboratory have established that the transform coefficients can be transmitted in analog form. Hybrid transmission is thus a superior alternative, in that higher transmission efficiency is achieved, on average, while high compression is still possible in the source coder.

Centralized high-power transmitters feature a sharp decline in effective channel capacity with range. For typical installations, signal strength decreases by about 1.4 dB per mile, over a range of about 44 dB, as shown in Fig. 2. Since the Shannon channel capacity, in bits/sec, is proportional to the CNR[3] in dB times the bandwidth in Hz, this means that close-in receivers typically have 4 times the capacity of those at the fringe. In analog systems, receivers with a stronger signal produce better pictures. In digital systems that send the same data to all receivers, transmission is efficient only at the boundary of reception, while wasting much of the capacity at a large proportion of receivers. This problem can be attacked either by providing a soft or stepped threshold so that better quality pictures are recovered where the SNR is higher, or by providing a more uniform signal strength throughout the service area, or both.

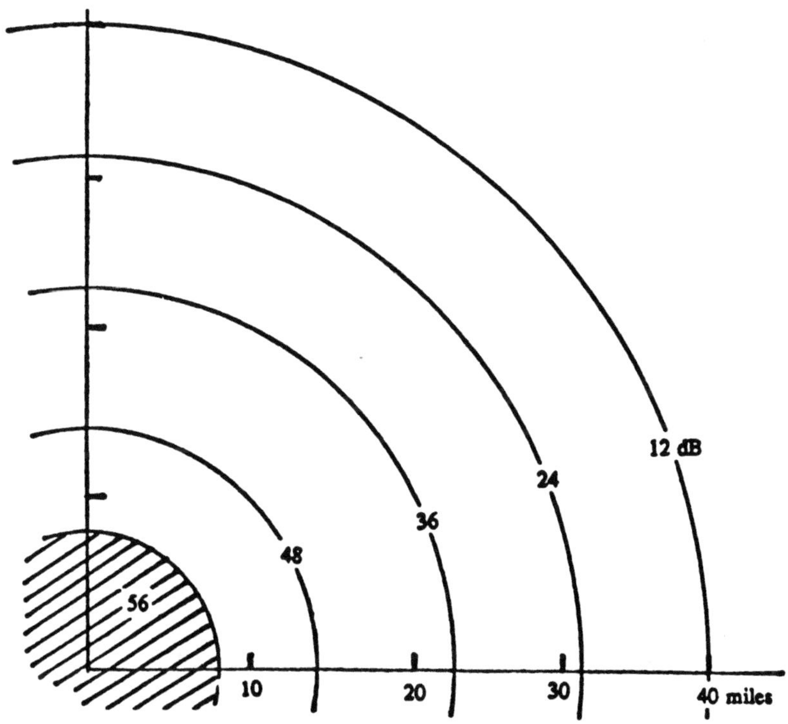

Fig. 2. Variation of SNR With Range
SNR is calculated as the difference between field strength and planning factors. Rather conservative factors are used here. The antenna height is assumed to be 1350 feet.

---

[3]In this paper, we use CNR to refer to the carrier-to-noise ratio of received signals on a carrier, and we use SNR to refer to the signal-to-noise ratio of recovered video signals or components thereof.

transmission efficiency is achieved, on average, while high compression is still possible in the source coder.

Centralized high-power transmitters feature a sharp decline in effective channel capacity with range. For typical installations, signal strength decreases by about 1.4 dB per mile, over a range of about 44 dB, as shown in Fig. 2. Since the Shannon channel capacity, in bits/sec, is proportional to the CNR[3] in dB times the bandwidth in Hz, this means that close-in receivers typically have 4 times the capacity of those at the fringe. In analog systems, receivers with a stronger signal produce better pictures. In digital systems that send the same data to all receivers, transmission is efficient only at the boundary of reception, while wasting much of the capacity at a large proportion of receivers. This problem can be attacked either by providing a soft or stepped threshold so that better quality pictures are recovered where the SNR is higher, or by providing a more uniform signal strength throughout the service area, or both.

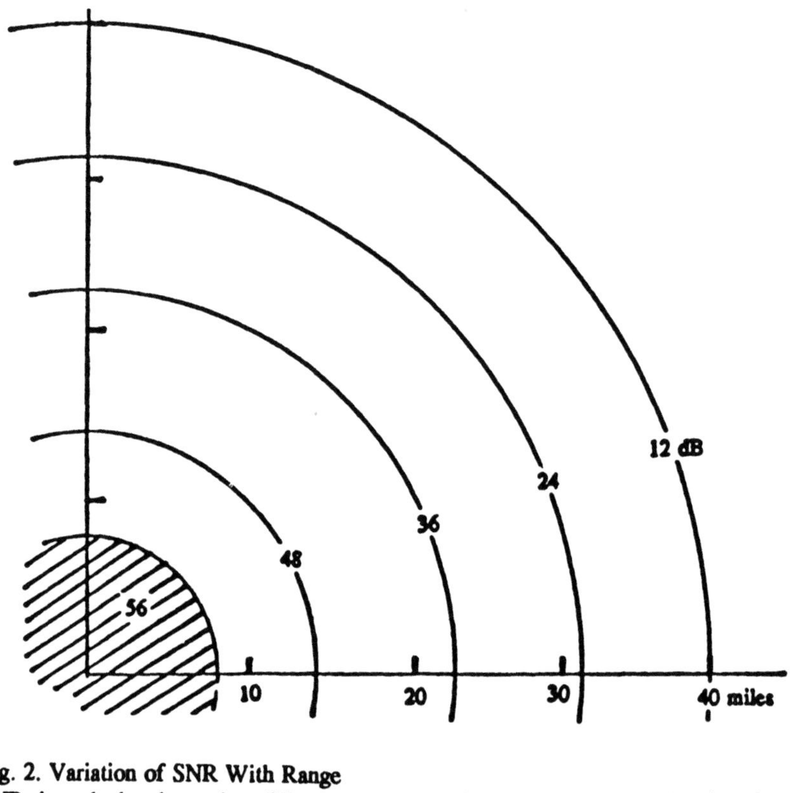

Fig. 2. Variation of SNR With Range
SNR is calculated as the difference between field strength and planning factors. Rather conservative factors are used here. The antenna height is assumed to be 1350 feet.

---

[3]In this paper, we use CNR to refer to the carrier-to-noise ratio of received signals on a carrier, and we use SNR to refer to the signal-to-noise ratio of recovered video signals or components thereof.

It is possible to provide a stepped threshold in all-digital systems, although this results in somewhat lower efficiency at the most distant threshold of service. [3] Hybrid transmission can give a continuous variation of information rate with CNR, for appropriate kinds of source coding. Making the signal strength more uniform can be accomplished with SFNs, but a channel-coding method must be used that has effective protection against multipath.

The use of OFDM, which is exceptionally resistant to the effects of multipath, permits the use of SFNs, in which the service area of a TV station is filled with a cellular network of low-power transmitters, all operating on the same frequency. Total transmitter power is greatly reduced, and service areas can be almost arbitrarily shaped. Co-channel taboos are removed entirely, the "no-man's land" between adjacent service areas is no more than the width of one cell (in this area, directional antennas are required), and no more than about 20 channels need be allocated to give 20 different services in each area.

4. High Spectrum Efficiency in Terrestrial Broadcasting

Among the most important elements in any terrestrial broadcasting system is spectrum efficiency, i.e., the achievement of the largest amount of service with the smallest allocation of spectrum. This concept is rather complicated because the theoretical channel capacity at each receiver, which limits the quality of service, is neither fixed nor proportional only to the bandwidth. It therefore depends both on the transmitted power and on the amount of noise and interference, and also varies markedly with distance from the transmitter and type of receiving antenna.

4.1 Importance of spectrum efficiency

There continue to be proposals to take TV off the air by using cable, fiber, or satellite transmission and to reserve the over-the-air (terrestrial) spectrum for mobile services such as cellular telephones and the forthcoming personal communication networks. There is a certain amount of logic in this proposal, particularly in view of the very large amount of spectrum that is now devoted to TV — 68 channels in the US. If we were wiring the country *ab initio,* there would be a good argument for using DBS in the countryside and fiber in the cities. However, the TV system is already fully in place and paid for. In addition, terrestrial broadcasting is a very inexpensive way to transmit wideband signals to the home, and it is very convenient for portable receivers, of which there are a very large number.

Rather than take TV off the air, we could accomplish most of the objectives of such a move at much lower cost while retaining most of the benefits of the current arrangement by instead making a major reduction in the required spectrum allocation. By using modern source- and channel-coding methods, we could probably reduce the total allocation from 68 to about 20 channels, while maintaining at least as much TV service as we now have. This would help a great deal in satisfying the spectrum needs of new services. A requirement, of course, is that NTSC must be phased out. Until that happens, no new allocations will be possible. If the 15-year phaseout period is too long for the timetables for new services, then the transition could be shortened by development of cheap set-top converters from ATV to NTSC. This matter is so important, for this and other reasons, that it ought to be made a prerequisite for any FCC standards decisions.

4.2 Centrally located high-power transmitters

As mentioned previously, there is a large difference in channel capacity among receivers. In today's analog systems, this difference shows up as a variation in picture quality. (Due to the foresight of the FCC, sound quality is excellent over this entire range.) Some digital systems (GI and MIT) attempt to deliver the same data rate (and picture quality) to all receivers in the service area, thus wasting as much as 3/4 of the channel capacity in high-signal areas. These systems use the spectrum efficiently only at the boundary of service. However, there is no FCC requirement for uniform quality. We pay a very high price for this unneeded characteristic. If quality could be attained in accordance with the channel capacity at each receiver, higher average quality could be had with half the bandwidth!

In analog systems, a continuous threshold is inherent. For example, if the Fourier coefficients in the DCT representation are transmitted in analog form and used or not according to their SNR at the receiver, then a variation of image resolution with distance results. This is a reasonable scheme. Digital systems cannot have a continuous threshold, but they can have a stepped threshold. Several such methods are discussed in [4].

Two of the digital systems (ATT/Zenith and ATRC) have two thresholds, thus extending the coverage with a reduced-quality service.[4] In practice, with the specific methods used in these systems, the range extension is small and the reduced-quality service is poor. What is needed is a scheme having a continuous or multistepped threshold that works over a range of more than 40 dB, and which has good efficiency at all signal levels. Such a system would deliver an amount of data to each receiver in accordance with the receiver CNR. Of course, to make this useful, it must be possible to recover a picture that is optimized in quality for the amount of data recovered.

4.3 Single-frequency networks (SFNs)

An alternative to the centralized high-power transmitter with its large variation in signal strength from receiver to receiver is to make the signal much more uniform by employing a cellular network of low-power transmitters, all operating on the same frequency. With this arrangement, each receiver "sees" a number of nearby transmitters, the signals appearing to be echoes. Clearly, a system of this type requires that the receivers be able to deal with ghosts of far greater relative power

---

[4]It has recently been announced that these two-threshold systems have been abandoned on the grounds that they did not materially improve the coverage. This seems surprising.

than usually encountered with single transmitters. General Instrument has proposed using its single-carrier system with a high-gain directional antenna for this application. [5] European experts, however, are nearly unanimous in believing that only a multicarrier system such as orthogonal frequency-division multiplex (OFDM) is capable of dealing successfully with such ghosts.

A problem in SFNs is providing the signals to the cellular transmitters. If it is necessary to use a separate transmission channel for this purpose, some of the appeal of SFNs disappears. It does appear to be feasible to equip each transmission site with a high-gain receiving antenna pointed at the next inner site for this purpose, or else to use a satellite feed for all of them. Note that it is not required to use cells of one size only. The inner portion of the service area can be covered by a single medium-power transmitter or even a small-footprint satellite transmission. [6]

One of the great advantages of SFNs is that co-channel taboos vanish. Separate stations with abutting service areas can use the same frequency. The no-man's land between stations is only about as wide as one cell. In this area, directional antennas must be used, in which case, the signal from either station may be recovered. Since the cells would be rather small compared with the whole service area of a station, the service area can be of almost arbitrary shape. Note that the total transmitted power with a SFN is much less than with a single transmitter that serves the same area.

One of the objections that has been raised to SFNs is the cost of acquiring the many cell sites as well as equipping and maintaining them. It should be noted that cellular operation is already used for cellular telephones and will certainly be used for most of the proposed personal communication networks (PCNs). An entirely feasible scenario is to use the same set of sites for all the various services in a city, thus sharing many of the expenses. Such co-siting would also help eliminate adjacent-channel taboos. It should be noted that SFNs need not be used everywhere and on every channel. They can be phased in as appropriate.

5. A Proposed Solution

We now discuss a scheme for meeting the objective of high spectrum efficiency. This requires a multiresolution capability in which each receiver extracts an amount of data that depends on its local channel capacity and also optimizes the displayed picture quality in accordance with the data extracted. Such a system satisfies the FCC's desire for nondisruptive improvement over time and the computer industry's wish for interoperability. It extends the service area. It also gives a measure of flexibility to broadcasters in that the channel can sometimes be used for a single HDTV program and sometimes for a number of lower-resolution programs. The scheme incorporates a multiresolution source coder, a channel-coding method that places transmitted data into separate streams, and a decoding method in which simpler receivers can extract the data streams related to the lower levels of quality without complete decoding of the entire transmitted signal.

5.1 Multiresolution source coding

The discrete cosine transform (DCT) is used in all current high-compression source-coding methods. It separates the spatial spectrum into frequency bands, concentrating the power in the lower bands.[5] While this gives good compression, it is not suitable for a multiresolution system because the pictures that are produced with a group of the lowest-frequency coefficients are of poor quality. To obtain a good-quality low-resolution image and to be able to improve the quality in steps by adding more information, a pyramid coding structure as shown in Fig. 3 must be used. [7]

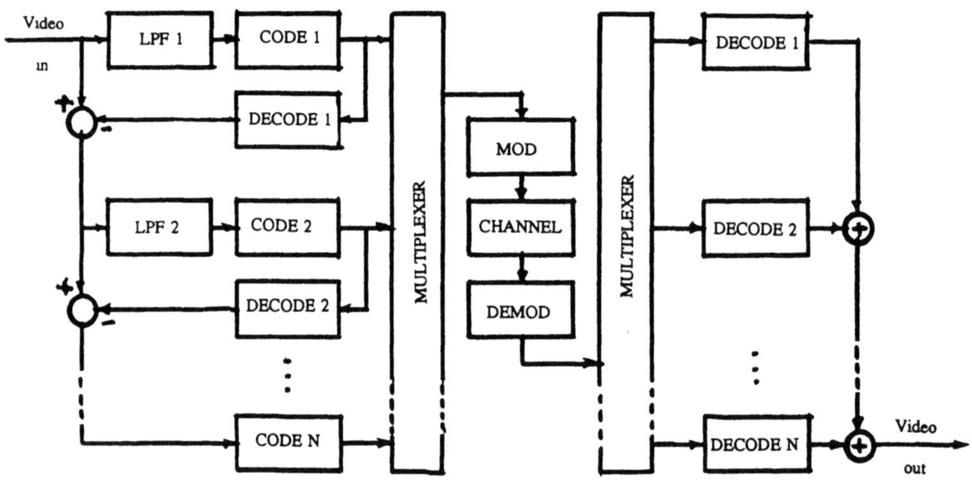

Fig. 3. A Pyramid Coding Scheme

In this scheme, the low-pass filter F1 must be smooth, in the manner of a Gaussian or sharpened Gaussian. [8] Whatever is not transmitted at the lowest level is subtracted from the original signal, producing a high-frequency difference image which is subjected to the next level of coding, using a similar filter of wider bandwidth. While this technique does not give as high a compression ratio as the DCT, it guarantees good picture quality at every level. It can be thought of as transform coding, like the DCT, but using a different set of basis functions.

[5] This is true when the DCT is applied to a normal video signal. When it is applied to the motion-compensated prediction error, as in MPEG, the concentration into lower frequencies is much less pronounced. However, in each spatial block, many coefficients are small enough to be discarded without much damage to picture quality, and the higher-frequency coefficients can be coarsely quantized. These are the main sources of the compression.

5.1 Multiresolution source coding

The discrete cosine transform (DCT) is used in all current high-compression source-coding methods. It separates the spatial spectrum into frequency bands, concentrating the power in the lower bands.[5] While this gives good compression, it is not suitable for a multiresolution system because the pictures that are produced with a group of the lowest-frequency coefficients are of poor quality. To obtain a good-quality low-resolution image and to be able to improve the quality in steps by adding more information, a pyramid coding structure as shown in Fig. 3 must be used. [7]

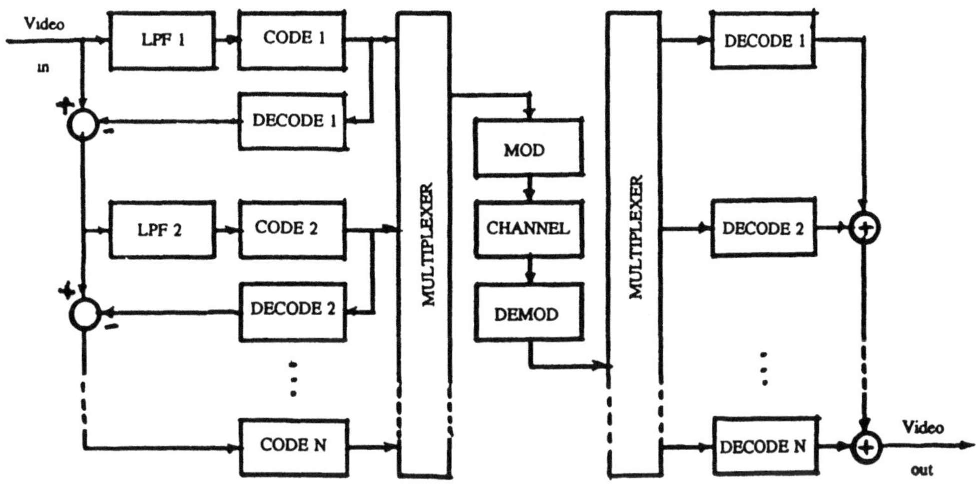

Fig. 3. A Pyramid Coding Scheme

In this scheme, the low-pass filter F1 must be smooth, in the manner of a Gaussian or sharpened Gaussian. [8] Whatever is transmitted at the lowest level is subtracted from the original signal, producing a high-frequency difference image which is subjected to the next level of coding, using a similar filter of wider bandwidth. While this technique does not give as high a compression ratio as the DCT, it guarantees good picture quality at every level. It can be thought of as transform coding, like the DCT, but using a different set of basis functions.

[5]This is true when the DCT is applied to a normal video signal. When it is applied to the motion-compensated prediction error, as in MPEG, the concentration into lower frequencies is much less pronounced. However, in each spatial block, many coefficients are small enough to be discarded without much damage to picture quality, and the higher-frequency coefficients can be coarsely quantized. These are the main sources of the compression.

As in the DCT, compression is achieved by utilizing only those coefficients large enough to be significant for picture representation and discarding the rest. The selected coefficients must be identified; we call the data used for this purpose adaptive selection (AS) data. In MPEG systems, the amplitude and identification of coefficients are jointly coded. In the proposed hybrid system, the amplitudes are transmitted as analog values while the AS information is transmitted digitally by a form of vector coding. Note that AS errors produce serious image defects, while noise on the coefficients simply adds a kind of analog noise to the reconstructed image.

Given the large amount of effort already devoted to MPEG systems, MPEG-1 is an obvious choice for the lowest level of the pyramid, using a total data rate of about 5 Mbit/s, including audio and error correction. The upper levels of the pyramid can be of MPEG type, using velocity vectors from the lowest level, or, perhaps, can be intraframe coded using a JPEG-type scheme. Note that in the proposed all-digital ATV systems, 2 to 3 million coefficients are transmitted per second. When these coefficients are transmitted in analog form using the constellation discussed below, there is capacity for 5 million coefficients per second, so a lower compression ratio can be used. (If fewer than 5 million coefficients/sec are needed, then some improvement in SNR can be achieved.)

For transmission in all-digital media, such as fiber,[6] or for cases where, for some special reason, the variable picture quality of hybrid transmission is unsuitable, the coefficients can be digitized if adequate channel capacity is available. The separation of amplitude and AS data still seems desirable as very high efficiency can be achieved in this manner.

5.2 Channel coding

In the proposed system, as shown in Fig. 4, the transmission of the upper levels of the pyramid uses a combination of spread spectrum (SS) and OFDM. The selected Fourier coefficients, in analog form at a rate of 5 Msamples/sec, are subjected to a direct-sequence SS operation and then combined with the digital data (primarily AS data) at 5 Mbits/sec to produce a complex symbol stream at the same rate. These symbols, in turn, comprise the input to an OFDM modulator, implemented with the discrete Fourier transform (DFT). In the symbol stream, the digital data is carried by the phase of the subcarriers and the analog data by the gain, thus permitting the analog and digital information to be recovered independently.

---

[6]Optical fiber is not really a digital medium, as much analog transmission uses fiber as well. It is the terminal equipment that makes fiber digital.

The output of the SS operation is an analog data stream at 5 Msamples/sec, in which, in successive blocks of N samples, each output sample is a linear combination of the N input samples of that block. It is desirable that the number of subcarriers in the

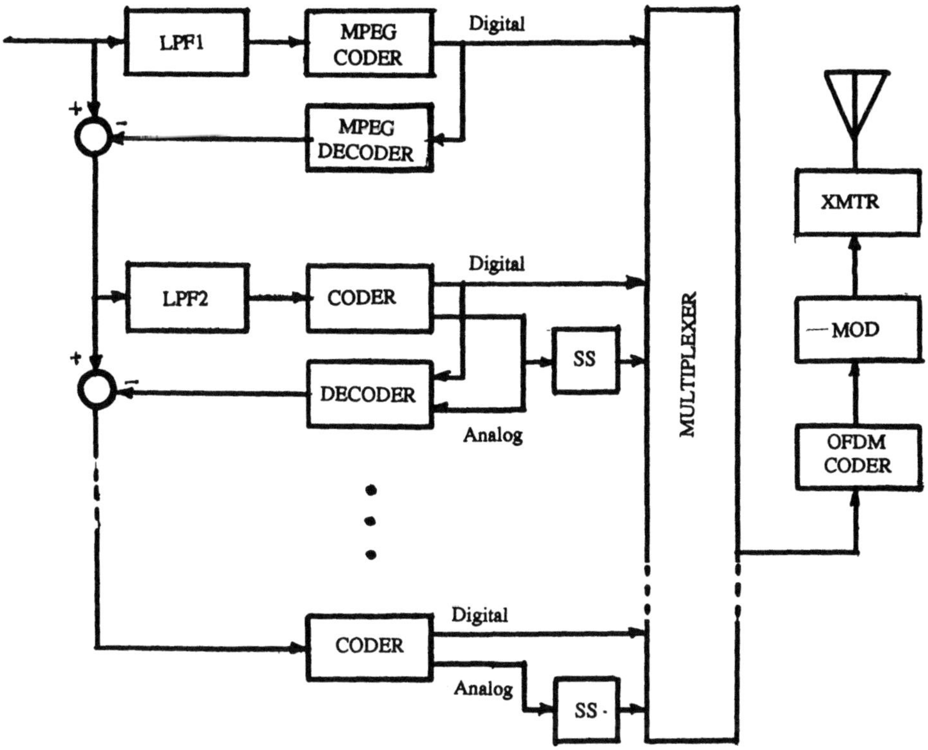

Fig. 4. A Proposed System
This system uses the pyramid coding of Fig. 3 to provide a number of levels of performance. The lowest level is all-digital (e.g., MPEG1), while the second and higher levels involve both analog and digital data. The highest level may be all-analog. Analog samples are subjected to a spread-spectrum operation and then combined with digital data to form hybrid symbols, which are encoded with OFDM. The multiplexer organizes the data to produce, after modulation, the desired constellation, as shown in Fig. 5.

OFDM operation also be N. The reason is the following: In OFDM, the effect of ghosts is to produce a channel gain that undulates across the passband. Thus the SNR of the data carried by the various subcarriers is not the same. Low-gain carriers have a higher digital bit-error rate (BER) and analog noise level than the high-gain carriers. In the case of the digital data, this variation in SNR can be translated into "confidence" data that is used in the Reed-Solomon and convolutional (trellis) decoders.

There is no direct equivalent of this kind of decoding in the analog domain. However, since the analog data is recovered at the receiver by taking N different linear

The output of the SS operation is an analog data stream at 5 Msamples/sec, in which, in successive blocks of N samples, each output sample is a linear combination of the N input samples of that block. It is desirable that the number of subcarriers in the

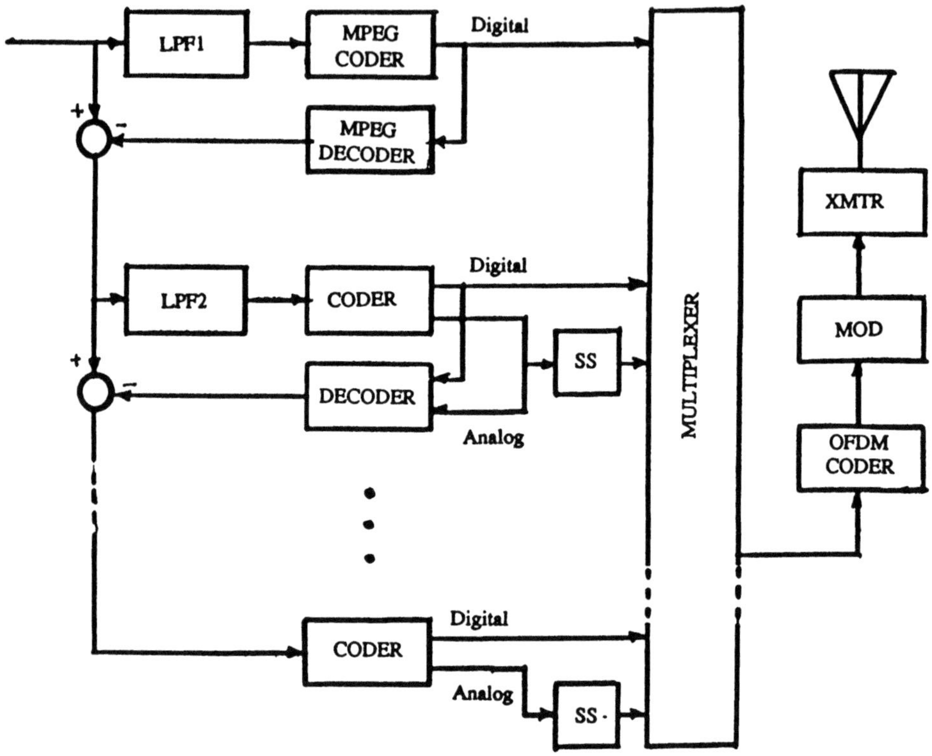

Fig. 4. A Proposed System
This system uses the pyramid coding of Fig. 3 to provide a number of levels of performance. The lowest level is all-digital (e.g., MPEG1), while the second and higher levels involve both analog and digital data. The highest level may be all-analog. Analog samples are subjected to a spread-spectrum operation and then combined with digital data to form hybrid symbols, which are encoded with OFDM. The multiplexer organizes the data to produce, after modulation, the desired constellation, as shown in Fig. 5.

OFDM operation also be N. The reason is the following: In OFDM, the effect of ghosts is to produce a channel gain that undulates across the passband. Thus the SNR of the data carried by the various subcarriers is not the same. Low-gain carriers have a higher digital bit-error rate (BER) and analog noise level than the high-gain carriers. In the case of the digital data, this variation in SNR can be translated into "confidence" data that is used in the Reed-Solomon and convolutional (trellis) decoders.

There is no direct equivalent of this kind of decoding in the analog domain. However, since the analog data is recovered at the receiver by taking N different linear combinations of the N samples in each word, even if the N samples have different noise levels, the noise level in the final output is the same for all N decoded samples.

The function of SS, in addition to the equalization of noise performance across the band, is to provide a white Gaussian signal in which the relative output SNR in each band of coefficients can be adjusted at will by suitable weighting. SS, used this way, also gives good protection against narrow-band interference. The primary function of OFDM is to suppress multipath. Both SS and OFDM, as well as the digital error control schemes, give good protection against burst noise.

5.2.1 Vector coding of adaptive selection data. The scheme to be described was originally developed for a single resolution of 720x1280x60 fps. The system used intraframe coding only, transmitting 10 Mbits/s digital plus 10 Msamples/sec analog. [9] The digital budget comprised 2 Mbits/sec each for adaptive selection and adaptive modulation plus 4 Mbits/sec for digital lows. The balance of the data was for error correction and audio. In order to meet the very stringent requirement of only 2 Mbits/sec to indicate which 10 million coefficients are selected each second out of 55 million in the original data, we found it necessary to modify the selection decisions to some extent so as to minimize the amount of AS data. The system worked fairly well. In the current system, we have nearly twice as much channel capacity for the AS data, so we anticipate little difficulty in getting high-quality performance.

The first step in minimizing the data is to group the spectral components (There are 64 spatial-frequency components, each a 90x160 "picture.") into 13 groups, using the same AS data for all subbands in each group. If any subband requires the use of a particular coefficient, then that coefficient is used for all subbands in the group. Each of the 13 groups has a distinct AS code.

The selection data for each group is a binary image. To transmit it, it is divided into 3x3 or 4x4 blocks. The blocks are classified as empty, full, or otherwise. If a block has only one selected coefficient, it is made empty, and if it has more than a threshold number of selected coefficients, it is made full. The greater of the full or empty blocks is transmitted, one bit/block. The remainder are transmitted using a prefix that means full/empty or otherwise. The "otherwise" blocks are transmitted with a code that indicates the pattern of selected coefficients for the block.

In this method, coefficients are tentatively selected by amplitude. In the final selection, a coefficient somewhat below threshold may be selected because it is near other selected coefficients, while one somewhat over threshold may be deselected because it is in an area with few other large coefficients. This procedure did not seem to affect image quality in any significant way.

5.2.2 Multiresolution methods. The lowest performance of the system is that achieved with an MPEG-coded data stream at 5 Mbits/sec, including audio and error correction. The next level uses an additional 5 Mbits/sec for AS data, additional audio channels if desired, ancillary data, and error correction. An analog data stream of 5

Msamples/sec comprises the Fourier coefficients for the enhancement information. If desired, these coefficients can be weighted in such a way that two or more thresholds are provided. The system parameters are selected so that the second digital stream is recoverable at the same CNR as the first analog data.

The two-threshold digital scheme uses nonuniform level spacing as discussed in [10], except that here, the digital data is used to modulate the phase rather than the I and Q signals of QAM. At very low CNR, the transmitted constellation shown in Fig. 5 appears to be 4-QAM (or 4-PSK), delivering 5 Mbits/sec. This data can be recovered at very low CNR because of the convolutional and R-S coding. At a higher CNR, 8 values of phase are recovered, giving a total of 15 Mbits/s, 5 Mbits/s of which constitute the digital data for the second level of the pyramid. Of course, this level can also be trellis coded for improved operation. If additional levels of performance are required, the process can be extended.

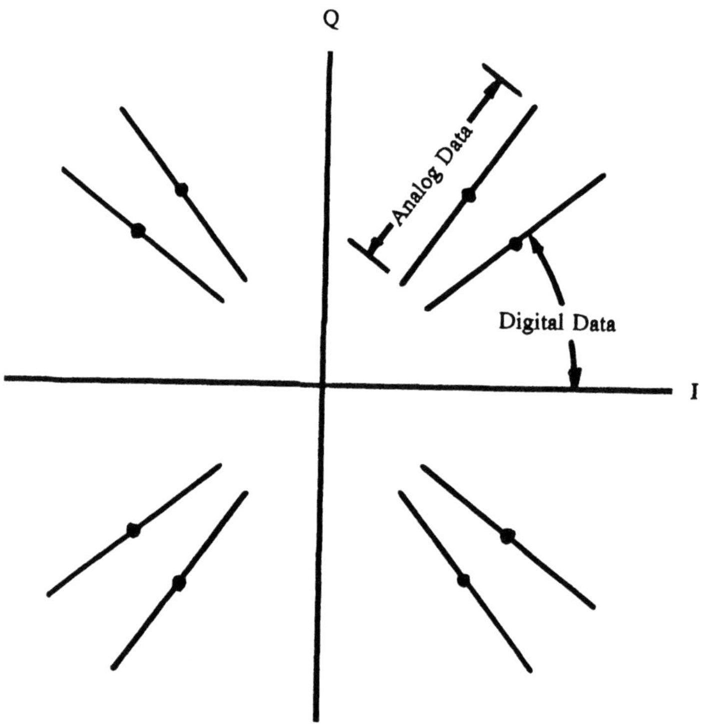

Fig. 5. A Multiresolution Constellation
The phase of the signal renders the digital data while the amplitude renders the analog data. A nonuniform 8-PSK constellation looks like 4-PSK (or 4-QAM) at low SNR, delivering 2 bits/symbol, while at higher SNR, 3 bits/symbol are received. Trellis coding is used so that 1 bit/sec is recovered at low SNR. (If desired, it can also be used for the data recovered at high SNR, using a nonuniform 16-PSK constellation.) The amplitude is made equal to a constant plus the analog signal, whose average value is zero. Two or more thresholds may be established within the analog data by suitable weighting of components in the spread-spectrum operation.

Msamples/sec comprises the Fourier coefficients for the enhancement information. If desired, these coefficients can be weighted in such a way that two or more thresholds are provided. The system parameters are selected so that the second digital stream is recoverable at the same CNR as the first analog data.

The two-threshold digital scheme uses nonuniform level spacing as discussed in [10], except that here, the digital data is used to modulate the phase rather than the I and Q signals of QAM. At very low CNR, the transmitted constellation shown in Fig. 5 appears to be 4-QAM (or 4-PSK), delivering 5 Mbits/sec. This data can be recovered at very low CNR because of the convolutional and R-S coding. At a higher CNR, 8 values of phase are recovered, giving a total of 15 Mbits/s, 5 Mbits/s of which constitute the digital data for the second level of the pyramid. Of course, this level can also be trellis coded for improved operation. If additional levels of performance are required, the process can be extended.

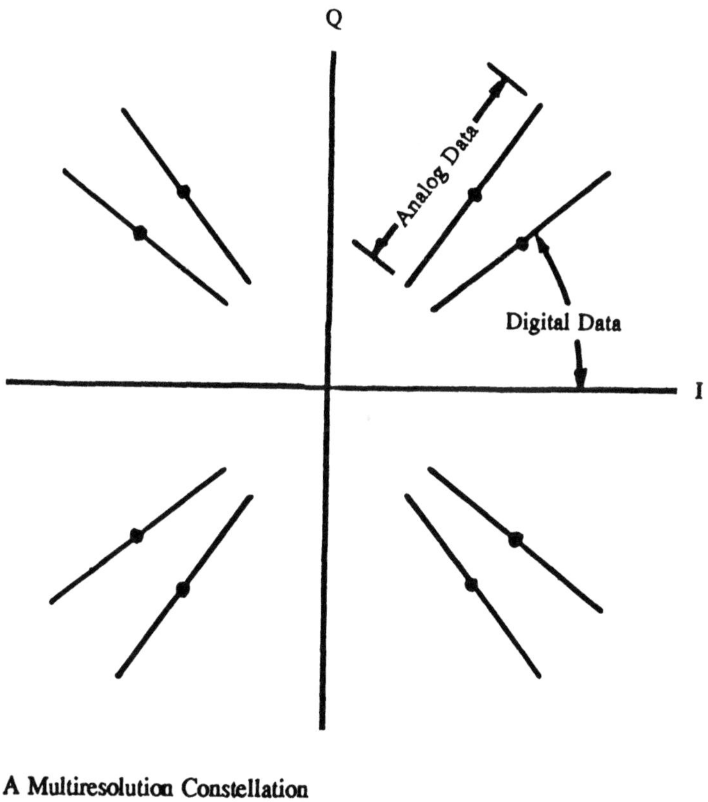

Fig. 5. A Multiresolution Constellation
The phase of the signal renders the digital data while the amplitude renders the analog data. A nonuniform 8-PSK constellation looks like 4-PSK (or 4-QAM) at low SNR, delivering 2 bits/symbol, while at higher SNR, 3 bits/symbol are received. Trellis coding is used so that 1 bit/sec is recovered at low SNR. (If desired, it can also be used for the data recovered at high SNR, using a nonuniform 16-PSK constellation.) The amplitude is made equal to a constant plus the analog signal, whose average value is zero. Two or more thresholds may be established within the analog data by suitable weighting of components in the spread-spectrum operation.

5.2.3 Error control. Reed-Solomon coding is used to eliminate errors due to random noise and impulse noise, at a cost of a reduced transmission rate. Convolutional coding is used, for a given SNR, to raise the transmission rate at a given BER, thus recovering some of the Shannon channel capacity lost due to digital transmission. In this case, the lowest level of the pyramid requires only 5 Mbits/sec, whereas the smallest reasonable transmission constellation has a rate of 2 bits/symbol, or 10 Mbits/sec. Convolutional coding is used to produce a data stream of 10 Mbits/s from the 5 Mbits/sec input. This is transmitted as 4-level signals that modulate the carrier phase at 5 Msymbols/sec, giving a 4-QAM constellation. At the receiver, each 4-point symbol is decoded as 1 bit/symbol, for a 5 Mbits/sec output.

6. Conclusion and Acknowledgments

In this paper, we have reviewed the history of the development of HDTV, pointing out that many of the characteristics of successful systems must be determined as a result of economic or political considerations, rather than by purely technological reasoning. We have shown that high spectrum efficiency, good interoperability, and multiresolution capability are all essential for the acceptability of any new television system. These three aspects of system performance are closely related in the technological sense. If enough forethought is given to the most fundamental aspects of system design, it appears quite practical to design a system that would meet all these requirements.

The means discussed in the paper for achieving high spectrum efficiency also give good interoperability and go a long way towards meeting the FCC's preference for nondisruptive improvement over time. At the same time, they would help achieve the reliability and coverage area needed by broadcasters, and to make possible the manufacture of inexpensive receivers for portable applications.

The work at MIT on combined source and channel coding is sponsored by Scitex America Corporation, whose support is gratefully acknowledged. Much of the work is being done by Susie J. Wee and Michael O. Polley, who also contributed to the ideas discussed in this paper.

Bibliography

1. W.F.Schreiber, "A Unified Approach to Moving-Image Coding for All Media and All Applications," Keynote Address, Picture Coding Symposium, Lausanne, 17 March 1993.
2. CCETT, Groupement d'Interet Economique, "Description of the COFDM System," Cesson Sevigne, France, 17 May 1990.
3. W.F.Schreiber, "HDTV: The role of technology in the future of television," Telecommunications Journal, 57, XI 1990, pp 763-774.

References

1. W.F.Schreiber, *Fundamentals of Electronic Imaging Systems,* Third Edition, Springer-Verlag, Berlin, 1993.
2. W.F.Schreiber, "Advanced Television in the United States," European Commission, Brussels, July 1993.
3. M.Vetterli et al, "Multiresolution Coding Techniques for Digital Television: A Review," in *Multidimensional Systems and Signal Processing,* Kluwer, March 1991.
4. W.F.Schreiber, "All-Digital HDTV Terrestrial Broadcasting in the US: Some problems and possible solutions," International Symposium—Europe-USA, ENST, Paris, 27 May 1991.
5. S.A.Lery et al, "Extending HDTV Coverage Using Low-Power Repeaters — A Cellular Approach," IEEE Trans. Bcasting, 38, 3, Sept. 1992, pp 145-150.
6. D.Pommier et al, "A Hybrid Satellite/Terrestrial Approach for Digital Terrestrial Broadcasting," Proc., NAB Eng. Conf., pp 304-312, 1990.
7. P.J.Burt and E.A.Adelson, "The Laplacian Pyramid as a Compact Image Code," IEEE Trans. COM-31, 4, pp 532-540, 1983.
8. W.F.Schreiber and D.E.Troxel, "Transformation Between Continuous and Discrete Representations of Images: A Perceptual Approach," IEEE Trans. PAMI-7, 2, pp 178-176, 1985.
9. W.F.Schreiber, "Spread Spectrum Television Broadcasting," SMPTE J., August 1992, pp 538-549.
10. W.F.Schreiber, "Considerations in the Design of HDTV Systems for Terrestrial Broadcasting, SMPTE J., Sept. 1991, pp 668-677.
11. P.G.M.de Bot, "Multiresolution Transmission over the AWGN Channel," Tech. Rpt. TN 181/92, Philips Research Labs, Eindhoven.

Standardisation of Audio-Visual Communications

Leonardo Chiariglione

Abstract. Just before the large scale introduction of digital technologies in audio-visual communications it is important to consider whether there is any lesson to be learned from audio-visual communications in analogue form. It is found that the lack of interworking characteristic of analogue systems can be remedied because digital technologies provide a common denominator to represent audio-visual information, if appropriate functionalities are built into the systems. Unfortunately the current structure of international standardisation is not matched to this task. Some considerations are made on how a this goal can be accomplished.

1. Introduction

For the purpose of this paper audio-visual communications (AVC) will be defined as transfer of non-synthetic audio (including speech) information or non-synthetic still/moving picture information or both jointly across time or space or both variables using artificial means.

Starting about 150 years ago with photography, an uninterrupted sequence of inventions has produced a very large number of ever more sophisticated ways to communicate audio-visual information.

AVC systems have come to play an extremely important rôle in human life. Using AVC systems new kinds of services have been created that have contributed more than other inventions to shape the way people live and interact with each other today.

Communications is synonymous with standardisation. *Language* is a standardised correspondence between sound and objects or concepts, *Writing* is a standardised correspondence between sounds and graphic symbols or directly between objects/concepts and graphic symbols. Without agreement on what a sound uttered by a human being is supposed to mean or what a graphic symbol on a piece of paper or a papyrus or a mesopotamic brick is supposed to represent, only very elementary communication is possible.

AVC systems and services, therefore, also heavily rely on standardisation: a well designed, i.e. standardised, AVC system or service allows a wide dissemination of information while a poorly designed AVC system has a restricted range of use.

Traditionally each individual AVC system or service has developed independently and interwoking between different AVC systems and services has been difficult if not impossible: there is no straightforward way to "see" a movie recorded on film using a CRT tube or a movie recorded on a video cassette on a movie projector. The scattered pattern of competence of traditional standardisation bodies reflects this situation,

We are seeing the advent of digital technologies for mass products. They hold the potential to move the current world of incompatible applications into a new world where no technical barriers exists to the flow of information. Unfortunately it is not obvious how this can be accomplished.

The paper describes the situation as inherited from the past to try and see if there is any lesson to be learned about the future shape of standardisation. It is hoped that a new awareness of the existence of a challenging task with corresponding high rewards will result so that contributions are stimulated

2. Audio-visual communication systems and services

AVC is a recent acquisition in human history. One and a half century ago for photography, over a century for telephony, just over a century for phonograph recording, just less than a century for moving pictures on film, three quarters of a century for radio broadcasting, less than half a century for television broadcasting and video tape recording, ten years for video conference and a few years for video telephony.

It is helpful, for the purpose of this paper, to list some of the features of the most important AVC systems and services.

- *Photography* was founded on the basic technology of chemical processes activated by the energy carried by electromagnetic waves in the visible range of frequencies. In addition to improving the basic chemical process, the original large number of film sizes has gradually been reduced to a more reasonable number.
- A similar process has happened for *cinematography* where the different number of pictures per second eventually settled to 24, while the size of the film, the number and size of perforations etc. has still variations, also in response to different initiatives to improve the cinematographic system. The addition of sound to the originally silent movie, after a brief phase of competing technologies, has remained locked to a single system until recently when a number of incompatible systems have appeared, all introduced with the goal of improving the acoustic effect.
- *Telephony*, issued from the original A. G. Bell patent, has developed as a universal system throughout its history, apart from some regional deviations such as A-law and μ-law PCM, motivated by the fact that PCM was originally meant to be a transparent network equipment, not affecting interworking between terminals.
- *Disc audio recording*, issued from the original T. A. Edison patent, has enjoyed a stable life with few innovations. Its existence is only now threatened by other technologies like magnetic tape recording, compact disc and other digital technologies. Not so *video recording* which has seen an uncontrolled proliferation of incompatible systems in both professional and consumer electronics fields.
- *Radio broadcasting (sound)* has seen the original AM system adopted worldwide with the SSB and FM evolutions also universally adopted with few variations not affecting interworking in a substantial way.
- *Television broadcasting* has seen the appearance of a large number of incompatible systems also because of the basic original constraint that programmes were bound to be produced and distributed locally.
- Lastly *video conference and visual telephony* have been developed through international cooperation in the framework of the International Telecommunication Union (ITU).

3. The traditional rôle of standardisation

Let us see now what has been the role of standardisation in the cases above.

3.1 Telephony

The basic principle of telephony was and is "it has to be like that if people are to be able to talk to each other". This principle was first applied within the local company providing telephone service to the city, then to connections to other cities, possibly via a third party, then nationally and, in the event, internationally. All this of course with the strong help from the same A. G. Bell basic telephony patent. This principle has been inherited by the "T" branch of ITU (ITU-T, ex CCITT) and followed to these days in most of its activities. Notable examples are:

- *Group 3 facsimile*, a system designed to transmit visual information contained on paper, that has been first defined by ITU-T SG 8, enshrined in a Recommendation and then transformed into millions of pieces of equipment;
- *Videoconference*, a system designed to transmit the audio-visual field from one meeting room to another in the best possible way, taking into account the bandwidth offered by the telecommunication network, that has been first designed by ITU-T SG 15, enshrined in a Recommendation and then transformed into a working tool for business meetings in spite of several attempts from independent players to establish de-facto standards;
- *Videotelephony*, a system designed for person-to-person real-time audio-visual communications using narrow-band ISDN and intended for the general telephone subscriber, that has been first designed by ITU-T SG 15, enshrined in a Recommendation and is waiting for general deployment of N-ISDN and substantial cost reduction of the terminal equipment to be allowed to become a commodity for the mass market.

3.2 Photography, Cinematography and Recording

These AVC systems have developed under a different approach, usually through an invention exploited to provide a hitherto unsatisfied need. At first the AVC systems addressed a reduced, mostly professional class of users, without a particular need for standards. Only when the success of the technology in terms of number and classes of users and the consequent segmentation of the market required agreement of some aspects of the processes for economic and interchange reasons was standardisation invoked.

The competence of standardisation in all these areas is variously allocated to ISO and IEC, but similar is the approach. If something new appears out of some invention or improvement of existing techniques, this is first tried in the market place. Because similar ideas come to similar people at similar times, it is very likely that incompatible products appear on the market at about the same time. What follows is usually a bloody battle in the market place fought at the expense of the end user.

No better example can probably be found than the Video Cassette Recorder (VCR). The V2000 VCR invented by Philips was soon overtaken by Betamax invented by Sony and by VHS invented by JVC. It is just a few months ago that Sony dumped the sponge and

VHS was crowned as the video cassette recording standard. Ironically the next generation of digital video recorders is about to appear.

3.3 Broadcasting

The typical ITU-T approach of defining international standards worked well for radio (sound) broadcasting (the field of competence of ITU-R, ex CCIR), because of the originally wide coverage of the service. Even the use of VHF for FM services, with its reduced service area, was not able to reverse the tradition and only some variations in the standard were introduced worldwide, but not such as to prevent a satisfactory level of interworking.

Completely different has been the case of television. After the pioneering introduction of the 405-line 50 Hz TV service in UK, the 525-line 60 Hz system adopted in USA was followed by a different system in Europe with 625 lines and 50 Hz. The need to add colour information in a compatible way triggered in its turn a multitude of national paths to colour television: to the first idea of NTSC - the triumph of the "compatible extension approach" -, PAL added a reduced interference thanks to line-wise phase alternation and SECAM a completely different modulation scheme with vertical colour subsampling. Then a flood of different PAL and SECAM systems with almost countless national variations have appeared. Brazil uses 525 lines with a PAL colour system and Argentina 625 lines with a PAL system using a different colour subcarrier, to mention the most striking cases.

There should be no surprise that in some countries it is illegal to import TV sets operating at a different standard than used in those countries and that foreign ownership of broadcasting companies is forbidden and that the ITU-R Recommendation 470 on television systems has 20 lines of text stating that those countries wishing to initiate a television system should consult Report 624 and give preference to one of the existing systems (a few tens of them, to put it mildly).

3.4 Other AVC system and services

ITU standardisation is obviously reflected in national environments. As a rule, ITU-T Recommendations are translated into national regulations, under the assumption that the public good is served if seamless communication - national and international - is guaranteed. Sound and television broadcasting are strictly regulated at the national level, the motivation being that frequencies are a scarce public asset. The mechanism for these regulations are the de-facto partitioning of responsibility between transmission by physical means (telecommunications) and via radio (broadcasting).

A mixed attitude is taken in different countries vis-à-vis other ways of enabling AVC, such as Cable Television (CATV). Born as an appendix to radio broadcasting, left to the private initiative for the purpose of bringing TV programs to ill-served areas, CATV has been left to itself in some countries while in others responsibility for the infrastructure has been assigned to the national telecommunications operator. CATV has grown to become an AVC system whose importance, in some countries, has surpassed that of traditional broadcasting.

4. Another player: the manufacturer

An important rôle is obviously played by manufacturers of audio-visual communication equipment, this word being used here not to mean those needed to build the communications infrastructure but the terminal equipment, i.e. those needed by the user/subscriber to enjoy the service. Remarkably different attitudes exist in the different fields.

4.1 Telecommunication terminal manufacturers

In the telecommunications field the national telecommunication operator has tended to become itself the supplier (not necessarily the manufacturer) of the terminal equipment or has allowed the use of terminal equipment that were certified by itself or by a public certification organisation. The motivation has been the need to make sure that signals fed into the network would comply with network requirements, e.g. in terms of signal statistics. Liberalisation of the terminal equipment market is a recent development in many countries.

Terminal equipment whose development was sponsored by the telecommunication operators have seen mixed success with the users. To a successful system such as facsimile (originally a professional terminal) or the minitel (a terminal for all) stand a number of remarkably unsuccessful attempts. Among the causes one can mention the difficulty to deal with the real needs of users and the difficulty to interact with the service via the terminals.

4.2 Broadcasting terminal manufacturers

Manufacturers of broadcast receivers have traditionally been given free hand to implement and sell terminal equipment, of course within the tightly regulated national broadcasting standards. The manufacturing industry in most countries has sooner or later tended to a static situation with an increasing degree of atrophy, as epitomised by the fate of the two companies that held the basic NTSC and PAL patents: these were eventually taken over by others. One cause has been the very slow pace of innovation of the TV service: in 50 years the only successful add-on to the basic TV service has been teletext and even so with many varieties of it actually implemented. On the other hand the recent proliferation of new features, such as interactivity, polling etc is the triumph of a new philosophy.

This lack of innovation has created a further involution in the process: since TV receivers were only considered for their design and size - and price for the larger share of them - even improvements that would have cost little and could have created a global advantage were rejected. Two examples:

- The European SCART interface was strongly promoted by broadcasters but met with cool reception from manufacturers because of the associated cost with no immediately perceived benefits. Eventually SCART was introduced but before its wide acceptance cases were known where the physical interface was present but electrically disconnected from the set.
- Even in Europe where the PAL signal bandwidth is greater than NTSC's dual standard receivers were not produced.

This is how an industry with the advantage of being able to talk to billions of users and with an untapped technology drive was reduced to atrophy. How different was the story of data processing (DP).

5. The data processing case

Born at the end of World War II, riding some technological advances such as the transistor and the integrated circuit, with a strong request from a wide variety of users each requesting an ever-increasing amount of processing power and storage capacity the DP industry has enjoyed 4 full decades of uninterrupted growth by addressing mostly high-cost professional users. A combination of a high-performance computer with a good operating system and good software packages, either provided by the manufacturer himself or by a network of satellite software developers - price being to a certain extent an independent variable - was all that a DP manufacturing company needed in order to see its business prosper.

Under these conditions standards were a luxury one could be dispensed with, better, lack of standards allowed duplications of equipment. For years the only active standardisation item in ISO TC 97 "Data processing" was character coding and even so the standards produced were not considered by DP companies as really binding since character coding in IBM machines was different from e.g. DEC machines.

The real innovation appeared about 15 years ago under pressure from users to enable different machines connected through the telecommunication network to run different processes transparently and share data represented with different syntaxes. The Open Systems Interconnection (OSI) initiative, still under way, was a gamble attempting to allow the continuing existence of incompatible different DP machines by creating instead a monstrous software interface capable to overcome those individualities and make incompatible machines to talk to each other. No advocate was found at that time of the alternative consisting in having machines to behave as generic machines.

OSI, for whose accomplishment literally tens of thousands of man years have been invested worldwide, is proving an elusive target since the very market forces are reducing the differences of DP hardware platforms to irrelevance, thanks to the success of the Personal Computer. This result of free market forces is already reducing to a handful the number of Operating Systems while the major application programs and the data generated by them are already virtually platform-independent and "market forces" here means the users, fed up with being locked to incompatible systems.

6. The users

Not unexpectedly, in all cases illustrated above one figure has been remarkably absent: the user. Inventions were made and new equipment produced that enabled new forms of AVC, by making the assumption that these were in the interest of the user. And indeed many of them were as we can see from the enthusiastic reception that photography, cinematography, telephony and radio - to mention a few - received from the users who were happy to pay to be able to keep their fiancée's photo in their wallet or to call mom from the other side of the world. The trouble came when inventions were made and the associated equipment produced for the purpose of providing the same or similar

functionalities of other products thus generating confusion among the users on which equipment would best suit their needs or give them maximum benefit from the money spent.
This has been the case of DP mainframes where data produced by one mainframe were not immediately usable by a mainframe of a different make, of VCRs where a film recorded for playback on a VHS machine was not usable on a Betamax machine or of a VHS tape containing an NTSC film not usable on a PAL VHS machine etc.
These examples stand in remarkable contrast to the case of audio-based equipment for which, to date, vinyl records, compact cassettes and compact discs can be played and radio programmes can be received everywhere in the world with the same piece of equipment.
Interesting is also the case of telephony. While the technical specifications of the telephone service were and are such that worldwide interworking was and is guaranteed, a different philosophy was adopted in the way the user interacts with the service. When the service started, the telephone set was of the on-off type: when on you would ring an operator and tell him/her whom you wanted to talk to. Then automatisation of the service led to the identification of subscribers of the service by means of numbers. The trouble came when long-distance calls became possible and every country made its own choice of the long-distance code: North America chose 1, France 16, Spain 09 while most other countries slowly moved to acceptance of 0. Even more interesting is the case of the international code: apart from a few lucky countries which adopted 00, the best possible repertoire of human inventiveness can be found, France with 19, Norway with 095, Spain with 09, UK with 010, USA with 011.
The evolution of the telephone terminal has been remarkable, prompted by many technological possibilities. Not so the way a user is supposed to interact with it. Many executive telephone sets display tens of coloured bottons with enigmatic functions associated with them and, of course, each telephone set manufacturer makes different buttons with different functions. Not better performance is offered by more advanced telecommunications terminals. The Author's facsimile machine has a panel with 72 buttons with enigmatic names like "cursor", "space", "D.T.", "standby" but no "redial" button. The set can be connected to a computer (of course these days, one would say) but in order to do that you have to set a switch using a screw driver that triggers an alarm display and then you have to push an enigmatic sequence of buttons. When in that mode, the set can no longer be manually used.
Not very dissimilar is the case of television. When the service started, in most countries the receiving equipment was of the on-off type: when "on" you could watch that single TV programme offered by the national broadcaster. Then more programmes and more broadcasting stations sprang up and the result is now a set of buttons corresponding to the different channels or a single button allowing a user to scan all programmes sequentially. To program channel selection one has to use the instruction manual and push enigmatic sequences of buttons, the sequence and the buttons of course different for each manufacturer. Hundreds of programmes are likely to become available in the next few years and apparently some people think that the same selection principle that worked fine for a handful of programmes will work equally fine for hundreds of programmes.

Even more worth considering is the case of the VCR. For a naive user "playback" is a reasonably simple function to implement, "recording" needs some thoughts, "recording at a given time" is something that people are interested to use but 95% of them simply give up using because of its complexity.
As long as computers were closed systems with users locked to them, asking a machine to do something for you was cumbersome and the arrogance of programmers manifested itself in forcing users to follow the programmers' philosophy. Enter the Personal Computer, with the associated competition between application programs, and you breath new air and the result is now the Graphic User Interface (GUI) offered by e.g. Windows and the application programs running under it.
Somehow in between the entertainment and DP fields is the case of games machines where the unstated principle is that "you have to be able to play a computer game without instructions". PCs and games have positively influenced consumer electronics: CD-i is used in a natural way with a pointing device, using principles not dissimilar from those of advanced GUIs and game machines. One has to recognise that it is difficult to draw a hard line separating them now and even more so in the future.
The conclusion that the Author would like to draw here is that AVC systems and services exist to serve the users. Still the users, by the billions, have borne the cost of the somehow random process we have described.

7. The producers of information

Many forms of audio-visual communications involve generation of information which is distributed to a multiplicity of users. This is the case of recorded music, film, radio and television broadcasting.
It is fair to say that most audio-visual systems have been defined by engineers without involvement of producers of information: the 35 mm film was reportedly defined by T. A. Edison when he showed the size he meant with his thumb and forefinger. That was about 100 years ago but what about the following questions?

- Was the 6 kHz of AM radio, used to broadcast concerts, defined asking Enrico Caruso's or Arturo Toscanini's opinion?
- Was the 4:3 aspect ratio of television defined consulting Greta Garbo or Billy Wilder?
- Has the fact that movies are represented in two different ways - higher temporal resolution and lower spatial resolution in NTSC countries, the opposite in the rest of the world - received the endorsement of movie directors?
- Is the need of distributing a movie in PAL (the many variations of it), SECAM (do.), NTSC and, until recently, in Betamax and VHS formats, endorsed by the copyright holders?
- Was Akira Kurosawa involved in the specifications of the 1125/60 HDTV system?.

The Author is afraid that the answer to these questions is no, under the principle that "Engineers know best".
The fact that AVC systems and services are conceived and run by engineers receives further proof by the exaggerated attention that is being paid today to the old problem of patents necessary to implement digital television standards - it used to be an important

problem, indeed - and the virtual neglect in which is left the much more worrysome and new problem of the impact of digital technology on copyright and neighbouring rights.

8. What lies ahead?

We live in an age of dramatic technological change that has the potential to reshape virtually all forms of audio-visual communications. Intellectual inertia, however, makes some people think that the technical and commercial availability of digital technologies just provides another way, possibly more efficient, certainly more fashionable, to transmit audio-visual information but that the rest of the world will stay unchanged and it will be possible to continue the good old days without too much effort.

This is not going to be the case. The clamour that is heard these days even on popular media about "convergence of telecommunications, broadcasting and computers", the news of megamergers between hitherto uncorrelated businesses, the scrambling of newcomers to enter the AVC business, all is testimony to the fact that such an attitude, in addition to being, in the Author's opinion, undesirable, is simply not possible and in any case doomed to be short-lived.

In the following a list will be given of some of the elements that will affect the next evolutionary steps in AVC systems and services, prompted by the large-scale adoption of digital technologies in many diverse fields.

- Digital technologies provide a common denominator unifying all representations of the different media. It will no longer be possible to introduce an AVC system or service as an independent element, since users will immediately feel the need to use the system and the information carried by it in combination with other AVC systems or services. Difficult is certainly the task to find the right balance between wild introduction of new elements in the architecture and the illusion to first define the universe and then set to fill in all the missing pieces just to see that the universe has completely changed much before the work is finished.
- AVC systems and services have traditionally been defined and produced/offered by manufacturers and service providers. This will no longer be possible because in the future all players - authors, service providers, manufacturers, users - will have to be involved in the definition and implementation of AVC systems and services. Awareness is growing of the importance of "software" in the definition and implementation of AVC systems and services associated with a higher consider-ation of the pivotal rôle of the user in all these attempts.
- At the same time the dichotomy author-user, caused by the unsatisfactory levels of further processability of the audio-visual information in analaogue form is bound to blur. Strictly in technical terms it will be possible for anybody to cut pieces of information in digital form representing audio, video and other media, adding them to locally generated pieces and build completely different information objects called multimedia.
- The capacity of delivery media is increasing and the amount of information needed to represent the information decreases. Multiprogramming is a much talked-about scenario to exploit the new cornucopia but delivery of partially structured infor-mation for the user to build according to his/her needs is another possible use of the

increased capacity. These evolutions make it imperative to deal with the man/system or man/service interface problem in a unified way.

- This new usage of "software" and the many more ways that will no doubt be found in the future will have profound implications on copyright law and neighbouring rights.
- The lifespan of technologies and standards is getting shorter and information considered safely stored will cease to be so because the equipment capable of dealing with it will no longer exist. The possibility of easy migration of important information from one generation of technologies/standards to the next will need to be incorporated into all new AVC systems and services.

9. Conclusions

It should be clear after the arguments brought forward by this paper that there is no easy way to respond to the AVC standardisation challenges that the future has in store for us and the existing mechanism of standardisation is of no help because international standardisation bodies are equipped to deal with vertically integrated systems such as "broadcasting", "telecommunications", "recording" etc. with subsplits within each of these main fields. The scenario that we have described requires instead a different approach where standardisation is performed horizontally, i.e. by splitting information generation and utilisation from the way it is delivered.

To progress a prerequisite is to have different players, unaccostumed to talk together because they used to belong to different fields, to come together. If this seems a hard task it is a simple matter compared to the next prerequisite, to get the involvement of other unstructured entities like "the users" and "the authors" and the impact of nopyright and other neighbouring rights associated with them. All this bearing in mind that with the length of time it takes to develop standards today, in the future we will have finished the standardisation work at the time a new technology has just appeared that the market will need a standard for.

Some might say that the establishment of a new International Technical Committee with appropriate Subcommittees, Working Parties, Working Groups, Rapporteur Groups, Special Study Groups, Liaison Groups, Ad-hoc Groups etc. - of course with regional ramifications - will solve the problem. The Author's opinion is that to a new challenge a new answer has to be found and he might be working on it.

Der Weg zum Silizium

R. Lüder

Zusammenfassung: Die Leistungsmerkmale künftiger Submicron- CMOS-Technologien werden dargestellt und mit den Anforderungen der Endgeräte für digitales Fernsehen und Hörfunk verglichen. Es wird gezeigt, daß 0,5μ-CMOS für diese Anwendungen in den nächsten Jahren genutzt werden kann und die technischen Anforderungen grundsätzlich erfüllt. Aus wirtschaftlichen Gründen ist, insbesondere bei digitalen Fernsehübertragungssystemen, eine 0,35μ- CMOS- Technologie mit Speichern auf dem selben Chip von Vorteil.

1 Einführung

Digitale Übertragungsverfahren für Fernsehen und Hörfunk werden durch die Mikroelektronik erst zur Realität: Silizium ist der Rohstoff zum Produkt, insbesondere zum Konsumerprodukt.

Neue digitale Verfahren der Übertragung [1, 2, 3] mit einer Quellencodierung nach MPEG, mit einer leistungsfähigen Fehlerkorrektur, mit einer Kanalcodierung und -modulation wie COFDM sind gekennzeichnet durch eine hohe Komplexität der Algorithmen und durch die Anforderung der Echtzeitverarbeitung: das erfordert auch im Decoder eine große Prozessorleistung sowie ein hoher Speicherbedarf, besonders bei der Bildübertragung. Diese Übertragungsverfahren lassen sich nur einführen, wenn es gelingt, kostengünstige Empfänger mit wenigen VLSI- Schaltungen zu realisieren.

Es stellen sich daher folgende Fragen: Sind die Anforderungen der Systeme mit zukünftigen Halbleitertechnologien zu erfüllen? Sind System und Technologie unter den Rahmenbedingungen der Wirtschaftlichkeit zeitlich kongruent? Welche Zusammenhänge bestehen zwischen Technologie und System, vorallem unter dem Aspekt der Realisierbarkeit, des Designs, der Flexibilität und der Kosten?

2 Technologie

Die Entwicklung der MOS-Technologien, die für solche digitale Schaltungen verwendet werden, ist gekennzeichnet durch immer kleinere Strukturabmessungen, insbesonders bei der Gatelänge des Transistors (Bild 1). Anfang der 80-er Jahre war NMOS mit 2μ -3μ- Strukturen der Stand der Technik, gegen Ende dieses Jahrzehnts wird 0,2μ - 0,25μ- CMOS für Schaltkreise höchster Komplexität zur Verfügung stehen [4]. Die Verkleinerung der Strukturen erhöht den Integrationsgrad, d.h. die Zahl der Transistoren pro Schaltkreis (Bild 2). Von großer Bedeutung ist, daß mit den kleineren Strukturen auch die Gatterlaufzeit kleiner wird und damit die Taktfrequenz erhöht werden kann.

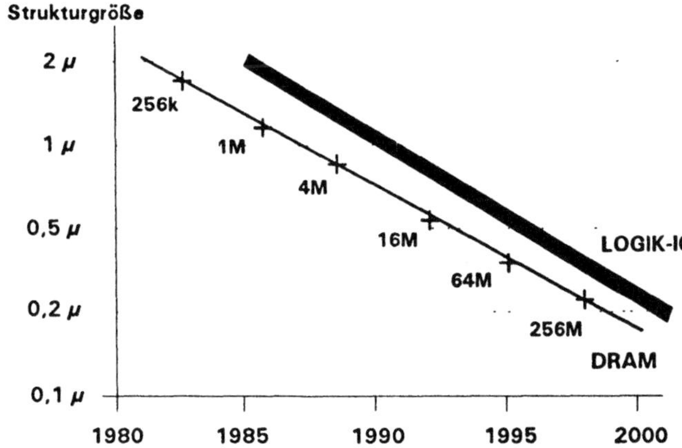

Bild 1 Strukturgröße der MOS- Technologien (Zeitpunkt: Vorserie)

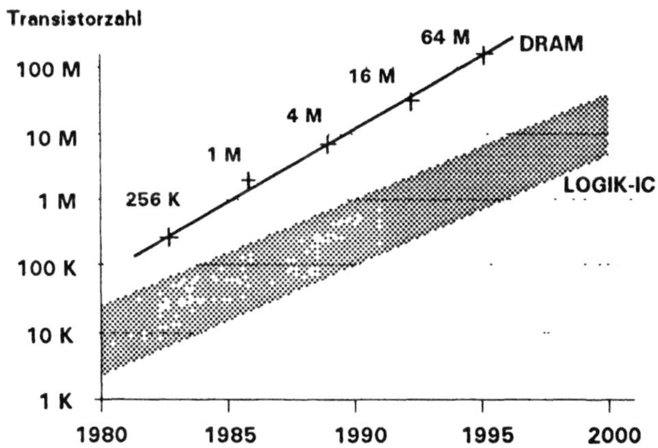

Bild 2 Maximale Transistorzahl je Schaltkreis

Die maximalen Rechenleistungen von Prozessoren (Bild 7) nehmen mit dem Technologiefortschritt kontinuierlich zu, sie unterscheiden sich aber - je nach Architektur - um mehrere Größenordnungen: die flexiblen Mikroprozessoren (CISC), wie sie im Personal Computer benutzt werden, sind für Steuerungsaufgaben optimiert, aber nicht für die Signalverarbeitung. RISC-Prozessoren und General-Purpose-Signalprozessoren (GPDSP) sind für Audio- Anwendungen geeignet. Große Prozessorleistungen für die Videosignalverarbeitung werden heute durch einen oder mehrere anwendungsspezifische Signalprozessoren (ASDSP) realisiert, die meist festverdrahtet der speziellen Anwendung angepaßt sind [5]. Solche anwendungsspezifischen Signalprozessoren werden künftig durch Prozessorkerne von RISC und DSP ergänzt und bieten dadurch eine höhere Flexibilität.

Technologien durchlaufen in ihrer Entwicklung und Nutzung verschiedene Meilensteine (Bild 3). DRAMs sind die Treiber einer Technologiegeneration: an deren Beginn werden die Einzelprozesse entwickelt, spezifiziert und Labormuster von DRAMs hergestellt. Mit den ersten Kundenmustern ist die grundlegende Technologieentwicklung abgeschlossen. Über die Vorserie wird dann, nach entsprechenden Fertigungsinvestitionen, mit der Volumenproduktion begonnen. Heute (1993) finden wir folgende Meilensteine der Technologiegenerationen vor: über Labormuster von 256M-DRAMs wurde bereits berichtet, bei 64M-DRAMs sind erste Muster in der Qualifizierung, die Volumenproduktion von 16M-DRAMs hat begonnen. Die Hauptumsatzträger sind derzeit 4M-DRAMs mit einem noch steigenden Volumen.

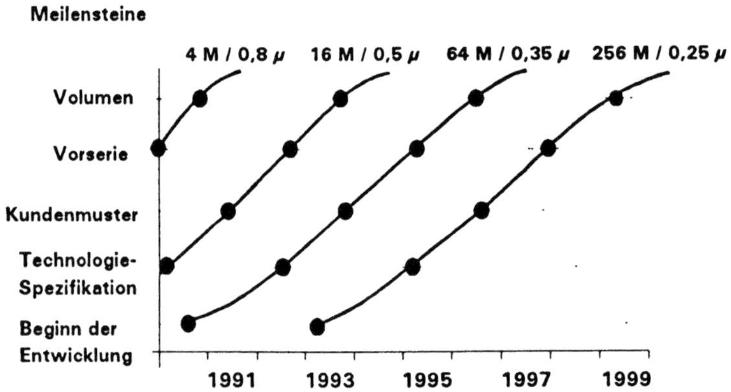

Bild 3 Die Meilensteine der DRAM-Generationen

Der zeitliche Ablauf *einer* Technologie-Generation ist in Bild 4 für 16M-DRAM bzw. 0,5μ- CMOS dargestellt. Bei 16M-DRAMs befindet man sich heute am Beginn einer Volumenproduktion, es wird erwartet, daß diese Speichergeneration 1997/98 das größte Fertigungsvolumen besitzen wird. 4M-DRAMs werden entsprechend im nächsten Jahr das größte Volumen erreichen und danach in der Stückzahl wieder abnehmen.

Anwendungsspezifische Logikschaltkreise in 0,5μ- CMOS sind heute in Mustern verfügbar. In den nächsten Jahren werden sie zu Umsatz führen und weitere komplexe Produkte werden für diese Technologiegeneration entworfen. Die wachsende Zahl von Produkten und der wachsende Umsatz jedes Produktes wird die Stückzahl in dieser Technologie bis Ende dieses Jahrzehntes kontinuierlich wachsen lassen.

Zwischen ersten Mustern und dem maximalem Volumen einer Technologiegeneration liegen also viele Jahre.

Man kann daraus folgenden Schluß ziehen: neue Logikschaltkreise mit hohen Anforderungen können heute in einer 0,5μ- CMOS-Technologie entworfen werden. In einigen Jahren werden dann diese Schaltkreise mit wachsendem Volumen in die Kostendegression kommen. Im Einzelfall kann heute die 0,8μ- CMOS-Technologie kostengünstiger sein, da das Fertigungsvolumen und der Reifegrad der Fertigung größer sind. In einigen Jahren kann man bei Bedarf einen solchen Schaltkreis dann in die 0,5μ- CMOS-Technologie überführen. Höchstkomplexe Schaltungen sollte man heute für eine 0,35μ- CMOS-Technologie konzipieren und sie zunächst in 0,5μ realisieren.

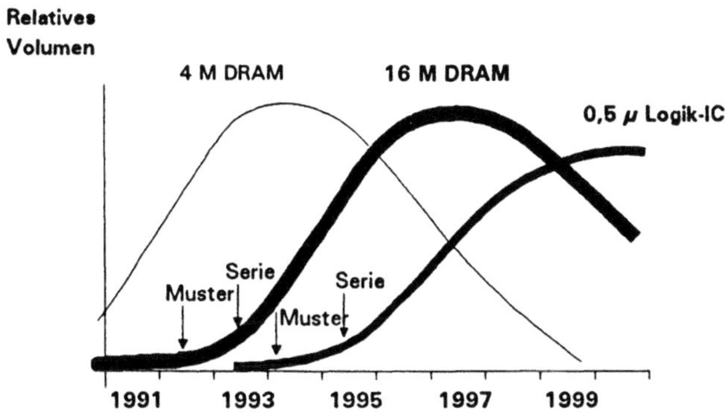

Bild 4 Die Lebenskurve einer Halbleitertechnologie

3 Schlüsselkomponenten

Schlüsselkomponenten digitaler Systeme [5] sind *Wandler* (A/D und D/A), sowie eine Vielzahl von *Logikschaltkreisen*, die als Controller und Prozessoren der Signalverarbeitung, Bitmanipulation und Steuerung dienen. Dazu kommen *Speicher*, die als Zwischenspeicher bei der Verarbeitung benötigt werden.

Wandlerbausteine sind in den letzten Jahren zu einer hohen Reife gelangt, sie stehen heute für die meisten Anwendungen in ausreichender Leistungsfähigkeit und kostengünstig zur Verfügung. Integrierte Schaltkreise enthalten oft mehrfache Wandler und zusätzliche Signalverarbeitung auf einem Chip. Langfristig wird der Wandlerbaustein eine Funktion eines Logikschaltkreises. Die in CMOS derzeit erzielbaren Parameter (A/D: Abtastfrequenz 30-60 MHz, Auflösung 8-9 bit, D/A: Abtastfrequenz 50-100 MHz, Auflösung 8-10 bit) werden die Anforderungen der erwähnten Systeme voll erfüllen.

Der größte Aufwand steckt in den Prozessoren für die anwendungsspezifische Signalverarbeitung [6, 7], für eine kostengünstige, optimierte und möglichst flexible Implementierung der Algorithmen und ihrer Umsetzung in ein System integrierter Schaltkreise. Heute werden - aus Kosten und aus Technologiegründen - für Videoanwendungen vorzugsweise festverdrahtete Prozessoren eingesetzt, sie besitzen in einer pipelining- Architektur eine Rechenleistung bis in den Bereich von GOPS (Gigaoperationen pro Sekunde). Für besondere Anwendungen existieren heute Signalprozessoren mit Multiprozessorarchitektur, die in der Leistungsfähigkeit den festverdrahteten Prozessoren nahekommen, flexibler, aber aufwendiger sind. Daneben beschreitet man den Weg, für bestimmte Anwendungen, z.B. für MPEG Decoder, Schaltkreise mit programmierbaren *und* festverdrahteten Prozessorstrukturen zu entwickeln, die bis zu einem gewisssen Grad flexibel bezüglich der Algorithmen sind. Mit höherem Integrationsgrad werden solche (teil-) programmierbaren Prozessoren auch für Massenanwendungen wirtschaftlich, nicht zuletzt, weil sie schneller und sicherer zum Produkt führen und weil die Systeme immer mehr diese Flexibilität fordern.

Nicht übersehen werden sollte, daß solche Prozessoren nicht nur aus Gattern bestehen, sondern auch RAM- oder ROM-Speicher on chip haben müssen, dazu Interfaceschaltungen und teilweise analoge Funktionen. Der Schwerpunkt des Schaltkreisentwurf verlagert sich vom reinen Logikentwurf zum Systementwurf, dessen Komplexität stark zunimmt. Der Logikentwurf auf der Basis des Systementwurfs wird durch immer leistungsfähigere CAD- Verfahren unterstützt, erfolgt mit Hilfe von Makrozellen und weicht damit von der regellosen Struktur eines Gatearrays deutlich ab.

4 Speicher

Speicher werden für alle digitalen Verfahren benötigt, teilweise als Puffer für die Übertragung, teilweise als Element der Verarbeitung. Der Bedarf ist für das Bild deutlich höher als für den Ton.

Kennzeichnend für Videosignale ist die kurzfristige Speicherung von Bildpunkten. Die Speicherbedarf pro Bild beträgt bei typ. 16 bit pro Bildpunkt (Luminanz plus Chrominanz) zwischen ca 6 Mbit (TV) und 30 Mbit (HDTV). Die Datenrate für einen Ein- oder Ausgangskanal ist hoch (z.B. 216 Mbit/s bei TV) und durch das System vorgegeben. Bei komplexeren Decodern oder Normwandlungen muß der Bildspeicher - bei mehreren Ein- und Ausgangssignalen - ggf. eine Gesamt-Datenrate bis zu 1-2 Gbit/s bewältigen. Die geforderte Datenrate je Speicherbaustein wird folglich um so größer, je größer seine Speicherkapazität ist. Daher wächst mit dem Integrationsgrad die Anforderung an den Datendurchsatz eines einzelnen Speicherbausteins.

Bildspeicherbausteine sind DRAMs [8] mit einer speziellen Organisation, Standard-DRAMs sind auf Grund der Geschwindigkeitsanforderungen nicht geeignet. Statische RAMs (SRAM) sind zu teuer, da die Zahl der Transistoren etwa 4-6 mal größer ist. Vorteilhaft ist ein Speicher mit zwei oder mehreren Ports. Der Zugriff zu den Daten ist sequentiell bei einer reinen Verzögerung bzw. Pufferung (FIFO - first-in-first-out) oder wahlfrei im allgemeinen Fall, wobei der Zugriff auf einzelne Bildpunkte in der Regel nicht erforderlich ist, sondern nur der wahlfreie Zugriff zu Blöcken von Bildpunkten (random block- Zugriff). Die spezifischen Anforderungen eines Systems können vielfach nur mit einer angepaßten Speicherarchitektur optimal erfüllt werden, während der Einsatz von Standard-Bildspeichern einen deutlich höheren Aufwand erfordert.

Mit der 4M- Technologie kann man auf einem Chip einen Halbbildspeicher für TV integrieren, mit 16M- Technologie bereits mehrere Halbbildspeicher für TV oder ein Halbbild-Speicher für HDTV. Bei einer 16M- Technologie muß der Speicher schon anwendungsorientiert ausgelegt sein, um die Systemanforderungen zu erfüllen. In einer 64M- Technologie wird die maximale Speicherkapazität bei TV meist nicht mehr benötigt, hier wird man Logikfunktionen und Signalverarbeitung auf dem selben Chip integrieren [9].

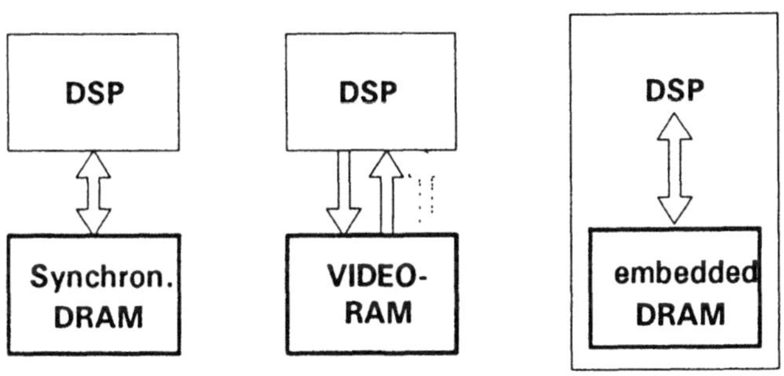

Kapazität	(4) / 16 Mbit	4 / 16 Mbit	> 4 Mbit
Datenrate	0,5-1 Gbit/s	1..2,5 Gbit/s	> 3 Gbit/s
Zugriff	sequent., (random)	FIFO, random block	FIFO, random block
Anwendung	TV	TV, HDTV	TV, HDTV
Verfügbar	ab 94/95	ab 93/94 (<4 M) ab 95/96 (>4 M)	ab 96/97 (16 M) ab 98/99 (64 M)

Bild 5 Bildspeicher und Organisation

Synchrone DRAMs (Bild 5) sind eine Weiterentwicklung der Standard-DRAMs, sie erlauben eine höhere Datenrate und sind mit Einschränkungen für TV geeignet. Vielfach werden Video-RAMs verwendet, die sich von der 1M-, 4M- bis hin zur 16M-Generation entwickeln werden. Ob es ein 64M- Video-RAM zukünftig geben wird, ist fraglich, da ein solcher Schaltkreis nur noch anwendungsspezifisch definiert werden kann. Statt dessen geht die Entwicklung zum embedded DRAM als Macroblock eines Logikchips. In der 16M- Technologie stehen bis zu 8 Mbit, bei 64M- Technologie bis etwa 32 Mbit Speicherkapazität zur Verfügung. Mit embedded DRAMs kann man auch eleganter das Problem der hohen Datenrate und der resultierenden hohen Pinzahl lösen. Ende dieses Jahrzehntes werden sicherlich Decoder mit embedded DRAM Stand der Technik darstellen (Bild 5). Das gilt nicht nur für Video-, auch bei Audio-Systemen sind solche embedded DRAMs kleinerer Kapazität (0,5- 2 Mbit) eine Voraussetzung für System-on-silicon. Dafür wird eine Technologie benötigt, die eine DRAM-Zelle in der Prozessfolge herzustellen erlaubt. Reine Logikprozesse, wie sie etwa für Gatearrays genutzt werden, erlauben dies nicht.

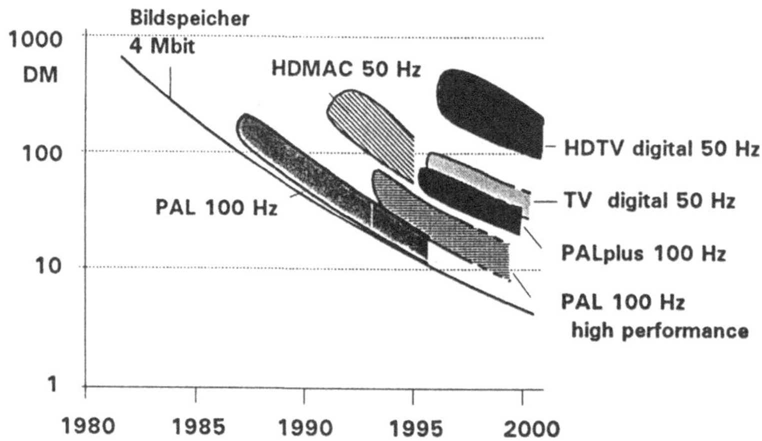

Bild 6 Preistrend bei Bildspeicher

Die Preise für Bildspeicher sind in den letzten Jahren ständig gesunken, parallel zu den Speicherpreisen. Eine Kurve für den Preistrend, dargestellt für einen Bildspeicher der Größe 4 Mbit, basierend auf DRAMs der jeweiligen Technologiegeneration, ohne Peripherie und Ansteuerung, ist in Bild 6 dargestellt. Die Preiskurve ist eine langfristige Trendaussage und berücksichtigt nicht das Auf und Ab bei Speicherpreisen. Die hier erwähnten Systeme benötigen eine oder mehrere solcher Einheiten, daher sind die Kosten auch ein Vielfaches. Da meist nicht nur eine Systemlösung existiert, ist ein Bereich für den Preis des Bildspeichers angegeben.

Während vor 6-7 Jahren ein Bildspeicher für 100 Hz- flimmerfreie Fernsehempfänger als Bauelement noch mehr als 100 DM kostete, sind in wenigen Jahren auch leistungsfähigere Systeme zu vergleichsweise geringeren Kosten möglich. Digitale Übertragungsverfahren für TV und HDTV erfordern den größten Speicherumfang, ihre Kosten bewegen sich aber bald auf einem für den Verbraucher akzeptablen

Wert. Eine gewisse Unsicherheit bleibt bei dieser Abschätzung, solange die Systeme noch nicht fixiert sind.

Alle erkennbaren Anforderungen an die Speicher lassen sich also durch bestehende und zukünftige Technologien in einer evolutionären Weise erfüllen. Fortschritte der CMOS-Technologien werden hauptsächlich zu wirtschaftlicheren, einfacheren und kleineren Realisierungen führen.

5 Systemanforderungen an Prozessoren

Die verschiedenen Systeme erfordern sehr unterschiedliche Rechenleistungen [6, 7] (Bild 7). Die angegebene Rechenleistung (in Operationen je Sekunde) umfaßt nicht nur die reinen arithmetischen Operationen, sondern alle Operationen des Prozessors. Eine eindeutige Zahl von Operationen der jeweiligen Systeme kann im übrigen nur angeben werden, wenn die Architektur des Prozessors definiert ist. Die Rechenleistung eines DAB-Empfängers beträgt mit GPDSP ca 200..500 MOPS, eine Leistung, die bald durch RISC -Prozessoren abgedeckt werden könnte. Verglichen mit einem bipolaren 1Chip- FM- Empfänger ist das trotzdem ein gewaltiger Mehraufwand.

Ein D2MAC - Decoder erfordert für Video und Audio eine vergleichbare Signalverarbeitungsleistung wie ein digitaler PAL-Decoder. PAL-basierte Verbesserungen im Fernsehempfänger, also z.B. PALplus oder eine 100 Hz- Featurebox mit Rauschreduktion erfordern etwa 1-5 GOPS, je nach Funktionsumfang. Decoder für digitale Fernseh-Übertragungsverfahren können, je nach System, auch die 10 GOPS- Grenze überschreiten [7].

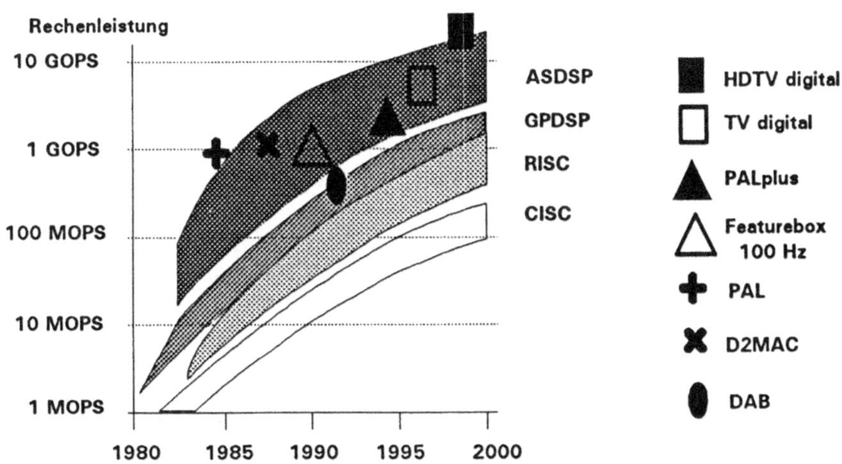

Bild 7 Maximale Prozessorleistung für verschiedene Prozessor-Architekturen und der Bedarf an Mega-Operationen je Sekunde (MOPS) für digitale Decoder

Grundsätzlich zeigt diese Darstellung, daß die Spitzenleistungen der Technologie und der Schaltungstechnik die geforderte Prozessorleistung in den nächsten Jahren durchaus erfüllen können, zu Beginn evt. mit mehreren Schaltkreisen. Ferner wird ersichtlich, daß - besonders im Bereich von Videosignalverarbeitung - die anwendungsspezifischen Schaltkreise noch längere Zeit dominieren werden.

6 Zusamenfassung

In Summe können bereits heute die technischen Anforderungen der Systeme an die Mikroelektronik erfüllt werden, zumindest für Muster, es gibt keine erkennbaren technologischen Hindernisse, wenn das System als solches die gewünschte Funktion erfüllt. Die hohe Komplexität läßt sich im digitalen Bereich lösen, teilweise durch höhere Taktfrequenz, teilweise durch sequentielle oder parallele Verarbeitung. Die Übergänge zwischen analogem und digitalem Signalbereich sind heute kein entscheidendes Problem mehr. Die künftigen Technologie-Fortschritte sind allerdings notwendig, um ein preisgünstiges, konkurrenzfähiges Konsumerprodukt mit *allen* gewünschten Eigenschaften (Größe, Preis, Zuverlässigkeit, Leistungsbedarf, etc) herzustellen. Für digitale Fernsehübertragungssysteme wird eine 0,35μ-CMOS-Technologie, vorzugsweise mit RAM- Speicher auf dem selben Chip, diese Forderungen weitgehend erfüllen.

Die Wirtschaftlichkeit ist auch im Systemansatz zu beachten: die CMOS-Submicron-Technologien werden in naher Zukunft nicht so billig sein, daß jeder denkbare Systementwurf für Digitales Fernsehen und Digitaler Hörfunk sinnvoll ist. Eine Optimierung des Kosten/Nutzen-Verhältnisses erscheint auch in naher Zukunft noch erforderlich.

Literatur:

1. F. Müller-Römer: Entwicklungslinien digitaler Rundfunksysteme und neue Rundfunkdienste. Münchner Kreis, Fachkongress Digitales Fernsehen und Digitaler Hörfunk, München, Nov. 1993

2. U. Reimers: Systemkonzepte für das Digitale Fernsehen in Europa. Fernseh- und Kino-Technik, 47 (1993), S. 451-461

3. R. Schäfer: Das HDTVT- Projekt im Rahmen der europäischen Entwicklungen zu digitalem TV/HDTV. Dortmunder Fernsehseminar, 1993, Vortragsband S.88-100

4. H. Komiya: Future Technological and Economic Prospects for VLSI, IEEE International Solid State Circuits Conference 1993

5. R. Lüder: Digitale Videotechnik in der Unterhaltungselektronik - heute und morgen. ntz Archiv Bd 10 (1988), S. 259-265

6. H. Schröder, P. Appelhans, M. Botteck, I. Schwoerer, X. Wu: HDTV-Empfänger- Architektur. Fernseh- und Kino-Technik 47 (1993), S. 166-175

7. Th. Selinger, M. Talmi, W. Yan, W. Zhang: Konzeption und VLSI-Realisierung für einen hierarchischen TV/HDTV Decoder. Dortmunder Fernsehseminar 1993, Vortragsband, S. 180-187

8. L. Risch: DRAMs- Stand und weitere Perspektiven. Fachtagung Mikroelektronik 1991, Baden-Baden,

9. A. Wieder: Systems on Chips: Die Herausforderung der nächsten 20 Jahre. Informationstechnik it 34 (1992), S. 202-208

Advanced Television in the US - System Selection and Launching Concepts

Peter M. Fannon

Abstract. In the six months since the announcement of a "Grand Alliance" to develop the high definition television (HDTV) broadcast standard for the U.S., the new system has been largely specified, with one key parameter (modulation scheme) still to come. It is rather different than the earlier, individual systems, which had been competitively tested under the auspices of the FCC Advisory Committee. While its performance goals are higher, and its operating requirements are more complex, its potential for implementation has seemed less clear recently than the TV pictures it will make possible.

But, with system changes made to meet apparent market requirements, and the building consensus on international design targets, there are substantial reasons to believe that the emerging standard will become a vehicle for many of the dramatic shifts foreseen in the nature and business of television.

1 Introduction

In February 1993, the FCC Advisory Committee on Advanced Television Service compared the results of the five proposed HDTV transmission systems tested in 1991-92, and made several decisions. (See *Table 1* for a list of the systems and their proponents.) First, no one system was rated overall better than the others. Second, although all the systems were judged to be very good, they were judged not good enough as tested to provide the basis of the new broadcast ("emission") standard. Third, in light of the analysis of broadcast interference potential, and thus channel allocation for a "simulcast" service, the one system which used analog transmission was put aside from further consideration.[1] Fourth, supplemental testing was scheduled on the four all-digital systems in order to verify the enhancements and prove the fixes for earlier system problems claimed by each proponent.

Over the preceding three years, the FCC itself had announced a series of decisions on how terrestrial HDTV would be implemented: retaining a single 6 MHz channel, foreclosing the use of new frequency bands, favoring simulcast, encouraging all-digital solutions, and highlighting interoperability with other media. The FCC also pledged to allocate the spectrum and assign each TV broadcast station a new HDTV channel at the

---

[1]"Simulcast" implementation of HDTV calls for creating a whole new television system, technologically independent of conventional (NTSC) broadcasting, and operating on (nearly) all those channels now vacant because of interference separation requirements. Given the TV spectrum available and various channel planning considerations, the Narrow-MUSE system as tested was determined to be less able than the four all-digital systems (DigiCipher, AD-HDTV, DSC-HDTV and CC-DC) to provide a second channel to each broadcast station for the purpose of launching an HDTV service.

same time as the new transmission standard was adopted. So, the FCC Advisory Committee planned to submit its recommendations, after supplemental testing, by the end of 1993.

Instead of supplemental testing, however, on May 26, the seven companies behind the four systems announced a plan to merge their efforts and develop a single proposal, which they said could provide 'the best of the best.'[2]

Table 1. Simulcast HDTV Transmission Systems*
Tested for the FCC Advisory Committee on Advanced Television Service
1991-92

System/Proponent (Testing Order)	**Scanning Format**	**Transmission Form**
Narrow-MUSE Japan Broadcasting Corporation/NHK	1125/60.00 interlaced	Analog
DigiCipher™ General Instrument Corporation/ATVA	1050/59.94 interlaced	Digital
DSC-HDTV: Digital Spectrum Compatible HDTV Zenith Electronics Corporation/AT&T	787.5/59.94 progressive	Digital
AD-HDTV: Advanced Digital HDTV Advanced Television Research Consortium/ATRC	1050/59.94 interlaced	Digital
Channel Compatible DigiCipher™ Massachusetts Institute of Technology/ATVA	787.5/59.94 progressive	Digital

*ACTV = Advanced Compatible Television, from David Sarnoff Research Center/ATRC, was also tested July - September 1991. It was not HDTV, but an "enhanced NTSC" system, analog, 525/59.94, progressive. It was withdrawn from FCC Advisory Committee consideration at the request of the proponent, March 1992.

Scanning formats include: Number of total lines per picture/rate of images per second; interlaced scanning = two fields per picture or approx. 30 pictures/second; progressive scanning = one field per picture or approx. 60 pictures per second.

Transmission Form = Refers to video and related information generally; all systems transmitted audio and certain ancillary data in all-digital form.

ATVA = American Television Alliance (GI, MIT)

ATRC = Advanced Television Research Consortium (NBC, North American Philips, David Sarnoff Research Center, Thomson Consumer Electronics, Compression Laboratories, Inc.)

---

[2] The companies are: AT&T, David Sarnoff Research Center, General Instrument Corporation, Massachusetts Institute of Technology, North American Philips, Thomson Consumer Electronics, and Zenith Electronics Corporation. NBC is not part of the Grand Alliance.

2 The Grand Alliance & the Public Process

Dubbed the "Grand Alliance" by FCC Advisory Committee Chairman Richard Wiley, and with the Committee's blessing, the erstwhile competitors developed a new system proposal, blending parts of the earlier systems and surprising most observers with a 'dual-scanning format' structure (*i.e.* both progressive and on interlaced formats). Indeed, both industry organizations and the Advisory Committee leadership had often urged mergers among interested parties as a mechanism to bring at least consensus, if not complete agreement, on a standard.

There were other reasons for the merger. The Alliance companies were concerned that original-system enhancements would narrow any differences between systems, thus making it even harder to choose a single system and, perhaps, inviting legal challenges to any selection. They foresaw a continuing lack of guidance from various industry users, who themselves had often found it difficult to specify their needs or technical preferences. More often than not, these users had relied on the competitors simply to provide alternatives. And the Alliance companies worried that much more time passing before a standards' decision would overcome any competitive advantage for them in the emerging advanced television (ATV) marketplace.

For its part, the Advisory Committee's work from the start was oriented toward the notion that one or more system proposals would emerge to form the basis of a standard, rather than assuming that the Committee itself could somehow fashion the technical criteria for a standard. Thus, full-system, hardware-only testing was undertaken, not subsytem, partial system, or simulation evaluation. At the same time, now that the 'competition' was ended, the nature of the public-private FCC Advisory Committee process demanded a new mechanism to assure that the Committee fulfilled its responsibility to the Federal Communications Commission (FCC), which had created it to advise on the best technical standards and mechanisms for U.S. advanced television.

So, on as speedy a timetable as possible, the FCC Advisory Committee set about to review and approve the single system's design in public discussion and decision-making, keeping open the opportunity for input from any quarter. Under the aegis of a Technical Subgroup of the Advisory Committee, co-chaired by Dr. Joseph Flaherty and Dr. Irwin Dorros, six 'Experts Groups' were established, each involving Alliance and Committee representatives.[3] They studied four key 'subsystems'— Scanning Format/Compression, Transport, Audio, and Transmission. They also analyzed two overarching design considerations—"interoperability" of the system with 'alternative media' and the cost and complexity of implementing the Grand Alliance proposal. After three meetings of the Subgroup, and many more of the Experts Groups—plus often difficult debates internally among the Alliance partners—the FCC Advisory Committee approved on November 8, 1993, designs for all but the Transmission subsystem (*i.e.* modulation scheme, to be determined by February 1994). The Committee also authorized further investigations on various interoperability matters and on the cost and complexity issues bearing on professional and studio production equipment needed to support the proposed transmission system. And the Committee,

---

[3]Since the 1987 start of the FCC Advisory Committee, Dr. Flaherty (CBS) has chaired the Planning Subcommittee (responsible for identifying desirable ATV system attributes and spectrum performance criteria), and Dr. Dorros (Bellcore, retired) the Systems Subcommittee (responsible for certifying which systems would be tested, specifying the tests, overseeing the testing process—through three independent laboratories—and analyzing the test results).

the Alliance, and the testing laboratories foresee testing beginning in the fall 1994, and Committee decisions and recommendations to the FCC in the first part of 1995.[4]

While there is only the Grand Alliance proposal before it, having formally put aside any further consideration of the original systems, the FCC Advisory Committee, with it's industry-wide membership, is now 'co-designing' the system. Both the Grand Alliance and the Committee leadership foresee this mechanism, which in effect has 'forced' public positions from the various industry sectors, as leading to sufficient, and hopefully broad, industry support for and use of the eventual standard.

3 Fitting the Pieces, Changing the Puzzle

From this process there emerged in October and November a basic design somewhat different and certainly more aggressive than originally proposed in May.

Key among the changes was one dealing with the proposed scanning formats. The Grand Alliance system still involves *two* scanning formats, as announced in May—one progressive and one interlaced—rather than the typical *single* 'standard'[5]; but the interlaced format has now been moved to a *higher* picture area structure, which is more challenging for compression than anything tried in the earlier systems. And this new format was set with an ultimate goal of moving to a *progressive* scan version of this structure once the image capture (*e.g.* camera), compression and processing technologies to do so make it possible.

3.1 The New Interlaced Format

The proposed interlaced format has now been shifted to a *higher* number of active lines per frame—1080 active lines with 1920 pixels per line *vs.* 960 active lines with either 1248 or 1408 pixels in the earlier systems—which has not been attempted before in real-time HDTV.

With this change in the interlaced scanning format, changes are also required in the basic compression scheme, because the total data into the compressor is now over *50% greater* than for any of the earlier interlaced formats, and some 12% greater than for the progressive format (720 active lines x 1280 pixels, at 60 frames). With compression requirements already running as high as 80:1 in order to achieve HDTV service in the North American TV channel bandwidth of 6 MHz, and with concerns already expressed over too many compression artifacts—thus inadequate transmitted picture

---

[4]Given its original technical proposal, the Grand Alliance expected to deliver its system hardware for testing at ATTC around May-June 1994. With the changes in specification described in this paper, however, that target is now October-November 1994. Also, field testing is planned by the FCC Advisory Committee; and it now appears that limited field tests, using the transmission 'modem' (*i.e.* modulator/demodulator) finally selected for the system by February 1994, will be conducted in the Spring 1994. After the laboratory tests on the full system hardware in late 1994, it is planned that the full system will be field tested before any Advisory Committee recommendations are made final.

[5]Officially the Grand Alliance proposes 'six scanning formats.' There are five *progressive* ones: 24, 30 and 60 frames per second, with 720 active lines x 1280 pixels per line; plus, 24 and 30 frames per second, with 1080 active lines x 1920 pixels per line. There is one *interlaced* format: 30 frames (*i.e* 2 field per frame) per second with 1080 active lines x 1920 pixels. The packetized, digital data actually sent over the transmission channel carry the information as to whether the source images originated in progressively or interlaced scanned form.

quality—in the earlier, *lesser* schemes, this is a substantial new challenge. (*Table 2* provides a comparison of the pixel rates among scanning formats.)

Table 2. Pixel Rates to be Reduced by Compression
(p = progressive scan, i = interlaced scan)

Scanning Formats (Digital Systems)				Luminance (Y) Pixels/μS	Y + Chroma Pixels/μS
Total Lines	Active Lines	Pixels/ Line	Field-Frame Rate/Second		
Tested					
787.5p	720	1280	59. 94	55	69
1050i	960	1248	59.94	40	45
	960	1408	59.94	41	46
To be Tested					
[1125]i	1080	1920	59.94	62	78
"Ultimate Goal"					
[1125]p	1080	1920	59.94	124	155

To address the challenge, the new system has moved to include some new techniques, and to improve earlier ones. Among other things it has now chosen to adopt a compression scheme (including B-frames, or bi-directional frame motion compensation) fully compatible with MPEG-2, the Moving Picture Experts Group regimen which has gained strong international acceptance. To be sure, however, the Grand Alliance believes that parts of the proprietary algorithms imbedded in at least three out of four of their original systems may still prove to be valuable additions to the emerging MPEG-2 standard. And, if these appear desirable in the end, the Alliance is expected to propose and prove them to the MPEG group. Nevertheless, full compatibility with the recently 'frozen' MPEG-2 HDTV profile was also strongly supported by the Technical Subgroup, which had determined that the Grand Alliance should prove why it should not be fully compatible, rather than the reverse.

The push now for this higher level on the interlaced format came from a parallel process at the all-industry Advanced Television Systems Committee (ATSC), created in 1983 as the industry forum for U.S. advanced TV standards-making. Its proposal for the 1080-line format was backed unanimously by the members of the Technical Subgroup; and, after much consideration by the Grand Alliance, it was adopted. As recently as the October 1993 ITU coordination meetings in Geneva, Japanese, other Asian, and certain European organizations also offered support for international standardization of this 1080x1920 structure. Among other things, it carries the advantage of 'square pixels' (*i.e.* picture area 'addresses') which makes manipulation of the video easier in special effects, editing, and redistribution among uses (*e.g.* television to computer). Also, its higher line-count arguably makes conversions between this and the chosen European format structure (*i.e.* 1152 active lines x 1920 pixels, at 25 frames) considerably easier. Indeed, this may facilitate international accord on a single world production standard, albeit it in two frame rates (30 and 25 per second).

The next step is for the Grand Alliance to attempt the implementation of the 1080x1920 interlaced format, and to evaluate its overall performance. This evaluation will be important, of course, as there are trade-offs for the gains in horizontal and vertical resolution, such as: possibly more artifacts; a somewhat higher cost of consumer TV receivers, VCRs, etc. (because their total memory structure must now be higher); and, a somewhat longer time to acquire a new picture after a channel change (because the signal throughput/processing time is extended). All these are elements deemed key to consumer acceptability. Ultimately, it will be up to the FCC Advisory Committee to determine if the performance is accepted for purposes of its recommendations. Between the change in the format structure and the related new compression requirements, some four and one-half months of additional development time will be required in order to complete the new system hardware.

3.2 The Dual-Format Concept

Originally, the dual-format proposal resulted from the practical recognition by the Grand Alliance members that neither they, nor the user industries, could decide between the merits of the two choices, progressive and interlaced, so they offered both. It may have been that the Alliance members expected the FCC Advisory Committee somehow to choose one, and to direct that only that one be provided by the new system. Or, at best, all other things being equal, the notion may have been that 'the market' would decide which format will be used and for what purpose, given that there are preferences and/or applications for both formats from those who might use the new transmission standard.

But, in fact, the dual-format structure is a proposition now accepted by the FCC Advisory Committee and supported by various broadcast, cable and computer industry organizations. This is because the Committee has accepted the Alliance estimates that the increased cost of putting this dual-format reception capability into TV receivers, VCRs and other consumer equipment is modest, perhaps 2-5% greater than for a single-format scheme. [6]

It should be noted, however, that there is no agreement at this time among manufacturers and the Grand Alliance, or the Advisory Committee, about the impact of multiple formats on production and operations and on the professional/studio equipment market; so further studies are being undertaken. There are several concerns

---

[6]The Grand Alliance proposal is that a receiver have a 'native' display format, *i.e.* either interlaced or progressive and at whatever resolution the market demands. Therefore, different end users would seek—and pay for—different levels of display resolution. Because all receivers would have the capacity (memory) to manage the greatest picture area structure—*i.e.* 1080 active lines x 1920 pixels per line—they would all be able to receive either progressive or interlaced signals, but they would display them only in the 'native' format, converting where necessary between received signal and display formats. It was agreed that it is largely this memory structure and, where used, the deflection components of the receiver which would add the 2-5% incremental cost above a single-format receiver.

about the program production and recording and signal processing activity which goes on ahead of input into the transmission system. One is the importance of maintaining the quality of an original source which might be subjected to a series of format conversions in the production and post-production phases, as well as at the points of broadcast and/or reception. Another is the complexity in managing production and/or emission where there is a necessary mixing of formats. Still another is the cost, complexity, and time to implement equipment, either switchable or duplicate/parallel facilities, which can support the demands of the dual-format scheme.

Therefore, addressing the possible scenarios in a dual-format world for production, and for professional equipment and operations, is important to developing confidence in, and ultimate support for, the final standard, even though, officially, the FCC Advisory Committee's work is the emission standard alone.

3.3 'Migration' to a High-Line, Progressive-Only Standard

It is widely accepted that progressive scan at high-line and frame rates is desirable for television. There are debates over what the line-counts should be, or need to be, for the human visual system and for the very different kinds of source materials to be transmitted in the future (*e.g.* detailed graphics which may not be moving, as well as detailed sports scenes in fast, complex motion). And there are debates over whether the interlacing mechanism is, in fact, a real 'compression' technique as it has been conceived of in the past, especially in light of the shift to digital frameworks. But it has been agreed by the FCC Advisory Committee and the Grand Alliance that the target for the future, when cost-effective technology permits, is a standard of 1080-active lines x 1920 pixels at 60 frames per second *progressive scan*.

Therefore, not only must the picture structure of the two currently proposed formats conform under this target, but there should be a 'migration path' showing how the proposed standard can be moved to the new, higher one. So, the FCC Advisory Committee has sought, and the Grand Alliance is developing its ideas on, how such a migration path might be effected, and how following it might be facilitated by some advance planning now.

This becomes especially important because there is also general recognition now that 'non-traditional' users—especially those interested in computer or multimedia and interactive applications seeking to use the new 'television' video transmissions—are going to rely on the new transmission standard in important ways. While there is as yet no common specification for their requirements, or for a larger 'national information infrastructure', the Alliance members and the Advisory Committee are intent on providing as sympathetic a technical interface as possible, for ease of media 'interoperability' and to maximize the potential of the system in the market.

The FCC Advisory Committee process has always been one open to participation by any interested parties, and directed efforts were made by the Committee in 1990 and 1991 to solicit more input from the computer industry in particular, through various formal and informal associations of interests. This effort was especially spurred by then-FCC Chairman Alfred Sikes, who had invigorated the Advisory Committee by setting aggressive schedules for decisionmaking. In the past two years much more input as to requirements and interests of 'non-television' users has been forthcoming.

One such input is a concern about the dual-format approach expressed by some of these participants. This concern is that traditional 'television' users—*i.e.* broadcast and cable—will select the interlaced option and that, given the predominant role of those users in the marketplace today, this will effectively eliminate the progressive option.

Some even go so far as to argue that there should be no interlaced option at all, because it is in the 'national interest' to bear any costs now of moving to a progressive-only transmission scheme in order to have in video the maximum interoperability with computers for the purposes of promoting speedier implementation of a national information infrastructure. This view holds that the television industry, and its consumers, should help pay any related costs, because it must be done now or the opportunity will have passed for many years to come.

The counter view holds that, by giving a choice of formats, the marketplace can and will decide for one *or* for both, and that the marketplace is invariably a better judge than declaring a technical decision where there is no technical or industrial agreement. So, the Grand Alliance argues that packetized, digital data and square pixels, plus a legitimate choice of formats (for very little additional cost), make the proposed system truly interoperable. While the progressive-only advocates point to preferences for the higher-line-structure interlaced format stated by some broadcast and cable users as indicative of the likely 'market selection' of interlaced-only, in fact, there are differences of opinion among such users. Some have already expressed an interest in using only the progressive format; and some are undertaking independent explorations of the relative costs in the total television chain of 'moving' to progressive *vs.* 'staying' with interlaced.

3.4 The Transport Layer

The Grand Alliance system has also been accepted in the basic design for the transport layer, which describes the packetization, labelling, and sequencing of the compressed data, readying it for emission. This design rests largely on MPEG mechanisms, as had one of the original four systems, albeit at that time not in a structure completely coincident with what has only recently become the MPEG-2 profile for HDTV.

Ultimately, of course, to the extent that the data stream is fully packetized—thus flexible—the Grand Alliance has answered questions of some broadcasters, who are interested in distributing compressed multiple-NTSC channels or providing broadcast data services. The Grand Alliance notes that there is "nothing incompatible" with such notions in their HDTV system, although the FCC Advisory Committee inquiry is focused only on the subject of an 'HDTV' standard, so the Alliance plans no hardware, thus no testing, of any other compressed video formats.

While not part of the Advisory Committee brief from the FCC, there is considerable interest in some quarters in multiple NTSC-quality programs being compressed into a single 6 MHz channel. Cable and DBS/satellite operators have announced plans to introduce such techniques by early 1994, each made possible by use of a convertor box in the consumer's home, and they can do so without government approval because their transmission mechanisms are not regulated. Some broadcasters, too, have petitioned the FCC to consider this option for use on the new HDTV channel, at least part-time and during the course of transition from conventional NTSC broadcasting.

3.5 Improved Audio Capabilities

A substantial change has also come in the Grand Alliance system's audio capabilities. The audio subsystem has advanced from the 2-plus channels tested in three out of four original systems, to selection of the Dolby AC-3 composite system, slated to provide a 5-plus channel 'surround sound' service—a center channel and left and right front and rear channels, plus a subwoofer. This higher level system actually places lower data demands on the total system bit rate than most of the original audio schemes (*i.e.* 384 kilobits *vs.* some 500 kilobits, out of approximately 21 megabits per second). This reflects advances in management of composite audio compression for the very important multi-channel, high quality sound which all studies have shown is a crucial part of the HDTV—especially large screen—experience.

As part of the system 'enhancements' process in November 1992, the FCC Advisory Committee's Technical Subgroup called for all the systems to upgrade as necessary to include this 'minimum 5.1 channel' capacity. And each of the proponents had moved to do so for purposes of the supplemental testing. Therefore, this basic requirement had already been accepted and was brought forth in the original Grand Alliance proposal, although the actual subsystem selection was left to a competitive testing process.

While the Dolby system is *not* part of MPEG, it was selected over a MUSICAM system and an MIT system based on the results of hardware tests conducted on these three systems, plus cost analyses of each, by the Grand Alliance members and the Advisory Committee's Audio Experts Group. It has been reported, however, that Dolby may seek to submit its AC-3 system to MPEG, but no schedule has been announced.

3.6 The Modulation Plan

Still to be determined is the modulation scheme, or how the digital signal will be coded to the channel for transmission to the home. This decision will follow a 'bake-off' among the two alternatives tested in the four earlier systems' hardware—Vestigial Sideband (VSB) and Quadrature Amplitude Modulation (QAM). The work is set for January 1994 at the Advanced Television Test Center (ATTC). Originally the Grand Alliance members had determined to conduct comparisons themselves, and to submit their choice to 'verification' by the FCC Advisory Committee. Because the Alliance found little original difference between the two approaches as evaluated in the earlier full-system testing, and because this decision is critical to the 'broadcastability' of the HDTV broadcast standard, joint evaluation with the Advisory Committee has been planned, using common tools at a common (neutral) site.

For cable, there is something new in the Grand Alliance proposal, which is that both schemes will have a 'cable mode' providing two full-quality HDTV programs on the one 6 MHz channel—16 VSB and 256 QAM. To the extent that both prove to work equally well in the relatively 'safe' cable transmission environment, there would be no distinction between what the cable industry may want and the broadcast industry may need. (This appears also to be true for COFDM, should it be selected in the final analysis—see below.)

For broadcasting, the evaluation of the modulation scheme will receive close scrutiny because there are still concerns, based on the original tests, that broadcast protection ratios must be *greater* than the proponents had originally anticipated for the transmitted power relationships between today's NTSC signals and the new, simulcast HDTV signals. That is, the required ratio was found to be much closer to 35 dB than to the targetted 28 dB, which had derived from the 'traditional planning factor' in use for NTSC. (In fact, early evaluations done by ATTC for the FCC suggest that few viewers today would be willing to tolerate 28 dB in mutual NTSC interference.)

It was also established in the original tests that the *nature* of the interference was different, and sometimes *worse*, than some had expected. That is, the interfering signal did not always look or act like random noise. For purposes of HDTV quality, the Grand Alliance has put aside the earlier proposals for a 16 QAM alternative for broadcasting. Therefore, the tests will be between 32 QAM and 4/6 VSB. So, without appropriate protection, the NTSC service could be unacceptably degraded the day the new HDTV service is switched on.

The protection ratio is, in part, a matter of spacing between channels. While the FCC's goal is to provide every station a second channel to start HDTV, this channel also must have satisfactory range to be practical. The HDTV transmitters—which will operate on the channels now vacant in order to avoid interference—must be spaced closer than today's NTSC transmitters in order to fit them all to their markets.[7] The original testing confirmed that the HDTV signal's transmitted power must and can be somewhat lower than NTSC in order to limit its interference into NTSC. But, in turn, it also showed that there is little leeway for reducing HDTV power to avoid interfering into a nearby NTSC channel because the HDTV power must be sufficient to keep from being overwhelmed by the higher power NTSC neighbor, especially on certain nearby frequencies (*e.g.* same channel and next adjacent channel numbers).

This interference concern takes on added weight given that the digital HDTV signal interference does *not* always appear simply as random noise, or 'snow,' as one might expect from 'digital noise.' Instead, at its worst, it resembles coherent, impulse-like 'streaky' noise throughout the NTSC picture. This more noticeable, more irritating interference would probably occur most frequently in the outer areas of the NTSC signal area where the protection ratios are not sufficient. Since channel spacing considerations are locked in for many markets, other solutions must be found.

If one of these so-called 'single carrier' modulation schemes (VSB or QAM) is used—there appears to be nothing more which can be done to ameliorate this interference impact by changes in the digital HDTV signal—there may be some strategies which could be employed if necessary. For example, in local channel planning, broadcasters might use directional transmitting antennas. Consumers near the edge of coverage could buy 'active' receiving antennas (*i.e.* with amplifiers). Or other engineering and operating choices might shift reliance to cross polarization—radiating the HDTV waves with vertical polarization to reduce reception interference from NTSC, which is exclusively on the horizontal plane in North America. Because these interference concerns relate to the nature of the broadcast *digital* signal, not specifically an HDTV digital signal, confidence that these concerns can be overcome is also of paramount significance in making operating and business decisions to launch digital advanced television at all.

---

[7]Typical spacing would shift from today's 280 kilometers minimum to as close as 160 kilometers.

In addition, the FCC has determined that the HDTV service will operate only in the UHF band, and that VHF channels will be assigned for HDTV only insofar as they are necessary in the transition stage because there are no other alternatives in a community. Broadcasters generally have not accepted this determination, given the 'over-the-horizon' range of VHF, and the relatively lower power consumption for VHF; and they have pressed for further consideration based on a proposed 'channel-pairing' plan where the new HDTV channels, from both the VHF and UHF availabilities, would be assigned based on efforts to match the range of new HDTV channels to that of the current NTSC channels of each broadcast station.

Also, further investigation is underway, within the FCC Advisory Committee's Experts Group on Transmission, on the modulation scheme now being studied in Europe and Japan. Both areas have fewer channels available for HDTV, given the way they have allocated and used the TV spectrum bands. So, they are looking for ways to maximize frequency reuse both locally and for national networks. In the latter case, national networks always carry the *same* programming content at the *same* time throughout the country—something not done in the U.S. given multiple time zones, and ownership patterns and operating methods for terrestrial broadcasters.

While this multiple-carrier scheme, Coded Orthogonal Frequency Division Multiplexing (COFDM), is being studied actively in Europe and in Japan, early hardware tests suggest that more thinking must be given to overcoming the predicted oscillation between repeating transmitters in a community, and to assessing whether the effect of constructive addition of echoes is sufficient. Certainly COFDM appears well suited to multiple transmitter topologies in order to provide better coverage of a community. It is also a good mechanism for a hierarchical scheme as envisioned in Europe and Japan, for serving both fixed and portable antenna receivers with the same signal at different video qualities. The U.S. HDTV thinking does not assume such a hierarchy.

There are several other key points to assessing the variables of each modulation technique. While the merit of frequency reuse is claimed for COFDM, so that several transmitters on the same channel would cover a community (or, conceivably, extend across a nation as in Europe and Japan), the cost-benefit of such a strategy in the U.S. should include not only these putative frequency 'savings' (that is, using fewer than all 69 channels—and less than all 57 if HDTV ultimately becomes a UHF-only service), but also the monetary and environmental cost of multiple transmitters in most communities. At the same time, careful assessments would be required about co-siting strategies for adjacent channels; for, despite, the relatively greater ease of frequency planning in the U.S. than apparent for Europe or Japan, the choice of COFDM would affect such strategies. Some of these considerations have been studied in simulation, and for channel planning generally, especially in Canada, which has been participating actively with the FCC Advisory Committee though support of the subjective testing done by the Advanced Television Evaluation Laboratory (ATEL, at the Communications Research Centre) and through official 'observers' to the Advisory Committee itself. Because there must be a single North American emission standard, it may be expected that these inputs will be helpful in sorting out whether COFDM offers a practical and/or better alternative than the VSB or QAM schemes to be tested.

At this stage, however, there is no existing hardware for testing this approach in a 6 MHz channel, and none appears likely to be available until mid-1994 at the earliest, when NHK, the public broadcaster in Japan (which also uses 6 MHz channels), expects to have a modem operating. So, this investigation will continue 'on paper' for now, and its relative merits will be assessed by the Technical Subgroup at its meeting planned for February 1994. The suggestion has also been made that, if the Grand Alliance and potential COFDM modem builders could agree now on a technical interface between, respectively, their compressors and modems, and if COFDM testing is deemed desirable by the FCC Advisory Committee, then such testing could proceed quickly, so long as the hardware could also meet the established ATTC laboratory interface.

4 New Testing Challenges

While the Test Center was built with as much flexibility as possible, and could handle COFDM systems and even channels up to 20 MHz wide, there is one key challenge to the practical testing of the new 1080-line scanning format. No existing high definition digital video tape recorder (HD-DVTR) has the capacity to store all the data from this new format, which exceeds the 1.118 gigabit per second rate of the existing format for which the HD-DVTRs used in the U.S. testing are built (*i.e.* 1035-active line, SMPTE 240M). Alternatives are being explored which would, in effect, 'crop' part of the video, either by dropping some active lines at the top and bottom of each frame, or by trimming the numbers of pixels per line, or some combination, thereby not exceeding the capacity of the recorder.

For purposes of subjective evaluation, of course, this must be done with care, and attention must be given to keeping otherwise comparable images between the 'cropped' 1080 format and any reference image (*i.e.* originating in 1035-active line video) which itself must be adjusted appropriately. With use of the existing 'Format Convertor', however, it appears that 'cropped' signals can be recorded on the same videotape as any of the 720-active line progressive format or either of the original 960-active line interlaced formats, so that comparisons of the Grand Alliance system performance can be compared with the taped record of the earlier systems. A Working Party of the FCC Advisory Committee is working on the subjective testing plans, and on these new requirements for maintaining comparability.

Also, no camera currently exists which can capture the full scanning structure of the new 1080-line interlaced format. While computer-generated pictures can be made, these are 'artificial' and are not like most 'real TV' which comes from cameras. So, the FCC Advisory Committee, which has the responsibility of creating the test pictures, has also asked a manufacturer to build a special 1080 x 1920 interlaced camera in order to shoot some new test pictures. At the same time NHK/Japan Broadcasting Corporation has agreed to provide an 'upconvertor' which will create '1080-line' video test materials by deriving the needed structure from materials originally shot by cameras using the 1035-active line standard.

With regard to the larger test plans, work is already underway within the FCC Advisory Committee to develop the new test plans—both for the transmission subsystem 'bake-off' in January 1994, and for the final, full-system testing for later in 1994. They will be based on the experience of the original testing, and are likely to continue to focus on full-system, end-to-end testing, rather than trying to investigate the performance of individual subparts. Therefore, while most basic tests of interference relationships between NTSC and HDTV will remain the same, some others are expected to change in order to focus more on the nature of what is now known about digital systems. For example, consideration is being given to testing the perceptible quality trade-offs between bits allocated to the HDTV service and varying levels of bits allocated to unrelated data, which could become another revenue-producing use of the digital signal. Another example is testing of the so-called 'film modes' which automatically adjust the bit stream when transmitting a movie. Because movies are typically shot at frame rates lower than for video, more bits out of the total available could be allocated to enhancing the quality of the picture, or more bits than usual can be allocated to other, even unrelated, purposes during telecast of the movie.

5 Measuring the Grand Alliance System Performance

By the Technical Subgroup meeting planned for February 24, 1994, the Grand Alliance has been asked to submit a detailed 'technical specification' of its system. Upon approval by the FCC Advisory Committee, this specification will become a yardstick for measuring the success of the tested system next fall.

Past experience has shown, however, that meeting objective targets for performance and the notion of exceeding past performance alone are from adequate to ensuring success. So, even as the Grand Alliance develops and evaluates its system's implementation of the new scanning, compression, transport and audio parameters, a Working Party of the FCC Advisory Committee is developing a set of 'target performance goals' based on the original systems' test results—which should be at least equalled and generally exceeded—and on the analysis of channel planning requirements from the original systems' digital signal propagation in broadcasting. Together, these tools will help in the judgments by the members of the FCC Advisory Committee of whether to recommend the new Grand Alliance system as tested.

6 Starting HDTV

Several factors are at play in considering how HDTV may be started and work in the U.S. media environment. At base, of course, is the fundamental decision made in 1987, with the creation of the FCC Advisory Committee, to analyze the options for terrestrial broadcasting of HDTV. While this was a very different perspective from the strategies invoked in Japan and Europe, who focused on satellite as the sole mechanism for HDTV, it was in keeping with the U.S. system of competitive terrestrial broadcasting. Indeed, it was the broadcasters themselves who petitioned the FCC to study HDTV knowing that if broadcasting were possible, it would require the government's approval of channels. And, having already lost channels 70-83 from the television bands, and seeing increased sharing of lower frequencies, around channels 14-20, with stronger and louder claims being made for release of more 'vacant channels' to land-mobile radio and other uses, the broadcasting community needed assurances that the channels would be available if HDTV broadcasting proved possible.

Because the Federal government only regulates broadcast emission standards, and not cable or DBS/satellite in the same way, the FCC launched its Inquiry and Rule Making process in parallel with the work of the all-industry Advisory Committee it set up to give the FCC guidance. With the creation of the Advisory Committee, the FCC 'froze' any further TV band changes or sharing. Also, based on some input about the predicted economics and operation of simulcasting learned from Advisory Committee studies and others, the FCC has developed several rules for starting HDTV broadcasting. While there is no guarantee that an HDTV service will result, these rules—or amended versions of them in the future—will give terrestrial broadcasting the opportunity to compete with other media. Maintaining such competition for the provision of service is a key principle underlying the regulatory philosophy for U.S. telecommunications, including in the television domain.

For broadcasters the rules provide that an existing broadcast station owner will have the exclusive right to apply for a second channel for HDTV in its market for a period of three years after the standard is adopted. Thereafter, anyone may apply. Upon receipt of a license, the broadcaster would have up to the sixth year from the adoption of the standard to construct and start operating the station. After the first year of operation, and over the course of the next eight years, an increasing number of hours of programs aired must be the same (*i.e.* 'simulcast' content) on both the NTSC and the HDTV channels, with an eye toward shifting the audience away from the NTSC channel so that it may be switched off 15 years after adoption of the standard.

These rules favor the existing broadcasters as those most capable of launching and supporting an HDTV service in its early years. So, the justification for not opening up the 'new channels' to all competitors immediately is that it is in the public's interest to have the speediest possible implementation leading to the earliest possible shut-down of NTSC so as to recapture the NTSC spectrum for other uses.

Most broadcasters early on were concerned about the transition costs to a new service which they did not believe would create any new business or increase their market share. Of course, it might keep them in business if other media launched HDTV first. To the extent that no competitors—cable, DBS/satellite, pre-recorded media, and telephone companies—adopted HDTV, broadcasters did not feel they would need to. Therefore, while the FCC was concerned about long-term spectrum efficiency, broadcasters were concerned about being 'pushed' into HDTV, despite the possibility that consumers might not want or accept it.

As the shift to digital storage, retrieval, and transmission has accelerated across entertainment and information media, however, some broadcasters have began to consider the options associated with the move to all-digital television. While on its face 'digital' is not altogether the 'perfect solution' to various transmission channel or other television challenges, the shift to digital does enhance operating flexibility, and helps bring down some key operating and construction costs for HDTV from the earlier estimates. This investigation includes everything from data broadcasting as a share of the new digital channel, to multiple NTSC programming. While these are not explicitly part of the HDTV system being developed, when their use becomes possible, launching them will require the same investment in emission hardware for HDTV.

In broad strokes, the latest studies suggest that transition costs from NTSC to HDTV for broadcast stations can be on the order of $1.8 million in order to pass through a network signal for local broadcast, to upwards of $15 million to re-equip a station for full local production and origination of programming. These are figures far lower than the 'average' $20-44 million per station from the earliest studies in 1989. A sizable part of the difference is due to equipment costs for antennas (including sharing towers more often), transmitters, tape recorders handling compressed signals, and signal processing which is less expensive than earlier analog or hybrid system proposals would have been. While still sizable, of course, these costs for transition are now seen as more manageable within the revenue prospects of typical broadcast stations, and the five (soon to be six or seven) nationally distributed, broadcast-based networks, whose earnings generally are edging up again after several years of competition, and more recently, economic recession.

The U.S. entertainment television industry is also based on program production, most often at major Hollywood studios and large independent programmers, who originate the majority—perhaps as much as 70%—of prime-time programs on film. This is, of course, the original 'high definition' source, and can be readily converted to HDTV television. Indeed, without substantial changes in the production sources for broadcast television, major parts of the broadcast day, which garner the largest cumulative audiences, can become HDTV very quickly. In turn this may be expected to promote more rapid penetration of HDTV receivers in American homes. Therefore, some analysts believe that this shift, from NTSC to HDTV, could happen much faster than the shift from black and white to color, which got a big boost only when all the networks began colorcasting.

In an additional, important move, most producers are closely studying the means for digital transfer of film to tape or other storage mechanisms, from which future mastering and future copying for varying formats and applications will be derived. With this kind of a shift in the underlying technology available to program producers, they, too, are one step closer to ease of converting and managing programs and other source materials in the needed HDTV formats.

The five-year trend in television receiver sales in the U.S. is another indicator of how HDTV might be received, assuming reasonable prices. The number of large-screen receivers, both 35" CRTs and even larger projection TVs, has steadily climbed as a proportion of all units sold; and the trend has not been affected by the recent economic recession. If this indicates an ever-widening audience interest in large-screen TVs in the home, the essentially 'large-screen phenomenon' of HDTV would fare well. Again, this assumes receiver prices are acceptable, and there are no recent public studies which show price point breaks for consumer acceptance of HDTV. But some Grand Alliance members, who are TV receiver manufacturers believe that they can hold the HDTV premium to some 20-25% above the price of their current, high-end sets, giving introduction prices of $5-7000. While this is still speculative, to be sure, the same manufacturers point out that there may be TV-related components which consumers now purchase separately which will, in fact, be 'part of the price' of the HDTV receiver, thereby making the HDTV receiver a better value, and lowering its effective cost at least to the early consumer.

While broadcasting faces the toughest challenge in HDTV transmission because of the nature of the transmission path it uses, it appears that there are no fundamental conflicts in the emerging standard between broadcast and other media. If this remains so, then all media might indeed work from the same advanced television structure, and this, in turn, could help promote economies of scale. It has been true in the past for CRT and certain signal processing costs, which have brought advantages to both the computer and some parts of the entertainment television industries; and it may be helpful in some ways in the future, too. In addition, a cable satellite network, for example, or a DBS/satellite network might choose to be the first to launch an HDTV program service—even for limited hours per day. It appears that many such networks are designing, or even implementing capacity for, HDTV in anticipation of the standard soon to come. Therefore, their opportunity to introduce HDTV, as an image enhancement or even as a market maker is good, because the receivers would be made for the basic standard and these networks have the ability to acquire and control convertors for the earliest users.

Finally, analysts who see an early introduction of HDTV see encouragement in other high resolution applications in entertainment, such as digital transmission of first-run movies rather than bicycling reels of film, and in non-entertainment business—printing, medicine, government, etc. While the latter are more likely to derive cost-reductions from HDTV adoption in the general consumer market, the idea is that greater research and development in display and signal processing technologies may be prompted for these fields, having a positive effect on manufacturing science which could help in consumer applications. At the same time, some analysts see the potential for a broader market earlier in what appears to be an emerging international consensus, now moving past the 16:9 aspect ratio, through most 'common image format' criteria, and into underlying signal processing and data management techniques.

7 Summary

The results to date of the public-private process in the United States, which has moved from an analog-only to an all-digital HDTV standards search, are impressive relative to advancing both technological innovation and market interest. There has been a sea-change in the basic transmission technology, new thinking about the future of terrestrial broadcasting, and considerable synergy among HDTV developments and other product and service designs.

Even as HDTV developments address the requirements for a new form of basic television service, other forces are emerging to challenge the definition of television itself, the value or importance of high definition television, and the nature of the 'standard' which is under consideration. Each of these forces has already affected the design of the HDTV system—applications of the video/audio beyond 'entertainment' television, alternative uses for the flexible digital channel, and views about the role of terrestrial broadcasting in the future. For the Federal government, the drive to encourage a National Information Infrastructure (NII) is generating a great deal of new thought and effort. It does not appear, however, that there is anything in the HDTV work to date which is incompatible with the early notions of the NII, or that the market should not be left to try what it appears interested in standardizing, namely HDTV.

System Concept of Digital Broadcasting in Japan

Takehiko Yoshino

Summary

In parallel with the progress of the practical use of satellite broadcasting and Hi-Vision or high-definition television technologies, research activities are also in progress to replace the conventional analog broadcasting services with a digital version.

What we call "digitization" is not a mere technical matter but an important subject which help promote multi-channel applications and, accordingly, can change the old concept of mass media, such as television or radio.

Corresponding this trend, Integrated Services Digital Broadcasting (ISDB) system has been researched as a future broadcasting system to digitally integrate information such as television, sound, and data and to flexibly provide services.

The ISDB has been studied by NHK since 1983. It was also proposed by Japan to the ITU-RS (former CCIR) as a question in 1985 and is studied at the international organization as well.

This ISDB services will become a reality after 2007 at the earliest, the year that WARC approved in 1992 for the introduction of 21GHz satellite channels. But to exploit the full potential of ISDB, it is essential for the various standards in broadcasting, telecommunications, software products, computers, data services, and receiving terminal to progress in compression technology and digital transmission technology and work together to establish a world standard.

In this paper outlines the trend of current digital technology in Japan and the ISDB system as a future concept.

1. Introduction

In parallel with the progress of the practical use of satellite broadcasting and Hi-Vision or high-definition television technologies, research activities are also in progress to replace the conventional analog broadcasting services with a digital version.

What we call "digitization" is not a mere technical matter but an important subject which help promote multichannel applications and, accordingly can change the old concept of mass media, such as television or radio.

Figure 1 shows an idea of how digital broadcasting services will be carried out at the outset of the 21st century, which conceives all the stages of broadcasting work from news or material gathering to program production, transmission, and reception.

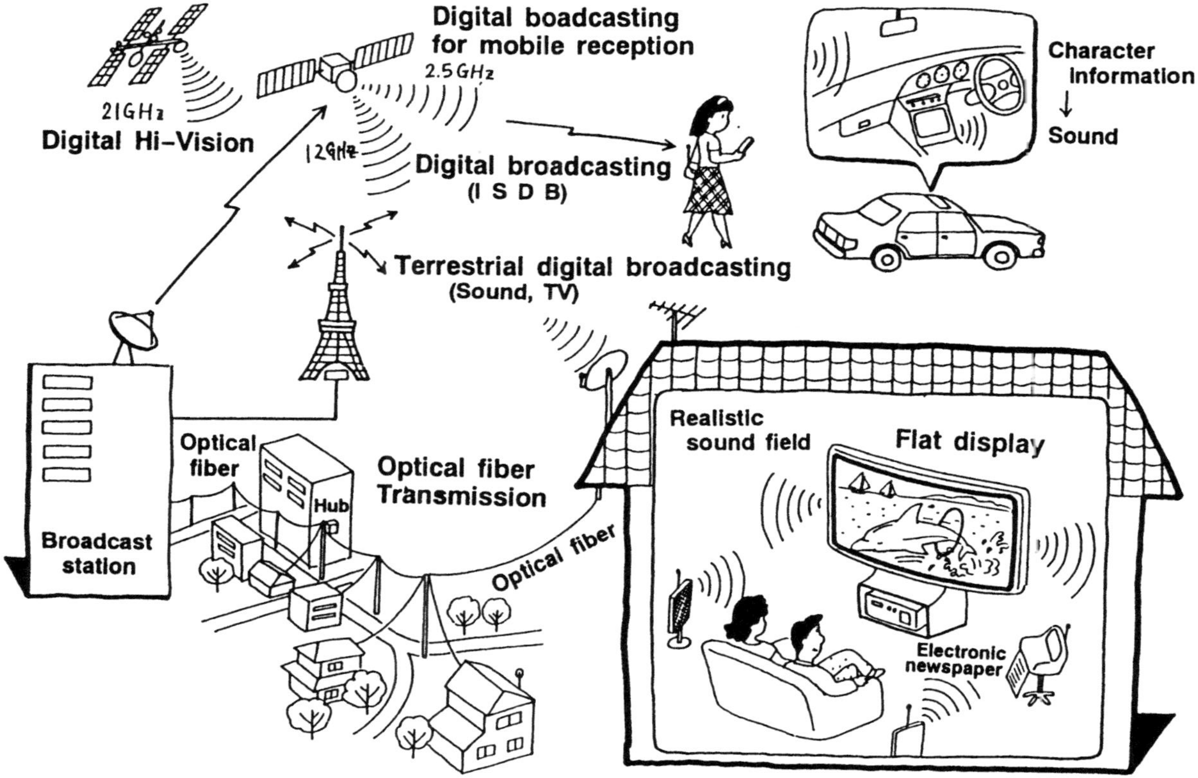

Fig.1 Service image of ISDB

Corresponding this trend, Integrated Services Digital Broadcasting (ISDB) system [1,2] has been researched as a future broadcasting system to digitally integrate information such as television, sound, and data and to flexibly provide services.

In this paper outlines the trend of current digital technology in Japan and the ISDB system as a future concept.

2. Digitization of the program production equipments

2.1 Digital VTR

The first D1 VTR for component signals was developed in 1985, followed the next year by the introduction of the D2 VTR designed for composite signals. In program production at a TV studio, each picture frame is copied over and over with a VTR in the editing process, which, if an analog VTR is used, causes a deteriorations in picture quality. This problem has been satisfactorily overcome with a digital VTR.

The D1 and D2 VTRs use 3/4-inch tapes, whereas the D3 VTR developed in 1990 has a tape measuring only 1/2 inch, contributing to its compactness, light weight and low power consumption. This new VTR facilitated the development of a TV camera integrated with a VTR. Thanks to this, the camera used by a reporter at the scene has become as good as the one used in the studio.

As a result, broadcasting stations are able to send high-quality pictures and sound to ordinary homes on a commercial basis.

For Hi-Vision use, digital VTRs with a 1-inch tapes are now available on the market, and ones with 1/2-inch tapes are expected to hit the market near future.

2.2 Digital SNG

Progress in image compression technology is speeding up the development of the digital SNG, a satellite system for live broadcasting from anywhere in Japan, with a number of companies already introducing their own prototypes. The digitization of SNG is taking place in two different directions.

(1) Multi-picture, multi-sound

This technology enables the transmission of three to four programs simultaneously using only a single transponder. A reduction in line cost per picture is not the only benefit. This ability to send more than one picture at the same time from the scene of action to the main station takes program production to a higher, more sophisticated level.

(2) Compact carry-along equipments

If we are to send just one program to the main station, the digital SNG system needs only 1/10th or less the transmission power of the analog system to transmit radio signals to the communication satellite (CS). What this means is a substantial reduction in antenna size and transmission power, enabling live broadcasting from places too narrow for a vehicle to enter.

2.3 Digitization of studio facilities

In program production, facilities for special effects and TV standard conversion based on digital technology are being increasingly used for functions that cannot be easily provided by analog devices. Moreover, there has been progress in the development of DTPP (desk-top program production) that enriches these functions with such abilities as editing, processing and picture syntheses -- all of these run on a work station, enabling the user to produce image software on a table top with the ease of a personal computer.

With a system of this kind in practical use, television as a medium of image art is expected to take on a new image art world.

3. ISDB (Integrated Services Digital Broadcasting) as a future

3.1 Outline of ISDB [3,4,5]

3.1.1 Broadcasting System

ISDB is under development as a new broadcasting system which can integrate and transmit a variety of services composed of multiple images, sounds, and data pro grams, and corresponds to ISDN in telecommunications transmitted in packet forms.

Figure 2 shows the ISDB transmission system which uses the bandwidth of one satellite broadcasting channel entirely for digital signal transmission. As a new broadcasting infrastructure, ISDB has various possibilities, such as efficient utilization of frequencies, participation by a wide variety of service broadcasters and supply of new services suiting needs. Much is expected from ISDB as broadcasting to meet the diverse wishes of the viewers.

3.1.2 Transmission signal

ISDB's transmission signal format is shown in Figure 3. Since ISDB uses fixed-length short packets, it offers flexible channels to comply with services with various types of characteristics. Also, Figure 4 shows the functional composition of the ISDB conception in an open systems interconnection (OSI) model. ISDB will offer high inter-operability which will help integrate different types of digital broadcasting in the future by means of multiple signals commonly used for Layers 2 through 5 shown in the OSI model.

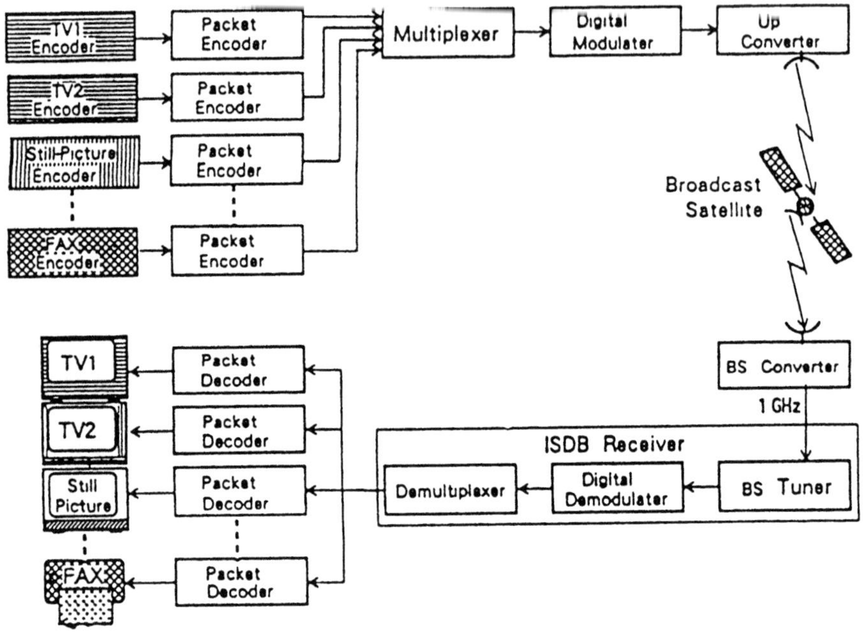

Fig.2 Block diagram of ISDB transmission and reception system

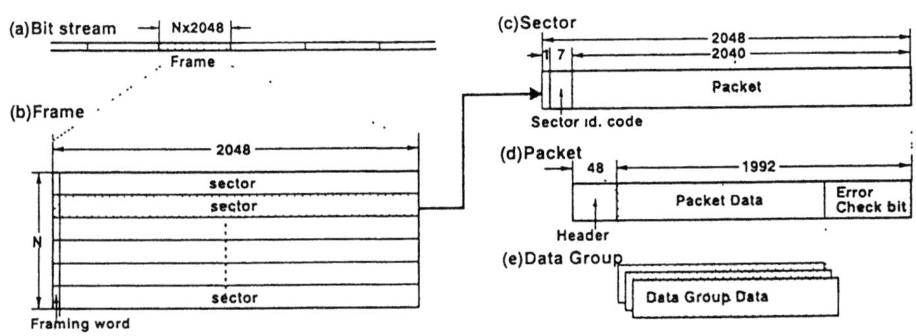

Fig.3 Transmission signal format of ISDB

3.1.3 Transmission channel

22GHz, 12GHz, and 2.5GHz satellite channels, terrestrial channels, optical fiber cable and other means can be used as ISDB transmission channels. Among them, 12GHz-band satellite broadcasting channels have more possibilities as transmission channels that will actualize ISDB in the near future. When a broadcasting signal is transmitted by digital modulation using one satellite broadcasting channel, the interference protection ratio used in WARC-BS planning (no interference disturbance must be detected in the same channel as FM-TV:30dB, adjacent: 14dB) must be satisfied.

There are possibilities of using a frequency band near 22 GHz for broad-band ISDB, including high definition TV, however, attenuation of this frequency band by rain and water vapor is large, so radio wave propagation characteristics of this band have many technical problems.

3.2 Advantages of ISDB

ISDB can be implemented based on the overall advantages of digitalization in broadcast production, signal transmission and reception.

3.2.1 High quality

Sound in satellite TV broadcasting of Japan is being digitized, and is available in two operational modes: A mode and B mode, with the latter enabling sound broadcasting of a very high quality unattainable by the conventional FM broadcasting. Thus, the digitization of signals promises to vastly improve the quality of broadcasting when compared to conventional analog broadcasting.

Better quality is not limited to sound alone -- images can also benefit from digital transmission.

3.2.2 Multi-channel applications

When compressed pictures and sound are transmitted digitally, a single satellite transponder may be able to handle about three programs under the NTSC system. Digitization also makes possible multi-channel applications through CATV and terrestrial broadcasting.

As these advantages indicate, programs can be broadcast on several dozen channels or even a few hundred channels via a satellite or cables. With such a large number of channels available, viewers may feel that they are receiving programs as if through private, individual lines, and not through public circuits.

3.2.3 Multi-media applications

In a conventional broadcasting system, different transmission methods are used for airing AM, FM and TV programs. In digital broadcasting, on the other hand, all

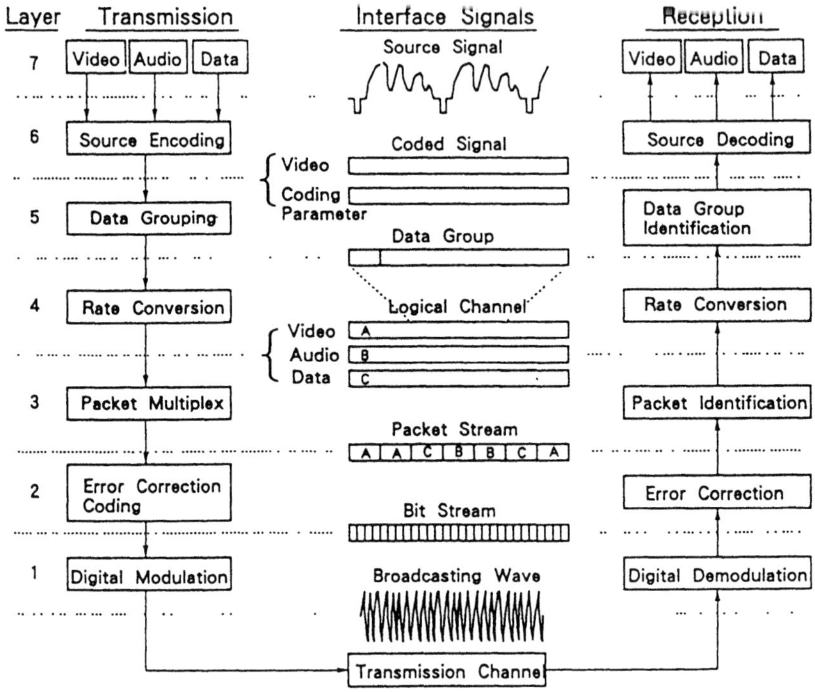

Fig. 4 Functional block diagram of ISDB layered model

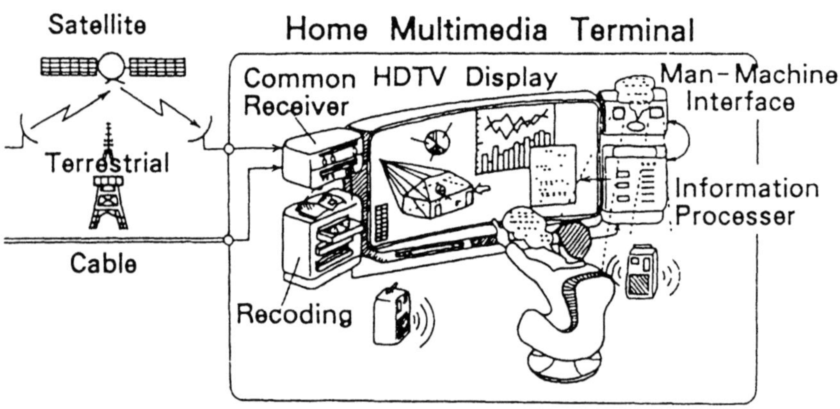

Fig.5 ISDB - applied multimedia services

of these, whether they are sound, TV pictures or attached data, are transmitted in one form -- digital signals. There is no boundary separating radio, TV and data broadcasting; everything will be sent freely via the same transmission path. This concept of broadcasting is called ISDB (integrated services digital broadcasting). See Fig. 5.

With the boundaries thus eliminated, information will be sent with images, sound and data mixed together, giving rise to multi-media, a new computerized broadcasting system.

4 Present status of studying digital broadcasting in Japan

4.1 Satellite broadcasting

(1) 12 GHz band

Broadcasting via satellites concentrates in the 12-GHz band in which NHK, JSB and other companies are supplying Hi-Vision services using broadcasting satellites (BS). Communication satellites (CS) are also being used to provide programs on 6 TV channels and 12 PCM music channels.

Currently, the number of receiver for the BS has reached 6 million. At the BS-4 stage, the satellite channel is scheduled to use all eight frequencies, and more than 10 million receivers will be in use.

To begin digital broadcasting in this frequency range, we need new digital receivers. The development of such digital receivers is technically near completion, but serious studies must be made before these devices can be put into actual use so that their introduction will not conflict with existing systems or create new problems.

Digital broadcasting may start first with the CS. For one thing, the CS still has some transponders available for extra use; a single transponder is able to air three or four programs under the current TV system. Secondly, the use of the CS may be advantageous from the viewpoint of making it distinct from the BS.

(2) 21 GHz band

The 21-GHz band was allocated as a new frequency for broadcasting satellites at WARC'92 in February 1992. Its use will have to wait until the year 2007, and in the meanwhile, concerned nations will work out operation frequencies within the band, bandwidth, and other relevant matters for international assignment.

In this new band, the operator is able to secure a bandwidth twice as wide per channel as in the 12-GHz band -- a feature highly suited to Hi-Vision broadcasting. As mentioned earlier in this paper, high quality is one of the prime features of digitization. As the 21-GHz band provides enough transmission bandwidth for Hi-Vision signals, we can broadcast Hi-Vision programs with near studio quality. One drawback, however, is that in the rain radio signals attenuate more than four times as much in this band than in the 12-GHz band. Researchers are working on this problem.

(3) 2.5 GHz band

A dish-like parabola antenna fixed atop the roof may be the first thing that comes to mind at the mention of satellite broadcasting. These days, we are beginning to see antennae on the roofs of moving vehicles for automatic tracking. In most cases, such devices are rather bulky to serve as mobile receivers. In the 2.5-GHz band, not much directivity can be expected of antennae, but, with greater transmitting power from the satellite, even a simple whip antenna can be used to receive signals. The use of such a simple receiver is expected to open the way for full-scale mobile radio reception via satellites.

One problem in this low frequency range is that the antenna, because of its poor directivity, tends to pick up reflected radio waves. In principle, however, this problem has been successfully dealt with thanks to the development of OFDM (orthogonal frequency division multiplex), a modulation system designed to minimize the effects of reflected signals.

More difficult matters will be greater transmission power and bigger transmission antennae which naturally increases the weight and size of the satellite in this frequency band than in the 12 GHz band. This obstacle must be overcome before the 2.5-GHz band can become fully operational.

4.2 Terrestrial Broadcasting

(1) Terrestrial digital audio broadcasting

As mentioned above, sound broadcasting in the 2.5 GHz band aimed at moving vehicles requires a very large satellite, and its realization may take a while for this reason. Researchers are also working on ways to broadcast sound programs for moving vehicles on terrestrial radio waves (Sound Broadcasting Technology Research, Ministry of Posts and Telecommunications).

One promising idea is to broadcast a program with an overall bit rate of about 2.3 Mb/s and bandwidth of 1.5 MHz modulated by OFDM. OFDM minimizes the effects of multiple reflection, a characteristic of ground radio waves. To put this method into practical use, we urgently need low-priced receivers and a suitable frequency band.

(2) Terrestrial digital TV broadcasting

There has been noticeable progress in digitally broadcasting TV signals in VHF and UHF bands by OFDM modulation. Switching modulation methods from current VSB-AM analog transmission to OFDM digital transmission lowers the required C/N by more than 20 dB. Consequently, the transmitter needs less than 1/100 the usual power to send signals, reducing the effects (interference) over existing broadcasting waves to a negligible level. With this advantage in mind, policy makers are debating ways to set up more stations within Japan, but, because of various limitations, it is a difficult thing.

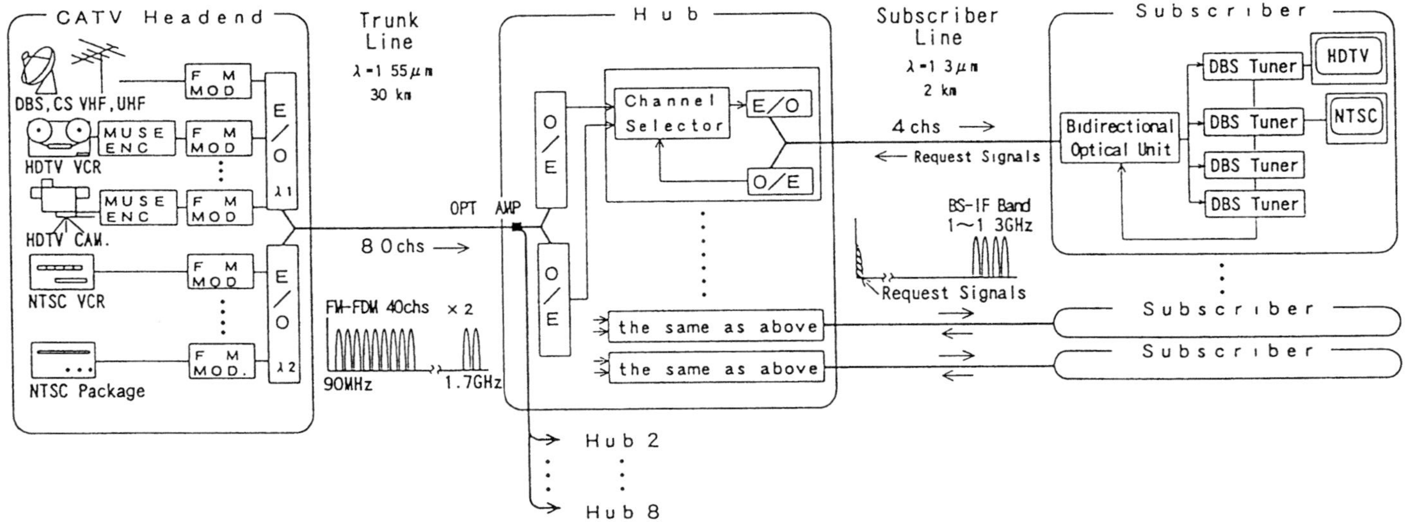

Fig.6 System configuration of demand access optical fiber CATV

4.3 Optical fiber CATV

As coaxial cables are increasingly replaced by optical fiber for carrying information, full-scale application of optical CATV is not very far off. Optical CATV is likely to develop in the following three ways.

- Optical/coaxial cable hybrid system, in which existing coaxial cables are replaced with optical fibers, but information is delivered to subscribers through coaxial cables.

- Full optical distribution system, in which information is sent to each family through optical fibers having the same specifications as the main line.

- Demand-access system, in which the optical fiber serves as the main line, but each subscriber can select which programs are to be delivered through a simple optical fiber network via a channel sector called the hub. (Fig 6)

The third method seems advantageous from a viewpoint of overall costs and quality. Whichever method is to be applied, optical CATV will increase transmission capacity to 150-300 channels, a jump from the current level, facilitating digital broadcasting systems such as wide-band ISDB.

5. Conclusion

As I have pointed out in this paper, digital broadcasting has the potential to vastly improve on the present systems. At the same time, there are a number of obstacles that must be cleared before it becomes viable. Receiving individually broadcast programs is no longer enough for future receivers; they will be required to serve also as general receiving terminals at home for packaged data and communication services. Against this background, standardization of digital technology needs to take place with broadcasting operators, communication companies, and package information suppliers all working in close cooperation.

I sincerely hope that the problems I have discussed in this paper will have been solved by the early 21st century with total digital systems fully utilized in a variety of activities ranging from radio reception to reporting, program production and broadcasting.

References

1. A. Yanagimachi, et al.: "Development of data broadcasting systems and services towards the 21st century", Telecommunication Journal, 57, pp.245-254 (1990)
2. N. Kawai, et al.: "A Study of ISDB Broadcasting System", Institute Television Engineering of Japan Technical Report, BCS91-18, pp.31-36 (1991)

3. T. Kimura, et al.: "ISDB Transmission Signals of Digital Satellite Broadcasting in the 12GHz Band", Institute Television Engineering of Japan Technical Report, BCS92-13, pp.7-12 (1992)
4. N. Kawai, et al.: "ISDB Transmission System by Digital Satellite Broadcasting in the 12 GHz Band", Institute Television Engineering of Japan Technical Report, BCS92-3, pp.13-18 (1992)
5. N. Kawai."Multimedia Services through ISDB", IEEE CES International Tech nical Workshop in Tokyo 1993, (July 1993)
6. Y. Utsumi, et al.: "Optical Fiber Broadcasting System" NAB HDTV World Conference Proceedings, April 1992.

The Concept of the European Strategy Group

Stephen Temple

Whenever we have a technology project which is to go into the commercial market, we have at least two sets of players who have very important jobs to do. The first are the engineers who make many many difficult technical decisions to get an optimal technical solution and then we have the commercial marketing people who have many difficult problems to solve in order this technology can be economic and profitable for all the different enterprises. When that project moves up into a multinational level, into a European level or international level, then we have a whole set of new forces that come into play in terms of how this project is organized. Sometimes we can be very lucky - and this will enhance the technical solutions and the economic solutions - and sometimes we can be unlucky and these constructions can be not so successful in terms of producing good results. So it is quite important when we have these big projects on an international level, to understand how they are constructed and make sure that the construction is in itself going to lead to a successful outcome. I am going to describe in my thirty minutes how in Europe whe have come about to organize the digital television projects. And a lot of it is the result of its history rather than some architect thinking of some original brilliant construction. So let me begin a little bit by looking back three, four years to where we were around the world with high definition television. In Japan we saw a very strong action which has let to this successful operation interruption of HDTV through the MUSE system. Here in Europe, going all the way back to 1986/87, we were on the trap for a MAC/HDMAC television strategy. And then, almost concurrently with that set of actions, we hear of the United States at that period of time moving towards an all digital terrestrial solution. I think if we look a little bit nearer and analyze where we stood as little as two years ago, we had within Europe - I went round many many laboratories in my capacity as chairman of the ETSI Technical Assembly - and I saw some very very good work going on on digital television. But it was all hidden, it was all dispersed, it was not very well organized and coordinated. I think it would also be fair to say that there was a fair degree of sceptisism of what the Americans could really achieve, what they were setting out to achieve in their 6 MHz channels for the digital solution. I think, we must publicly acknowledge and thank our American engineers for setting such streching targets not only for themselves but also in its term for the rest of the world in what they set out to achieve. We also have to appreciate the efforts that were going on in the international senders organisation, in the MPEG committee and the very quiet success that they were having. So where there was a lot of noise being made on television developments, these people perhaps from different cultures and industries, were getting together to making a lot of progress in agreeing international standards on digital compression. And here in Europe, I have to say, I am almost ashamed to say we are in some disarray, without television strategy and all the arguments that were going on on the directive on MAC and the action plan and so on. So that really set up a back drop as to beat the fact that here in Europe we had all this very good work going on in laboratories for digital television, but there was no focus, there was no organization, there was no harmony.

So we now move into the next stage of the construction of Europe, and this began here in Germany with an initiative under the leadership of Peter Kahl from the Post Ministery, who realized that while we had all these difficulties on the MAC to sort out, the digital game was walking away from us here in Europe. He contacted collegues, myself in the United Kingdom and collegues from France, and we met in Königswinter about two years ago to decide what could we do to try to bring together the efforts that where going on on digital television and try to bring them into some sort of harmony and focus. And eventually this circle was widened to include Italian collegues, Dutch collegues, and it was one of those "you throw a stone in the water and the riffles keep moving outwards" meetings. This was the nature of a series of meetings we had, to try to see how we could construct a cooperation at the European level. At that time it was interesting to note that the focus was entirely on terrestrial television. That was partly political because MAC was all about satellites and therefore this initiative would not be threatening what was going on in Brussels, if we would only talk about terrestrial. But also it was fair to say that it reflected very much the people who were sitting round the table. Of the broadcasters we had there, there were predominantely terrestrial broadcasters with terrestrial interests. One of the things that we feature of all our terrestrial broadcasters is - and I am sure no one will disagree - they are all short of money for one reason or another. None of them was rushing for to introduce a terrestrial digital service next year or the year after the next. Rather they saw this as a much longer term on the horizon and perhaps in financial terms, the longer the better. So, essentially what we found to agree on in those early discussions was, that we should try to bring the Research & Development into better coordination. At that time the focus was very much on the coordination of R&D, leading towards, perhaps in three to five years time, a standard and then, maybe three years after that, at the turn of the century or just a little bit beyond, we would move into operational systems. The other thing which I think was very very significant, and this again is very hopeful of Europe, is that we do, as a set of institutions, try to learn by our mistakes and try to improve and to become better and move towards excellence. And one of the things we learned from the whole MAC-saga was that we really had to - at all levels - be market oriented and not just to try to push technology. So we took a conscious decision in this initiative that this would be market led and not technology or politically led. There was a very important consequence of this, because when we all opened our newspapers, we learned of a very important announcement by News International and Canal Plus that they were going to go digital, they were going to go over satellite and they will be in the market on 1995. So here we were as a construction of corporate entities of broadcasters and manufacturers and governments and if we were to be true to our word to go market led, it was very important to decide, will we go to bring our initiative together with the initiative of News International and Canal Plus or will there be two quite separate developments. And if we were to bring them together, then the implication of that was, the whole focus had to be re-oriented towards what appeared to be coming out from the commercial players in terms of what they wanted to achieve. We went through that process and we decided that the market led re-orientation was important for Europe to bring everything together into a single initiative. This then led us very much towards the satellite delivery mechanism in 1995, being the focus of our efforts. In particular, R&D almost became irrelevant because if you are going to implement something in 1995 the research has already taken place, the developments are taking place, and what you really have to do in a very short space of time is to get the standard together very quickly. I would like to take a quick digression, just to say a little bit about the importance of standards. One of the things we sometimes forget if we come from other circles than telecommunications and broadcasting, is the importance of networks and what networks mean in terms of the economic power. If you take Germany, the UK or France, and you are talking about a terrestrial network, you as a broadcaster or an advertiser have access to 20 - 30 million television viewers out there. That is the economic and commercial power of a network. For telecommunications we have enormous success, we have 500 million telephones. So, when you pick up your telephone, the power that your telephone has, is to connect you to 500 million other human beings or businesses or offices around the globe. The power of the network is the number of connected parties to that network. When you are introducing a new technology, you do have certain raw facts of live sometimes with these networks, that you wish to have enough people connected. It really has no meaning. If you take, e.g. videophones - I would like to have one, if you had one. But since you don't have one, it is no use me having one. You get caught in these sorts of traps when you are dealing with networks. What I am trying to show here, is the number of compatible connected parties which is the power of a network. Perhaps one might expect, a curve going perhaps from no subscribers to a million subscribers is more economically significant than going from 50 million to 51 million. That is the reason for the shape of that sort of curve. But when we come to telecom networks from broadcasting networks we are very often on this sort of curve where the thing is not terribly interesting until we can break a certain number and then suddenly the thing flips. Doing something very much more powerful. It could be the result of a critical mass in telecoms, it could be because advertisers are not interested in the broadcasting channel unless you can have a certain number of viewers that are being attractive, etc. We are on this sort of curve. What I am showing in the green here is the problem that happens in getting up those curves when you have a fragmentation process in the market and you cannot get enough power behind a single standard in network terms. I think, a very good example of that is what happened in the digital cellular case, for in Europe we have a tremendous success with the GSM-network, because we have got all of Europe behind a single standard. I have to say to my US collegues, that in their particular case, they have a variety of standards because of the difficulties of acting in the late eighties and they are not going to achieve the same rate of progress we can achieve with GSM. In networks - broadcasting or telecommunications - standards are extremely crucial to getting the sort of power that you need for success.

We then move into the next stage of our development, and we have this launching group which Peter Kahl from the Post Ministery chaired, and trying to put the focus on standards and underpinning that standards are trying to get a very strong focus on the market orientation. What is actually needed from the market prospective from these standards. The circle was then enlarged even further and the rim by this time is bulgeing with people, with Peter Kahl with letters on his desk of other people who wanted to join. It was decided that we really had to formalize this into a memorandum of understanding, and this was achieved a few months ago, which would then be opened to all interested parties to come and join if they were committing themselves to the same objectives. The construction is of a fairly classical sort, where we have a General Assembly (GA), which is open to all the parties, the real management is done from a Steering Board, which is 20 or 25 people, representatives across the industries and the different parts of the markets. And underneath, where I think the real work is going on, are various Modules: the Satellite & Cable Module tries to get the market orientation of the work, e.g. what is it, that the operators want, that the broadcasters want and what the industry will need to make a commercial success. Similarly, but riding a little bit behind in time, we have the Terrestrial Module, trying to see how in Europe we can get the terrestrial broadcasters moving in the direction of digital television. If I was to put an estimate on it, probably the terrestrial will be running about two years behind the satellite developments. This is being bound together by a Technical Module. John Forrest is the chairman of the Satellite & Cable Module, he is from National Transcom, UK, Philippe Levrier is the chairman of the Terrestrial Module from TDF in France and Prof. Reimers, from here in Germany, is the chairman of the Technical Module, which is trying to pull together the standardisation.

Let us look at the character of what we are trying to do in standardisation: if you look at telecommunications, if you look at broadcasting, at computers, there are actually for all these things we say about conversion technologies for the last ten years, very distinct industrial structures and market structures and they also have very distinct standardisation histories and international constructions. When we come truely into this area, and we are suddenly finding ourselves here today with conversions, we do find difficulties that the actual structures of standardisation are actually quite distinct and at the European level apart from an industry structure. Most of it goes on in international standardisation organization. In broadcasting we have the European Broadcasting Union moving into the old CCIR and in telecommunications we have the European Telecom Standards Institutes moving into the ITU. We have started to hit the fault lines between these different standard bodies in terms of trying to get these standards for the new digital broadcasting technologies. I think it gives one important justification why this memorandum for digital broadcasting is actually quite important, because if I can jump just to complete that point, how do we stop these standard bodies fighting each other, how do we get them to work together? The fact, that we have some 80 organizations within our memorandum can manage this process to keep on business like the basis and to keep those time scales sharply in view.

I also would make the point, and I am not trying to make an unkind point here, but I think, political strategies in fast moving industrial and market is almost an incompatibility of terms. If you look at the processes of the European Commission, the European Council, the European Parliament, it is a very long process to make an initiative, to get actions on the way. It is also a very slow process to make corrections. Perhaps there is an argument that these processes are not so well matched in very fast moving areas and more informal constructions are better matched to that sort of task.

This hits the third point I am trying to make here in terms of this sort of construction of the memorandum. It is the ability that we can adapt very quickly. We have got all the players sitting round the table.

Moving now to what I believe is the added value of the memorandum, yes we are a lot of people, we have meetings, it costs money to travel around, what value are we really adding in this construction? First of all, I think the TV digital television is a very complex project and the fact that in one grouping we can treat the whole thing as a project wherever the standardisation is going on has a lot of value. We also have brought together a lot of the commercial players and perhaps for the first time have got the private broadcasters and the public broadcasters of the European level sitting round the same table. This is also an important achievement. We have a very important need, as I have described on several occasions, to drive the standardisation process. And certainly when I was in ETSI it was also my motto that the standards making had to keep up with the market. There was never a question of trying to stop the market, while the standards make us sit down and try to sort things out. We have always to galvanize the standards making process in more dynamic situation we are in. A point I make here is that, if you take something as new as digital television, particularly when you are moving in multimedia, there can be things that you can see by a way of corporation, when you have all the players sitting round the table, but come in five years time and it is too late. I will give one indication of this: When I am in my living room and I have 400 television channels, it is wonderful. But how do I know which television channel is showing which programme? I think one of the obvious things then is that we will start to see computers on the front end of my television set telling me what is actually happening. For that to work, the broadcasters must give some sort of service indicators. That is just an example where today we can spot these difficulties and because we have all the people round the table, we can try to seize them and to coop with them and not arrive in three or four years time when we had got all the broadcasters to cooperate on service indicators, so that the consumer can coop with the large numbers of channels. I think there will be other areas that we will have to fight in that places. It has already been said by several speakers in the last day that broadcasting is a regulated market in almost all countries and therefore we will not be entirely immune from regulation in this particular area. Again I think the MoU can add value by giving very good quality advise to the political levels of what the industrial and commercial prospective is. Finally, we have not lost entirely from view the need to cooperate on R&D areas, because whatever we put into the market in 1995, the technology will still be moving on and we want to try to focus and get the best value for European research efforts.

My final view graph is perhaps just a reflexion, moving away from the specific example of digital television as to whether this European launching group creates a model for the future in other areas where we want to seize European cooperation. I think that in terms of its advantages and features that commend itself, it first of all provides a very flexible European response, that at least constructions can be put together very quickly without the need of ratification of Parliaments and all the other paraffinalia. It also has the possibility of creating interest groups to focus on particular opportunities. If you take some of the more formalised constructions, such as ETSI, they have their own dynamics and their own priorities and sometimes they have difficulty to adjust very quickly, so this MoU groupings can produce very focussed groups very quickly. I think there is also a debate to be held as to whether these should be open or closed structures. There is always a temptation at the beginning, to make them closed structures. Let us keep the number small. If we keep them small we can be more manageable, we can move more quickly. In standardisation that is always a mistake to have a closed group. If you look at the history of standards that have become worldwide successes, they have always become worldwide successes because from the very beginning, people have been very open and that is the way you win and win on the standards games to be very open. In the debate from whether these should be open or closed groups, if standardisation is the end result, they should always be open groups. And again it is a credit to Peter Kahl and his group that they took that initiative that the group will be very open although the large numbers do create some domestic problems in organizational terms. The reward, I think, will be very good.

I come now to the final point. When we create these groups, they are very difficult to understand, they are springing up, they are dying, if you are sitting there in industry wondering which group is going where, I think there is the possibility for a lot of confusion. I think it very important that these groups do use the European institutions in a very wise way. We must use those institutions and not try to set up rival power structures. Otherwise we will make a chaos in our construction of where we have to go for various things. These flexible groups are very powerful and very good for Europe, but they must always work alongside in harmony, in corporation with the formalized European institutions like ETSI etc.

I hope that has given you a flavour of what we have been doing in the last two years and makes up for some of the secrecy in the early days which I read about in the press which I can redress now by telling everyone what happened and why it happened.

Erwartungen der Endgeräteindustrie an digitale Fernsehsysteme

Dietrich Westerkamp

Kurzfassung

Der Beginn des digitalen Zeitalters der Fernsehübertragung eröffnet allen Beteiligten neue Möglichkeiten: den Rundfunkanbietern, den Konsumenten und nicht zuletzt den Herstellern von Empfängsgeräten. Neben dem klassischen Fernsehen werden sich neue Dienste etablieren. Auf der Basis der weltweit akzeptierten MPEG2-Standards für Datenreduktion und Multiplex können diese neuen Systeme wirtschaftlich realisiert werden.

Gegenwärtiger Status des digitalen Fernsehens

Weltweit bereiten viele kreative Ingenieure die digitale Zukunft vor. Aktivitäten reichen dabei von Szenariostudien über Grundlagenforschungsprojekte bis hin zu Produktentwicklungen für die vollständig digitale Fernsehübertragung über direkt strahlende Satelliten.

Das Interesse an digitalem Fernsehen wurde geweckt, als die amerikanische Firma General Instruments ihr DigiCipher™ System in den Wettbewerb für ein amerikanisches Zukunftsfernsehen schickte. Schon sehr bald danach schlugen auch die meisten anderen Wettbewerber digitale Systeme vor, und die FCC entschied, das einzige verbliebene analoge System aus dem Rennen zu nehmen. In der Zwischenzeit sind vier digitale Systeme für terrestrische HDTV-Übertragung getestet worden. Da man keinen eindeutigen Gewinner identifizieren konnte, wurde eine Große Allianz (Grand Alliance) mit allen Beteiligten gebildet, um gemeinsam das amerikanische System für terrestrische HDTV-Übertragung zu entwickeln. Die FCC erwartet einen Prototypen dieses Systems Mitte 1994. Die Bildcodierung und das Systemmultiplex basieren dabei auf dem MPEG2-Standard, der sich inzwischen weltweit durchzusetzen beginnt.

Parallel zu den Arbeiten an HDTV begannen andere Gruppierungen in den USA, ein digitales System zur Fernsehübertragung in Standardauflösung über direkt strahlende Satelliten zu entwickeln. Das DirecTV™ System unter Federführung der Firma Hughes wird Anfang 1994 den Betrieb aufnehmen. Die Endgeräte für diesen Dienst werden von Thomson Consumer Electronics Inc. geliefert [1].

Stimuliert durch die Entwicklungen in den USA, starteten die Europäer eine Initiative unter dem Namen "European Launching Group (ELG) for Digital TV". Seit dem 10 September 1993 hat sich daraus formal ein Projekt gebildet mit dem Namen European Digital Video Broadcasting (DVB). Mehr als 100 Firmen und Organisationen haben ein entsprechendes Memorandum of Understandung (MoU) unterzeichnet.

Unter einem Steering Board an der Spitze formierten sich vier Arbeitsgruppen (Module): zwei kommerziell ausgerichtete für Kabel und Satellit bzw. für terrestrische Übertragung, ein Technisches Modul (TM-DVB) und ein Modul mit dem Thema Conditional Access. Anfänglich konzentrierte sich die Diskussion im TM-DVB auf Verfahren zur hierarchischen Übertragung von TV und HDTV [2,3]. Die Ankündigung einiger Satellitenbetreiber, daß sie schon sehr bald digital ausstrahlen möchten, führte zu einer geänderten Ausrichtung dieser Gruppe, die sich nun schwerpunktmäßig darauf konzentriert, einen Europäischen Telekommunikationsstandard (ETS) für digitales Fernsehen über Satellit und im Kabel auszuarbeiten. Der ETS für die Satellitenübertragung soll Ende 1993 fertiggestellt sein und der Kabelstandard gleich anschließend folgen.

Der Bereich der terrestrischen Übertragung ist im Moment Schwerpunkt von Kooperations-Forschungsprojekten (dTTb und HDTVT) [4]. Diese Projekte bearbeiten auch die Übertragung von HDTV, vorzugsweise hierarchisch auf TV aufbauend.

Vorteile eines digitalen Fernsehsystems

Warum ist das Interesse an digitalem Fernsehen so groß? Bestimmt nicht nur deshalb, weil es digital und digital "in" ist. Digitales Fernsehen bietet allen Beteiligten eine Menge von Vorteilen.

Der erste deutlich sichtbare Vorteil ist die Kapazitätserhöhung bestehender Fernsehkanäle. Dieses ist auch der Grund, warum die Satellitenbetreiber planen, sobald wie möglich zu digitaler Übertragung überzugehen. Dann könnte ein Transponder mehrere Programme in der heute bekannten Auflösung übertragen. Die Anzahl der Programme ist abhängig von der gewünschten Bildqualität: Je höher die Anzahl, desto geringer die Qualität; ein 33MHz-Transponder zum Beispiel kann entweder 4 Kanäle in exzellenter Qualität liefern oder 8 Kanäle in VHS-ähnlicher Qualität. Allerdings ist die Art der sichtbaren Störungen im Bild vom Bildinhalt abhängig und anders als die von VHS bekannten flauen Bilder, die horizontal zittern.

Genauso, wie es möglich ist, mehrere Programme in einem Satellitentransponder, einem Kabelkanal oder über eine terrestrische Frequenz zu übertragen, kann man die Übertragungskapazität auch für ein HDTV-Programm verwenden. Auch wenn diese Möglichkeit heute noch nicht genutzt wird, ist sie in Zukunft sicherlich von großem Interesse. Die Datenkompressionsverfahren, die sich in der Entwicklung befinden

[5], ermöglichen hierarchische Systeme, die es erlauben, ein HDTV-Signal auf einem TV-Empfänger in Standardauflösung zu empfangen und entsprechend wiederzugeben. Mit den entwickelten hierarchischen Modulationsverfahren [4] wird es möglich sein, ein und dasselbe Programm auf dem großen Empfänger im Wohnraum in HDTV zu empfangen, während der tragbare Empfänger es in der heute bekannten Auflösung wiedergeben kann. Die Qualität auf dem portablen Empfänger sollte dabei besser sein, als wir es heute von den analogen Geräten gewohnt sind.

Qualität und Quantität der Fernsehangebote sind nicht die einzigen Vorteile von digitalem Fernsehen. Die digitale Technologie verbindet verschiedene Industriebereiche: Das klassische Fernsehen wird mit der Telekommunikation und der Informationstechnologie zusammenwachsen. Dies ebnet den Weg für ganz neue Angebote.

Neue Dienste auf der Basis des digitalen Fernsehens

Die ersten digitalen Angebote werden Pay-TV-Kanäle sein. Dabei könnte es sich um klassisches Abonnementsfernsehen oder Pay-per-View handeln, Angebote, die es auch in der heutigen analogen Welt bereits gibt. Darüber hinaus eröffnet die riesige Anzahl verfügbarer Kanälen Möglichkeiten für neue, andersartige Dienste. Einer von diesen ist Fernsehen auf Abruf: Ein interessanter neuer Film wird in mehreren Kanälen parallel übertragen, allerdings mit einem zeitlichen Versatz von z.B. 10 Minuten. Dieses gibt dem Zuschauer eine gewisse Flexibilität, selbst zu entscheiden, wann er den Film sehen will. Er könnte auch unterbrechen, um z. B. ein wichtiges Telefonat zu führen, er verpaßt nichts, wenn er auf einem der Nachbarkanäle wieder geeignet zuschaltet.

Die Erweiterung der Fernsehübertragungssysteme um Rückkanäle geringer Kapazität ermöglicht Dienste wie z. B. Einkaufen über den Fernseher, Videoabrufdienste zur Information, Ausbildungsfernsehen, Videospiele vom Sender. Mit geeigneter Software werden Bildkommunikation und Videospiele zwischen Personen möglich, die Hunderte von Kilometern voneinander entfernt sind.

Fernsehen ist nicht mehr auf die klassischen Übertragungswege Kabel, Satellit oder terrestrische Sender beschränkt; digitales Fernsehen ist sogar über die heute existierenden Telefonleitungen möglich. Mit Techniken wie Asymmetrical Digital Subscriber Line (ADSL) versuchen die großen US-Telefongesellschaften, in den Markt Unterhaltungsfernsehen einzusteigen [6]. Wenn sich später einmal die Telekommunikations-Infrastruktur zu flächendeckenden optischen Netzen weiterentwickelt hat, wird jeder Haushalt eine beinahe unbegrenzte Übertragungskapazität verfügbar haben. Ein solches Konzept wird in den USA unter der Bezeichnung "Information High-Way" weiterentwickelt.

Alle diese neuen Möglichkeiten werden möglich durch

- die riesige Zahl von verfügbaren Kanälen,

- die Verarbeitungs- und Speicherkapazität der zukünftigen digitalen Fernsehgeräte,
- die Verfügbarkeit von Rückkanälen.

Der digitale Fernsehempfänger

Der Schlüssel zum Erfolg dieser neuen Entwicklungen ist ein Empfänger, der alle neuen Dienste empfangen kann. Niemand kann daran interessiert sein, für jeden Dienst einen speziellen Empfänger benutzen zu müssen. Das heißt allerdings nicht, daß der große Empfänger im Wohnzimmer gleichzeitig auch notwendigerweise das Terminal für den Personalcomputer und der Monitor für das Bildtelefon sein muß. Allein die Funktionalität sollte eine solche Nutzung erlauben.

Die heutige Situation zeigt, daß unterschiedliche Marktsegmente für Empfänger auf der einen und Monitore auf der anderen Seite existieren. Da gibt es den Fernsehempfänger mit großer Bildschirmdiagonale für die Unterhaltung, aber auch den kleinen Monitor mit höherer Auflösung für den PC. Zu guter letzt existieren ganz kleine Monitore für Spezialanwendungen wie Bildtelefon und Überwachung. Alle diese Geräte sind Fernseh-Displays mit Videosignalverarbeitung, Ablenkschaltungen und einer Kathodenstrahlröhre als Bildschirm. Ein gutes Beispiel für ein optimal angepaßtes Display ist der Erfolg des Minitel in Frankreich: Ein kleiner Monitor wurde mit dem Telefon zu einer Einheit zusammengefügt. Der vergleichbare Bildschirmtext-Dienst in Deutschland war dagegen kein so großer Erfolg, da man den Fernsehempfänger im Wohnzimmer als geeignetes Display ansah, was aber offensichtlich vom Kunden nicht angenommen wurde.

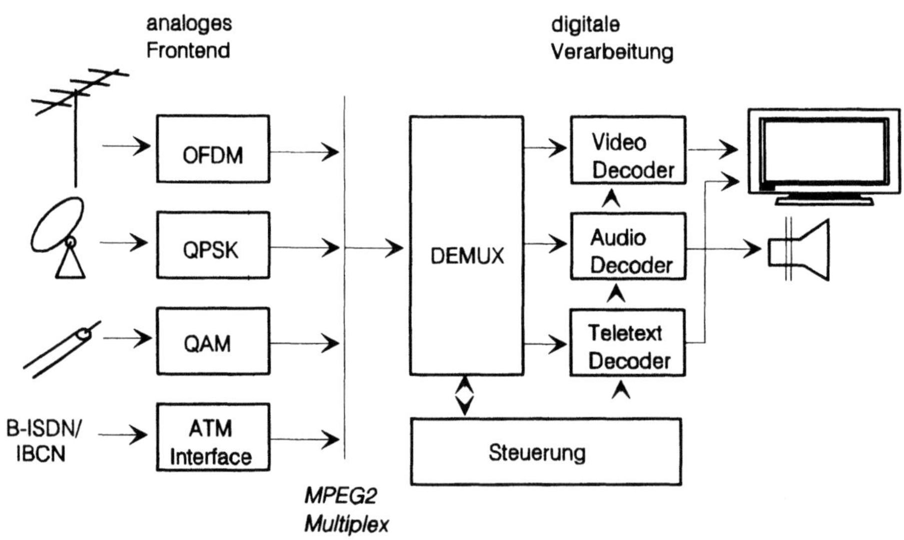

Bild 1: Digitaler Empfänger

Zukünftige digitale Empfänger sollten von der Elektronik her für möglichst viele Dienste verwendbar sein. Erste Überlegungen in diese Richtung kamen aus dem MIT mit dem Konzept eines "Smart Open-Architecture Receiver" [8]. Er besteht aus drei Teilen: dem Signal-Empfänger, der Verarbeitungseinheit und dem Display.

Bild 1 zeigt das Blockschaltbild eines zukünftigen digitalen Empfängers, wie man es heute sieht. Die rechte Seite zeigt die Module für die digitale Verarbeitung von Bild- und Tonsignalen sowie Daten (Teletext ist hier als Beispiel genannt). Diese Blöcke empfangen ihre Eingangssignale vom Demultiplexer, der das Interface zu den verschiedenen Empfangsteilen darstellt, die ihrerseits an die spezifischen Eigenschaften der ja immer noch analogen Kanäle angepaßt sein müssen.

Die digitalen Decoder sind bis zu einem gewissen Grad flexibel und passen sich dem Datenstrom an, den sie vom Demultiplexer erhalten. Die im Datenstrom enthaltenen Kontrolldaten passen die Parameter der Hardware innerhalb gewisser Grenzen an.

Die analogen Empfangsteile müssen höchstwahrscheinlich verschiedene Modulationsvarianten unterstützen:

- Der Satellitenkanal wird wegen der Nichlinearitäten der Wanderfeldröhrenverstärker QPSK verwenden .
- Die Modulation im Kabel wird entweder 64 QAM oder Multi VSB [9] sein.
- Für den terrestrischen Übertragungsweg bieten Modulationsverfahren basierend auf OFDM eine effiziente Möglichkeit, die Probleme der Mehrwegeausbreitung zu bewältigen und darüber hinaus eine hierarchische Übertragung zu realisieren, die sowohl den Empfänger mit fester Dachantenne als auch den portablen Empfänger mit Stabantenne auf dem Gerät mit geeigneten Signalen versorgt.

Zusätzlich zu den "analogen" Empfangsteilen für zukünftige digitale Dienste gibt es im Konzept auch eine "voll digitale" Verbindung. Das Bild zeigt als Beispiel eine zukünftige B-ISDN oder IBCN Schnittstelle.

Es erübrigt sich eigentlich, darauf hinzuweisen, aber alle Fernsehgeräte werden auch Empfangsteile für PAL, SECAM und NTSC haben müssen, da diese Systeme für eine lange Übergangszeit mit dem neuen digitalen System koexistieren werden.

Standardisierung und Wirtschaftlichkeit

Das dargestellte Hardwarekonzept basiert notwendigerweise auf breit akzeptierten Standards für Multiplex, Video- und Audio-Decodierung. Es kann niemand ein Interesse an "digitalen Multistandardempfängern" haben. Im Gegenteil, der Schritt zum digitalen Fernsehen könnte langfristig zu identischen Systemen führen, wo heute noch speziell adaptierte Produkte benötigt werden. Es ist sogar zu erwarten, daß der Übergang zur Digitaltechnik eine Brücke zwischen der 50 Hz- und der 60 Hz-Welt bilden kann, da die benötigten Decoder hardwaremäßig die gleichen sein könnten. Die übertragenen Daten konfigurieren die Hardware je nachdem, ob ein 50 Hz- oder 60 Hz-Signal für das Display benötigt werden. Die Verwendung weitgehend identischer Chip-Sets erlaubt die Produktion in entsprechend großen Stückzahlen und als Konsequenz niedrige Stückkosten.

Eine gute Basis für die Standardisierung wurde von der Moving Picture Experts Group (MPEG) innerhalb der ISO/IEC ausgearbeitet, in der alle größeren Firmen aus den Bereichen Rundfunk, Computerindustrie, Konsumelektronik und Telekommunikation zusammenarbeiten. Der unter dem Namen MPEG2 bekannt gewordene Satz von Standards deckt die Video- und Audio-Quellencodierung und das Systemmultiplex ab. Auf der letzten MPEG Sitzung im November 1993 in Seoul konnte man sich auf Committee Drafts (CD) für alle drei Standards einigen. Diese Dokumente werden jetzt den nationalen Standardisierungsgremien zur Abstimmung vorgelegt; die endgültigen Internationalen Standards (IS) werden für die zweite Hälfte 1994 erwartet. Viele VLSI-Herstellerfirmen bereiten bereits entsprechende Chip-Sets vor.

Alle wesentlichen Systementwicklungen bauen in Bezug auf Videocodierung und Systemmultiplex auf MPEG2: DirecTV™ genauso wie der von der Grand Alliance in den USA vorgelegte Vorschlag zur terrestrischen Übertragung von HDTV, die "Baseline"-Systeme für digitale Fernsehübertragung über Satellit und Kabel, die vom europäischen DVB-Projekt ausgearbeitet wurden, und die Systeme zur terrestrischen Übertragung, die in den Forschungsprojekten dTTb und HDTVT untersucht werden.

Entwicklungsschritte in die Zukunft

Es ist zu erwarten, daß die jetzt entstehenden digitalen Systeme, auf lange Sicht gesehen, das heutige analoge Fernsehen ganz ersetzen werden, da sie für alle Beteiligten Vorteile bieten. Für eine Übergangsphase werden analoge und digitale Systeme nebeneinander existieren. Es ist aus heutiger Sicht fast unmöglich vorherzusagen, wie lange diese Übergangsphase dauern wird.

Die ersten auf dem Markt erhältlichen Produkte für digitales Fernsehen werden höchstwahrscheinlich Beistelldecoder für Pay-TV sein, die über die analoge SCART-Schnittstelle mit den herkömmlichen analogen Empfängern verbunden werden. Erst die nächsten Schritte werden zu integrierten voll digitalen Empfängern führen. Allerdings müssen diese Geräte auch die existierenden analogen Übertragungen empfangen können. Diese Notwendigkeit wird zu erhöhten Gerätepreisen führen, die jedoch durch die neuen Dienste wieder wettgemacht werden dürften, was zu einer Nachfrage für solche Empfänger führen wird. Die Verwendung standardisierter VLSI-Bausteine auf weltweiter Basis wird zur Wirtschaftlichkeit der Produkte beitragen. Es ist sogar zu erwarten, daß in 50 Hz- und in 60 Hz-Umgebungen in weiten Bereichen identische Hardware eingesetzt werden kann, was zu weiteren Einsparungen durch Großserien führt.

Wenn HDTV-Programme im Markt angeboten werden, sollten sie die größten Erfolgschancen haben, wenn die Bilder auch von den dann bereits existierenden digitalen TV-Empfängern decodiert werden können. Die Möglichkeiten dafür werden gegenwärtig in Europäischen Forschungsprojekten untersucht.

Die Erwartungen der Industrie an digitales Fernsehen

Die Konsumelektronik-Industrie sieht im digitalen Fernsehen die Basis für das Geschäft von morgen. Der Schritt vom heutigen Analogen in das Digitale von Morgen bedeutet nicht einen einfachen Ersatz sondern eine große Chance, neue Dienste und Produkte mit hohem Qualitätsniveau und mit größtmöglicher Flexibilität entwickeln zu können.

Der Fernsehempfänger im Haushalt entwickelt sich zum Unterhaltungszentrum. Video-on-demand-Dienste geben dem Kunden mehr Freiheiten. Er wird eine größere Auswahl haben, welches von den vielen Programmen er wann sehen will.

Die größere Leistungsfähigkeit der neuen digitalen Empfänger eröffnet Möglichkeiten für andere Dienste auf der Basis des Fernsehens, z.B. komplizierte Computerspiele, die über Satellit oder Telekommunikationskanäle in den Empfänger geladen werden. Rückkanäle ermöglichen interaktive Dienste: Einkaufen von zu Hause, Informationsdienste und Schulungsprogramme.

Die Verwendung standardisierter Bausteine in zukünftigen digitalen Empfängern erlaubt kostengünstige Produkte. Gleiche Hardware kann für verschiedene Anwendungen zum Einsatz kommen. Trotz alledem wird es möglich sein, Geräte für verschiedene Anforderungen und in verschiedenen Preiskategorien anbieten zu können.

Literatur

[1] R. Boyer,
Digital Broadcast Satellite System,
18th International Television Symposium, Montreux 1993, pp. 748-754

[2] F. Müller-Römer,
Entwicklungslinien digitaler Fernsehsysteme vom Studio bis zum Teilnehmer,
Fernseh- und Kinotechnik, Vol. 47, Nr. 6, 1993, pp. 373 - 380

[3] U. Reimers,
Systemkonzepte für das Digitale Fernsehen in Europa,
Fernseh- und Kinotechnik, Vol. 47, Nr. 7-8, 1993, pp. 451 - 461

[4] Amor, H, Hagenauer, J., Kays, R., Möll,G., Müller-Römer, F., Schäfer, R., Sieben, U., Uhlig, D., Westerkamp,D.
HDTV-T - A Joint Research Project on Digital Terrestrial Broadcast of HDTV,
in: Signal Processing for HDTV, IV, Editors: E. Dubois, L. Chiariglione, Elsevier Publishers 1993, pp.121 - 131

[5] R. Schäfer
Source Coding for Television - European Approaches,
Münchner Kreis, November 1993

[6] T. R. Hsing, C-T. Chen, J.A. Bellisio,
Video Communications and Services in the Copper Loop,
IEEE Communications Magazine, January 1993, pp. 62 - 68

[7] M. Artigalas,
Home Terminal and Multimedia Receiver,
17th International Television Symposium, Montreux 1991, pp. 694 - 696

[8] W.F. Schreiber,
The Open-Architecture Receiver,
Report ATRP-T-88R, MIT, June 12, 1988
also included in submission to FCC docket 87-286, Nov.30, 1988

[9] Luplow,
Two HDTV or 43 Mbit/s in 6MHz Bandwidth,
Montreux Television Symposium, 1993, pp. 908 - 917

DAB und die Einführung in Europa

Werner Saalfrank *

1. DAB Eureka 147

In diesem ersten einführenden Kapitel soll noch einmal ein kurzer Abriß über die Geschichte von DAB, die grundsätzliche Wirkungsweise des Systems und die damit verbundenen Vorteile gegeben werden. Die Compact-Disk hat im Audio-Bereich einen neuen Qualitätsmaßstab gesetzt, der von den Kunden erwartet wird. Der jetzige UKW-Rundfunk ist aufgrund systembedingter Schwächen, wie dichte Senderbelegung und analoge Verarbeitung, insbesondere bei mobilen Empfang weit von dieser Kundenerwartung entfernt. Der digitale Satellitenrundfunk DSR erreicht praktisch die CD-Qualität, kann aber nicht im Fahrzeug empfangen werden. Diese Gründe verlangten nach einer Innovation im Hörfunk: DAB Eureka 147. Dieses europäische Projekt hat zum Ziel, einen europäischen Standard für ein terrestrisches digitales Hörfunksystem mit CD-Qualität auch bei mobilen Empfang und der Übertragungsmöglichkeit von Datendiensten zu schaffen.
Das DAB-System besteht im wesentlichen aus 3 Verarbeitungsblöcken; siehe Bild 1.

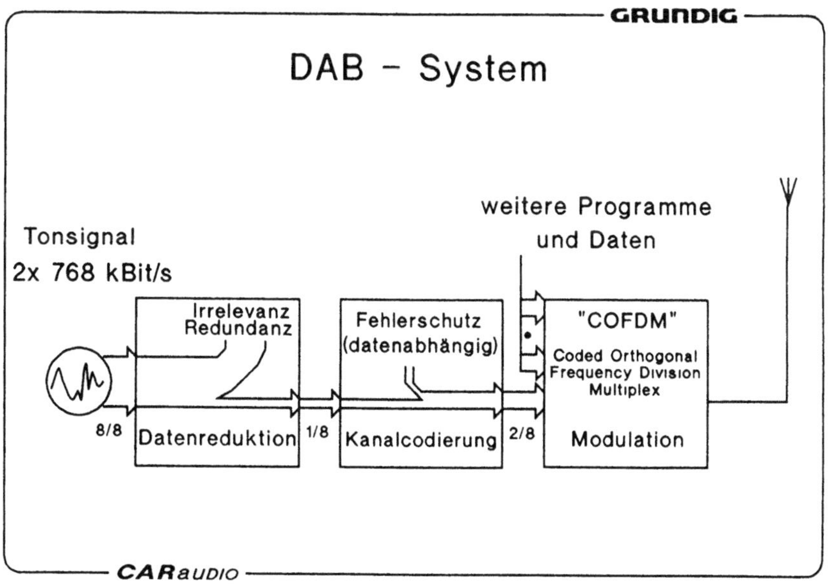

Bild 1: Das DAB-System

* Leiter der Entwicklungsbereiche Car audio, Weltempfänger und Akustik und stellv. Vorsitzender des Vorstandes der DAB-Plattform

Das eingespeiste Tonsignal mit einer Datenrate von 1,5 Mbit pro Sekunde (48 kHz mit 16 Bit) wird zunächst in dem Quellencodierblock von Irrelevanz und Redundanz befreit, die Datenrate auf etwa 1/8 gesenkt, unter Ausnutzung psychoakustischer Effekte. Dieser Block wurde bereits an anderer Stelle ausführlich beschrieben. Im zweiten Block wird Fehlerschutzinformation datenabhängig wieder zugeführt und damit die Datenrate verdoppelt. Im dritten Block, dem Modulationsverfahren (COFDM) werden mehrere Programme und Daten trickreich zusammengeführt, moduliert und gesendet. Im Bild ist die Aufzeichnung der Empfangsfeldstärke eines UKW-Senders während einer Fahrt über 60 Meter zu sehen:

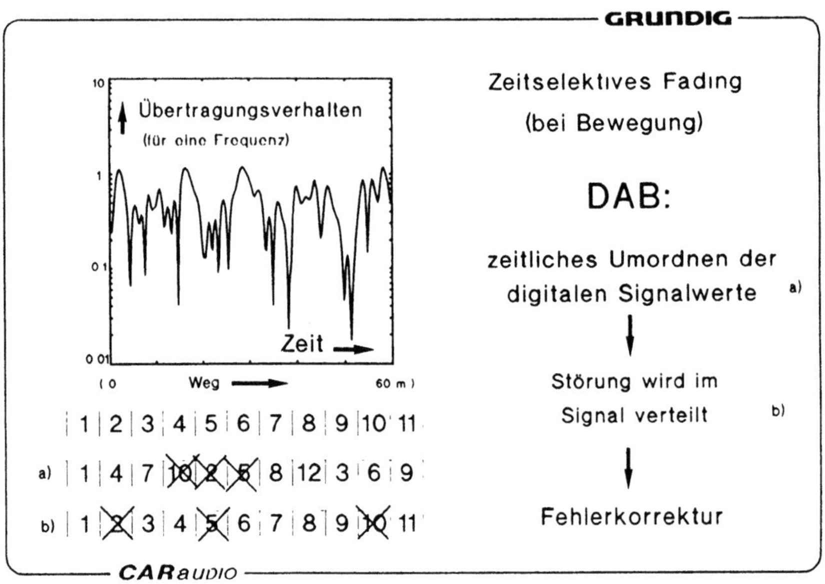

Bild 2: Zeitselektives Fading

Starke Schwankungen mit mehr oder weniger langen Signaleinbrüchen. Bei DAB werden die Daten zeitlich verwürfelt, eine längere Übertragungsstörung durch das zeitliche Ordnen aufgebrochen, die kurzen Fehler sind dann über ein intelligenten Algorithmus (Viterbi-) korrigierbar. Bei langsamem bzw. stehendem Fahrzeug kann der sogenannte Ampeleffekt auftreten.
Die Feldstärkeeinbrüche sind zufällig über das gesamte UKW-Band verteilt, siehe Bild 3. Moderne Autoradios mit RDS können auf eine evtl. besser zu empfangende Frequenz wechseln. Das Problem bleibt jedoch bei Lokalstationen mit meist nur einer Frequenz erhalten.
Bei DAB wird eine dynamische Aufteilung der Daten auf verschiedene Frequenzabschnitte vorgenommen, d.h. die Störungen durch die Feldstärkeeinbrüche werden im Signal verteilt und können dann korrigiert werden. Oder anders ausgedrückt, die schmalen Feldstärkeeinbrüche werden durch das breitbandige Übertragungsverfahren ausgemittelt.

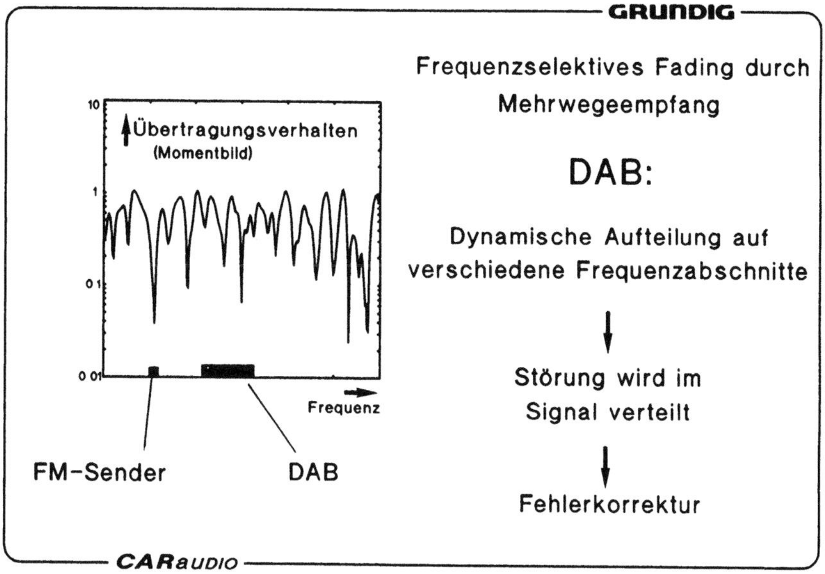

Bild 3: Frequenzselektives Fading

Die aus dieser Wirkungsweise resultierenden Vorteile lassen sich den drei im Namen DAB *(Digital Audio Broadcasting)* vertretenenen Bereichen zuordnen.
Digital: Das Verfahren gestattet die Übertragung großer Datenmengen für z.B. Verkehrsinformationssysteme, Verkehrsleitsysteme, Mehrwertdienste, Schlagwort Multimedia.
Audio: Der störungsfreie Empfang in CD-Qualität auch im schnellbewegten Fahrzeug ist Realität geworden.
Broadcasting: Durch die Gleichwellenfähigkeit des Verfahrens wird gegenüber dem heutigen UKW-Verfahren eine höhere Frequenzökonomie (dreifach) und die Möglichkeit der Verwendung geringerer Sendeleistungen erreicht. Durch die Zusammenfassung mehrerer Programme in einem Frequenzblock kann zusätzlich die notwendige Infrastruktur von mehreren Programmanbietern gleichzeitig genutzt werden.
Um eine bestimmte Fläche zu versorgen, wird heute ein Sender mit hoher Leistung benötigt, siehe Bild 4 Für die gleiche Flächenversorgung reichen bei Gleichwellenbetrieb drei Sender mit jeweils nur 1 % der Leistung aus.
Bei DAB ist die Übertragung in 1,5 MHz breiten Frequenzblöcken vorgesehen. In einem Block kann eine Datenrate von netto 1,152 Mbit/s übertragen werden. Der Multiplex kann sehr flexibel aufgebaut werden. Folgende Datenraten sind u.a. vorgesehen: 192 kBit/s für ein Stereoprogramm in transparenter Qualität, 128 kBit/s. für ein Stereoprogramm in reduzierter Qualität, 64 kBit/s für eine Monosprachsendung in hoher Qualität und Datendienste mit möglichen Datenraten von 0 bis zur maximalen von 1,15 Mbit/s. *Davon sind alle Kombinationen auch zeitvariabel möglich.* Ein Stereoprogramm in transparenter Qualität kann z. B. ab einer bestimmten Tageszeit aufgeteilt werden in ein Programm in reduzierter Qualität plus einer Monosprachsendung in hoher Qualität. In Nachtzeiten ist eine Zusammenfassung von mehreren Programmen zu einem größeren Datenblock denkbar.

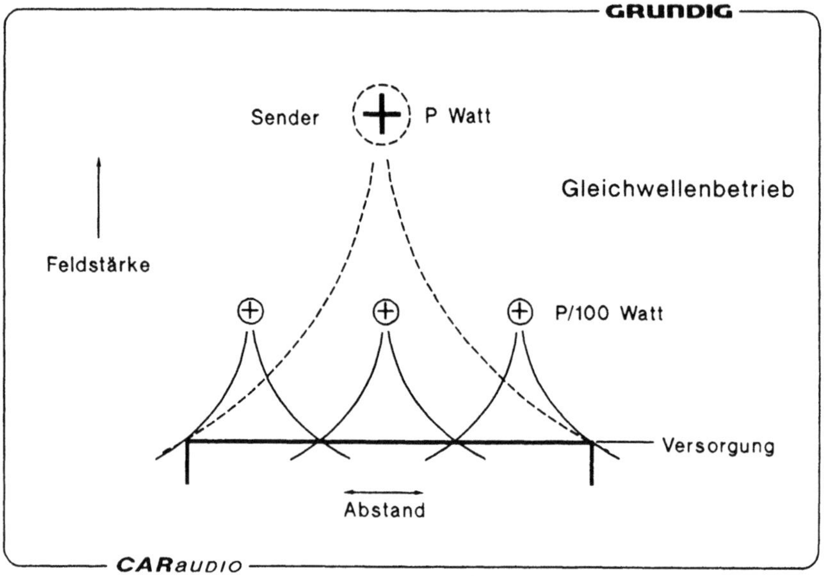

Bild 4: Sendeleistungen bei Gleichwellenbetrieb

2. Stand des Projekts - aktuelle Probleme

Das Projekt Eureka 147 hat soeben das Forschungsstadium verlassen. Ein Vorschlag für den Standard wurde erarbeitet und wird in 1994 veröffentlicht werden. In den zur Zeit beginnenden Feldversuchen müssen natürlich noch einige Parameter abschließend verifiziert werden.
Im Jessi-Teilprojekt DAB AE 14 ist die IC-Entwicklung im Zeitplan. Auch in der Endgeräteindustrie ist die Entwicklung von DAB-Geräten im Gange. Es gilt die Zusage der Industrie, daß 2 Jahre nach offiziellen Einführungsbeschlüssen in den größeren europäischen Ländern Endgeräte verfügbar sein werden.
Der Beschluß der ARD, DAB nicht vor 1997 einzuführen, hat in den Projekten bei den beteiligten Firmen und Institutionen zu großer Verunsicherung geführt.
Das gesamte Marktvolumen Autoradio in Europa beträgt etwa 6,5 Milliarden DM pro Jahr. Deutschland hat mit etwa 2,5 Milliarden DM einen Anteil von über einem Drittel. Daraus ergibt sich zwangsläufig, daß für einen mittel- und langfristigen Erfolg von DAB eine rechtzeitige Einführung in Deutschland notwendig ist.
Die Frequenzsituation ist leider ein sehr schwieriges Kapitel. Die CEPT-Länder haben sich außer Frankreich, alle für eine Einführung von DAB im Kanal 12 (223 bis 230 MHz) ausgesprochen. An den östlichen und westlichen Grenzen von Deutschland ist der Kanal 12 jedoch nicht nutzbar, da in den Nachbarländern entweder starke Fernsehsender oder Militär den Kanal nutzen. Der L-Band-Bereich 1452 bis 1492 MHz ist weltweit für digitalen Rundfunk (terrestrisch und über Satellit) reserviert. Die volle Nutzung dieses Bereiches ist in Deutschland aber erst ab 2007 möglich. Es sind also zur Zeit folgende Frequenzen im Gespräch:

Band I für den östlichen Bereich von Deutschland, Frankreich und England, Teile des Bandes II für Finnland und einige osteuropäische Staaten, Kanal 12 für den größten Teil von Europa und das L-Band. Die Ankündigung des Bundespostministers, ab 1995 einen 5 MHz-Block im L-Band freizumachen, hat mit Sicherheit eine Signalwirkung für die weiteren Schritte der Einführung von DAB. Neben den beginnenden Feldversuchen und den dabei benutzten Frequenzen sind insbesondere in Frankreich Pilotversuche in weiteren Großstädten geplant.
Ein schwieriges Thema in den DAB-Gremien ist zur Zeit die Frage der Lizenzen. Es existieren sogenannte Hintergrundpatente von TDF bzw. CCETT, also Patente die vor Gründung des Projektes eingereicht wurden. Diese Patente können auch die Projektpartner nicht frei benutzen. Die Verhandlungen mit der Industrie sind im Gange, aber recht schleppend. Neu jedoch ist eine Forderung, an Netzbetreiber: Lizenzgebühr pro Sendeminute Diese Forderung trifft alle Netzbetreiber, die nicht im eigenen Lande senden bzw. nicht Partner im Eureka-Projekt sind.
Bereich Rundfunkpolitik und Einführungsstrategie: Die föderale Struktur in der BRD wirkt eher hindernd bei nationalen Projekten in dieser Größenordnung. Das gleiche gilt für das duale Rundfunksystem. Die heftigen Diskussionen um gleichmäßige Verteilung von Rechten und Pflichten und eine Vielzahl von Positionen führen zu Verzögerungen.
Die Plattformen in den Niederlanden, Frankreich, Großbritannien und Deutschland treiben sehr engagiert die Einführung von DAB voran. Der Kontakt zwischen den Plattformen muß allerdings noch intensiviert werden.
Ein Problem ist die Vielzahl von Gremien, die sich mit dem Thema DAB beschäftigen. Die Anzahl und Art der Teilnehmer bzw. Partner zeugt von großem Interesse an Beteiligung und Information über die Einführung von DAB; dadurch, sind jedoch die Gremien zahlenmäßig sehr stark besetzt und teils nicht mehr handlungsfähig. Schwierige und langwierige Abstimmprozesse sind die Folge.

3. Der Kunde

Der Kunde von heute kann leider nicht die Wünsche an das System von morgen formulieren. Die Wünsche von heute sind notwendig für die Einführung, aber notwendig für den langfristigen Erfolg sind die möglichen Wünsche von morgen. Multimedia ist leider ein Schlagwort, daß zur Zeit die Kunden eher abschreckt, weil sie noch nichts damit anfangen können.
Der überwiegende Anteil der Hörer (ca. 60 %) benutzt tragbare Geräte. DAB-Portables sind aber auf absehbare Zeit noch zu komplex und zu teuer. Den DAB-Man wird es erst nach dem Jahre 2000 geben.
Der Anteil der Hörer mit stationären HiFi-Geräten (ca. 15 %) wird über Jahre hinweg keinen großen Bedarf an DAB haben. Der Grund liegt in den heute zur Verfügung stehenden Klangqualitäten der Systeme FM/stationär, Kabel, DSR und TV-Unterträger. Die zukünftigen Möglichkeiten der Verteilung von Tonprogrammen und Mehrwertdiensten über TV-Satelliten, z. B. Astra, ist zur Zeit nicht überschaubar.
DAB wird sich also zunächst auf dem Autoradiosektor (ca. 25 % der Hörer) etablieren müssen. Nur mehr Tonqualität ist nicht ausreichend, d.h. es sind neue Programme in Ton und Daten erforderlich. Der Kunde ist heute ansprechbar für neue

Dienste aus dem Bereich Sicherheit (Verkehrsinformation, Verkehrsleitsysteme, ...).

4. Einführung in Europa

Die Einführung und der Markterfolg wird sich einstellen, wenn zumindest die folgenden Punkte erfüllt werden:

4.1. Einheitliche Frequenzen in Europa

Die heute verfügbaren UKW-Empfänger funktionieren fast weltweit. Die DAB-Empfänger müssen zumindest europaweiten, grenzüberschreitenden Empfang gewährleisten. Um Endgeräte mit akzeptablem Preis anbieten zu können, ist eine Beschränkung der Frequenzen notwendig: Europaweit sollten nur Frequenzen im Band III (um Kanal 12) und L-Band koordiniert werden (die Aufteilung des L-Bandes in terrestrische und Satelliten-Nutzung sollte flexibel für die Zukunft ausgelegt werden).

4.2. Konzentration auf europäischen Standard und Einführung

Es sollten alle verfügbaren Kräfte am System EU-147 arbeiten, die Feldversuche zügig durchführen und letzte Parameter fixieren. Es macht keinen Sinn, hier ein Supersystem zu fordern, das möglicherweise erst nach dem Jahre 2000 fertig entwickelt sein wird. Auch die ständigen Diskussionen um die sogenannten IBOC-Systeme(IN-Band-On-Channel) können als Hinhaltetaktik aufgrund mangelnder Investitionsbereitschaft interpretiert werden: Diese IBOC-Systeme konnten bislang nicht für mobilen Empfang demonstriert werden und sind für eine europäische Frequenzplanung nicht geeignet.

4.3. Kompromisse eingehen

Es muß endlich aufgehört werden, Maximalforderungen (Basarmethode) zu stellen wie "jetzige Rundfunklandschaft muß mindestens abgebildet werden". Denn erstens kommt es anders, zweitens als man denkt. Zum Start von DAB müssen und können nicht alle Forderungen erfüllt werden. Eine pragmatische Aufteilung der zur Beginn zur Verfügung stehenden Zahl von Programmen könnte z. B. nach der Hörerschaft vorgenommen werden, d.h. ARD : Private = 2 : 1. Diese Aufteilung muß auch für die Zukunft noch flexibel sein, es sollte keine Festlegung für die nächsten 100 Jahre angestrebt werden. Das Stichwort *duales System* erinnert an Recycling: Vielleicht können auch jetzt schon nicht mehr gehörte ARD-Frequenzen/Programme einer *Wiederverwertung* durch Private zugeführt werden.

4.4. Finanzierung des Netzaufbaus sichern

In der BRD sollte eine Gebührenanhebung um einen DAB-Zuschlag (ca. 0,30 DM) ab 1997 vorgesehen werden, um damit gezielte Investitionen bereits ab 1995 im voraus tätigen zu können. Die Privaten (und deren Netzbetreiber) müßten an diesen Geldern über die Landesmedienzentralen entsprechend beteiligt werden; und natürlich in die Pflicht genommen werden.

4.5. Netzträgermonopol (ARD und Telekom) beenden

Durch die Einführung der digitalen Technik kann zukünftig nicht mehr unterschieden werden zwischen Ton, Bild und Datenfunk. Es sollten private Netzbetreiber zugelassen werden; der Erfolg und die Geschwindigkeit im Ausbau des D-Netzes durch die Konkurrenzsituation D1 und D2 spricht für sich.

4.6. Datendienste integrieren

Es müsssen umgehend Dienstanbieter aus den Bereichen der Medienkonzerne, Softwareindustrie, Kfz-Firmen, ... mobilisiert werden. Die neuen Dienste müssen definiert und die erforderliche Gerätetechnik dazu entwickelt werden. Auf die Wichtigkeit der Integration von Mehrwertdiensten bei DAB wurde bereits mehrfach hingewiesen.

4.7. Feldversuche in Regelbetrieb überführen

Um über den Weg von Feldversuchen hin zu Pilotversuchen Fakten für die Überführung in den Regelbetrieb zu schaffen, sind folgende Punkte zu beachten: Es sollten bereits alle Feldversuche auf Frequenzen im Band III und L-Band beschränkt werden. Die Versuche sollten dezentral organisiert, aber europaweit koordiniert werden. Die Versuche sind nach der ersten technischen Phase auf größere geschlossene Benutzerkreise in Form von Pilotversuchen auszuweiten. In jedem Fall sind Datendienste einzubeziehen und mit diesen Benutzerkreisen Akzeptanzuntersuchungen durchzuführen. Die gemeinsame Überführung in den Regelbetrieb sollte dann in 1997 erfolgen.

5. Zielsetzung

Das gemeinsame Ziel muß es sein, in 1997 in den großen Ländern in Europa 60 % der Bevölkerung mit dem neuen System DAB zu erreichen.

Digital Audio Broadcasting in Canada

David L. Garforth

Introduction

The discussion on the subject of Spectrum for Broadcast Satellite Service for Radio started in the 1970s, when preparations for the World Administrative Radio Conference (WARC 79) were underway.

Demonstrations of the EUREKA-147 technology under fixed and mobile reception conditions in 1988 and 1989 increased Canadian interest in Digital Audio Broadcasting (DAB).

Canada undertook a program of tests and demonstrations prior to WARC-92 to determine the Industry interest in Digital Audio Broadcasting and to propose and plan the appropriate spectrum allocation for the service. The agenda for WARC-92 was modified to include not only an allocation for Broadcast Satellite Service but also related terrestrial broadcasting.

Concepts for Digital Audio Broadcasting

Because of the geography of Canada and the Radio service needs, there is a requirement for Digital Audio Broadcasting using both satellite and terrestrial transmission. From the consumer's perspective, the advantages of having a single receiver for the reception of DAB is important. The cost of the receiver is obviously reduced if the number of bands are limited, hence the desirability of a single band for both satellite and terrestrial service. The L-Band, 1452-1492 MHz allocated at WARC-92 achieved this objective (see Table 1).

In addition, the mixed satellite/terrestrial broadcasting service model provides for more efficient spectrum utilization because, where channels which cannot be used for the satellite service in one area because of adjacent beams overspill, they can be used for terrestrial DRB service.

VHF	L-BAND
Terrestrial only	Satellite and terrestrial
Limited Bandwidth and implementation limited due to constraints by existing broadcast services	New band (40 MHz)
In-band system required for FM stations	New wideband technology permits six programs per transmitter
Lower propagation losses	Higher propagation losses
Can be used for large area single frequency networks	Can be used for large area single frequency networks
Cost of implementation comparable to L-band	Cost of implementation/program comparable to VHF
New receiver required	New receiver required
Does not meet service objectives	Does meet service objectives
Unlikely to achieve common worldwide band	Still possible to achieve worldwide band
Subject to higher adjacent interference	
Man-made noise higher	
Lower spectrum efficiency	Higher spectrum efficiency

Table 1. Comparison of VHF Versus L-Band Implementation

The Current Situation

The Canadian radio industry, as in other countries, has been experiencing financial difficulties because of declining commercial revenues caused in part by the economic recession. In June of 1992, an all Industry Radio Action Plan Consultative Group submitted to the Minister of Communications "An Action Plan for Radio" (Reference 3).

Recommendations in this report included the following statement: "As a result of the consensus developed among industry and in view of the leadership role played by Canada in obtaining a worldwide allocation for digital radio, the Government of Canada should commit to proceeding rapidly with the introduction of Digital Radio in Canada with the target date set for 1995.

Digital Radio should:

(i) be introduced in a non-disruptive, evolutionary manner;

(ii) provide a level of technical quality and signal reliability that is strikingly superior to current AM and FM systems;

(iii) achieve the maximum possible spectrum efficiency consistent with the stated technical quality and reliability objectives;

(iv) serve as a direct terrestrial-based replacement for existing AM and FM radio broadcasting services;

(v) accommodate a future complementary direct satellite delivery component; and

(vi) be implemented outside the current AM and FM bands, at the L-Band allocation, thus ensuring the freedom to achieve an optimal system."

The result of these recommendations was the establishment of the Minister's Task Force on the Introduction of Digital Radio in September 1992.

The all-industry "Joint Technical Committee on Advanced Broadcasting" had developed a program of Research and Development work required relating to Digital Radio; and in late 1992/early 1993, Digital Radio Research Inc. (DRRI) was created by representatives of private and public broadcasters to carry out the work required.

The structure in place in Canada to deal with the subject from all perspectives is as shown. (See Figure 1).

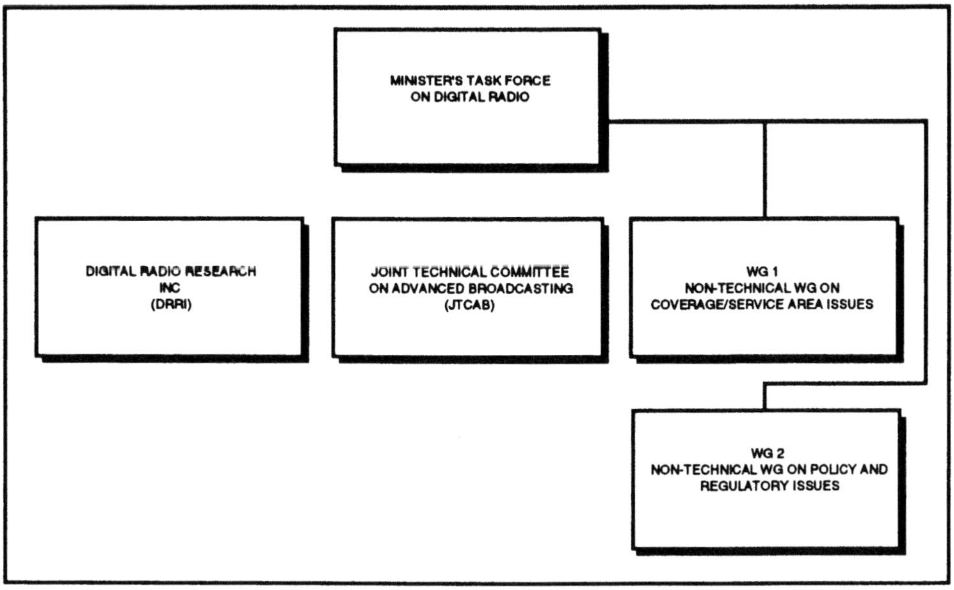

Figure 1. Digital Radio Broadcasting Activities in Canada

The objective is to have the regulatory and technical work completed to permit the Canadian Broadcasting industry to implement Digital Audio Broadcasting (DAB) in Canada by the fall of 1995. The work is currently on schedule.

Work in Progress

The two-station SFN tests at L-Band in Toronto and Barrie, Ontario, were completed in the Spring of 1993. (Reference 1, Reference 2). These were followed by a successful demonstration, again at L-Band, in Mexico City in the spring of 1993.

Currently, propagation measurements are being completed using an L-Band facility at Trois-Rivieres, Quebec. These include short and long-term fading, as well as long (above-the-horizon) propagation paths.

In addition, experimental stations are under construction in Toronto and Montreal. These stations will be used to test audience reaction to DAB and the impact of program formats, etc. The stations in Montreal will go one step further than the 1993 tests in Toronto. The objective of the Montreal facilities is to build and test a three-station SFN to experiment with the viability of the approach and evaluate the coverage performance.

The facility would consist of three transmitting installations established at existing sites, located respectively at the Mount-Royal broadcast site in Montreal and two radiocommunication sites in Rigaud and Saint-Sauveur. The average separation between the three sites is 55 km. The station parameters in the SFN configuration would be:

Site:	Mount Royal	Rigaud	St-Sauveur
Ground Elevation:	226.6 m	220 m	386 m
Tower Height:	221 or 311 m	55 m	29 m
Transmit Height:	221 or 311 m	55 m	29 m
Antenna Beamwidth:	360 deg.	360 deg.	120 deg.
Antenna Gain:	13 dBi	13 dBi	18 dBi
Transmit Power:	160 W	160 W	160 W
ERP:	2 kW	2 kW	5 kW

This configuration would allow:

- the coverage extension on the west side to approximate the coverage of the existing Montreal FM class C coverage, i.e. 97 km;

- the coverage overlap to achieve 90% to 99% availability and evaluate the effectiveness of using co-channel transmitting space diversity;

- the appropriate transmitter spacing to evaluate guard interval limitation, i.e. 32 and 64 ms with EUREKA-147 third-generation DAB equipment;

- a test bed to evaluate the economical implications of using L-band for DAB and compare them with existing FM-based hardware.

It is anticipated that these DAB experimental stations will be in operation in Montreal and Toronto either late this year or early 1994.

The coverage of the three-station SFN is shown in Figure 2.

While the construction of the test and experimental stations are underway, the work relating to the Policy Regulatory issues and Coverage and Service issues is also underway within the Working Groups of the Ministers Task Force. These two groups are addressing such issues as:

- the criteria to define the service areas or markets for groups of stations operating digital services, taking into consideration such factors as the service area for a DAB facility within the same market area, and the social and economic impact as a result of potential loss or gain of coverage and hence competitive advantage issues

- the regulatory structure of Digital Audio Broadcasting considering program regulation, simulcast criteria, and licensing of new digital services during the transition to digital

- the ownership structure for transmission facilities of digital audio broadcasting recognizing that a number of programmes will be transmitted on one facility.

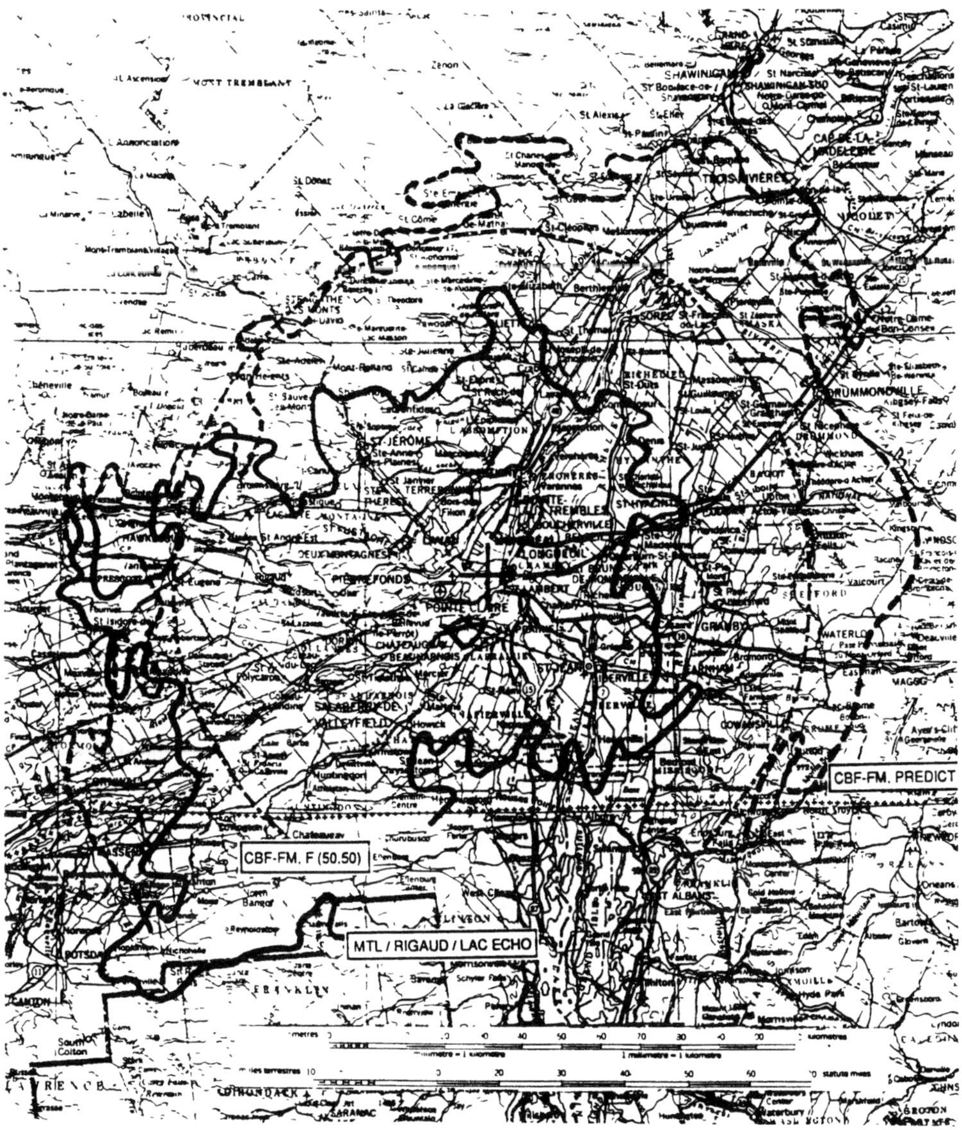

Figure 2

Allotment planning has also been started with the development of the computer tools required. Because of the flexibility of the wide-band new-band DAB technology, spectrum planning has become more difficult. The use of single frequency networks, gap fillers, on-channel repeaters, etc. allows tremendous flexibility in developing implementation scenarios.

Discussions have also been held with Canadian satellite operators, both Telesat and Telesat Mobile Incorporated, regarding the satellite possibilities at L-Band. One major question currently under consideration is whether the satellite service needs are best satisfied through construction of a dedicated L-Band broadcast satellite for DRB, an L-Band bus for Radio on a mobile satellite, or on a Fixed Satellite Service or Broadcast Satellite Service satellite used for Television. Much work remains to be done in this area.

Conclusions

The DAB work in Canada is based on a wide-band transmission system operating at L-Band. The tests have been carried out using EUREKA-147 technology, and the support we have had for the work in terms of time and engineering assistance from CCETT/IRT has been substantial.

Canada is reliant to a large extent on equipment, systems and receivers developed and manufactured elsewhere. The performance of Digital Audio Broadcasting at L-Band has been clearly demonstrated in Canada. To achieve the successful implementation of DAB at L-Band on a worldwide basis will require considerable time and effort and the support of all components of the industry, broadcasters, regulators and the equipment manufacturers.

References

1. CCIR Document WP10B/51-E Propagation and Large Area Single Frequency Networks at 1452-1492 MHz: Preliminary Results of Field Measurements, January, 1993.
2. D. L. Garforth: Digital Radio Broadcasting in Canada, S.B.E. Conference, Miami, October, 1993
3. Radio Action Plan Consultative Group Report, "Action Plan for Radio"

Receivers for DAB

Frans A. Westra

DAB is actually trying, to come from the "Research Phase" in to the "Realisation Phase". Taking into consideration what is known and what is still unknown, a number of receiver Technology and Implementation elements are explained. Looking at the first major benefits as well as the capabilities of first generation building bricks, products for mobile reception are a likely candidate. Consequently the subject is to a large extend addressed from that angle.

1. Introduction

Many partners in Broadcasting and Industry share the opinion that DAB is the one and only system that can qualify as the "Radio Standard" for the 21st Century.
Although the multitude of possible applications, and advantages as well as all different transmission possibilities, terrestrial, satellite or via cable, have not yet been fully explored and tested, one can say that DAB is actually leaving the "Research Phase" and tries now to enter the "Realisation Phase".
Consequently the pressure on Broadcasters / Network Operators, Industry as well as Governments increases, as introduction commitments together with the required investment decisions have to be taken.
At a time that money is scarce this factor will probably "dictate" the speed of introduction more than anything else.
The DAB-system uses frequency spectrum in a very efficient way, nevertheless additional bands have to be cleared as long as FM exists.
With the ever increasing interest of public and private Broadcasters and in future probably also explorers of Data applications, the frequency allocation becomes complex and will therefore need its time to be solved internationally.
The research and development planning for Key-Components as well as consumer products at many industrial Jessi and Eureka-Partners was so far geared to introduction at the International Consumer Electronics Fair in Berlin in 1995. At this particular moment it is however unclear where, when and to what extend this introduction could realistically be scheduled.

2. First Applications

Looking at first applications the most obvious benefits are probably found in mobile reception. Listening to uninterrupted distortion-free reception of Radio programmes with "CD-quality" in a moving vehicle, throughout the total coverage area (can be a whole nation) and without re-tuning is a real breakthrough.
It brings Radio back into "fair competition" with the CD which has already entered the car and in future with DCC, the Digital Compact Cassette.

Especially with the addition of already "Some Data Services" like e.g. an extension of RDS-TMC (Traffic Message Channel) with additional/local road, park and ride, or tourist information, this package should offer a totally renewed, improved service to the user for which he or she will then be prepared to pay the price.

At this point in time it is difficult to forecast consumer prices of first products. It is however clear that DAB will penetrate from the high end, gradually going also towards the low end of the market. This becomes more obvious considering some parameters probably valid in the start up phase:

a. Market introduction around '95/'96 means that development and manufacturing preparations have to be geared to technical solutions and manufacturing technologies available to a number of companies per today. "Gambling" on the possibilities of tomorrow would endanger this timing.

b. The first generation will contain around 10 specific IC's with all their peripheral components.

c. The chip surface of the main IC's for channel and source decoding alone will be in the order of 100 - 200 mm^2.

d. As long as DAB has not replaced AM/FM, in most cases the DAB-tuner is *a d d i t i o n a l* to the AM/FM -tuner.

e. Consequently this DAB receiver is too large in order to fit into small handheld sets. Also in mobile applications a second unit next to the standardised car radio combination cabinet will be required.

f. With respect to the frequency bands it is obvious that a multi-band tuner and aerial, ranging from band I upto L-Band, do not offer the most economic solution.
Moreover, after a particular part of the spectrum has been introduced for DAB it is difficult to take it out of the air again.
Therefore more focus should be given to the question: "What can we delete" instead of: "What can we add".

3. The second generation

Extrapolation into the future at this early stage is of course difficult and can only be based on assumptions on which opinions still differ.

Let us have a look at some elements:

a. New Sub micron IC-technologies will offer a much higher degree of integration resulting of course in more functions on less chip surface. This will have a positive effect not only on size and cost of the IC's themselves but also on the number of peripheral components and therefore on the complexity and size of the total receiver.
b. Moreover, power consumption goes down, next to size dominating the possible use in hand-held / battery driven products.
c. Although the traditional Compact Cassette will remain for quite some time, the penetration of CD and DCC changes the electrical architecture of audio equipment into a similar "digital direction" as required for DAB. In the case of DCC basically the same bit reduction system is used.
d. Obviously the signal handling between the "Digital Sources" will become more and more digitalised, avoiding unnecessary A/D - D/A conversion (use of "DSP's").
e. Also for a number of other reasons, the use of Digital Signal Processing in audio equipment will increase, creating an extending "digital fundament" on which among others DAB can be based.
f. Assuming that it will take at least 15 to 20 years before DAB has completely taken over from AM/FM, the majority of products will offer (AM)/FM as well as DAB combined for quite some time. It is therefore worthwhile considering whether the integration of both receiver systems in one concept offers a better price / performance ratio than optimising the analogue and the digital radio as separate building blocks.

With respect to timing one can summarise as follows:

a. New IC-technologies make improved/smaller/battery driven products *technically* possible already around 1997.

b. Longer term the "Digitalised Receiver infrastructure" will also help bringing DAB to the "Mass Market".

c. Also market penetration however takes time (look at e.g. the Compact Cassette, the Compact Disc, RDS, etc.).

A "delayed introduction" of DAB gives theoretical access to the mentioned improvements. It is however difficult and risky to go for the "Second Generation" without the experience with the first one.
Consequently, delayed introduction means a delay in the total process, which requires the best possible coordination between Broadcasters and Industry in order not to endanger the return on investment on either side.

4. Other "Consumer Options" and conditions

In the coming years the consumer will become more and more the king and as his money is also scarce he or she will be very selective in a market filled with options.
Let us take the Car Radio-market again as an example:

a. The Compact Disc has heavily penetrated the stationary and portable market and a considerable number of discs is available in almost every household. This is not yet the case in Cars.

b. A number of new introductions have already been executed or will be executed at similar timing as DAB:

 * The DCC (Digital Compact Cassette)
 * RDS-TMC (Traffic Message Channel)
 * GSM-Telephone
 * Navigation Systems (GPS)

c. Radio becomes more and more a part of the car and already today the majority is therefore installed by the Car Manufacturer at the belt. Car Industries need however considerable leadtime to prepare their models for a new feature like DAB.
Moreover the actual trend is more towards "Small Economy Cars" than in the direction of "Luxury High End Limousines".

5. Frequency Allocation / More Broadcasting Channels

Possibilities and Questions at the Receiver Side.

5.1 More Channels, how can the Receiver help

Before going to extension of the Frequency bands (with their price tag for the Receiver) it is maybe good to have another careful look at the possibilities the receiver offers "free of charge".
Especially in the case of l o c a l b r o a d c a s t i n g one can consider e.g. the following:

a. The Receiver follows automatically and at any moment the "Data Rate" (Influencing the audio quality) as well as the "Code Rate" (Influencing the error correction and therefore indirectly the "Transmitter range"). Both parameters can be independently selected per broadcasting channel.
T h e o r e t i c a l example for one 1,5 MHz-frequency block:
Instead of *6* "High Quality" programmes at "Full Range", also *12* "Good Quality" programmes at reduced range (60/70%) can be transmitted (needs further testing).

b. Within e.g. band III, the Receiver can obviously tune to all channels / 1.5 MHz frequency blocks.
Moreover it can easily distinguish TV from DAB signals.
From the Receiver side there is therefore no problem to tune to whatever block within Band III in case that block happens not to be used by TV in a p a r t i c u l a r a r e a . The end user does not need to know. He or she selects e.g. by "Station Call". Frequencies are no longer of importance to the consumer in the age of DAB.

5.2 More Frequencies / Early Application of L-Band

What do we know:

a. WARC-92 decided on L-Band. It will come.

b. Consequently Jessi AE-14 has added L-Band to its scope, be it obviously at a stage when VHF-Receiver developments were already "half way" and targeted to be ready for introduction in 1995.

c. Frequency allocation conferences will not *start* before 1994. Fortunately L-Band will at least be part of the agenda.

d. L-Band reception *in addition to VHF* will add to the cost price of the Receiver, the aerial(s), as well as the installation.
The question: "How much?", is difficult to forecast for the moment as it is not yet known *when* application will take place (1^{e} generation products or 2^{e} generation?) and *where*.
Will it be outside Europe, also in France or also in Germany maybe followed by other European countries?

Today's Status is that the L-Band will be prepared as an option to the VHF-Receiver.
A number of points are still under investigation like:

* Combination of the L-Band Antenna with the VHF Antenna
* Integration possibilities of L-Band Antenna in a car (windscreen antenna possible?)
* Optimal partitioning between Antenna/Converter and VHF-Receiver

The priority setting on these points is obviously influenced by the introductions of Broadcasters / Network operators.

Request: Please deal with L-Band *now*!
Also in case application is not foreseen before 2007.

6. Final Remark

Both Industry and Broadcasters have now to invest in the realisation of DAB.

There is however a difference:

* The Transmitter installed in 1995 can still be used in 1997.

* The Receiver produced for 1995 is however outdated by 1997.

For which introduction year should we invest?
Industry has to decide by the end of 1993 to be in time for 1995.

Konzept der DBP Telekom für ein Gesamtsystem DVB

Ludwig Stenger

Kurzfassung

Die Entwicklung der Digitaltechnik für den Fernsehrundfunk verläuft revolutionär. Der Festlegung des Quellencodier- und Multiplexverfahrens in ISO-MPEG folgte bereits die Definition der "Baseline"-Systeme für die Kabel- und Satellitenübertragung im Rahmen des Europäischen DVB-Projektes. Mit der Digitalisierung der Netze werden neben den üblichen Fernsehverteildiensten neue, wirtschaftlich attraktive Dienste möglich.

Der Beitrag befaßt sich mit der Festlegung der Qualitätsparameter und der entsprechenden Signalformate für DVB (Digital Video Broadcasting). Er beschreibt die Normenentwürfe ("Baseline"-Systeme) für die Übertragung der nach MPEG codierten und im Multiplex zusammengefaßten Signal- und Dienstekomponenten über Satellit und im Kabel. Er gibt Hinweise auf Planungsszenarien für terrestrisches DVB und beschreibt beispielhaft für andere mögliche neue Dienste "Video-on-Demand" (VoD) und die sich ergebenden Konsequenzen für die Netzgestaltung. Neue Technologien für die Netzausläufer wie die "Asymmetrical Digital Subscriber Line" (ADSL) auf der Doppelader oder kabelähnlich strukturierte Mikrowellen-Kleinzellennetze mit der Option für einen Rückkanal und der Option für eine spätere Erweiterung auf interaktive Dienste werden ebenfalls diskutiert.

1 Einleitung

Die intensiven technisch-wissenschaftlichen Arbeiten in einer Vielzahl nationaler und supranationaler europäischer DVB-Projekte, die Standardisierung bei ISO-MPEG und der bisher gut gelungene Interessenausgleich im Europäischen DVB-Projekt haben zu einer rasanten Entwicklung aber auch zu einer Schwerpunktverschiebung geführt. Glaubte man vor gut einem Jahr an eine Einführung der volldigitale Übertragung im Rundfunkbereich keinesfalls vor der Jahrtausendwende, so wird heute Ende 1994/Anfang 1995 als Zieltermin vorgegeben. Glaubte man vor gut einem Jahr noch, die Entwicklung mit digitalem terrestrischen HDTV vorantreiben zu können, so ist auf Grund wirtschaftlicher Überlegungen ein eindeutiger Trend zur Multiprogrammtechnik eingetreten: möglichst viele Fernsehprogramme der bestehenden (625/50/2:1) Fernsehnorm mit den Bildseitenverhältnissen 4:3 oder 16:9 sollen in herkömmlichen, eigentlich für analoge Fernsehübertragungsverfahren definierten Kanälen, übertragen werden.

Die Telekom hat von Anfang an zielstrebig auf eine einheitliches europäisches Konzept für den digitalen Rundfunk hingearbeitet und ihn im DVB-Projekt mitgestaltet.

Eine wichtige Voraussetzung für die Definition möglicher DVB-Dienste ist die Festlegung der zu übertragenden Signalformate und die Standardisierung der Quellencodierverfahren für Video und Audio und des Multiplexverfahrens. Auf diese Themen wird im Kapitel 2 kurz eingegangen, und die für DVB geeigneten Netze werden aufgelistet.

Auf die im Europäischen DVB-Projekt entwickelten "Baseline"-Systeme für Kabel und Satellit, die die Grundlage für die Bildung des Übertragungsrahmens, für den aktiven Fehlerschutz und für die Modulation bilden, wird in den Kapiteln 3 und 4 eingegangen.

Bei den terrestrischen Netzen steht die Frage nach einer geeigneten Einführungsstrategie von DVB-Diensten im Vordergrund; im Kapitel 5 werden die prinzipiellen Möglichkeiten diskutiert. Aber auch eine radikal andere Lösung mit Kleinzellen auf der Basis von Mikrowellentechnologien wird betrachtet.

Mit der Digitaltechnik lassen sich hervorragend neue Dienste gestalten. Ganz im Vordergrund der zur Zeit diskutierten Möglichkeiten steht, neben neuen interaktiven Multimedia-, Informations- und Kommunikationsdiensten, "Video-on-Demand" (VoD). Wegen der Notwendigkeit, einem Teilnehmer das von ihm gewünschte Programm individuell zuzuordnen, führt diese Technik zu hohen Kanalzahlen, die nur durch eine Neustrukturierung bestehender Netze zur Verfügung gestellt werden können. Entsprechende Alternativen werden im Kapitel 6 erörtert.

2 Signalformate, Gesamtsystem und Netze

Im Rahmen des Europäischen DVB-Projektes wurden für zukünftige DVB-Dienste Qualitätsstufen definiert und Signalformate zugeordnet. Die Qualitätsstufen werden mit HDTV (High Definition Television), EDTV (Enhanced Definition Television), SDTV (Standard Definition Television) und LDTV (Low Definition Television) [1] bezeichnet. Die entsprechenden Signalformate sind der Tabelle 1 zu entnehmen.

Die Grundzüge des Übertragungssystems sind im Blockschaltbild von Bild 1 skizziert. Dieses ist unterteilt in die funktionalen Blöcke "Quellencodierung und Multiplex" und "Kanaladaption". Sowohl für die Quellencodierung von Video und Audio als auch für die paketorientierte Multiplexbildung wird der Normenentwurf von ISO-MPEG [4,5,6], der MPEG2-Standard, zugrunde gelegt. Bei dem "Scrambling"-Verfahren und beim "Conditional Access" sind die Entscheidungen des DVB-Projektes maßgebend. In diesem Projekt ist auch die Handhabung der Service-Informationsdaten festzulegen.

	Video Aktiver Teil	Audio Kanäle	Datenkapazität (dynamische Zuordnung)	Gesamt-Bitrate
HDTV	1440/1152/50/2:1	5 +Kommentar	Min: 64 kbit/s Mittel: 1 Mbit/s	30 Mbit/s
EDTV	720/576/50/2:1	1 Stereo min. +Kommentar	Min: 64 kbit/s Mittel: 1 Mbit/s	12 Mbit/s
SDTV	720/576/50/2:1	1 Stereo (128 kbit/s /Kanal)	Min: 64 kbit/s Mittel: 0.5 Mbit/s	6 Mbit/s
LDTV	320/288	1 Stereo (128 kbit/s /Kanal)	Min: 64 kbit/s Mittel: 0.128 Mbit/s	1.5 Mbit/s

Tabelle 1: Signalformate möglicher DVB-Dienste

Die Kanalanpassung, die im wesentlichen aus Fehlerschutz, "Interleaver" und Modulator besteht, wurde ebenfalls im Rahmen des Europäischen DVB-Projektes festgelegt. Dabei wird angestrebt, die in Tabelle 1 aufgelisteten Signalformate mit der größtmöglichen "Commonality" in allen Netzvarianten zu übertragen. Wie in den nächsten beiden Kapiteln aufgeführt wird, ist dies zumindest für Satellit und Kabel, mit Ausnahme der gemeinsamen Nutzdatenrate, sichergestellt.

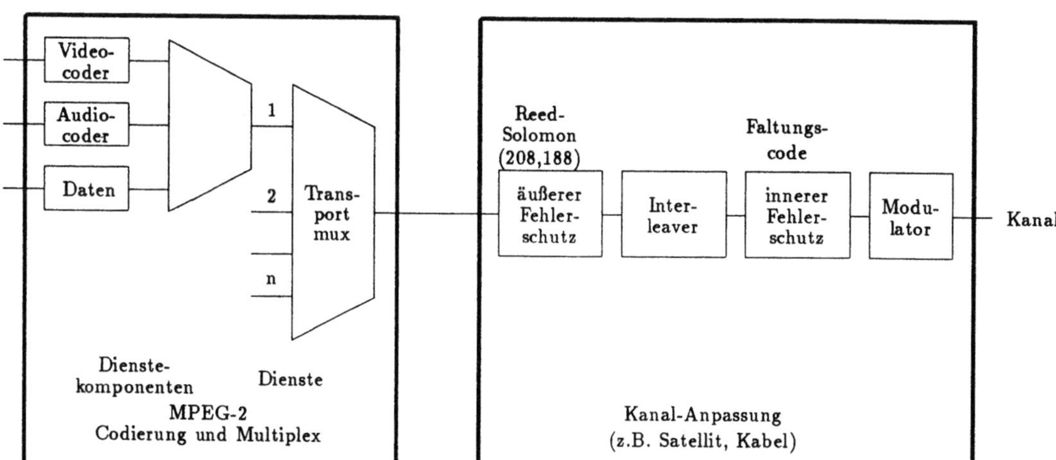

Bild 1: Blockdiagramm des DVB-Systems

Die für DVB-Dienste relevanten Übertragungsmedien sind:

- Rundfunksatelliten,
- Breitband-Kommunikations(BK)-Verteilnetze und Großgemeinschaftsanlagen,
- Netze mit HDSL(High bit rate Digital Subscriber Line)-, ADSL(Asymmetrical Digital Subscriber Line)- und VHDSL(Very high bit rate Digital Subscriber Line)-Ausläufern,
- "Fibre-To-The-Home"-Systeme, z.B. die OPAL-Versuchsnetze der Telekom,
- terrestrische Sendernetze, einschließlich MMDS(Microwave Multipoint Distribution Service)-, MVDS(Multipoint Video Distribution System)- und MLDS(Multichannel Local Distribution Service)-Kleinzellenstrukturen

3 Das "Baseline"-System für die Satellitenübertragung

Im Rahmen der Aktivitäten des Europäischen DVB-Projektes wurden für die Übertragung über Satelliten und Kabel erste Normenentwürfe, sog. "Baseline"-Systeme [2,3], erstellt. Diese sollen noch in 1993 dem ETSI (European Telecommunication Standards Institute) zur Einleitung der offiziellen Genehmigungsprozedur vorgelegt werden.

Das "Baseline"-System für die Satellitenübertragung ist für verschiedene Transponderbandbreiten von FSS(Fixed Service Satellite)- und BSS(Broadcast Service Satellite)-Systemen im Frequenzbereich 11-12 GHz definiert. Die hauptsächlichen Charakteristiken sind: Einträger-QPSK-Modulation (Phase Shift Keying, Phasenumtastung), codierte Modulation mit einem punktierten Faltungscode als innerem Code mit unterschiedlichen Coderaten und einem verkürzten Reed-Solomon(208,188)-Blockcode als äußerem Code. Dieser verkettete aktive Fehlerschutz soll eine quasi fehlerfreie Übertragung gewährleisten, d.h. eine Bitfehlerrate von höchstens 10^{-10} bis 10^{-11} am Eingang zum MPEG2-Demultiplexer sicherstellen.

BW (bei -3 DB) [MHz]	BW' (bei -1 dB) [MHz]	Max. R_s (Symbol rate) [MS/s]	R_u mit QPSK + 1/2 Falt. [Mbit/s]	R_u mit QPSK + 2/3 Falt. [Mbit/s]	R_u mit QPSK + 3/4 Falt. [Mbit/s]	R_u mit QPSK + 7/8 Falt. [Mbit/s]
40	36.0	31.5	31.5	42.0	47.2	55.1
36	32.4	28.3	28.3	37.8	42.5	49.6
33	29.7	26.0	26.0	34.6	39.0	45.5
30	27.0	23.6	23.6	31.5	35.4	41.3
27	24.3	21.2	21.2	28.3	31.9	37.2
26	23.4	20.5	20.5	27.3	30.7	35.8

Tabelle 2: Transponder-Bandbreiten und Nutzdatenraten des Satelliten-"Baseline"-Systems

Nach dem gegenwärtigen Stand der Diskussion soll die Symbolrate an die Transponderbandbreite optimal angepaßt werden. Die maximal übertragbare Symbolrate R_s in einer vorgegebenen Bandbreite wurde für eine hypothetische Satellitenstrecke (ohne Interferenzeffekte zu berücksichtigen) simuliert. Für eine QPSK-Modulation werden 2 bit zu einem Symbol zusammengefaßt. Die Ergebnisse für unterschiedliche Coderaten sind in der Tabelle 2 zusammengestellt. R_u ist die nutzbare Datenrate nach der Reed-Solomon-Codierung.

4 Digitales Fernsehen über Kabel

4.1 Das "Baseline"-System für die Kabelübertragung

Bei der Festlegung der Parameter des "Baseline"-Systems für Kabel wurden die folgenden Nebenbedingungen mit in Betracht gezogen:

- Minimierung der notwendigen Verarbeitungsschritte in der Kabelkopfstation,
- möglichst gleiche nutzbare Datenraten für Satellit und Kabel,
- Koexistenz analoger und digitaler Kanäle auf einem Kabel,
- Eignung auch für Großgemeinschaftsanlagen, im angelsächsischen Sprachgebrauch auch mit MATV(Master Antenna Television)-Systeme oder SMATV(Small Master Antenna Television)-Systeme bezeichnet, und
- die Erweiterbarkeit nach höherstufigen Modulationen.

Weitere Vorgaben waren: 8-MHz-Kanäle im Hyperband (aber anpassbar auf andere Bandbreiten, z.B. 7 MHz) und die Verfügbarkeit von preiswerter Empfängertechnik Ende 1994/ Anfang 1995. Die Abwägung weiterer wirtschaftlicher und technischer Gründe (Systemreserve, Interferenzen aus den digitalen in die analogen Kanäle und die Empfindlichkeit gegen Phasenrauschen, gegen Takt-Jitter und gegen Auswirkungen von Gruppenlaufzeitverzerrungen) gaben den Ausschlag für eine 64-stufige QAM.

In der Tabelle 3 sind vier Beispiele für eine weitere Ausgestaltung des Systems durch Parametervariation aufgelistet.

Beispiel 1 entspricht der theoretisch maximal möglichen Bitrate, die in einem 8-MHz-Kabelkanal übertragen werden kann; die praktische Realisierbarkeit eines "Roll-off"-Faktors von 10% ist dabei noch nicht geklärt. Beispiel 2 gibt die maximal erreichbare Bitrate bei Verwendung eines Faltungscodes mit einer Coderate von 7/8 an. Beispiel 3 unterscheidet sich vom vorangegangenen nur im leichter realisierbaren "Roll-off"-Faktor von 22%. Die Datenrate von 34,4 Mbit/s entspricht der Rate der plesiosynchronen digitalen Hierarchie (PDH). Eine weitere mögliche Variante wird im Beispiel 4 angedeutet: verwendet wird ein "Roll-off"-Faktor von 22% aber kein Faltungscode.

Baseline-System 64-QAM	Fehler-schutz (FEC)	Roll-off	Bitrate (vor RS) [Mbit/s]	Bitrate (nach RS) [Mbit/s]	Übertragungs-rate (nach innerem FEC) [Mbit/s]	Symbol-rate [MS/s]
Beispiel 1	RS(208,188) + kein Falt.	10%	39.4	43.6	43.6	7.2
Beispiel 2	RS(208,188) + 7/8 Falt. ("soft dec.")	10%	34.5	38.1	43.6	7.2
Beispiel 3	RS(208,188) + 7/8 Falt. ("soft dec.")	22%	31.1	34.4	39.3	6.5
Beispiel 4	RS(208,188) + kein Falt.	22%	35.5	39.3	39.3	6.5

Tabelle 3: "Baseline"-System für die Kabelübertragung

Um den wirtschaftlichen Betrieb der Kabelkopfstationen sicherzustellen, sollten Satellit und Kabel möglichst die gleiche nutzbare Datenrate pro Transponder oder Kanal verwenden. In der Tabelle 2 sind für unterschiedliche Transponderbandbreiten die maximal möglichen Übertragungsraten angegeben. In Tabelle 4 werden diese Zahlen wiederholt, wobei durch dünnere Balken jene Datenraten gekennzeichnet werden, die technologisch schwierig zu realisieren sind und durch dickere Balken diejenigen, die in 8-MHz-Kabelkanälen absolut nicht übertragen werden können.

BW (bei -3 db) [MHz]	BW' (bei -1 dB) [MHz]	Max. R_s (Symbol-rate) [MS/s]	R_u mit QPSK + 1/2 Falt. [Mbit/s]	R_u mit QPSK + 2/3 Falt. [Mbit/s]	R_u mit QPSK + 3/4 Falt. [Mbit/s]	R_u mit QPSK + 7/8 Falt. [Mbit/s]
40	36.0	31.5	31.5	42.0	47.2	55.1
36	32.4	28.3	28.3	37.8	42.5	49.6
33	29.7	26.0	26.0	34.6	39.0	45.5
30	27.0	23.6	23.6	31.5	35.4	41.3
27	24.3	21.2	21.2	28.3	31.9	37.2
26	23.4	20.5	20.5	27.3	30.7	35.8

Tabelle 4: Transponder-bezogene und für das Kabel geeignete Übertragungsraten

Um für Satellit und Kabel transparent übertragbare Datenraten zu erhalten, werden von France Telecom und der Deutschen Bundespost Telekom gemeinsam die folgenden Parameterwerte vorgeschlagen:

Satellit (QPSK)				Kabel (64-QAM)	
Sat.-Typ	Bandbreite	Faltungscode	Symbolrate	Symbolrate	Roll-off
Breiband-FSS	36 MHz	2/3	30.0 MS/s	6.67 MS/s	20%
FSS/BSS	33 MHz	3/4	26.6 MS/s	6.67 MS/s	20%

Tabelle 5: Parameterwerte für eine transparent übertragbare Datenrate für Satellit und Kabel

Der Vorschlag sieht für das Kabel keinen inneren Fehlerschutz vor und führt zu einer nutzbaren Datenrate von 36,9 Mbit/s direkt am Ausgang des Transport-Multiplexers und zu einer Rate von 40,0 Mbit/s nach der RS-Blockcodierung.

Die Reduktion der in Tabelle 5 aufgelisteten möglichen Optionen auf die zwei wesentlichen Transponderbandbreiten und auf nur eine Symbolrate im Kabel wird von beiden Organisationen als wesentlich für die wirtschaftliche Einführung eines DVB-Dienstes erachtet. Bei späteren Gerätegenerationen kann u.U. diese Festlegung entfallen.

4.2 HDSL-, ADSL- und VHDSL-Techniken

Digitale Signalverarbeitung und und Höchstintegration eröffnen neue Möglichkeiten, die vorhandenen Kupferkabel im Ortsanschlußleitungsnetz besser zu nutzen [7]. Es gilt, 2,048 Mbit/s über beliebige Doppeladern von Ortsanschlußkabeln möglichst ohne Zwischenregenerator zu übertragen. Seit Anfang 1992 wird bei der Telekom der sogenannte Anschlußleitungsmultiplex eingesetzt, wobei durch die verwendete Leitungsausrüstung für einen 2,048 Mbit/s Datenstrom eine Reichweite von 2,8 km (2,4 km bei unsymmetrischen Impulsstörungen) auf 0,4 mm Adern erreicht wird. 2000 Systeme sind bereits im Telekom-Netz installiert.

Bei HDSL (High bit rate Digital Subscriber Line) handelt es sich um eine bidirektionale Übertragung gleicher Bitraten, mit der 2,048 Mbit/s in Europa, bzw. 1,544 Mbit/s in den USA, zwischen einer Ortsvermittlungsstelle und dem Teilnehmer weitgehend ohne Zwischenregeneratoren auf Ortsanschlußleitungen übertragen werden können.

Von ANSI (American National Standards Institute) wird empfohlen, die Leitungsbitrate pro Doppelader auf 784 kbit/s (Duplexbetrieb) festzulegen. Es werden minimale Reichweiten von 3,65 km auf Kabeln mit 0,5 mm starken Leiterpaaren und 2,74 km auf Kabeln mit 0,4 mm starken Leiterpaaren gefordert

ETSI möchte ein 2,048 Mbit/s HDSL-System auf der Basis von 784 kbit/s spezifizieren. In diesem Fall kommt nur ein Dreifach-Duplex-Betrieb in Betracht, der eine Bitrate von 3×784 kbit/s = 2,352 Mbit/s bewältigen kann. In diese Bruttobitrate passen nicht nur 2,048 Mbit/s, sondern auch der von der SDH(Synchroneous Digital Hierarchy)-Technik vorgegebene Container VC-12 (Virtueller Container) mit 2,240 Mbit/s.

Bei Versuchen mit Dreifach-Duplex-Modems werden über Kabel mit 0,4 mm starken Leiterpaaren in stark impulsgestörter Umgebung Reichweiten von 3,2 km erzielt. Bei einem Doppel-Duplex-Betrieb wird diese Reichweite wegen der höheren Bitrate pro Doppelader um ca. 500 m reduziert.

Da es sich bei HDSL um eine bidirektionale Übertragung gleicher Bitraten handelt, können über derartige Verbindungen Dialogdienste abgewickelt werden. Im Gegensatz dazu wurden in den USA sehr frühzeitig Verfahren einer hinsichtlich der Bitraten unsymmetrischen, bidirektionalen Übertragung für den Anschlußbereich diskutiert, mit denen Breitbanddienste sehr wirtschaftlich zum Wohnsitz der Teilnehmer verteilt werden können. Diese Technik wird mit ADSL (Asymmetrical Digital Subscriber Line) bezeichnet.

Bei ADSL erfolgt die eigentliche hochratige Übertragung in Richtung zum Teilnehmer. In den USA werden Bitraten zwischen 1,544 und 6 Mbit/s diskutiert, wobei im ersten Schritt 1,544 Mbit/s anvisiert werden. Für die Steuerinformation des niederratigen Kanals vom Teilnehmer zur Zentrale ist von Bitraten zwischen 9,6 und 16 kbit/s auszugehen. Bei Anwendung dieses Dienstes wird gefordert, daß das analoge Telefon ohne Einschränkungen weiterhin funktioniert. Die ADSL-Technik wird also zusätzlich auf der Telefonleitung, und zwar auf nur einer Doppelader im Gegensatz zu HDSL, betrieben. In den USA werden Reichweiten der Signalübertragung bei ADSL von maximal 5,5 km ohne spezielle Modifikation gefordert.

Für lokale Netze, aber auch für zukünftige Teilnehmeranschlüsse, gibt es eine steigende Nachfrage nach einer Übertragung von Bitraten zwischen 10 und 155 Mbit/s über Distanzen von 10 bis 500 m. Obwohl Glasfaserkabel hierfür sowohl wegen der größeren Bandbreite als auch der größeren Störsicherheit das bevorzugte Medium darstellen, können Techniken für symmetrische Kabel wesentlich preiswerter und damit, gleiche Zuverlässigkeit vorausgesetzt, für diese Einsatzfälle vorteilhafter sein. Im englischsprachigen Schrifttum wird die Technik zur Übertragung von viel mehr als 2,048 Mbit/s auf Teilnehmeranschlußleitungen im allgemeinen mit "Very High bit rate Digital Subscriber Line" (VHDSL) bezeichnet. Wegen der hohen Bitraten kommt hierfür nur eine Simplexübertragung über zwei getrennte Doppeladern in Betracht.

Bei der Signalzuführung für die lokalen Netze durch Glasfaser wird das Ziel verfolgt, den optischen Netzabschluß möglichst nahe an oder in den Wohnbereich der Teilnehmer zu führen. In der Distanz des Netzabschlusses zu den Teilnehmern unterscheiden sich die verschiedenen Strategien. So befindet sich bei FTTC (Fibre To The Curb) der optische Netzabschluß am "Straßenrand" (curb). Von hier aus werden die Teilnehmer über relativ kurze Kupferleitungen an das optische Netz angeschlossen. Die Kupferverbindungen bei FTTB (Fibre To The Building) und FTTH (Fibre To The Home) sind im Verglich zu FTTC wesentlich kürzer. In diesen Fällen werden nur noch die Gebäudeverkabelungen mit Kupferleitungen verdrahtet. Bei allen diesen Konzepten können VHDSL-Systeme verwendet werden.

5 Terrestrische Übertragung

Bei der Diskussion um digitales Fernsehen in terrestrischen Netzen steht die mögliche Einführungsstrategie im Vordergrund. Von Seiten der Netzplanung werden vordringlich zwei Szenarien durchgespielt: Die Einführung über Gleichwellennetze in freien Kanälen - in der Bundesrepublik Deutschland würden sich hierfür die Kanäle oberhalb 61 anbieten - oder das Unterwandern der bestehenden Analognetze insbesondere durch Auffüllen von - nach bisherigen Planungsregeln - nicht nutzbaren Lücken.

Telekom bemüht sich zur Zeit, durch den Aufbau eines kleinen Gleichwellennetzes mit bis zu 5 Sendern in Berlin die Grundlagen für eine solide Planung für beide Szenarien zu erarbeiten. Nach dem Startschuß zur IFA '93 ist das mit VIDINET bezeichnete Projekt in eine intensive Meßphase eingetreten, wobei mit Vorrang auch die Aspekte der hierarchischen Programmausstrahlung mit "graceful degradation" und des portablen Fernsehempfangs untersucht werden.

Im Projekt VIDINET ist vorgesehen, mehrere TV-Programme mit flexibler Datenrate in einem Fernsehkanal - auf Satellit, Kabel oder terrestrisch - zu übertragen. Die erstmals auf der IFA '93 vorgeführte Technik sah noch vier Programme mit einer fest zugeteilten Rate von je 6 Mbit/s vor. Die Gesamtdatenrate liegt bei 34,368 Mbit/s nach CCITT G.703. Zugeführt werden die Programme über DFS Kopernikus (20/30 GHz) mit 4-PSK-Modulation. Weitere technische Daten sind [8]:

- OFDM-Modulation (Orthogonal Frequency Division Multiplex) für terrestrische Ausstrahlung, 1024 Träger, 64-DAPSK je Nutz-Träger, 30μs Schutzintervall,
- Gleichwellenbetrieb mit 3 Sendern (ab Ende 95 bis zu 5 Sendern) im Kanal 59, DVB-Leistung jeweils 400 W.

In den folgenden Projektphasen wird die feste Zuordnung der Datenrate je Programm aufgehoben und die Versuche werden besonders bei Kabel und Satellit intensiviert.

Ein radikal anderes Konzept ist die Verteilung von Videosignalen über zellulare Mikrowellen-Funknetze. Systeme zur Verteilung von Videosignalen im Teilnehmeranschlußbereich über zellulare Mikrowellen-Funknetze werden als MMDS (Microwave Multipoint Distribution Systems), MVDS (Microwave Video Distribution Systems) oder auch "Wireless Cable"-Systeme bezeichnet. Die Idee, Funknetze mit in die Verteilkette des Fernsehrundfunks einzubeziehen, ist nicht neu. Bereits seit einiger Zeit werden analoge MMDS-Netze vorwiegend in Irland, Frankreich, Schweden, Großbritannien und Osteuropa untersucht und entwickelt. So wurde in Irland beispielsweise ein MMDS ralisiert, das mit Hilfe von Restseitenbandmodulation PAL-Signale im Frequenzbereich von 2,5 - 2,676 GHz verteilt.

In Europa verabschiedete die CEPT (Konferenz Europäischer Post- und Telekommunikationsverwaltungen) 1990 eine Empfehlung (T/R52-01) zum Thema MMDS. Diese besagt, daß MMDS für die Verteilung von mindestens 20 amplituden- oder frequenzmodulierten

Trägersignalen geeignet sein soll. Dabei soll die Trägerfrequenz im Bereich zwischen 29 GHz und 60 GHz liegen. Besonders geeignet scheint das Frequenzband zwischen 40,5 GHz und 42,5 GHz, das zwar von der ITU (International Telecommunications Union) bereits für den Satellitenrundfunk vorgesehen war, zumindest in absehbarer Zeit aber hierfür nicht genutzt werden wird.

Durch die rasante Entwicklung digitaler Datenreduktions- und Kanalcodierverfahren und der damit erreichbaren Vorteile einer höheren Anzahl von Programmen und einer besseren Störresistenz hat das Interesse an MMDS erheblich zugenommen. Besonders in den USA sieht man digitale Funknetze als Bestandteil einer hybriden digitalen Verteilung von Fernsehsignalen. Dabei erfolgt die Signalzuführung zu den MMDS über terrestrische Netze, Satellit oder Kabel.

Ein erstes mit MLDS (Multichannel Local Distribution Service) [9] bezeichnetes Vielkanalsystem wird bereits seit 1992 von der Firma Cellular Vision in Brighton Beach, Brooklyn, New York, betrieben. 49 Fernsehkanäle werden im 28-GHz-Bereich ausgestrahlt, allerdings noch in FM-Technik. Die Technik erlaubt aber Erweiterungen, die es erlauben 100 Kanäle in einer Gesamtbandbreite von 1 GHz zu übertragen. Zur Zeit können 190.000 Haushalte erreicht werden und man prognostiziert, daß 1997 500.000 Teilnehmer im Raum New York angeschlossen sein werden.

Die Firma Cellular Vision versucht, ihre Technik auch für Videokonferenzen, Datenübertragung und mobile Übertragung einzusetzen. Die Rückkanalfähigkeit des Systems eröffnet völlig neuartige Perspektiven für den terrestrischen Rundfunk.

6 Dienste

Mit der Digitalisierung der BK-Netze, mit ADSL und MMDS werden Dienste in Perfektion möglich, die zwar im Ansatz nicht neu sind, die aber bisher an der Unzulänglichkeit der verfügbaren Technik scheiterten.

Auf dem BK-Netz werden, neben einem weiterhin vorhandenen Basisprogrammpaket, Zusatzdienste angeboten: ein Strauß ausgewählter Programme zum Abonnieren, "Pay-per-View"-Dienste, Programme für geschlossene Benutzergruppen, und durch Implementierung eines schmalbandigen Rückkanals werden "Video-on-Demand" (VoD), interaktive Multimedia- und Informationsdienste und "Tele-shopping" möglich. Durch Erweiterung des Rückkanals von wenigen kbit/s auf einige Mbit/s sind auch Bildfernsprechen und Videokonferenz durchführbar.

Von den genannten Applikationen sind nach Einschätzung der Marktstrategen VoD-Dienste besonders erfolgversprechend. Ein Indikator hierfür ist die weite Verbreitung von Videotheken und die bekannte Bequemlichkeit der Fernsehkonsumenten. Der Erfolg von VoD hängt natürlich wesentlich von der Tarifgestaltung und diese wiederum, von politischen Einflußgrößen abgesehen, von der wirtschaftlichen Gestaltung der Netze ab.

Da bei VoD jedem Teilnehmer das von ihm gewählte Programm individuell zugeordnet wird, führt dies zu starken, von der Zentrale abgehenden Kanalbündelungen, die erst mit weiterer Verzweigung des Netzes schwächer werden.

Die hierfür notwendigen Infrastrukturmaßnahmen lassen sich mit der heute verfügbaren Glasfasertechnologie hervorragend realisieren. So kann man sich vorstellen, wie in Bild 2 angedeutet, daß - nachdem bereits Digitaltechnik im Hyperband vorhanden ist - die VoD-Programme mit Hilfe einer dem BK-Netz überlagerten Glasfaserstruktur an die B- oder C-Ebene herangeführt und dort eingespeist werden. Auch bei der Verwendung von ADSL und MMDS-Techniken in den Netzausläufern wird der Kernbereich glasfasergestützt sein müssen.

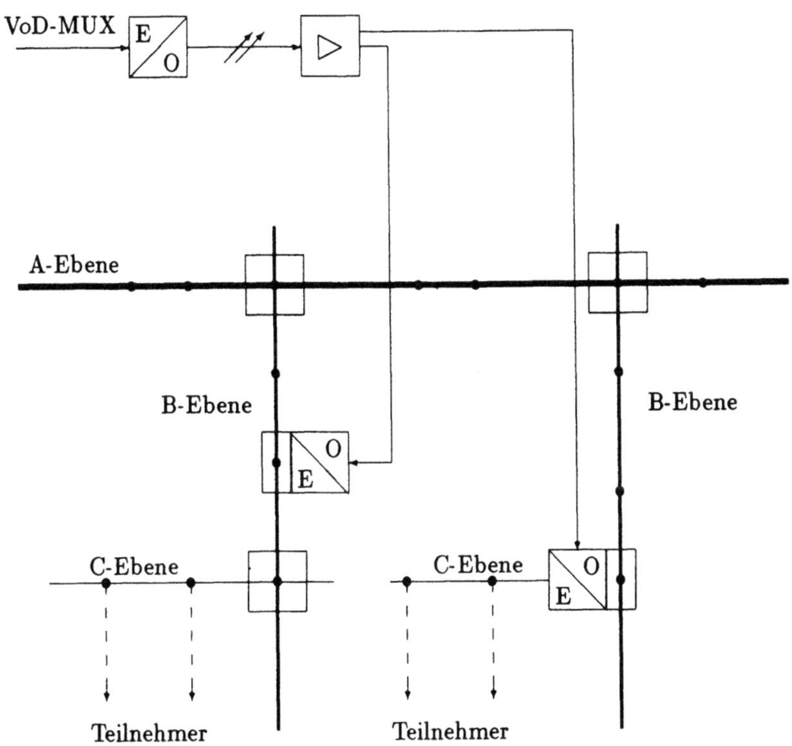

Bild 2: VoD in einem glasfasergestützten digitalisierten BK-Netz

Ein interessanter Sonderfall sind die OPAL-Netze der Telekom in den neuen Bundesländern. Hier wurden bereits durch das möglichst nahe Heranführen der Glasfasern an den Verbraucher ("Fibre-To-The-Curb" oder sogar "Fibre-To-The-Building") äußerst günstige Voraussetzungen für die VoD-Implementierung geschaffen. Allerdings sind die Anschlußzahlen - mehr als 200.000 in 1993 und jeweils angestrebte weitere 500.000 Anschlüsse in 1994 und 1995 - im Verhältnis zum Gesamt-BK-Netz nicht sehr bedeutend.

7 Zusammenfassung

Verschiedene wissenschaftlich-technische Projekte und die Aktivitäten des Europäischen DVB-Projektes haben dazu geführt, daß der Entwicklungsvorsprung, den die Amerikaner aufgrund des FCC-Wettbewerbes um das beste digitale terrestrische HDTV-Übertragungssystem und aufgrund der Entscheidung der Firma Hughes, digitalen Fernsehrundfunk einzuführen, gewonnen hatten, rasch wieder aufgeholt wurde. Nach der Festschreibung der Normen für die digitale Codierung von Video und Audio und die Multiplexbildung in ISO/MPEG folgte jetzt die weitgehende Einigung auf sog. "Baseline"-Systeme für die Satelliten- und Kabelübertragung. Es wird jedoch erforderlich sein, die nach den vorliegenden Entwürfen noch möglichen Optionen weiter einzuengen, um die wirtschaftliche Einführung von DVB-Diensten auch über preiswerte Empfänger zu gewährleisten. In Kapitel 4 werden hierzu Parameterwerte vorgeschlagen, die für zwei typische Transponderbandbreiten und für den 8-MHz-Kabelkanal eine transparente Datenrate sicherstellen.

Die digitale Übertragungstechnik wird nicht nur die Rundfunkverteildienste revolutionieren, sondern auch neue Dienste ermöglichen, die zwar im Ansatz nicht neu sind, deren Entwicklung bisher aber durch die unzulängliche Technik behindert wurde. Einige Aspekte der Dienstegestaltung, besonders im Hinblick auf die notwendigen Netzentwicklungen, wurden in Kapitel 6 behandelt.

Die Anwendung neuester Technologien ermöglicht eine neuartige Gestaltung der Netzausläufer. So erlauben z.B. Mikrowellen-Kleinzellennetze nicht nur eine Multiprogrammverteilung, sondern auch über die Implementierung von Rückkanälen interaktive Kommunikationsdienste, einschließlich Bildfernsprechen und Videokonferenz. Auch mobile Anwendungen sind bereits in der Erprobung.

Die Deutsche Bundespost Telekom stellt sich intensiv auf die neuen technischen Gegebenheiten ein. Dies kommt zum Ausdruck in der Intensität der Arbeiten im Projekt Vidinet, aber auch im Engangement in den entsprechenden nationalen und internationalen Projekten, Gremien und Ausschüssen. Telekom trägt den MPEG-Standard und die Absprachen des Europäischen DVB-Projektes mit, drängt jedoch darauf, die immer noch zahlreichen Optionen im "Baseline"-System für Satelliten einzuengen. Sollte dies nicht erreichbar sein, wird es notwendig werden, z.B. durch Absprachen mit der Lieferindustrie, über "Rules of Operation" praktikable Hardware-Lösungen sicherzustellen.

Anerkennung
Der Autor bedankt sich bei Frau Dr. A. Knoll für anregende Diskussionen zum Thema und für die Mithilfe bei der Manuskripterstellung.

8 Literatur

[1] Dokument WG DTB 1063 "Report to the European Launching Group on the prospects for Digital Terrestrial Television", November 1992

[2] EBU-Document GT V4/MOD 252, rev. 3, "Baseline Modulation/Channel Coding System for Digital Multi-Program Television by Satellite", August 1993

[3] EBU-Document GT V4/MOD 269, rev. 2, "Preliminary Baseline System for Digital Television on Cable", September 1993

[4] MPEG2-Video, Recommendation H262, ISO/IEC 13818-2, Committee Draft

[5] MPEG2 systems Working Draft, ISO/IEC/N0601, November 1993

[6] MPEG2-Audio, ISO/IEC/N0603 Committee Draft 13818-3, November 1993

[7] Wellhausen, H.-W., Heuser, S., "Effiziente Nutzung vorhandener Kupfer-Ortsanschlußleitungsnetze", Der Fernmelde-Ingenieur, Heft 8 und 9, 1993

[8] St. Breide, V. Engels, J. Johann, M. Kühn, "Digitaler Fernsehrundfunk - Technische Teilaspekte des Telekom-Projektes "Vidinet"", FKT, Sept. 93, S. 535

[9] Bossard, B.B., "Millimeter-Wave Video and Telecommunications Distribution System (MLDS)", Comtex 1993, London, October 93

COFDM Modulation

Philippe Levrier

1. Introduction

During the sixty years from 1920 to 1980, new technologies created rich and varied audiovisual panoramas, covering the whole planet and representing an annual market of more than $US 250 billion.

For more or less the past fifteen years, the main factor determining the development of communication systems has been the gradual digitization of transmission systems. Programme production has already been largely digitized : embellished with the help of special effects generators, stored and copied by means of digital video recorders, the pictures themselves are now transferred within and between studios over high speed optical fibres (> 1 Gbit/s). Meanwhile, digital equipment has gradually been installed along almost the whole chain of sound and image (production, transmission, storage, reception).

The final link in the audiovisual chain - digital broadcasting -is now being forged, a development which promises to deliver a thousand times more than its predecessor.

The strengths of digital broadcasting are directly perceived by the final consumer and they seem to be so potent that they will create the conditions for a new phase of development in the audiovisual field.

The digitization of broadcasting has been made possible only by work carried out on image compression. With a rate of 1.5 Mbit/s now possible, we can transmit several hours of television programmes per week to hundreds of millions of viewers at a quality comparable to that presently available, using the VHS standard for recording and reading.

So why digitize this last link? What is the point of going for digital radio or television?

Quite apart from the mere wish to digitize the picture chain from one end to the other, digital broadcasting will contribute to make a system with the potential:

• To offer far more programmes by increasing transmission capacities and, eventually, to save space in the radio frequency spectrum by using COFDM(1) technology. The transmission capacity of an analog channel can be multiplied by a factor of between 4 and 6 with no loss in quality. Moreover, after a transition period, the use of the radio frequency spectrum will be optimized, thanks to the exploitation of single frequency cellular networks.

---

(1) *COFDM - Coded orthogonal frequency division multiplex*

• To improve the quality of reproduction and reception of audiovisual messages. From colour TV to FM radio, from stereo to 16/9 and from digital sound to high definition, the striving to perfect the electronic illusions created by human inventiveness has forever been the driving force behind innovation in the field of radio and television. Digitization is no exception to this rule.

• To diversify the means by which audiovisual services are used. Not so long ago, television was synonymous with the family TV set. Since then, however, the means by which audiovisual services are used have grown and diversified. The introduction of scrambling and access control systems is but one of the most recent instances of the contributions of technology to the development of the audiovisual field. The application of digital technologies opens up prospects for possible changes in the means by which audiovisual services are used. For example, as they are extremely well adapted to scrambling and access control systems, new services could be launched as soon as there were sufficient terminals in place. Thanks to the remarkable properties of COFDM, digital television terrestrial broadcasting will, under certain circumstances, make roof aerials a thing of the past. This will open the way for portable TV sets with integral aerials, with the possibility of multipurpose use, and perhaps even to mobile television services. Finally, it is conceivable that sharing in the use of computer technologies and norms will lead to a transformation of the television set itself. Indeed, the development of video games is one of the first signs that the original television set, designed for a single purpose and communal viewing, is becoming a multi-purpose terminal for individual use.

• To provide a unique means of defining a growing range of services from low technology TV to HDTV. It would be possible, for example, to transmit signals designed to be received at different quality levels, depending on reception conditions. Alternatively, depending on the type of signal transmitted, it would be possible to modify the transmission channel configuration in terms of quality and quantity.

• To offer new types of services. This will be discussed in detail below.

So, let us now consider the main characteristics of COFDM.

2. COFDM

Although COFDM derives from work on digital radio broadcasting, it is a transmission technique which can be adapted to a very large number of services.

The first question is the system specification, i.e. what challenges does a system of terrestrial digital broadcasting have to face ?

For a start, radio-frequency broadcasting comes up against two major difficulties, which are most acutely felt in the urban areas, where most of its customers are to be found : firstly, the presence of natural echoes due to the phenomenon of multi-path propagation ; and, secondly, saturation of the spectrum.

These two problems - i.e. the intrinsic quality of the signal and frequency planning - are often treated as separate parameters. In practice, however, they amount to the same thing since, as far as the receiver is concerned, the interference caused by remote transmitters broadcasting the same programme as a local transmitter seems to be an artificial echo.

Thus, the potential of a new system will depend entirely on the strategy adopted with regard to echoes, whether natural or artificial. Only if echo management is innovative and takes advantage of the digital characteristics of the signal to improve overall performance will the introduction of a digital system open up promising perspectives.

Moreover, the new system will have to be introduced into the existing analog environment. Finally, the cost of the receiver must remain within bounds acceptable to the general public.

COFDM (coded orthogonal frequency division multiplex)

CODFM meets all the requirements of this specification and provides a revolutionary form of echo management.

Let us review briefly the main features of COFDM and, especially, the most innovative of them.

• Contrary to the practice in conventional analog and digital systems, where information is conveyed on a single carrier, here, the information to be transmitted is spread over a large number of carriers in parallel, individually modulated at a low rate.

Thus, the signal is unaffected by frequency selectivity.

The multiplex is used for several programmes on a time division basis.

• Thanks to a frequency spacing equal to the inverse of the symbol duration, it is possible to obtain partial cover of all the carriers.

This results in excellent spectrum efficiency.

The modulation and demodulation functions can be carried out easily by means of Fast Fourier Transform algorithms.

• Information can be extracted from every carrier without suffering from interference due to the presence of neighbouring carriers.

The insertion of time guard intervals, allows the constructive use of echoes. This can be compared to the way in which two motorists keep a safe distance between themselves in order to avoid a crash. It can be said that the guard interval serves to prevent collisions between symbols.

• Channel coding is carried out to limit the phenomenon of signal fading.

By making use of the principle that signals which are sufficiently separated in frequency and time cannot be affected in an identical way, coding with time and frequency interlacing, permits the receiver to reconstruct all the information.

Schematically, this can be represented as follows:

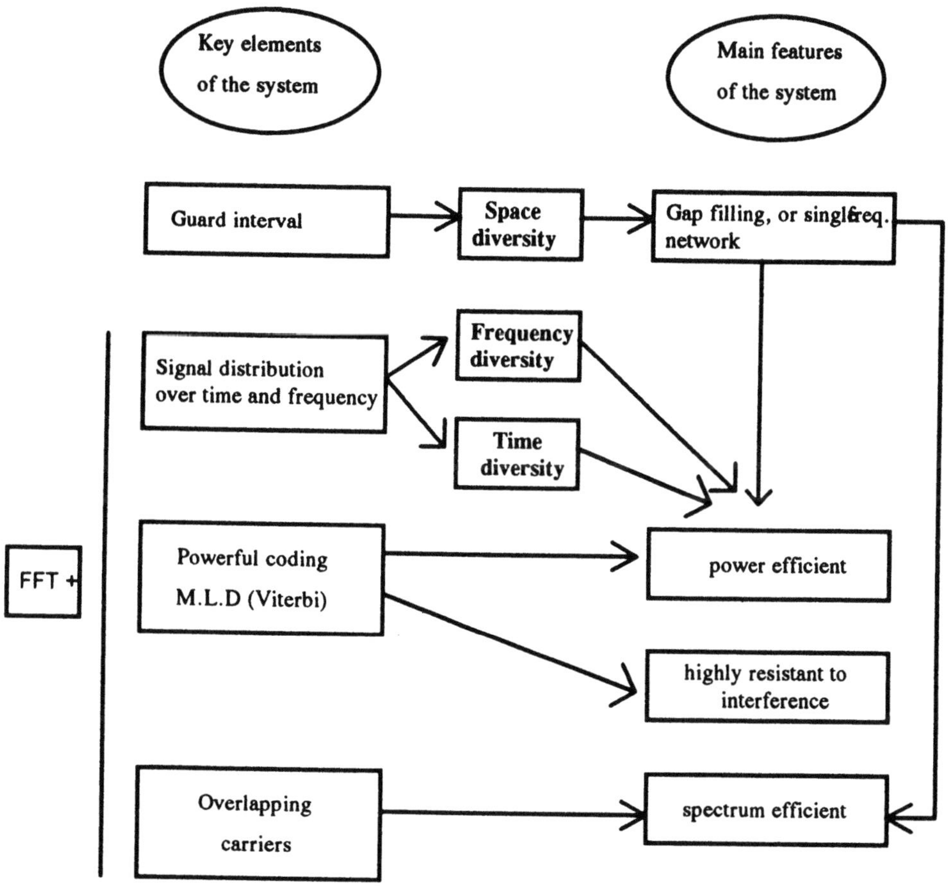

Fig. 1.

To sum up, COFDM exploits all types of diversity (time, space and frequency). In addition, it provides some completely new advantages: it is unaffected by individual scramblers; it makes positive use of echoes; it permits spectrum arrangement on demand; it allows single frequency networks; it gives flexibility in multiplexing services). Thus, COFDM permits the complexity of propagation to be shifted to the network organization level.

3. COFDM performance

Let us now consider some data for COFDM:

a. A trade-off between capacity and ruggedness

The next figure illustrates this trade-off, depending on the choice of modulation (number of bits per carrier), channel coding (code redundancy) and method of demodulation.

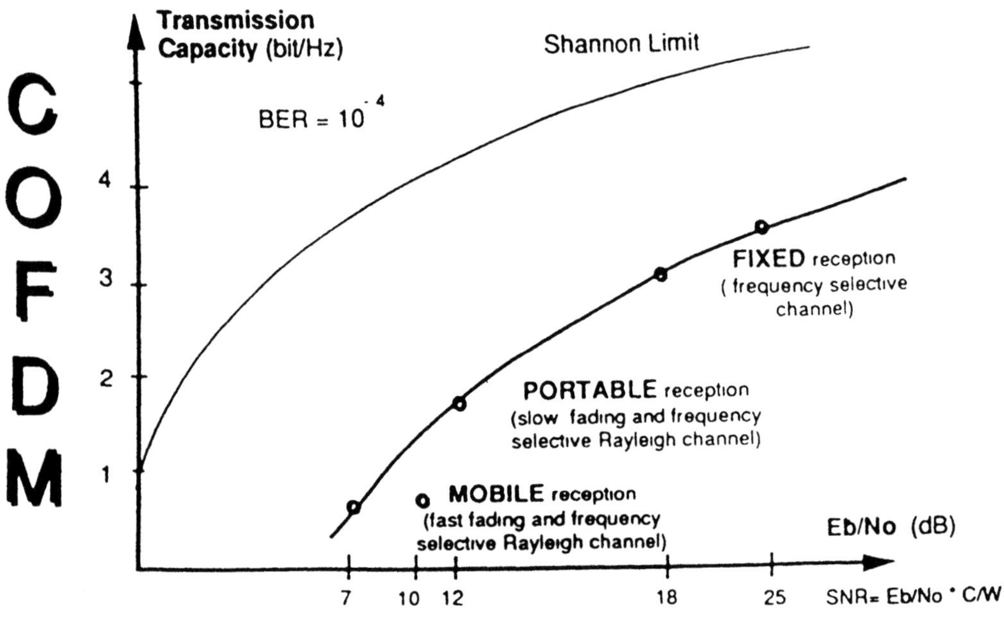

Fig. 2. Trade-off between capacity and ruggedness

b. Guard interval and echo level

Particular note should be taken of the fact that the system is independent of the relative amplitude of the echoes.

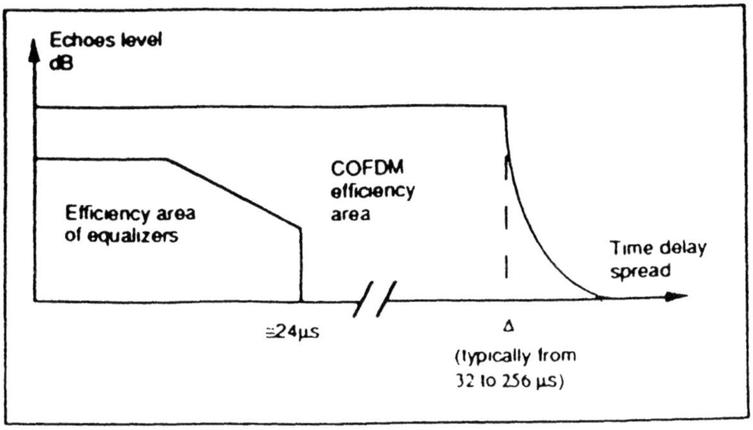

Fig. 3. Comparison of operating areas (level/echo length) using COFDM and a traditional equalizer

The next figure compares the complexity of a CODFM decoder with other systems from the point of view of echoes.

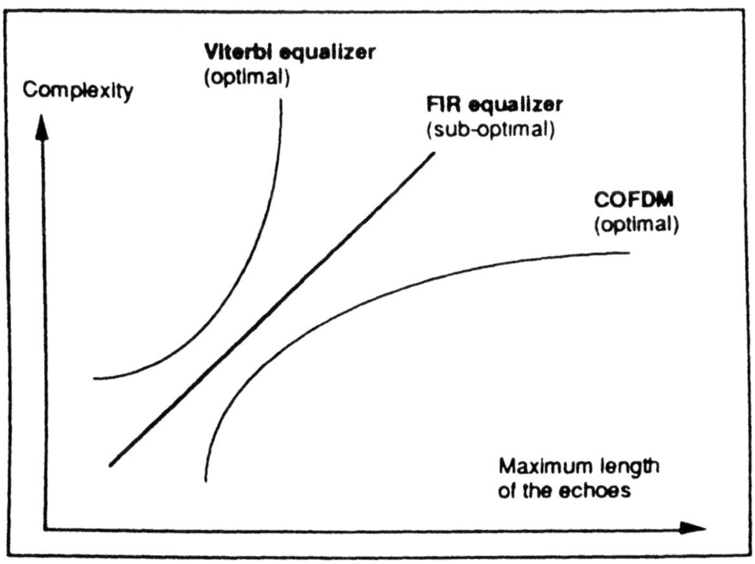

Fig. 4. Complexity as a function of the maximum echo length

c. Operating limits of COFDM

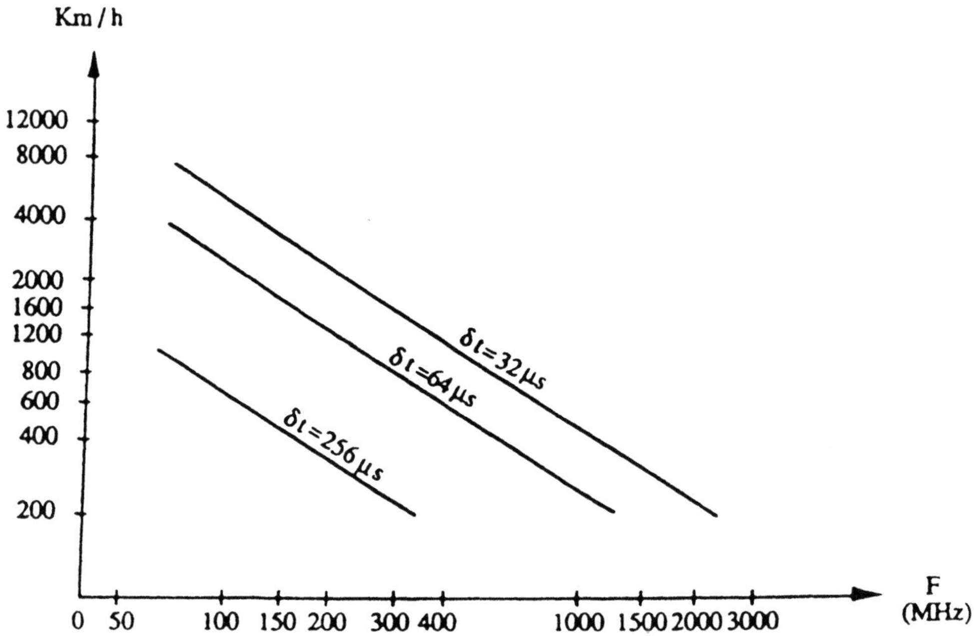

Fig. 5.

4. Applications of COFDM

Now that we have seen the innovations brought by COFDM, let us consider what the system can do by translating its technical characteristics into service characteristics.

The COFDM multiplex can be made up of bits which encode any service. Thus, it offers the usual advantages of digital transmission : scrambling is easier and more flexible and the multiplexed services are more rugged than if they were transmitted separately (frequency diversity).

The system allows signals to be received by fixed, portable and mobile receivers. In addition, it can be adapted to different levels of receiver mobility or channel quality, thanks to the possibility of selecting different parameters of modulation for different carriers.

COFDM signals are highly resistant to interferers. Moreover, conventional analog signals are resistant to COFDM interferences - which is seen as white noise, its amplitude being low thanks to the power efficiency of COFDM. These are undeniable advantages when it comes to the introduction of new digital broadcasting services.

Finally, COFDM opens up revolutionary prospects in terms of network engineering.

• As the system is designed to take advantage of echoes, they can be produced deliberately. An immediate application of this principle is to eliminate residual shadow zones through the use of small active gap-fillers without having to change the carrier frequency.

• At 1,5 GHz, it is possible to envisage the creation of a hybrid terrestrial/satellite network on the same frequency. The power of the satellite would be adjusted to cover the clear areas and the re-transmitters on the ground would strengthen the signal level in the shadow zones.

• It would be possible to create networks of terrestrial transmitters all synchronized with each other, sending the same signal on the same frequency. The infrastructure would be very different from that of traditional networks since there would be no need for very powerful transmitters. This would permit a new service to be launched with a minimum initial investment and its area of cover could then be gradually expanded.

• The COFDM system permits the establishment of national or regional single frequency networks. In France, 45 channels of 8 MHz in the UHF band are saturated by the programmes of 6 national television stations and one multi-city chain. The gain achieved with COFDM is a factor of from 3 to 4. If we add to this the gain from digital compression (5 MBit per programme), the combination of COFDM/source coding produces a gain in terms of spectrum efficiency amounting to a factor of 4 x 5 = 20 for Pal Secam quality.

4.1 Digital sound broadcasting

Developed initially for this application, COFDM has the following characteristics:

. channel width: 1.5 MHz
. gross available rate: 2304 kbit/s
. carrier modulation: MDP4
. coding : convolutional - at variable rates, depending on the level of protection required
. several modes, depending on the operating frequency (each mode has its value for symbol duration and guard interval).

There are good reasons for making a start with this application. Radio will serve as a test bed for digital technology and it may well be that the success of digital television and other broadcast services will depend to some extent on that of digital radio.

a. Conditions for deployment

In this context, a number of points should be noted:

1. COFDM permits CD quality reception, whether on hi-fi, transistor radio or car radio. Although this does not signify a change in the modes of radio consumption, the fact that ancillary services can be added may prove a determining factor.

2. The problem of frequencies in Europe has to be settled. One of the results of CAMR 92 was that the 1452-1492 MHz frequency band was set aside for sound broadcasting with hybrid earth/satellite systems. This band could be used to launch the DAB.

3. Depending on the quality chosen, it is necessary to establish a multiplex of 5 to 12 radios. Although multiplexes such as these are already in existence to supply terrestrial transmitters, every programme has its own broadcasting frequency and decides on its own mode of broadcasting (using its own facilities, another radio or an operator). It is necessary, therefore, to draw up a certain number of rules to govern the coexistence of several programmes on the same frequency and to form a block of programmes.

4. In addition to the technical potential of COFDM, account must be taken both of its capacity to satisfy certain financial requirements and the amount of support it will receive from public authorities. The broadcasting companies are faced with a dilemma:

- If the new technology is used to transmit old programmes, this means duplication, resulting in additional costs for no substantial extra revenue and in a low rate of growth for consumer equipment.

- On the other hand, if the new technology is used to transmit new programmes, it is not sure that they will be profitable, since, in the beginning and for some years thereafter, the size of the audience will be smaller.

In other words, if a broadcaster wishes to offer new programmes, it will reduce the risks involved by making use of established technologies.

b. And in France ?

- The DAB club was set up in 1991 as a French association bringing together CSA, TDF and all the companies and stations involved in the development of the new digital radio technology. Within France, the work of the club complements the work of the European research programme, Eu 147. Thus, the aim of the DAB club is to focus the energies of the parties concerned with a view to facilitating the simultaneous introduction of DAB services and receivers in France.

• TDF and Radio France (the French public radio corporation) have concluded a development agreement for digital radio. At the request of Radio France, TDF has agreed to start building a DAB network towards the end of 1994. It will serve five major cities - Paris, Lille, Lyons, Marseilles and Strasbourg - which together represent approximately 25% of the population of the country. By the end of 1995, five or six Radio France programmes, either new or enriched with new services, will be broadcast in DAB. TDF is also engaged in talks with private radio operators to develop the same kind of partnership.

• TDF has installed an experimental DAB network in Paris to permit radio companies to try out the potential of the new technology in terms of programmes and services to listeners. The network will cover Paris with two transmitters. The network capacity is ten programmes. The CSA has authorised broadcasting by four public stations (3 programmes by Radio France and one programme by Radio France Internationale), by six private radio stations and by one mosaic programme.

4.2 Digital television

The European framework for the introduction of digital television has already been described by other contributors to the debate. For my part, I would like to make four points:

a. This second application of terrestrial radio-frequency broadcasting is probably a longer term project than either digital radio or digital television transmitted by cable or satellite. Thus, it should be possible to draw first of all on the experience of these services.

b. While it is true that COFDM combined with digital compression permits the number of channels used to be multiplied by a factor of 24 at a quality equivalent to that delivered at the present time, the analog technology of cable and satellite already offers programme capacities running into dozens (typically between 20 and 100). Digitization would not bring terrestrial broadcasting up to this level, whereas it would multiply the capacities of cable and satellite by a factor of from 4 to 6, taking them to several hundred programmes. In other words, this factor will not play a crucial part in the initial stage.

c. Three properties of CODFM are of primary importance for digital television broadcasting :

• the possibility of diversifying consumption through portable or mobile receivers

• in the long term, spectrum efficiency

• the possibility of offering new services.

d. Finally, it is again the fact that only an in-depth understanding of the strictly economic interests and of market forces will reveal the specific means by which digitization will extend its presence in the audiovisual broadcasting field and, more particularly, in terrestrial broadcasting.

4.3 What other services can be developed with COFDM ?

Let us allow our imagination free rein and consider what other services could be developed with COFDM, whether or not linked with the two applications described above.

It is a commonplace to describe digitization as a technology which is itself commonplace and indifferent to the real meaning of the information which it conveys. Exactly the same applies to digital broadcasting. The broadcasting of data, teletext, electronic bulletins and newspapers, news for mobile receivers, the whole gamut of "new services" can be invoked to illustrate this particular talent of digital technology.

Out of all these possibilities - the market potential of which has yet to be assessed - I have decided to present two ideas.

a. Wireless telematics

You have a laptop, which you take with you on your visit to head office to meet some people. Your secretary, who has meanwhile read the mail, notes that two letters are particularly urgent. She calls a host computer at head office and sends the letters.

Head office is equipped with a COFDM network which has small transmitting terminals everywhere in the building. Your two letters are broadcast on this network and your laptop receives them. All you have to do is look in your mail box.

b. Interactive systems or the GSM of the 21st century...

Although it is the broadcasting mode which predominates in the radio and television applications, it is conceivable that these two services could be complemented by adding the potential for interaction. This would be one way of responding to the attraction of video games and a means of switching consumption from passive to active mode. How does COFDM permit such interaction, especially for portable or mobile receivers ?

Imagine a network of bi-directional mono-frequency terminals sending a COFDM signal and capable of receiving a COFDM signal inside a Zone A, within which there are fixed or mobile transmitters/receivers.

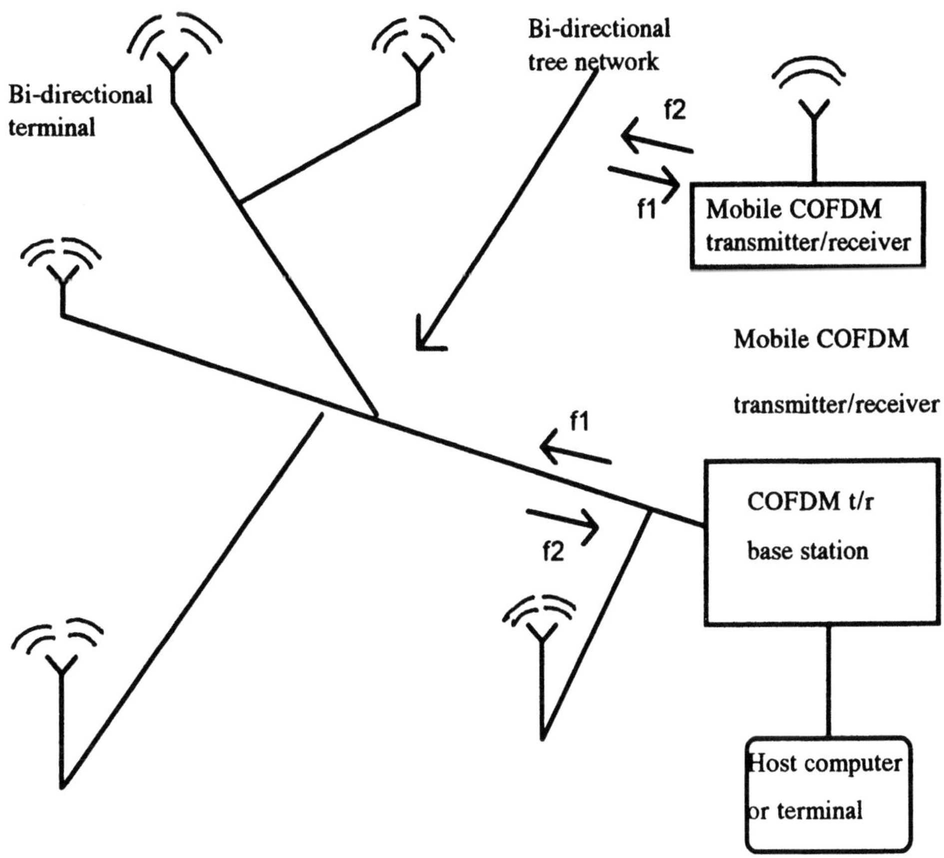

Fig. 6. schematic diagram of demonstration

As you can see, this network might even be viewed as a radio-telephone network. What are the main advantages ?

1. There is no need to manage the hand-over and so control the mobile units.

2. The size of the cell can be variable.

Of course, if the hand-over is managed by the physical layer of this system, a compromise must be found between the numbers of users and this way of "no managing" hand-over...

Transmission Processes for Cable Networks

Aleksander T. Futro

Summary

The cable industry in the United States is maturing into a fiber-based, two-way and digitally capable world, able to deliver broadband digital-video and data services. Digital compression and transmission technology for video delivery has an impressive development track record. The theoretical possibility of two decades ago has become vital for telecommunications.

Cable Television Laboratories, Inc. (CableLabs), is a research and development consortium founded in May 1988 to ensure the proper development of technological initiatives for the cable television industry. CableLabs is supported by cable television system operators in the United States, Canada, and Mexico. CableLabs is the entity which has as its underlying function to manage technology for the cable industry's advancement. The current portfolio of research and development projects for CableLabs includes advanced television testing, refining the development of cable network architecture, and improving the consumer electronics interface. Clearly, the digital compression and digital transmission are the key tools in those projects.

Today's cable network is migrating from the traditional tree-and-branch topology that was originally designed for point-to-multipoint video entertainment to a distributed star, tree-and-branch topology. The new architecture has a robust, dynamic capability for a wide range of applications beyond video entertainment. The migration of cable systems to 1 GHz and the introduction of multi-channel pay-per-view also suggest the need for mass storage video sources from a centralized, shared facility. The regional hub is a centralized shared facility that serves many functions. The regional hub will serve as an access point to digital transmission networks, including synchronous optical network (SONET). This keeps the interconnection point at a higher hierarchical level and allows the cable industry to provide proprietary protocols within the cable infrastructure if it so chooses. By using a fiber node, we may be able to eliminate the active components in the coaxial part of the network to the home. This issue has a special significance for digital transmission deployment.

I was asked to comment on digital 'transmission processes for cable networks.' This is not an easy task to be accomplish in twenty minutes of my address. There are many issues and topics. Let me focus on two points only. The first one - how we got to this digital world on cable, and the second - cable digital modulation, the current status.

Digital compression and digital transmission were coming to cable, and CableLabs was involved in since early efforts to help make these technologies successful. We contribute to the FCC selection process of the HDTV standard. In parallel, CableLabs issued the original (1991) request for information (RFI) on digital video compression and satellite/cable transmission.

The main thrust of CableLabs' effort is geared to the cable system portion of the cable distribution network, but CableLabs has also examined other transmission systems that are part of the overall end-to-end cable delivery network, such as satellite, terrestrial fiber optic long distance and regional hub links.

The right approach to consider transmission processes for cable network is within the OSI framework. We usually discuss a general topic of transmission processes, but true focus is continuously changing. In the early phase, the attention was on digital compression. Now, the attention is shifting toward issues related to physical and data link layers of the OSI framework. At the same time, more interest is being expressed in transmission protocols and data packaging. The consideration of cable digital modulation within the OSI model calls for industry standard.

Digital compression and transmission requirements for cable networks are defined by business objectives and basic functionality of the system, as well as by results of characterization of physical cable plant. There are three key choices for high density modulation schemes for digital data on cable: OFDM, 2^{2M}-QAM and 2^{M}-VSB.

CableLabs is currently conducting research and field testing to characterize the transmission quality of existing cable systems, with particular attention to the impairments that can cause trouble for digital signals.

I am delighted and honored to be invited to address this gathering of experts in the field of digital television and radio at a moment when technical advances in digital compression and digital transmission systems are announced almost daily and deployment of digital compressed video delivery for satellites has already begun as well as is being expected to commence shortly in the cable television systems for video delivery in the United States.

One of the most remarkable aspects of recent advances in technology is the convergence of telecommunication industries. The cable industry in the United States is maturing into a fiber-based, two-way and digitally capable world, able to deliver broadband digital-video and data services. These trends open opportunities for technical partnerships in delivery systems and for exciting new digital services. Digital compression and transmission technology for video delivery has an impressive development track record. The theoretical possibility of two decades ago has become vital for telecommunications.

Today, I am proud to speak to you on behalf of the CableLabs and the cable industry in the United States, which is forerunner in the efforts to bring digital compression and transmission deployment for video delivery by cable networks. What was impossible a few years ago becomes reality today. And I would like to share with you some accomplishments by the cable industry, especially in digital transmission on cable systems and networks.

CableLabs

But first, let me introduce CableLabs to you. Cable Television Laboratories, Inc. (CableLabs), is a research and development consortium founded in May 1988 to ensure the proper development of technological initiatives for the cable television industry. CableLabs is supported by cable television system operators representing more than 85 percent of the cable subscribers in the United States, 72 percent of subscribers in Canada, and about 15 percent of subscribers in Mexico.

CableLabs founders recognized the need to take advantage of technological opportunities and to meet future challenges in the television industry. They created an entity which has as its underlying function to manage technology for the cable industry's advancement. The current portfolio of research and development projects for CableLabs includes advanced television testing, refining the development of cable network architectures, and improving the consumer electronics interface. Clearly, the digital compression and digital transmission are the key tools in those projects.

Cable and Technology

I would like to step back and take a broad view of technology for a couple minutes. The history of cable television is tied very closely to technology but, again, as an enabler of business, not as something that drove the business by itself. Fiber optics is a technology with enormous implications for cable television. Another is digital video, which leads to things like signal compression and practical ways to transport high definition television. We in the cable television are positioned to offer most of the futuristic communications services that anybody has talked about more quickly and more cost effectively than anyone else. We are able to do that because we have very patiently spent the last 40 years wiring the country with coaxial cable. What we believe will happen, however, is that fiber optic technology, digital technology, and a variety of others are going to give our basic coaxial transmission system a much, much longer life than we had ever guessed.

Coaxial cable can transport well over 1 GHz of bandwidth; enough for over 150 standard television channels and can carry rivers of entertainment, education, and information. Fiber is very useful for transmission over long distances, and coaxial cable is very cost-effective for short distances. What makes sense is to design a communications system that uses fiber to get from the center of our cable systems deep into each neighborhood, and then go the last mile through coaxial cable. Today's cable network is migrating from the traditional tree-and-branch topology that was originally designed for point-to-multipoint video entertainment to a distributed star, tree-and-branch topology. The new architecture has a robust, dynamic capability for a wide range of applications beyond video entertainment.

Cable Networks

Typical cable television systems are evolving from an all-coaxial cable design to a hybrid fiber and coaxial network design. The typical passband of a hybrid system in the "downstream" direction, i.e., to the subscribers, is 50 to 350, 450, 550 MHz or as high as 1 GHz. Most modern systems are capable of being upgraded to add an "upstream" passband, typically 5 to 30 or, as planned today, 5 to 42 MHz, to carry programs from a local source to the headend.

In the hybrid fiber and coax system, fiber cables are provided from the central headend to "fiber hubs" or "fiber nodes" that are centrally located among about 2000 or 500 homes passed. From this location, coax local distribution and drop cables extend to the homes.

Architecture

In any given region, it is likely that there will be more than one cable operator with one or more central headends serving a portion of a geographical area. The need to provide increased functionality, improve system performance and reliability, reduce operating costs, reduce the interval for introducing new services, spread capital investments across a wider base, develop interoperability with other networks, provide a more uniform service offering across the cable industry, and offer a platform for the deployment of new digital technologies are some of the motivations behind the development of a structured network architecture.

The migration of cable systems to 1 GHz and the introduction of multi-channel pay-per-view also suggest the need for mass storage video sources from a centralized, shared facility. Other functionality, such as advertisement insertion and digital video compression, may follow the same trend toward centralization. PCS and multimedia applications are likely to involve significant investments which in the early stages are better made higher in the network hierarchy at a centralized facility and shared across a larger base. As the demand for these applications and functionality increases, it may become appropriate to migrate various functionality, such as video storage, closer to the subscriber.

Regional Hub and Digital Transmission

The regional hub is a centralized shared facility that serves many functions, including: storage facilities for digital network-distributed video on a regional basis, compression/ decompression of video source, and automated network management capabilities. The regional hub will serve as an access point to digital transmission networks, including synchronous optical network (SONET) at up to OC-48 transmission rates. This keeps the interconnection point at a higher hierarchical level and allows the cable industry to provide proprietary protocols within the cable infrastructure if it so chooses.

An integral part of the network architecture is the need to interconnect the regional hub with other networks for real time programming source and control access. The regional hub provides an interface to other networks and to the central headends in that region. The interconnection of the regional hub to the central headends may be through a ring topology.

The ring will use the most appropriate broadband protocol and we now are assessing various protocols. While these protocols may or may not be compatible, it is possible to use attributes from each protocol to facilitate the most efficient delivery of video entertainment and other information services from the regional hub to the home, either from an end-to-end basis or within the ring itself. Minimizing cost and complexity will be a primary motivation in the selection of an appropriate protocol.

The fiber node assists cable operators in efforts to improve system performance, reliability flexibility and operating costs. By using a fiber node, we may be able to eliminate the active components in the coaxial part of the network to the home. This issue has a special significance for digital transmission deployment.

Summarizing, the regional hub concept will provide the cable industry with the capability of migrating to a uniform service offering. The passive coaxial distribution network design will provide cable with a migration path toward a robust, reliable network capable of delivering a variety of services. This evolutionary platform provides cable with a graceful path to migrate cost effectively into the future. Beginning with our installed base of broadband coaxial cable in the local loop, an aided by technologies like fiber optics, microcomputers, data transmission, mass data storage, and digital switching, we have tools at our disposal to construct a system which delivers almost any imaginable entertainment, education, information, or communication service.

Digital Services

We believe that the consumer is going to determine the future. The emphasis of our technological efforts should be to determine what the customer wants. We have a distinct advantage in the economics of cable operation. We can introduce new services at relative low incremental cost. For example, the best model for introducing digital technology to the home is in our hands. We can introduce digital signals incrementally by placing them on the cable spectrum together with the existing analog signals. What that means is that we can introduce digital technology in an evolutionary way. We are experimenting with digital signals at CableLabs just as you are in your laboratories. These signals look and behaves very much like analog signals. Therefore these signals can be added to the existing cable infrastructure without major revision of the plant. But, of course, the problem arises in the home when these signals must be converted for display by the normal TV set. The strength of our economics becomes apparent. We can install digital converters only for those subscribers who desire digital service and not burden the entire network with the cost. This is especially attractive for services that we know will have slow penetration. It allows an evolutionary development of a new services. It allows the introduction of a wide range of new services without major capital required to completely replace the infrastructure.

Digital Transmission Processes

I was asked to comment on digital 'transmission processes for cable networks.' This is not easy task to be accomplish in twenty minutes of my address. There is too many issues and topics. Let me focus on two points only. The first one - how we got to this digital world on cable, and the second, more specific, - cable digital modulation, the current status.

Digital - how we got here

Digital compression and digital transmission were coming to cable, and CableLabs was involved in since early efforts to help make these technologies successful. We contribute to the FCC selection process of the HDTV standard. CableLabs, together with Advanced television Test Center, was testing proponent systems and encouraged the digital solution. In parallel, CableLabs issued the original (1991) request for information (RFI) on digital video compression and satellite/cable transmission, which was converted later into procurement of NTSC digital compression program delivery system on behalf of cable operators. This process resulted in a deployment and initial purchase commitment for over two million of signal video converter set-top units by several cable operators.

Cable television technology is changing rapidly, adapting to, and taking advantage of digital transmission and digital bit rate compression techniques. At CableLabs, the cable industry's center for research and development, we are deeply involved in digital transmission and digital video compression systems. These are the key technologies needed to improve the quality and reliability of service, to lower the cost of providing the service, and to expand the number and type of services to be offered in the future. The main thrust of CableLabs' effort is geared to the cable system portion of the cable distribution network, but CableLabs has also examined other transmission systems that are part of the overall end-to-end cable delivery network, such as satellite, terrestrial fiber optic long distance and regional hub links.

What is a Cable Digital Transmission System?

The right approach to consider transmission processes for cable network is within the seven layers (Physical, Data Link, Network, Transport, Session, Presentation, and Application) of OSI framework. We usually discuss a general topic of transmission processes, but true focus is continuously changing. In the early phase, the attention was on digital compression (discrete cosine transform/DCT vs. vector quantization/VQ vs. fractals vs. wavelets vs. ... etc.). Today, this issue becomes settled. There is general convergence on MPEG-2.

The attention is shifting toward issues related to physical (modulation type, mapping, filtering, symbol rate) and data link (framing, interleaving, error correction) layers of the OSI framework. The development work is focused on modulation schemes for digital data. At the same time, more interest is being expressed in transmission protocols and data packaging. This shift of focus is related to the driving factors: capacity requirements for transmission path and their impact on cable network architectures, as well as the necessity to settle on attributes for set-top boxes to achieve the economy-of-scale.

Digital Transmission vs. Digital Modulation

The consideration of cable digital modulation within the OSI model calls for industry standard. It allows that modulation schemes need not to be tightly coupled to network or transport layers. But, it requires that modulation schemes are extensible as technology improves.

Digital compression and transmission requirements for cable networks are defined by business objectives and basic functionality of the system, as well as by results of characterization of physical cable plant. The key attributes are: flexibility and robustness, or user friendliness at least as much as the existing analog systems; low cost, compatible with economical service offering; and efficient realization channel to maximize throughput, due to the fact that every system, every home has different environment There are three key choices for high density modulation schemes for digital data on cable: OFDM, 2^{2M}-QAM (quadrature amplitude modulation) and 2^{M}-VSB.

OFDM is being generally dismissed for cable applications (due to higher complexity for short casual echoes (<10 μsec) as exist on cable), however it is recognized that OFDM has advantages for environments with echoes longer than 20 μsec, as well as that it can be considered for terrestrial broadcast systems.

2^{2M}-QAM should be considered equivalent to 2^M-VSB (e.g.. 256-QAM = 16-VSB) in most aspects, including theoretical and practical implementations. QAM and VSB have certain local advantages but those do not constitute an inherent superiority of one over the other. QAM-based decoder is becoming the leading contender for short term (1994) deployment on cable networks, since QAM was thoroughly investigated through many years and is less likely to be encumbered by proprietary and patent issues.

Cable Systems Characterization

CableLabs is currently conducting research and field testing to characterize the transmission quality of existing cable systems, with particular attention to the impairments that can cause trouble for digital signals. Many cable systems are measured, at many homes, to yield a statistically significant sample of the channel characteristics with which digital cable equipment will have to cope.

These channel characterization measurements will be given to vendors developing NTSC compression systems and digital HDTV systems. This body of data will allow manufacturers to design products that will achieve successful digital transmission on virtually all cable systems, while providing them the confidence to avoid over-designing products that would be unnecessary costly to cable operators and consumers acquiring digital equipment. This work also will develop recommendations for cable operators who will implement digital transmission on their systems.

As it was stated earlier, every home, every cable system has different environment, however, in general, the cable plant is well suited to digital transmission.

64-QAM

64-QAM has currently at least five proponents for development. 64-QAM modulation system provides data rate of about 27 Mbits per second over a 6 MHz cable channel, what is equivalent to capacity of one satellite transponder. This clearly facilitates satellite/cable pass-through, and effectively lowers implementation costs especially for smaller cable networks. It exhibits robust transmission performance and offers error free operation on most cable systems. Additional advantage, especially in early deployment phase, is low cost demodulator implementation.

256-QAM

256-QAM is for all practicality equivalent to 16-VSB. It provides enough data capacity (38.2 Mbits per second) for two HDTV transmission over a 6 MHz channel. Early designs indicate that 256-QAM demodulator can demodulate low constellation QAM signals (32, 64, 128-QAM) and that receiver will be able to automatically detect the transmitted modulation format. However, 256-QAM is still in simulation phase.

16-VSB

16-VSB is, as stated previously, equivalent to 256-QAM. However, to its advantage, 16-VSB modulation system has been physically implemented and tested (including successful lab tests by CableLabs). Extensive laboratory and field tests of 16-VSB (Zenith) digital transmission technology showed that 16-VSB is a very effective digital modulation technology, one that can deliver a large amount of digital data (43 megabits per second) on a single 6 MHz cable channel. Equivalent tests of 64-QAM (quadrature amplitude modulation) approaches provide only two-thirds of the amount of digital data. It shall be noted that, due to its capacity (two HDTV channels), 16-VSB is of interest of Grand Alliance partners who are now committed to a cable mode.

Conclusions

Digital transmission and digital modulation for cable networks are currently the key focus of the cable operators in the United States. Also, several proponents are devoted to develop modulation scheme and their practical product implementation. Both, QAM and VSB are the options for cable digital modulation and transmission.

64-QAM is the ideal choice for multi-channel, satellite/cable pass-through applications. 64-QAM allows low cost demodulator implementation for late 1994 roll-out on cable networks in the United States.

16-VSB, 256-QAM, and Grand Alliance systems are potentially the ideal equivalent choices for HDTV transmission over cable with expected cost effective multisystem DSP-based demodulator for 1996-97 roll-out.

One miracle of modern merchandising is the ability to put the same or better product into several different packages and sell it to different customers looking for different things. If you have been looking around carefully, you may begin to suspect that this is happening in digital compression and transmission.

However, I would emphasize that the bright prospects for the future of markets and services can be realized most expeditiously through the active cooperation of the technical community represented here. Here, in Europe, you use term "homonization" widely. In the United States, we prefer "convergence". And, the convergence of cable, telephony, and computer industry into the "Fourth" industry, as well as the convergence of analog and digital transmission into hybrid, high capacity networks is happening as we speak.

Cable system operators and CableLabs, working research entities and manufacturers, have made a start in digital video compression and transmission over cable networks. For the economic production of digital components, for the transparency of interfaces, for inter-operability and inter-connectivity, a hierarchy of related standards for the processing and transmission of information is the central challenge of this day.

I think that's where we are today. By many measures our use of digital transmission technology in cable networks will be very successful. But we are just at the threshold. The best and most important is yet to come.

Again, I am honored at having been asked to speak at this Digital Congress. Thanks for listening.

Thank you! Danke!

Übertragungsverfahren für Satelliten in Europa und USA

P. Meyrat

Sehr geehrte Damen und Herren,

OVERHEAD 1: ASTRA LOGO

erlauben Sie mir zu Beginn eine persönliche Bemerkung, die in diesem Kreis nüchterner, überwiegend der Technik verschriebenen Experten vielleicht etwas emotional wirken mag. Sei's drum: Ich finde es schlicht spannend, um nicht zu sagen atemberaubend, den Einzug dieser neuen Technologie der digitalen Datenkompression zu beobachten, ich finde es aufregend mitzuerleben, wie hier in absehbarer Zukunft die ganze faszinierende Welt der Kommunikation neu gestaltet, ja umgewälzt wird, und ich halte es für ein Privileg, aktiv an der Gestaltung dieser Zukunft teilhaben zu können.

Sie hatten in diesen beiden Tagen als Gäste des Münchner Kreises die Gelegenheit, und ich bin dafür dankbar, vor allem die technischen Aspekte der Möglichkeiten und Herausforderungen Revue passieren zu lassen, vor die uns das heraufdämmernde Digital-Zeitalter stellt.

Ich möchte nun, in meiner Rolle als letzter Diskussionsredner dieses Symposiums, vor allem die wirtschaftlichen und unternehmerischen Dimensionen dieser Zukunft beleuchten. Auch und gerade vor dem Hintergrund der Erfahrungen, die wir auf dem bisherigen Weg des Unternehmens ASTRA gemacht haben.

Wir wissen, und es ist in diesen beiden Tagen schon darauf hingewiesen worden, daß diese digitale Medienzukunft in vieler Hinsicht und auf vielen Gebieten längst begonnen hat; sie ist also Gegenwart, zumindest in den USA.

Und auch in Europa gewinnt die Vorstellung von den zukünftigen Strukturen der globalen Kommunikationswirschaft mehr und mehr an Konturen. Die Nachricht von einer möglichen Zusammenarbeit der deutschen und der französischen Telekom-Organisationen mit dem Kommunikationsgiganten AT & T ist dafür ein eindrucksvolles Symptom. Dieses Signal wird - und darf - nicht das letzte sein. Die Nachricht ist symptomatisch auch für die Tatsache, daß Rundfunk und Fernsehen bei der Einführung und Durchsetzung der Schlüsseltechnik der digitalen Kompression zwar die bahnbrechende Rolle spielen werden. Aber im

Gesamttableau der neuen Kommunikationslandschaft mit dem vielzitierten multimedialen Superhighway wird es längerfristig ein - wenn auch wichtiges - Element unter vielen anderen sein.

Gestalten werden diese Landschaft alle grossen Telekommunikationsunternehmen, Medienkonzerne und Computergesellschaften in Nordamerika, Japan und Europa. Der globale Maßstab wird deutlich beim Blick auf die Kontinente übergreifenden Strategien eines Rupert Murdoch ebenso wie die auf Asien und Europa ausgreifenden Pläne etwa von Time Warner oder Ted Turner und anderen.

Nicht zuletzt die seit einem Jahr in den Vereinigten Staaten rollende Welle von Großfusionen ist ein unübersehbares Zeichen der neuen Zeit. Telefon- und Kabel-Unternehmen verschmelzen zu neuen Giganten. In den Bann der Entwicklung geraten Hardware- und Software-Unternehmen der Computerindustrie ebenso wie Großunternehmen der Entertainmentbranche, seien es Film- und Fernsehproduzenten in Hollywood oder die Big Player der Videospiel-Industrie in Fernost.

Kennzeichnend für die neue Art des branchen- und grenzübergreifenden Zusammenspiels sind Joint ventures, in denen nicht selten Unternehmen kooperieren, die sich im übrigen als scharfe Konkurrenten gegenüberstehen. Das gilt für Philips und Thomson ebenso wie für Sony und Matsushita, Apple und IBM und viele andere.

OVERHEAD 2: KARIKATUR "FOCUS"

Das größte amerikanische Kabelunternehmen, TeleCommunications Inc. (TCI) investiert über 200 Millionen Dollar in die Digital-Entwicklungsprojekte der Konzerne AT & T und General Instrument, mit dem Ziel, den TCI-Kunden demnächst bis zu 500 Programme anbieten zu können.

OVERHEAD 3: ASTRA LOGO

Time Warner Cable, der zweitgrößte Kabelnetzbetreiber in den USA, plant ebenfalls eine dramatische Angebots- und Service-Vermehrung, einen elektronischen Superhighway. Die Arbeiten am ersten Großversuch des Time Warner-Konzerns in Orlando, Florida sind in vollem Gange: Ab April nächsten Jahres verfügen dort 4000 Haushalte über einen Glasfaseranschluß mit Hunderten von Kanälen. Die Zahl der Testhaushalte soll sich 1994 auf 20 000 und mehr erhöhen.

Geplant sind außer der Verbreitung von Fernsehprogrammen Versuche mit weiteren Dienstleistungen:

- o Filme auf Abruf (Near Video-on-Demand),
- o Videospiele, die man zusammen mit anderen Teilnehmern des Projekts spielen kann,
- o Videokonferenzen,
- o Bildtelefongespräche
- o Teleshopping mit direkter Bestellmöglichkeit mit Hilfe einer neuartigen Fernbedienung und
- o interaktive Fernlehrgänge, die es erlauben, mit dem Lehrer individuell zu kommunizieren.

Bill Gates, der Gründer und Hauptgesellschafter des Software-Unternehmens Microsoft, nennt die Umstellung von analogem auf digitales Fernsehen den "Jahrhundert-Deal". Der ehemalige Apple-Chef John Sculley schätzt den Digital-Markt am Ende dieses Jahrzehnts weltweit auf über 3000 Milliarden Dollar. Das wäre halb so viel wie das jetzige Bruttosozialprodukt der Vereinigten Staaten und das Dreifache des heutigen Weltumsatzvolumens in der Unterhaltungselektronik.

Anfang 1994 geht DirecTV auf Sendung, eine Veranstaltung unter der Führung des Hughes-Konzerns mit 150 Kanälen, deren Signale von zwei Hughes-Satelliten mit einer 45-cm Antenne zu empfangen sind. Die Digital-Coder und Decoder entwickelte Thomson zusammen mit dem kalifornischen Spezialisten für Videokonferenzen Compression Labs Inc. (CLI). Thomson baut auch die Endgeräte für den Konsumenten. Sony errichtet in Colorado auf 5000 Quadratmetern das DirecTV-Sendezentrum. Und das alles nach einer Vorlaufzeit von nur zwei Jahren und einer Anfangsinvestition von einer Milliarde Dollar.

Soviel zur Medienzukunft, die, wie gesagt, in den USA in vieler Hinsicht schon Gegenwart ist.

Wie sieht die Zukunft nun in Europa aus?

Ich habe vorhin gesagt, an der Gestaltung der künftigen globalen Kommunikationslandschaft mit dem multimedialen Superhighway von digitalen Daten-, Video- und Audiosignalströme würde auch in Europa seinen Anteil haben. Ich hätte hinzufügen können: "hoffentlich". Denn im Augenblick sieht es für manche so aus, als liefe Europa Gefahr, noch allzu fest in protektionistischen Strukturen zu verharren.

Fest steht jedenfalls, daß es sich Europa nicht leisten kann, den Anschluß zu verpaßen bei einer Entwicklung, die von so großer volkswirtschaftlicher Bedeutung ist.

Der europäische Kommunikationsbereich wird nach Auffaßung der Experten im Jahr 2000 einen Anteil von 6 Prozent am Bruttosozialprodukt haben und rund 60 Millionen Menschen dürften dann direkt von dieser Branche leben.

Allein in Deutschland, so hat es kürzlich Mark Wössner, Vorstandsvorsitzender von Bertelsmann, prognostiziert, dürfte die Kommunikationswirtschaft zur Jahrhundertwende Umsätze in der Größenordnung von 140 bis 160 Milliarden DM erwirtschaften. Das bedeutet, daß sich diese Umsätze von heute rund 70 Milliarden DM innerhalb von nur 7 Jahren verdoppeln sollen.

Hier wird sich also das Schicksal des Wirtschaftsstandorts Europa entscheiden, und zwar schneller als noch vor ganz kurzer Zeit auch nur vorstellbar war. Die Entwicklung wird noch rasanter verlaufen als die sprunghafte Ausweitung des Fernsehprogramm-Angebots im letzten Jahrzehnt. Und die war ja schon eindrucksvoll genug. Europa hat keinen Anlaß, sein Licht unter den Scheffel zu stellen.

Vor dem Blick in die Zukunft lohnt es sich daher, kurz den bisher zurückgelegten Weg zu betrachten und die dabei gemachten Erfahrungen zu beherzigen. Und das gibt mir Anlaß zu verhaltenem Optimismus. Erinnern wir uns:

Ab Ende 1983 war das Aufkommen der ersten privaten Programme eng an die Kabelverteilung gebunden, die Programme wurden damals über Low-Power-Satelliten zugeführt. Der zweite Wachtumsschub der elektronischen Medien trat ab 1988 ein - zeitgleich mit und abhängig von der beispiellosen Entwicklung beim Satellitendirektempfang.

Die wegweisende Rolle hat dabei das ASTRA-Satellitensystem gespielt.

OVERHEAD 4: ASTRA REICHWEITENSCHÄTZUNG 3. QUARTAL 1993

In ganz Europa werden inzwischen 45 Millionen Fernsehhaushalte mit ASTRA-Programmen versorgt. Wenn man die Zahlen aufschlüßelt, sind es 15 Millionen über individuellen Direktempfang oder Gemeinschaftsantennenanlagen und über 30 Millionen über Kabel.

Die Reichweitensteigerung über ASTRA hat für die privaten Anbieter 1992 Einnahmen in Höhe von mehr als 4 Milliarden Mark generiert. Diese Zahl wird in diesem Jahr auch bei zurückhaltender Prognose ganz wesentlich gesteigert werden.

OVERHEAD 5: ASTRA LOGO

ASTRA REICHWEITENSCHÄTZUNG
3. QUARTAL 1993

Land	Gesamt Haushalte	Kabel	Individual & GA/GGA-Empfang
BELGIEN	3,584,000	3,551,000	33,000
DEUTSCHLAND	18,900,000	12,450,000	6,450,000
DÄNEMARK	1,143,000	980,000*	163,000
ENGLAND	3,490,000	504,000	2,986,000
FINNLAND	862,000	830,000*	32,000
FRANKREICH	930,000	789,000*	141,000
IRLAND	438,000	400,000*	38,000
ITALIEN(**)	60,000	-	60,000
KROATIEN	100,000	50,000	50,000
LUXEMBURG	113,000	110,000	3,000
NIEDERLANDE	5,715,000	5,445,000	270,000
NORWEGEN	820,000	660,000*	160,000
ÖSTERREICH	1,365,000	770,000	595,000
POLEN (***)	1,670,000	550,000	1,120,000
PORTUGAL	38,000	-	38,000
SCHWEDEN	2,231,000	1,880,000*	351,000
SCHWEIZ	1,973,000	1,850,000	123,000
SLOWAKISCHE REP.	558,000	71,000	487,000
SLOWENIEN	250,000	100,000	150,000
SPANIEN	708,000	629,000*	79,000
TSCHECHISCHE REP.	656,000	161,000	495,000
UNGARN	1,642,000	1,034,000*	608,000
3. QUARTAL 1993	47,246,000	32,814,000	14,432,000

(*): Inklusive GA/GGA-Haushalte(Gemeinschafts-/Großgemeinschafts-antennenanlagen), da diese nicht separat ausgewiesen werden können.
(**): MTV Europe erreicht zusätzlich zu den gennanten Haushalten 6,4 Millionen Haushalte durch terrestrische Abstrahlung in Italien.
(***): Basierend auf Resultaten einer Erhebung von GFM-GETAS für ASTRA in Polen, April 1993.
Angaben beinhalten Haushalte, die mindestens ein über ASTRA abgestrahltes Programm empfangen.

11/1993

Hinzu kommen die Milliardenumsätze von Industrie und Handel, die direkt auf den ASTRA-Boom zurückzuführen sind, und schließlich auch die Auftragsentwicklung der deutschen Film- und Fernsehproduktionen, die nach Angaben des Bundesverband Deutscher Fernsehproduzenten in diesem Jahr die Milliardengrenze überschritten hat.

OVERHEAD 6: ENTSCHEIDENDE RAHMENBEDINGUNGEN

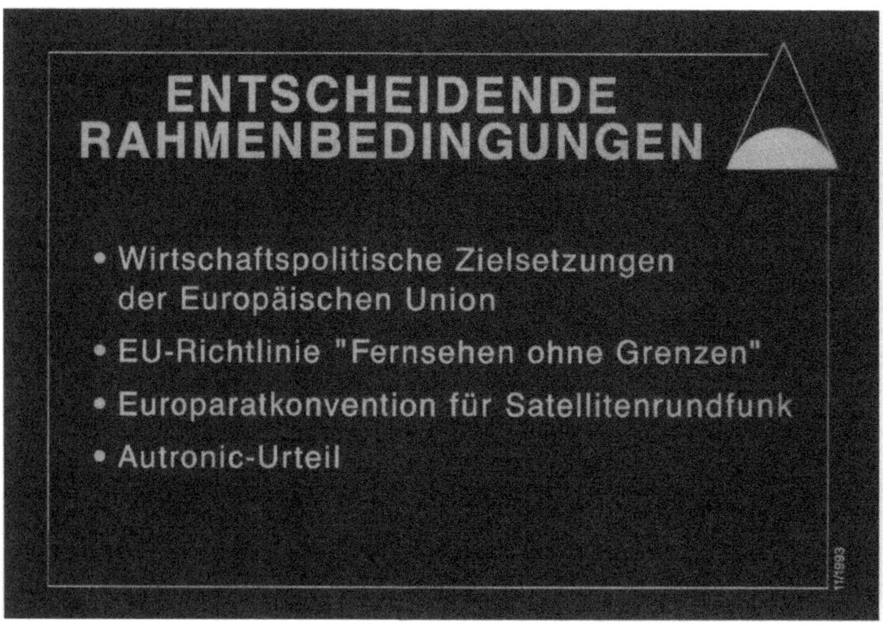

Einen wesentlichen Anteil an dieser Entwicklung haben die europäische Politik und die europäische Rechtsprechung. Sie haben entscheidende Rahmenbedingungen für die erfolgreiche Markteinführung des Satellitendirektempfangs geschaffen.

Es geht um die

- wirtschaftspolitischen Zielsetzungen der Europäischen Gemeinschaft, die auf eine konsequente Deregulierung hinauslaufen, was auch den globalen Trends entspricht.

- zweitens die daraus abgeleiteten EG-Richtlinien für grenzüberschreitendes Fernsehen ("Fernsehen ohne Grenzen").

- sowie die entsprechende Konvention des Europarates für Satellitenrundfunk.

- Viertens schließlich mit dem berühmten Autronic-Urteil, das diese Europakonvention bestätigt, ja: legitimiert. Dabei hat der Straßburger Gerichtshof für Menschenrechte in seinem Urteilsspruch gegen die Schweiz auch die technischen Einrichtungen zum Empfang von Programmsignalen beim Satellitenrundfunk unter den Schutz des Artikels 10 der Europäischen Menschenrechtskonvention gestellt. Dieser Artikel garantiert die Meinungsäußerung- und Meinungempfangsfreiheit. Staatliche Verbote von Parabolantennen sind seither nur noch in genau spezifizierten Ausnahmefällen möglich.

OVERHEAD 7: ASTRA LOGO

Das Besondere dieser vier Eckwerte ist: Sie haben alle ein gemeinsames Zentrum - den Menschen. Es ist der Mensch als Individuum und Kulturträger, nicht zuletzt als Teilnehmer am wirtschaftlichen Leben, als Konsument.

Der kürzeste Weg zum Konsumenten, das hat sich mit der Verwirklichung des ASTRA-Projektes erneut eindrucksvoll bestätigt, führt über den Markt. Deshalb wurden bei der Konzipierung des ersten privaten Satellitensystems die technische Konfiguration und die Marktstrategien konsequent auf die Marktbedürfnisse und Marktverhältnisse abgestimmt.

Am Anfang des ASTRA-Erfolges stand die Einsicht, daß eine schnelle Belebung des Marktes nur gelingen konnte, wenn empfangsseitig kostengünstige Geräte verfügbar waren, die zum Empfang eines attraktiven Angebotes genutzt werden konnten. Vor diesem Hintergrund wurden Gespräche mit allen Herstellern aufgenommen, mit dem Ziel, zukunftstaugliche Geräte aufgrund bestehender technischer Lösungen für den Empfang von ASTRA-Signalen in bestehenden Normen - im wesentlichen PAL - zu entwickeln und auf den Markt zu bringen. Das rasch verfügbare Angebot von verschiedenen Geräten unterschiedlicher Preisklasse in millionenfacher Stückzahl war die wichtigste Voraussetzung, daß eine schnelle Marktdurchdringung in den letzten fünf Jahren überhaupt möglich war.

OVERHEAD 8: ASTRA SYSTEM ENTWICKLUNG ASTR 1A - 1F

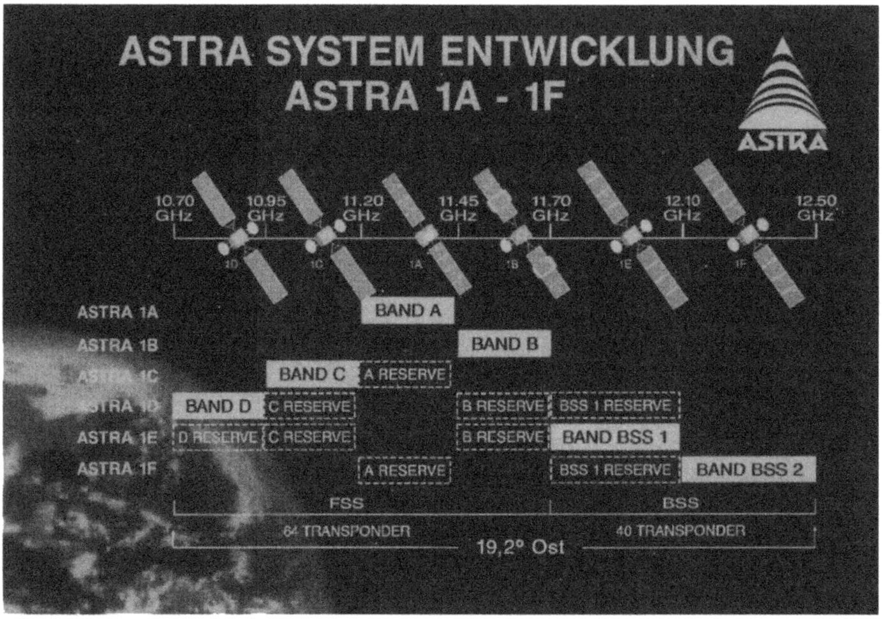

Zukunftssicherheit ist ein weiterer wichtiger Aspekt. Konkret bedeutet das, daß im Falle des ASTRA-Projektes bereits drei Satelliten im Orbit kopositioniert sind. Damit sind bis zu 50 Fernsehkanäle und Tonträger für Dutzende von Radioprogrammen verfügbar, welche mit einer einzigen, einfachen Antenne empfangen werden können. Mit dem vierten Satelliten ASTRA 1D wird dann ab 1994 die betriebliche Absicherung vervollständigt.

Mit den Satelliten ASTRA 1E - Anfang 1995 - und 1F ein Jahr später kann dann auch in Europa die digitale Zukunft beginnen.

OVERHEAD 9: ASTRA LOGO

Und diese Zukunft mit einem Angebotspotential mit mehreren hundert elektronischen Medienangeboten wird gedeihlich sein, wenn alle Beteiligten der Branche die Lehren des bisherigen Erfolgsweges beherzigen, die sich auf die Formel bringen lassen: Entscheiden über Erfolg und Mißerfolg muß und wird der Markt. Dessen Funktion kann keine noch so gutgemeinte Industriepolitik ersetzen. Darauf werde ich noch zurückkommen.

Wenn aber der Markt entscheidet, gilt es, sich darüber im klaren zu sein, was die Marktteilnehmer - die Konsumenten, die Programmanbieter und die Satellitenbetreiber - von dem technischen Fortschrittssprung der Datenkomprimierung erwarten.

OVERHEAD 10: DER KONSUMENT

1. Der Konsument

In mancher Beziehung ist die Rolle des Konsumenten am unkompliziertesten. Konsumenten kaufen weder Technologie noch Satelliten- oder Kabelübertragungsstandards. Sie warten auch nicht ungeduldig auf die Einführung der digitalen Kompression. In Wirklichkeit wissen sie nicht einmal, was unter digitaler Kompression zu verstehen ist. Mann kann den Konsumenten deshalb als "technologie-indifferent" bezeichnen.

Was der Konsument aber sicher möchte, ist Abwechslung, eine Programmvielfalt, sowie unmittelbaren Zugriff auf das Programmangebot. Der Konsument könnte auch daran interessiert sein, seine Fernsehprogramme mit einem breiten Bildformat zu genießen. Das kritische Thema ist für den Konsumenten jedoch immer die Frage nach dem Wert dieser neuen Angebote im Verhältnis zu ihren Kosten.

OVERHEAD 11: DER PROGRAMMANBIETER

2. Der Programmanbieter

Aus Sicht des Programmanbieters sprechen unter anderem folgende Gründe für eine rasche Einführung von digitaler Kompression: Er möchte

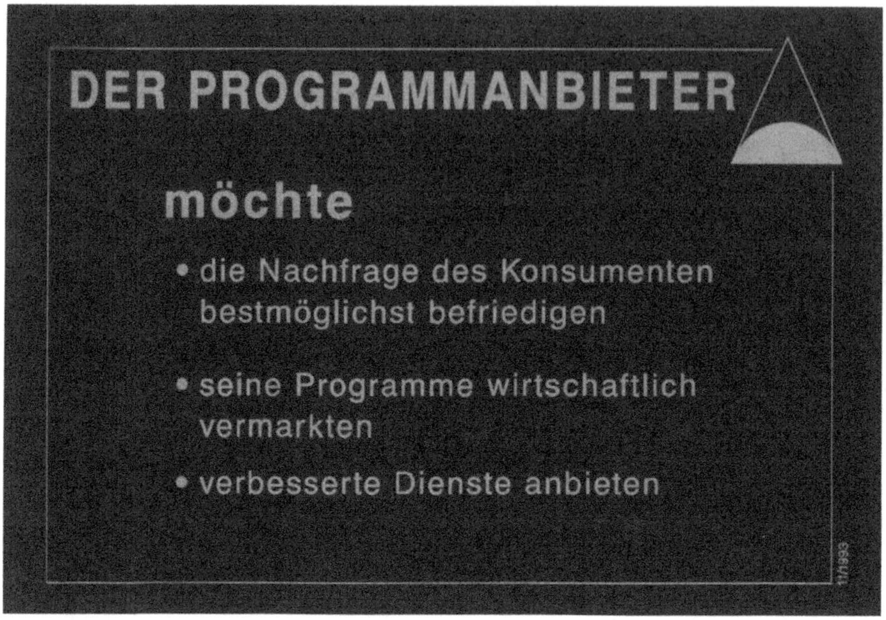
DER PROGRAMMANBIETER
möchte
• die Nachfrage des Konsumenten bestmöglichst befriedigen
• seine Programme wirtschaftlich vermarkten
• verbesserte Dienste anbieten
11/1993

DER SATELLITENBETREIBER
möchte
• sich den wechselnden Bedürfnissen der Programmanbieter anpassen
• die Programmauswahl für den Konsumenten maximieren
11/1993

erstens die Nachfrage der Konsumenten bestmöglichst befriedigen. Der logische Weg dazu ist die Einführung neuer und zusätzlicher Programme. Doch über diesem Weg liegt die Schranke des nicht endlos vermehrbaren Werbekuchens. Dazu kommt, daß neue Programmangebote eine gewisse Zeit brauchen, ehe sie einen rentablen Marktanteil erreichen.

Zusätzliche Programme, schon gar wenn es um eine große Zahl neuer Angebote geht, müssen folglich anders als durch Werbung finanziert werden. Die digitale Technik wird daher Angebote mit zeitverschobener Ausstrahlung und, wie in den USA, vermehrt Pay-TV, dazu Pay-per-view bringen, weil deren Fixkosten geringer und die Erträge pro Teilnehmer wesentlich höher sind.

Die digitale Kompression wird außerdem ein weiteres Problem der Programmanbieter lösen: nämlich die in allen europäischen Ländern auftretenden Engpässe in den Kabelknetzen. Vorausgesetzt natürlich, daß die neue Technik rechtzeitig eingeführt wird, bevor die verfügbare Übertragungskapazität aufgebraucht ist.

OVERHEAD 12: DER SATELLITENBETREIBER

3. Der Satellitenbetreiber

Der Satellitenbetreiber hat (ebenso wie der Kabelnetzbetreiber) kein primäres Interesse, die Übertragungsstandards zu wechseln. Ein Zwang entsteht dann, wenn er für neue Angebote keine Kapazitäten mehr verfügbar hat und dadurch sein Verteilmedium für die Marktentwicklung eine künstliche Beschränkung bewirkt.

OVERHEAD 13: ASTRA LOGO

Programmanbieter und Konsumenten dürfen aber erwarten, daß ihre Bedürfnisse durch neue technologische Verbesserungen und damit verbundenen Kostenreduktionen abgedeckt werden. Der einzige Weg, der aus dieser Situation herausführt, geht über die Einführung der digitalen Kompression.

OVERHEAD 14: BEDINGUNGEN FÜR EINE ERFOLGREICHE EINFÜHRUNG DES DIGITALEN SATELLITENFERNSEHENS

Es ist davon auszugehen, daß zum Ende des Jahres mit MPEG 2 ein einheitlicher Standard für Hersteller und Programmanbieter vorliegt. Alles deutet darauf hin, daß die MPEG 2-Norm auch in Europa übernommen und damit zum globalen Standard wird. Die Initiative der DVB Project Group mit dem gemeinsamen Memorandum of Understanding vom 10. September 1993 ist in ihrer Bedeutung gar nicht zu überschätzen. Hier haben Satelliten und Netzbetreiber, Gerätehersteller, Verwaltungen und Programmanbieter demonstriert, wie wichtig nach Meinung aller Beteiligten ein einheitlicher digitaler Übertragungsstandard ist.

Eine einheitliche globale Norm ist die Vorraussetzung für die Entwicklung preisgünstiger Empfangsgeräte. Die gibt es nicht ohne die sogenannten economies of scale. Ein digitaler Empfangsdecoder ist ein komplexer und enorm schneller Rechner. Attraktive Preise für Empfänger erfordern deshalb eine Produktion von entsprechenden Chips in millionenfacher Stückzahl. Nicht nur die Synergien durch einen weltweit möglichen Programmaustausch sondern auch die schon laufenden Entwicklungen verbesserter digitaler Videorecorder und Video-CD's mit einem einheitlichen Standard werden dazu beitragen, den elektronischen Kiosk auch für den Teilnehmer erschwinglich zu machen.

OVERHEAD 15: ASTRA LOGO

In einer solchen Landschaft kann es dann getrost der Kreativität der Anbieter überlassen bleiben, ob die Empfangsvielfalt in 16:9, später, mit entsprechenden Geräten, sogar in HDTV, werbefinanziert, als Pay-TV oder als Pay-per-view dem Konsumenten angeboten werden soll.

Erlauben Sie mir zum Schluß noch einige Bemerkungen zu der bangen Frage, ob der Konsument denn auch bereit sein wird, das künftige Angebot von Hunderten digitaler Dienste anzunehmen. Ich teile auch diese Skepsis nicht. Allein Pay-per-view und Near-Video-on-Demand werden dem Konsumenten eine attraktive

Vielfalt bieten, die, richtig vermarktet, sich durchsetzen wird. Das Fernsehen in seiner überkommenden Rolle als Verteilmedium von Massenunterhaltung wird dann ergänzt werden durch die Möglichkeit der individuellen Auswahl.

Der Zuschauer wird zu seinem eigenen Programmdirektor, und der Sender wird zu einem eigentlichen Dienstleistungsunternehmen, ähnlich der Rolle eines Datenbank-Anbieters. Kurz, wie es die FAZ formuliert hat: "Die Demokratisierung des Fernsehens steht vor der Tür." Der mündige Bürger als Medienkonsument kann aus einer grossen Zahl von elektronischen Angeboten genauso frei wählen wie heute an einem Kiosk aus dem reichhaltigen Angebot von Zeitungen und Zeitschriften.

Wie geht es nun weiter? Anfang 1995 wird es in Europa für den Allgemeinempfang die ersten digitalen Testsendungen über Satellit geben. Digitale Übertragungen für professionelle Zwecke gehören schon heute zur Realität.

Die Satellitenübertragung wird sich im übrigen als primärer Weg erweisen, um kosteneffizient zur größtmöglichen technischen Reichweite bzw. - aus der Sicht der Zuschauer - zu einer größtmöglichen Auswahl an Radio- und Fernsehprogrammen zu kommen. Satelliten sind der ideale Zubringer für terrestrische Sender als auch für Kabelnetze.

Lassen Sie mich zum Schluß vor dem Hintergrund der hier geschilderten Markterfolge und Zukunftsaussichten noch eine Bemerkung zum Stichwort Industriepolitik machen.

Das Hick-Hack um die D2-MAC-Norm hat uns gezeigt, daß eine französisch inspirierte Industrie- oder Technologiepolitik "alter Schule", die mit Direktiven und zentralistischen Markteingriffen Innovationen und Wachstum erzwingen will, keinen gangbaren Weg darstellt. Staatliche Rahmenbedingungen auf nationaler und europäischer Ebene sollten allenfalls eine subsidiäre Rolle spielen. In den Worten des Technologieberaters von US-Präsident Clinton, John Diebold: "Der Staat soll sich auf seine ureigensten Funktionen beschränken: das Festsetzen verbindlicher Regeln und darauf, die Einhaltung dieser Regeln zu überwachen. Aber die Ausführung sollte er der Privatwirtschaft überlassen."

Noch einmal - man kann es nicht oft genug sagen: Die Regeln bestimmt der Markt. Und Erfolg wird letzlich nur haben, wer diese Regeln beachtet und respektiert. Das gilt auch und gerade für die digitale Zukunft des Fernsehens in Europa.

Podiumsdiskussion

Die Einführung von DAB

Leitung: Prof.Dr.D.Schwarze, Süddeutscher Rundfunk, Stuttgart

Teilnehmer: Ursula Adelt, VPRT
D.Garforth, CBC
Dr.G.Lütteke, Philips Cons.Electronics
Dr.H.Lossau, Staatskanzlei Nordrhein-Westfalen
F.Müller-Römer, DAB-Plattform,
Dr.K.Rupf, BMFT,
Dr.W.Saalfrank, Grundig AG,
H.Stumkat, DBP Telekom Generaldirektion

Prof. Schwarze:
Lassen Sie mich eine kurze Einführung geben. Ich habe diese Moderation gerne übernommen, obwohl ich als Vertreter der ARD gestern einige Seitenhiebe von Seiten der Politik einstecken mußte und keine Gelegenheit hatte, zu diesen Seitenhieben Stellung zu nehmen, was mir heute als Moderator leider ebenfalls verwehrt ist. Ich nehme die mir übertragene Aufgabe trotzdem ernst und werde versuchen, mich neutral zu verhalten. War es Absicht, daß mir am vergangenen Sonntag just die Zeitschrift "Radio World" aus den USA auf den Schreibtisch flatterte, und wußten die Herausgeber gar, daß der Münchner Kreis in diesen Tagen einen Kongreß zum Thema DAB veranstalten wird? Drei Artikel befassen sich mit der Einführung von DAB in den USA, Kanada und Europa. Hierzu zur Einstimmung einige zusammenfassende Worte:

Nicht nur hier in Europa ist die Einführung eines digitalen Hörfunksystems ein aktuelles Thema, auch in den Vereinigten Staaten, in Australien und in Kanada. Wie James Careless, das ist einer der Artikelschreiber, arbeiten in Kanada sowohl die Industrie als auch die Regierung und CBC seit 1990 gemeinschaftlich auf die Einführung von DAB im Jahre 1995 hin. Vorgesehen ist die Einführung, wie wir es heute vormittag gehört haben, in dem seit der WARC diesem Dienste zugewiesenen L-Band im 1,5 Giga-Hertz-Bereich. Lange Zeit hätte es so ausgesehen, so der Artikelschreiber Careless, als ob dieses Ziel nicht erreichbar wäre. Als Problem wurden passende Endgeräte angesehen. Es sei vielen Kanadiern aber klar geworden, daß die zugehörigen Empfangsgeräte nicht einfach südlich der Grenze eingekauft werden können, da die Amerikaner gegenwärtig ja eigene Pläne verfolgten. Diese Situation habe sich aus kanadischer Sicht durch die Öffnung des EUREKA-Projekts für außereuropäische Projektteilnehmer wesentlich verbessert. Namentlich werden die Firmen Delco, Sony, Pioneer und Motorola als potentielle Endgerätelieferanten in diesem Artikel genannt. Sprecher der Arbeitsgruppe zur Einführung von DAB in Kanada werden von James Careless dahingehend zitiert, daß die Erwartungshaltung in Bezug auf das DAB-Symposium, welches im März 1994 in Toronto stattfindet und von der EBU mit veranstaltet wird, sehr hoch sei. Zu diesem Zeitpunkt würden nämlich erste Ergebnisse der Feldversuche, aber auch erste konkrete Einzelheiten zu den US-amerikanischen, sog. Inband-Systemen, vorliegen.

In den Vereinigten Staaten werden derzeit verschiedene Systeme diskutiert, die die Einführung eines digitalen Hörfunksystems nicht in zusatzlichen Frequenzbereichen - wie in Europa und Kanada geplant - sondern vielmehr "inband", d.h. innerhalb des derzeitigen UKW-Bandes, vorsehen. Diese Vorschläge rühren von einer anderen Struktur der UKW-Stationen als in Europa her. In den Staaten gibt es lediglich relativ kleine Einzelsendeanstalten - keine flächendeckenden Programmketten wie z.B. in Europa - sowohl bei den öffentlich-rechtlichen Anstalten als auch bei den privaten Anstalten. Politisches Ziel der amerikanischen Anbieter ist es, den Status Quo der Sendelizenzerteilung auch für zukünftige digitale Ton-Rundfunksysteme zu zementieren und es den Rundfunkanstalten zu überlassen, ob und wann sie Digital-Radio einführen wollen. Also eine völlig andere Politik.

Zur Diskussion stehen im wesentlichen zwei Verfahren: Die angedachten, zum jetzigen Zeitpunkt keineswegs entwickelten Eyebook-Inband-On-Channel- und Eyebook-Inband-Ajacent-Channel-Systeme arbeiten innerhalb des UKW-Bandes im Falle von Eyebook im Pegel unterhalb des FM-Trägers auf dessen Frequenz, im Falle von Eyeback unter Ausnutzung der größeren Lücken im US-FM-Kanalraster knapp oberhalb oder unterhalb der FM-Mutterfrequenz. Alle diesbezüglichen Verfahren werden derzeit von der Electronic Industries Association und dem National Radio Systems Committee auf ihre technischen Eingenschaften hin geprüft, es ist also alles offen. Randy Sukov schreibt in der zuvor zitierten aktuellen Ausgabe der Radio World, daß die Fortschritte, die bei Eyebook gemacht werden, ermutigend seien. Sie benötigen jedoch viel mehr Zeit als erwartet. Nigel Jaent, Leiter der Signalverarbeitung von AT&T Labs. wird zitiert, daß seiner Meinung nach, wenn mit DAB vergleichbare Ergebnisse mit Inband erzielt werden können, die Entscheidung zugunsten des Inband-Systems fallen würde. Der Sprecher der US-Digital and Vice-President of Engineering Ferjenet Radio sieht diesen Vergleich als unfair an. Nun kommen wir wieder zu DAB EUREKA 147 zurück: Er argumentiert nämlich, daß ein neues System in einem neuen Band, bei dem weder Rücksicht auf Leistung, Frequenzzuweisung oder irgend etwas anderes genommen werden muß, nicht vergleichbar sein kann mit etwas, das in eine bestehende Infrastruktur eingepaßt werden muß. Dies macht hellhörig. Ich will dies hier jetzt nicht weiter ausführen, frage aber, da auch in dieser gleichen Zeitschrift Radio World Frau Adelt zitiert worden ist, indem sie auf der IFA in einem Interview gesagt hat: "DAB EUREKA 147 ist tot." Was sagen Sie heute dazu, ist dies nach wie vor Ihre Meinung, oder können wir dieses ganz schnell und sofort abhaken?

Ursula Adelt:

Ich habe in Berlin gesagt, DAB ist tot. Ich habe dies in einer "Wenn-Dann-Beziehung" gesagt, und das ist ganz wichtig. Vor dem Hintergrund dieser "Wenn-Dann-Beziehung" ließe sich diese Aussage sicherlich auch heute noch als richtig aufrecht erhalten. Ich kann diese Aussage noch einmal konkret wiederholen: Wenn nicht in absehbarer Zeit und mit allen zur Verfügung stehenden Kräften die frequenztechnischen, wirtschaftlichen, gerätetechnischen und ordnungspolitischen Rahmenbedingungen für eine Einführung von DAB in befriedigender, d.h. konsenzfähiger und marktträchtiger Weise geklärt werden, dann ist auch ein Einführungszeitpunkt 1997 völlig unrealistisch. Und dann ist DAB, so wie wir es heute verstehen, tot. Spezifizierte technische Normen haben heute, und das wissen wir ja sehr gut aus anderen Erfahrungen, nur noch einen relativ kurzen Lebenszyklus. Parallel zu den spezifizierten Normen wird aktiv an anderen, an neuen und an Weiterentwicklungen gearbeitet. Wir haben es im Rahmen dieses Kongresses mehrfach gehört: "Software drives Hardware". In diesem Zusammenhang wird gerade der private Hörfunk sehr häufig nach seiner Position, nach seinem Engagement zu DAB befragt. Wir sind sicher, daß der Erfolg der Einführung von DAB in ganz entscheidender Weise vom Engagement auch und besonders des privaten Hörfunks abhängen wird. Privater Hörfunk heißt aber auch Unternehmen Hörfunk, und als Wirtschaftsunternehmen muß der private Hörfunk weitestgehende Planungssicherheit haben, bevor er in die neue Technik DAB maßgeblich investiert. Wir, der private Hörfunk, brauchen eine Vielzahl von definitiven Antworten auf die Vielzahl der offenen Fragen. Herr Dr. Saalfrank hat heute morgen in sehr dankenswerter Weise diese Vielzahl der offenen Zustände - wie ich es mal bezeichnen will - uns allen hier demonstriert. Auf der Basis von solch weitestgehend definitiven Antworten kann das private Hörfunkunternehmen Kosten-Nutzen-Kalkulationen vornehmen, die für die Investitionsentscheidung in DAB notwendig sind, weil dann erst die Gesellschafter diese Investitionsentscheidungen mittragen und das Unternehmen diese Investitionen auch begründen und verantworten kann. Privater Hörfunk finanziert sich zudem aus dem Markt und privater Hörfunk muß deshalb alle Investitionen, die in DAB getätigt werden, auch aus diesem Markt wieder refinanzieren können. Auch das sollte immer bedacht werden. Grundsätzlich steht der private Hörfunk DAB nicht negativ gegenüber, aber wir bitten dringend um verbindliche Klärung der Rahmenbedingungen unter denen wir, der private Hörfunk, DAB mittragen können. Wenn das nicht in time gelingt, dann, so denken wir, ist DAB tot.

Prof. Schwarze:
Ich möchte mich zunächst ganz herzlich bedanken. Sie haben eine Menge Aspekte zu dem hinzugefügt, was wir heute vormittag gehört haben. Da kann ich nur sagen, daß auch der öffentlich-rechtliche Rundfunk, wenn das so ist, wie Sie es eben beschrieben haben, sich sicher auch in diesem Boot befinden würde, denn wir handeln natürlich auch im Sinne der Gebührenzahler, d.h. unserer Zuhörer. Ich habe aber Ihre Antwort dahingehend verstanden, nur unter bestimmten Randbedingungen ist DAB EUREKA 147 tot. Wenn alle Klärungen erfolgt sind, ist EUREKA 147 ein sehr lebendiges System, mit dem wir gut arbeiten können. Ich möchte mich genau für diese Antwort bedanken, weil ich nämlich fürchte, daß das, was in der Radio World steht, übermorgen dann in anderen Zeitungen steht. Vielleicht haben wir das gerade ausgeräumt.

Lassen sie mich jetzt versuchen, das zu strukturieren. Wenn es darum geht, daß wir DAB einführen wollen, haben wir drei Abschnitte. Der <u>erste Abschnitt</u> ist: Haben wir das Programmsignal vom Mikrophon bis zum Interface am Ausgang eines Funkhauses - ganz allgemein gesprochen? Hier müssen wir die digitale Seite vom Mikrophon über einen AD-Wandler bis hin zum Interface realisiert haben. Lassen sie mich hierzu als Rundfunkmann sagen, daß in allen öffentlich-rechtlichen Rundfunkanstalten die Vorbereitungen dafür getroffen werden, daß wir aus den jetzt bestehenden digitalen Inseln, die wir z.B. für die Aufnahmeseite in Pop- und U-Musik-Studios, für die Symphonie-Musik, z.T. für das Hörspiel haben, eine Verbindung über eine Schnittstelle, die wir als die Sendeabwicklung-Continuity bezeichnen, schaffen. Die Verbindungen werden ebenfalls in Digitaltechnik ausgeführt, so daß wir nicht ständig AD und DA wandeln müssen. Von dort aus geht es über einen Schaltraum, der mir aber nicht das Wichtigste zu sein scheint, auf dieses Interface und damit auf eine Leitung und auf ein Ausstrahlungssystem, damit das digitale Signal auch wirklich zum Hörer hingebracht wird- das wäre der zweite Abschnitt. Der dritte Abschnitt ist das Endgerat, und ich möchte gerne, daß wir über den zweiten und den dritten Abschnitt miteinander reden.

Ich darf also als erstes den Sprecher der Staatskanzlei Nordrhein-Westfalen in medientechnischen Fragen, Herrn Dr. Lossau bitten, daß er den Beschluß der Ministerpräsidenten der Bundesländer der BRD vom Frühjahr, in dem ein Rahmen für die Einführung von DAB gezogen wurde, freundlicherweise mit wenigen Worten zu erklären versucht.

Dr. Lossau:
Diese Rahmenbedingungen, die Sie ansprechen, sind ja in der Bundesrepublik Deutschland nichts Neues. Rundfunkpolitik ist Ordnungspolitik, insofern haben wir in einem föderalen Staat mit der Zuständigkeit der Länder natürlich auch bestimmte Kompetenzen bei den Ministerpräsidenten angesiedelt, die sie natürlich auch in diesem Punkte wahrnehmen. Ich möchte aber von mir aus gleich einige Fragen beantworten. Es ist schon so, daß Technik bisher doch immer auch als Gestaltungsaufgabe gesehen wurde, daß Technik eine dienende Funktion hat. Technik, die sozusagen als Steuerungsfunktion nach dem Motto propagiert wird , das Rundfunksystem verandert sich generell durch die Einführung von Technik, hat bestimmte Probleme. Wir haben bei dieser föderalen Rundfunkstruktur gesehen, daß wir eine nationale Aufgabe wahrzunehmen haben. Als etwa im Dezember vor einem Jahr die Ingenieure aus den Rundfunkanstalten an die Länder herangetreten sind, haben die Ministerpräsidenten schon ein Vierteljahr später einen grundsätzlichen Beschluß gefaßt, insofern auch in diesem Punkt sehr schnell eine Leitentscheidung getroffen. Was steht da drin? Natürlich hat die Medienpolitik auch eine bestimmte Schutzfunktion wahrzunehmen im Hinblick nicht nur auf ihr Rundfunksystem sondern auch stellvertretend für den Hörer. Als damals gesagt wurde, daß hier das UKW-Band durch eine Parkposition im Frequenzband III abgelöst werden soll, war erkennbar, daß hier dieses so einfach nicht zu lösen sein wird. Das hieß doch im Klartext, wir brauchen weitere, zusätzliche Frequenzen, um diese "Park"-Strategie uberhaupt realisieren zu können. Damals war in Ansätzen bereit der Kanal 12, er war aber nicht geräumt. Es ist nun einmal eine originare Aufgabe der Medienpolitik, die Übertragungskanale entsprechend zuzuordnen. Aber es war ja viel schlimmer. Dieser Fernsehkanal 12 ist ja in Betrieb. Ich sage nur als Beispiel, daß SAT 1 in Essen auf Kanal 12 sendet. Hier sind Lizenzen erteilt worden usw. Hier hat die Medienpolitik also frühere Entscheidungen getroffen, die nun bezogen auf eine neue Technik selbstverständlich auch entsprechend angepaßt werden müssen. Was haben die Ministerprasidenten gesagt? Sie haben gesagt, und ich fand das eigentlich sehr weitgehend, daß sie diese technische Innovation, DAB, in Deutschland ausdrücklich begrüßen, daß sie den industriepolitischen Aspekt dieser Technologie

erkennen. Sie sind auch so weit gegangen, daß sie den vorgesehenen Sendernetzumplanungen - ich nenne hier nur Extremfälle wie SAT 1 in Essen und den Sender Kreuzberg des Bayerischen Rundfunks, wo der Kanal 3 genutzt wird, daß sie diesen Sendernetzumplanungen zustimmen und damit den Kanal 12 - und Sie wissen ja, Kanal 3 bzw. 4 ist hier auch noch in der Diskussion - entsprechend für DAB frei halten. Die Ministerpräsidenten haben dies in ihrem Beschluß nicht gesagt, aber es ist implizit festgehalten, da sie ja die Feststellung getroffen haben, daß diese Frequenzen nicht ausreichen, um DAB in Deutschland in einer geordneten Weise einzuführen, daß wir mehr Frequenzen brauchen. Sie haben natürlich implizit damit begrüßt, daß Minister Bötsch auf der Funkausstellung in Berlin ankündigte, das L-Band stünde nun in Teilen auch für DAB zur Verfügung. Die Gestaltungsaufgabe - das muß ich ganz deutlich sagen - bezog sich aber darauf, Rundfunkstrukturen da, wo sie sich gebildet haben, bei öffentlich-rechtlichen Rundfunkanstalten, aber auch bei privaten Veranstaltern unter DAB "abbilden" zu können. Hier lagen die Schwierigkeiten natürlich insbesondere im Bereich der Regional- und der Lokalprogramme. Dieses Räumen der Frequenzen führt dann automatisch zur Frage der Finanzen. Dies ist eben angesprochen worden, denn es ist ja nicht billig, was wir da vorhaben. Wenn dann die Gebührenfrage angesprochen wird, dann will ich das gar nicht weiter diskutieren, aber die Zahlen, die allein für die Frequenzumstellung notwendig sind, sind nun einmal einige Zig-Millionen. Ein Sendernetz, das für DAB aufgebaut werden muß, umfaßt einige Hundert Millionen. Ich bitte um Verständnis, da die Rundfunkgebühr kein Selbstbedienungsladen ist, muß man schon sehr sorgfältig die Rechnung machen und dann die entsprechenden Anträge dort stellen, wo die Entscheidungen zu treffen sind. Ich kann mir durchaus vorstellen, daß das möglich wird. Aber so einfach, wie das hier manchmal diskutiert wird, ist es sicher nicht. Zumal dies ja nur die eine Seite der Veranstalter betrifft. Nun noch einen Satz als Antwort auf die letzte Frage von Ihnen. Sie haben das Eyebook-Verfahren angesprochen. Aus meiner Kenntnis heraus wird dies in Europa keine Anwendung finden, und ich wäre dankbar, wenn wir uns in der Diskussion auf DAB konzentrieren könnten, denn das scheint mir auch wegen der digitalen Komponente, die losgelöst ist von einem analogen Teil, die zukunftsträchtigere Sache zu sein.

Prof. Schwarze:
Das war nun die ordnungspolitische Seite. Wir haben auf der anderen Seite heute vormittag gehört, daß es für die Fertigung eines Endgerätes natürlich wesentlich preiswerter und ökonomischer wäre, wenn man sich auf sehr wenige Frequenzbereiche beschränken könnte. Also sagen wir, daß man nur Band III und L-Band nutzt, oder - und da bewundere ich die Kanadier - daß sie sich in diesem großen Land darauf verständigt haben, ausschließlich das L-Band zu nutzen.

Mr. Garforth, would you please be so kind as to make a very short summary on the situation in Canada - we had your presentation, that is correct - but it would be helpful to see your strategies for the introduction for the next years. We heard that you want to introduce that DAB system in 1995, but what is - in its real meaning - an introduction? I believe that introduction has a frame in a time interval and not only on one point.

Mr. Garforth:
You are correct in saying that its just not one point as I indicated in my presentation this morning. We have to deal with the spectrum planning for regulation and the policy aspects. If I could look, perhaps, at the technology aspects which are, perhaps, of more interest to the people attending the conference here. Canada has an interesting digital audio broadcasting not just for the technology but really for the service it can provide. I think, one of the things that I didn't elaborate on in my presentation this morning was the work that had gone on in Canada prior to the World Administer of Radio Conference in 1992. I think that we first saw digital audio broadcasting or heard digital audio broadcasting demonstrated here at European conferences back in the late eighties. The broadcasters in Canada were so impressed by the performance that the system would deliver that we, in fact, put on public demonstrations in Canada to show the kind of performance that digital audio broadcasting could provide. I think it's fair to say it wasn't the engineers in Canada - well the engineers were impressed, certainly - but it was the broadcasters in Canada who were impressed by the performance of the system and we did tests in the UA chap area and at L-band and demonstrations at L-band. Finally, Canada is in fact very strongly in support of L-band as the channel to use or the spectrum to use and it has an impartial approach as far as the technology is concerned. The L-band, in our opinion, will provide the level of quality and the service that our broadcasters need. Having said that we have got to recognize in the United States they don't share that same opinion with us and we are working on that, as I said this morning. We are demonstrating in Mexico and we are taking part in CCIR forums and other meetings such as this to talk about the work that Canada is doing. With regard to a technology I think it is fair to say that we will use the technology that meets our objectives in terms of the performance and in terms of the availability of receivers that we heard this morning and in terms of the costs of implementation in response to the question this morning about the costs that might be incurred. We would be very concerned if there were costs involved in adopting the EUREKA 147 system that wouldn't be incurred if we were to select another system. So, Canada, at the moment, is strongly in favour of L-band but has not chosen the transmission system that will be used over L-band. In the work that we have done, we have had a lot of assistance through the research institutes in Europe. However, we feel that the support outside the institutes has not been as good as it could be. That is recognizing from the tables and the material that was presented this morning that Canada is not a large market for any of the equipment, the transmitting equipment or the receiver equipment in relation to the markets that exist in other countries of the world. However, we feel very strongly that the work that we are doing is having an influence on world opinion and as such, perhaps, deserves more support outside the research institutes than it has got at the moment. There is one other comment I would like to make: In the introductoral remarks reference was made to the Second International Symposium that will be held in Toronto next March. That symposium is being organized jointly by the Canadian Association of Broadcasters, Science Canada, the European Broadcasting Union and the Canadian Broadcasting Corporation. The preliminary programmes will be issued very shortly. Unfortunately they weren't available to bring with me to the congress, but they will be distributed widely very shortly. The intent is not to sell a Canadian position, the intent is to cover all aspects of digital audio broadcasting from the field trials to the being carried out, through the potential implementations - satellite, terrestrial, L-

band, in-band-systems, EUREKA 147 - it also will have a parallel stream dealing with the regulations. All of this is to develop the Canadian thinking in the overall development of digital audio broadcasting.

Prof. Schwarze:
Thank you very much. I shall have a question later on: What is the relation between the NAFTA, beginning next year, what is that and what a feeling do you have in this field? I see some problems. You understand what I mean?

Herr Dr. Rupf vom BMFT ist unter uns. Herr Dr. Rupf, ich wäre Ihnen sehr verbunden, wenn Sie uns in wenigen Worten den forschungsgpolitischen Aspekt verständlich machen könnten.

Dr. Rupf:
Forschungspolitik ist ja immer auch Industriepolitik in dem Sinne, daß wir uns bei der Auswahl von Forschungsschwerpunkten natürlich fragen müssen, wo bekommen wir für unser Geld volkswirtschaftliche Multiplikatoreffekte, d.h. wo haben wir überhaupt Chancen, das Forschungsgeld, das wir investieren, durch entsprechende Markterfolge wieder hereinzuholen. Wenn man sich den Rundfunkbereich ansieht, den Consumer Electronic Bereich, dann wird man feststellen, daß es noch zwei Segmente gibt, in denen Europa auf diesem Sektor stark ist. Das eine ist das Fernsehen, das andere sind die Autoradios. Das war für uns der Ausgangspunkt zu überlegen, ob wir nicht Geld in die Entwicklung einer Innovation im Hörfunk investieren sollten. Die Grenzen dieser Möglichkeiten, die der Forschungsminister hat, liegen auf der Hand. Wir können nur anstoßen, wir können sozusagen Ideen entwickeln, aber wir alle, die ganze Gesellschaft, muß lernen, solche Innovationen nachher auch in die Praxis umzusetzen, in den Markt zu bringen. Das ist ein Prozeß mit hohen Risiken, da besteht gar kein Zweifel. Wir müssen merken, daß wir dafür kämpfen müssen. Es gibt keine Innovation umsonst. Selbst solche Innovationen, die heute ein großer Erfolg sind, wie der digitale Mobilfunk. Hier hat der BMFT, ich darf das in aller Bescheidenheit sagen, in einer frühen Phase wirklich wichtige Geburtshilfedienste geleistet. Wir sind von allen Leuten furchtbar beschimpft worden, die das alle nicht wollten und deren Kreise eine solche neue Idee störte. Er hat sich am Ende durchgesetzt und deshalb habe ich die Hoffnung, daß wir bei DAB vielleicht auch eines Tages erfolgreich sind, wenn wir gemeinsam durch diese Schwierigkeiten durchkommen. Ich kann später dazu noch etwas Generelles sagen.

Prof. Schwarze:
Vielen Dank. Man sollte sich das schon einmal hinter die Ohren schreiben, wo das BMFT überall Geburtshilfe geleistet hat bzw. leistet und dann manchmal bei der Beerdigung zusehen muß und dieses natürlich sehr bedauert. Ich gehe davon aus, daß DAB 147 nicht zur Beerdigung ansteht, sondern wir sind gerade erst dabei, es richtig zu gebären. Herr Müller-Römer, Vorsitzender der DAB-Plattform, nun an Sie: Ich glaube, es ist wichtig, da die Plattform sich ja mit dem Ganzen als System beschäftigt, daß wir etwas erfahren über das Problem der Strategie, die die Plattform verfolgt und wie sie denkt, daß eine Finanzierung möglich wäre. Natürlich gehe ich davon aus, dies wurde auch gestern und heute schon mehrfach erwähnt, daß man zu den berühmten Rundfunkgebühren, deren nächste Erhöhung ja irgendwann hoffentlich ins Haus steht,

0,30 DM einfügt als einen technischen Innovationsbeitrag. Das ist ja nichts Neues, das hat es in ähnlicher Form schon einmal gegeben, als die Frage der Restversorgung im Fernsehen anstand. Wir haben sicherlich andere Verhältnisse in Deutschland im Herzen Europas als wir das an manchen Rändern haben, nämlich, daß wir uns immer bemüht haben, den einzelnen Teilnehmer auch mit Radio- und Fernsehprogrammen zu versorgen, und dieses ergab damals einen Innovationszuschlag von 15 Pfennigen, um die Restversorgung bis hinunter zu 200 Teilnehmern zu realisieren. Deswegen jetzt die Frage an Sie, Herr Müller-Römer: Finanzierung und Strategie. Wir sind immer noch im wesentlichen im mittleren Teil dessen, was ich beschrieben habe, nämlich der "Signalübertragung", dann kommen wir zum Endgeräteteil.

Herr Müller-Römer:
Eine Bemerkung am Anfang zur DAB-Plattform: Über 50 Mitglieder aus Rundfunk, öffentlich-rechtlich wie privat, Industrie, Forschung, Medienbehörden, DBP Telekom, einige ausländische Rundfunkanstalten, die Schweizerische PTT, arbeiten in dieser DAB-Plattform mit dem Ziel zusammen, konzertiert DAB zum Durchbruch zu verhelfen, d.h. alles oder möglichst viel beizutragen, damit DAB bald eingeführt werden kann. Einführen heißt aber, und das klang vorhin schon an, daß man einen freien Frequenzbereich braucht, und dieses ist - das hat Herr Staatssekretär Pfeffermann gestern gesagt - der Kanal 12 mit Teilen von Kanal 3 und von Kanal 4. Die Idee, Kanal 11 oder Kanal 10 mit einzubeziehen, wird auch mitüberlegt. Kanal 12 ist heute belegt von etwa 300 Fernsehsendern, meist kleinerer Leistungsklassen, aber auch von zwei bis drei großen Sendern, neben Essen auch Sonneberg mit großer Leistung, und bevor diese Sender nicht in einen anderen Frequenzbereich verlegt worden sind, kann man DAB nicht starten. Das heißt für die DAB-Plattform, und das ist ganz wichtig, daß wir diese Zeitachse immer sehen mit der Vorlaufzeit, daß schon aus diesem Grunde 1995 gar kein realistischer Starttermin mehr sein kann, weil das Freimachen von Kanal 12 und vielleicht auch des Kanals 3 am Kreuzberg, Fristen von mindestens 2 bis 3 Jahren erfordert. Das heißt, wenn man davon ausgeht, daß man 1997 als Start anpeilt, so müßte man in den nächsten 1 bis 2 Jahren ganz gewaltige Anstrengungen bei den Landesrundfunkanstalten und bei der Deutschen Bundespost Telekom unternehmen, um diesen Frequenzbereich frei zu machen. Nach den der DAB-Plattform vorliegenden Unterlagen haben die Landesrundfunkanstalten der ARD und auch die Deutsche Bundespost Telekom dafür in den nächsten Jahren keine finanziellen Mittel vorgesehen. Das ist genau der Knackpunkt, weshalb die DAB-Plattform auf diesen Punkt immer wieder hinweist und sagt, es muß die Finanzierung sichergestellt und ein Finanzierungsmodell entwickelt werden, denn von sich aus sind die Landesrundfunkanstalten aufgrund der jetzigen finanziellen Situation wohl nicht in der Lage, weder Vorfinanzierungen zu erbringen für die Verlegung dieser kleinen Sender, noch ein DAB Sendernetz aufzubauen. Auch die Telekom sagt, bevor sie keine festen Vertragsabschlüsse mit Programmanbietern hat, geht sie nicht in die Investition. Dies ist verständlich. Jeder hat so seinen eigenen circulus vitiosus. Daher kam die Idee, daß die Kräfte, die aus industriepolitischen Aspekten, z.B. die Bundesregierung und aus rundfunk- und industriepolitischen Aspekten, die Länder, sich zu einer konzertierten Aktion zusammentun, überlegen, vielleicht sogar Anstöße geben und entsprechende Entscheidungen treffen, damit dieses finanzielle Problem gelöst werden kann. Ansonsten, wenn dieses nicht sehr bald geschieht, ist aus der Sicht der Finanzierung und dem Nichts-

Geschehen, DAB auch tot. Wenn weitere 10 Jahre nichts geschieht, dann gibt es bis dahin ein anderes System. Hier stimme ich Frau Adelt völlig zu. Diesen Aspekt wollte ich gerne in dieser Runde noch einmal ansprechen, aus der Sicht der DAB-Plattform. Er ist für mich einer der Hauptpunkte neben der inhaltlichen Frage natürlich. Es müssen auch Anreize geschaffen werden, es müssen neue Programme gesucht werden, es muß auch neue Angebote des Datenrundfunkdienstes geben. Man kann den Teilnehmern nicht nur die heute bereits gesendeten Programme anbieten, das ist wohl zu wenig Anreiz. Auch dies ist eine Auffassung der DAB-Plattform, da stimme ich auch Herrn Dr. Saalfrank zu.

Prof. Schwarze:
Vielen Dank Herr Müller-Römer. Ich komme jetzt zu Ihnen, Herr Stumkat, jedoch ohne das Problem einer Netzträgerschaft zu DAB mit Ihnen zu erörtern, das ist hier keineswegs der Ort es zu tun. Aber wir haben mehrfach das Problem angesprochen - was ja nicht nur in Europa ein Problem ist - nämlich Kanal 3, Kanal 4, Kanal 12, L-Band. Es gibt sogar Leute, die sagen, man kann ja auch mal überlegen, ob das S-Band nicht noch frei ist. Das wäre dann noch schlimmer. Die wichtige Frage, die sich damit verbindet, ist doch wohl, wieviel Blöcke werden benötigt, um das, was Herr Dr. Lossau uns aus dem Beschluß der Ministerpräsidenten vorgetragen hat, nun hinreichend abzubilden. Ich komme damit wieder zurück auf das Problem einer Einführungsstrategie. Wenn sie eine ist, die auf einen ganz bestimmten Tag abgestellt ist, dann muß alles stimmen, dann werden wir viele Dinge nicht tun, dann bin auch ich der Meinung, dann sollten wir das Gespräch sofort sein lassen. Es wird also über eine bestimmte Entwicklung hinweg passieren müssen. Aber wie könnten Sie sich das als Frequenzplaner vorstellen, Kanal 3, 4, 12, L und S?

Herr Stumkat:
Zunächst einmal ist ja durch die Überlegungen der Telekom das L-Band stärker ins Gespräch gekommen. Der Grund ist einfach der, daß man feststellen muß, daß wir trotz eines ausgebauten UKW-Bandes immer noch Veranstalter haben, die ausgeschlossen sind. Wir haben Veranstalter auf UKW, die sicher in einem größeren Versorgungsgebiet gehört werden möchten, als sie es derzeit sind. Das heißt, wir haben trotz aller Frequenzzuwachse, beispielsweise den Bereich von 104 bis 108 MHz, immer noch einen Mangel. Es gibt immer noch Veranstalter, die froh wären, wenn wir mehr UKW-Frequenzen hätten. Eine Kapazitätserweiterung für den Rundfunk ist derzeit in nennenswerter Menge nur durch das L-Band möglich. Das sind 40 MHz, also rund das doppelte des UKW-Bereichs. Die einzig nennenswerte Erweiterung ist nur dort möglich. Der Kanal 12 ist eine Lösung, die uns hilft, schnell in Gang zu kommen, weil das L-Band ja offiziell erst im Jahre 2007 zur Verfügung steht. Es ist also eine gute Losung, auch den Kanal 12 in Betracht zu ziehen, aber eine wirklich tragende Lösung, die auch global zum Tragen kommen wird, ist nur das L-Band. Deswegen haben wir sehr darauf gedrängt, daß man sich damit beschäftigt. Unsere vorläufigen Studien - Herr Dr. Lossau hat sie angesprochen - wie man die UKW-Landschaft abbildet, haben auch ergeben, daß man das mit den Kanälen 3 und 4 und mit dem Kanal 12 nicht bewerkstelligen kann, ganz abgesehen davon, ob das zweckmäßig ist. Aber es gibt die politische Forderung, dies einmal zu versuchen oder zumindest diese Möglichkeit nicht aus dem Auge zu verlieren, die müssen wir erfüllen. Das ist mit Kanal 12 und den Frequenzen auf Band 1 nicht möglich. Das heißt, es ist eine Notwendigkeit und sie ist eben durch die UIT schon von

vorneherein festgelegt worden. Es gibt eine Eintragung, die besagt: "Digitalen Hörfunk, Satellit und/oder terrestrisch ab 2007". Das ist ein weltweiter Bereich, bis auf die USA, die sich aus verschiedenen internen Gründen noch dagegen gesperrt haben. Es ist tatsächlich nur die Frage, importieren wir es aus anderen Ländern oder führen wir es selbst ein. Ein weiterer Gesichtspunkt ist, daß immer noch eine Nachfrage nach Hörfunkverbreitungsmöglichkeiten im klassischen Sinne besteht, d.h. in dem Sinne, daß man mit Portable und fahrbaren Geräten überall UKW empfangen kann. Der Satellit ist im klassischen Sinne keine Kapazitätserweiterung, die den Hörer interessiert.

Ich könnte etwas zu den Tätigkeiten sagen, die notwendig sind. In erster Linie müssen wir eine sogenannte politische Frequenzplanung machen, d.h. den Sorgen der berechtigten Länder gerecht werden. Man sollte pragmatisch vorgehen und mit möglichst geringen Kosten Sendekapazitäten bereitstellen. Geringe Kosten heißt in Ballungsgebieten, mit wenig Sendern große Menschenmengen erreichen und möglichst viele Programme auflegen. Das geht eben nur im L-Band. Als Netzbetreiber beschäftigen wir uns natürlich schon vorbereitend damit, daß man die Sendetechnik im L-Band anders ausbilden muß. Wir können uns bei relativ vielen Füllsendern gar keine Modulationsleitungen, die dann irgendwie in den Boden gelegt werden, von der Post leisten. Das müssen Funkanbindungen werden, die sich alleine auf das Sendernetz abstützen. Wir sind dabei, einen Multiplexer hardwaremäßig zu entwickeln, der neue Angebote, nicht nur Hörfunk sondern auch andere Angebote ermöglicht. Wir sind auch dabei, mit einigen Medienanstalten großräumige Versuche abzusprechen, in Berlin und in Dresden, wo tatsächlich ein größerer Bevölkerungskreis erreicht werden kann. Zunächst einmal nur mit verschenkten Empfängern, um die Multiplikatoren zu erreichen. Aber immerhin, es kann mit Unterstützung von Medienanstalten, die ja für technische Förderung Mittel haben, beginnen, auch ohne daß zunächst einmal die Rundfunkgebühr erhöht werden muß.

Prof. Schwarze:
Vielen Dank. Ich will natürlich hier gar nicht darauf eingehen, auf welche Art und Weise Medienanstalten ihr Geld, das ja teilweise aus der Rundfunkgebühr stammt, nunmehr verwenden. Aber ich muß bei Herrn Stumkat noch einmal rückfragen, weil ich der Meinung bin, daß dieses auch verträglich ist mit dem, was heute vormittag gesagt worden ist, daß man nämlich eine Penetration-Phase hat, wie bei allen Innovationen, die ganz langsam anläuft und dann nach etwa 5 bis 10 Jahren einen steilen Anstieg hat. Schwarz-Weiß-Fernsehen, Farbfernsehen, Teletext, Rundfunkstereophonie, alle diese Dinge, die erfolgreich waren, hatten eine ganz lange Anfangsphase und gingen dann steil hoch. Herr Stumkat, können Sie sich vorstellen, da Sie das Jahr 2007 genannt haben, daß man in der Zeit bis zum Jahr 2007, wo man das L-Band in Gänze nutzen kann, in Kanal 12, 3 und 4 einsteigt, aber von vorneherein sagt, wir steigen im Jahre 2007 auf das L-Band um und sind uns völlig darüber im Klaren, daß UKW-FM bestehen bleibt. Können Sie mir darauf eine Antwort geben?

Herr Stumkat:
Ich würde erst einmal sagen, daß wir wahrscheinlich sofort ins L-Band einsteigen müssen. Unsere Überlegungen im Kanal 12, die wir gemeinschaftlich gemacht haben, haben ja gezeigt, daß wir wahrscheinlich nicht einmal in Deutschland überall den Kanal 12

werden einsetzen können, d.h. es entstehen Lücken. Im L-Band steigen wir in den Versuch und in einigen Gebieten von vorneherein in das L-Band ein. Wir machen nichts anderes. Das heißt, wir steigen nicht erst im Jahre 2007 ein, sondern sofort. Das Bundespostministerium ist ja auch bereit, hier entsprechende Koordinierung und unterstützende Gespräche zu leisten.

Prof. Schwarze:
Herr Müller-Römer wollte darauf direkt eingehen.

Herr Müller-Römer:
Nur eine Frage: In welchem Zusammenhang steht denn diese Aussage - mit dem L-Band direkt zu beginnen und Kanal 12 gar nicht zu nutzen - mit dem heute morgen zitierten Beschluß der CPT, Kanal 12 möglichst europaweit einzuführen?

Herr Stumkat:
Ich habe nicht gesagt, mit Kanal 12 nicht anfangen, aber er reicht nicht aus. Um die Lücken bei der internationalen Koordinierung zu füllen, wenn man in einem Gebiet überhaupt DAB-Programme haben will, wird sich herausstellen, daß man gar keinen Kanal 12 hat. Zum zweiten ist das Programmangebot, das wir im Kanal 12 leisten können, maximal ein Block in einem Landesgebiet, und ich meine, das ist vielleicht etwas wenig.

Prof. Schwarze:
Ich bin auch der Meinung, daß das schon sehr dünn ist, wenn man das nur auf Kanal 12 macht. Ich glaube jedenfalls, daß man 3, 4 und 12 und bitte L-Band, braucht, und ich bin dem Bundespostminister wirklich dankbar, daß er sich nun durchgerungen hat, für DAB einen Teil davon zur Verfügung zu stellen. Mein Problem ist im Grunde nur, den Herstellern von Geräten, von den Endgeräten, zu helfen, auch wenn es das Jahr 2007 ist, was mir natürlich erstaunlich lang erscheint, aber man rechnet ja auch in anderen Dimensionen. Daß man sich auf etwas einschießt und sagt, dieses ist unser Ziel, denn man soll, bevor man weggeht eigentlich wissen, wo man hin will, und dieses wäre ein Ziel, dort hin zu gehen, und zu sagen, ich mache dies alles im L-Band.

Herr Dr. Lossau hatte sich gemeldet.

Dr. Lossau:
Noch kurz ein paar Worte zu Herrn Stumkat. Wer ein bißchen von Ökonomie und Industriepolitik versteht, der weiß Begriffe wie Planungs- und Investitionssicherheit zu schätzen. Dies steht ja auch hinter dem Beschluß der Ministerpräsidenten, die im Grunde eine Aussage haben wollten, von verschiedenen Seiten, die nun hier als Akteure auftreten, "wann könnt Ihr denn das oder das leisten?" Es geht nicht nur um Endgeräte. Hier geht es auch um Frequenzen. Das ist doch zur Zeit der große Engpaß. Es steht in dem Beschluß z.B. nicht drin, wann DAB eingeführt wird. Wenn bestimmte Rahmenbedingungen erfüllt werden, dann kann das morgen eingeführt werden. Aber es steht auch drin, daß wir uns hier auf bestimmte Dinge verständigen müssen. Und ich sage es noch einmal: Ich hätte Probleme. Ich habe eben noch einmal in den Bericht gesehen, den wir damals vom BMPT bekommen haben. Da steht etwas drin zwischen 65 und 68 Mio DM alleine für das Räumen eines Sendernetzes Kanal

12. Da hätte ich Probleme, wenn wir das jetzt sozusagen erst einmal in Gang setzen und dann machen wir in 3 bis 4 Jahren die Kehrtwendung. Das würde sicher nicht der Investitions- und Planungssicherheit dienen. Wir müssen es schon jetzt schaffen, die Strukturen so zu beschreiben, daß sie auch für einen längerfristigen Zeitraum verläßlich sind. Dazu gehört die Frequenzfrage, dazu gehört aber auch der ordnungspolitische Rahmen. Wir sind im Einstieg in ein digitales Zeitalter und DAB kommt nun zufällig als Erstes, und da wird man sich über vieles bei diesen Themen sicherlich schnell verständigen können, bei manchen vielleicht später, und wir werden wohl realistischerweise über einen Stufenplan reden müssen. Denn es wird wohl niemand erwarten, daß DAB sofort in Gänze eingeführt werden kann. Ich betone noch einmal: Ich sehe jetzt, wo so viele Beiträge vorliegen - in einer Startphase sind wir noch nicht - und aus der verschiedenen Sicht von Endgeräten bis hin zur Übertragungstechnik und zur Finanzierung etwas gesagt werden kann, dies als eine Managementaufgabe an. Diese muß jetzt eine Organisation in die Hand nehmen und zu Ende bringen. Es darf nicht sein, daß viele Akteure spielen und nicht einmal einen Netzplan nach dem Motto "wer hat denn nun wann eine bestimmte Entscheidung zu treffen", haben. Wenn diese Aufgabe erfüllt wird, werden wir DAB in der Bundesrepublik einführen, wenn nicht, muß ich leider Frau Adelt Recht geben.

Prof. Schwarze:
Vielen Dank. Dies war eine ernsthafte Mahnung an diejenigen, die Verantwortung tragen. Ich bin hier nur der Moderator. Sonst hätte ich schon eine Meinung dazu. Wenn Sie mit mir einig sind, möchte ich jetzt zu dem dritten Abschnitt, den Endgeräten, kommen. Es ist immer die Philosophie des Rundfunks in Mitteleuropa gewesen, daß man dem einzelnen Teilnehmer preiswerte Geräte auf den Tisch stellen will und sagt, die große Investition machen wir auf der Senderseite, denn dort erfolgt sie nur einmal, aber der Teilnehmer mit den Endgeräten soll nicht das große Geld bezahlen müssen. Wenn ich daran denke, daß man z.B. für einen HDTV-Empfänger DM 40.000 bezahlen muß, dann muß ich sagen, da ist irgendwo der Wurm drin. Dies kann natürlich nicht der Preis sein, der sich nach einem Einpendeln ergeben hat. Aber ich bin schon der Meinung, daß das Verfahren EUREKA 147 ermöglicht, daß ein preiswerter Empfänger hergestellt werden könnte. Überrascht hat mich in dem Vortrag von Herrn Dr. Saalfrank, daß es eigentlich nur um 25% der Geräte geht, die wir in Deutschland auf dem Markt haben, wenn wir Standgeräte, Mobile-Geräte, Autoradios und alles was dazugehört zusammenrechnen. Sagen Sie uns, wie ist in Anlehnung an das, was Sie heute vormittag gesagt haben, Ihre Einführungsstrategie für den Endgerätebereich?

Dr. Saalfrank:
Ich sagte heute morgen, daß die Hörerschaft sich aufteilt entsprechend den Prozentzahlen, die ich angegeben hatte. Ca. 25% hört mit dem Autoradio, d.h. DAB war bislang abgezielt auf diesen Kundenkreis: Einführung bei den Leuten, die bislang schlechten Empfang haben. Das war das ursprüngliche Ziel. Wir sollten jetzt nicht unser Ziel irgendwo in den Sternen sehen, sondern ganz pragmatisch anfangen. Fangen wir mit dem Autoradio an. Das ist ein Markt von 6,5 Milliarden pro Jahr, nur Autoradio in Europa. Ich glaube, das sollte reichen, um den Schritt zu wagen, DAB-Autoradios herzustellen.

Prof. Schwarze:
Jetzt haben wir noch die andere Seite. Herr Dr. Lütteke muß dazu natürlich auch etwas sagen dürfen. Das war jetzt die Firma Grundig und jetzt kommt die Firma Philips.

Dr. Lütteke:
Ich möchte dazu ergänzend noch etwas sagen. Es soll natürlich nicht beim Autoradio bleiben. Sondern es ist schon eine Strategie vorgesehen, daß nach dem Autoradio der Heimempfänger und danach das portable Gerät kommen soll. Das hat natürlich durchaus sowohl marktbezogene wie technologische Hintergründe. Wir haben heute morgen von Herrn Westra gehört, daß man in der Anfangsphase durchaus noch nicht in der Lage ist, die ICs in der Größe und zu den Kosten zu machen, wie es für ein kleines Massenprodukt, wie es im englischen Text heißt, "handheld radio" möglich ist. Da müssen wir einfach in der Anfangsphase Kompromisse machen, und der beste Kompromiß dafür ist jetzt, auch vom technologischen her gesehen, das Autoradio, weil es a) in einer Preisklasse ist, die etwas höher liegt, wo man sich technologische Innovationskosten in der Anfangsphase leisten kann und wo es auch möglicherweise keine Probleme mit der Größe gibt. Insofern ist die Strategie Autoradio, Heimempfänger und später dann billiges, einfaches, portables Gerät von der Industrieseite für DAB-Endgeräte so vorgesehen.

Prof. Schwarze:
Vielen Dank Herr Dr. Lütteke. Frau Adelt, Sie vertreten den Verband der privaten Hörfunkveranstalter in Deutschland. Wir haben den Einstieg in die Diskussion damit gefunden, daß wir uns darüber einig waren, daß bei den bestehenden Randbedingungen DAB EUREKA 147 das System ist, das auch Sie sich wünschen. Da gibt es aber das Problem des Endgerätes, nämlich des Receivers. Was wünschen Sie sich für Empfangsmöglichkeiten, wo ist Ihr Kundenkreis, wie müssen solche Geräte vom Preis her beschaffen sein, was erwartet Ihr Hörer, der in erster Linie durch ganz bestimmte Fragmentierung (formate radios) bestimmt ist, was erwartet der eigentlich von Ihnen?

Frau Adelt:
Jetzt haben Sie eine ganze Menge Fragen gestellt, zu denen man sehr lange referieren könnte. Wir haben schon einmal darüber gesprochen, daß es noch keine Akzeptanzforschung gibt. Herr Dr. Saalfrank hat heute einmal gesagt, man könnte die Leute, die später einmal DAB-Geräte kaufen, jetzt noch gar nicht befragen. Denn diese Generation wäre ja jetzt noch im Windelalter bzw. einfach noch zu jung. Wir glauben das eigentlich nicht. Wir fordern schon sehr lange Akzeptanz- und Marktuntersuchungen zur Frage, was denn der Hörer eigentlich will. Wir wissen aber auf der anderen Seite sehr genau, was der private Hörfunk will. Wir vertreten nicht nur Hörfunk, wir vertreten auch Fernsehen, und wir haben die gleiche Diskussion im Grunde auch in der Entwicklung des digitalen Fernsehens. Der private Hörfunk hat ein sehr großes Interesse: Er will mit einer möglichst guten Empfangsqualität bei möglichst vielen Hörern mit seinem Programm, so wie es heute konfiguriert ist, ankommen. Wir müssen dazu sagen, daß das UKW-System, das wir heute haben, nicht so schlecht ist. Es ist im Grunde ein leistungsfähiges System und in diesem Bereich werden sehr viele Bedürfnisse des privaten Hörfunks, wie er sie heute hat, mit einem reinen Hörfunksignal, auch sehr gut befriedigt. Wenn wir dann hören, daß wir mit der DAB-Entwicklung mit

Autoradios anfangen, dann ist das für uns natürlich etwas knapp. Wir haben auch sehr früh gefordert, daß man ganz früh sicherstellen soll, daß das DAB-Signal in einer guten und störungsfreien Qualität auch durch die Kabelnetze und durch die Hausverteilnetze kommt, weil wir glauben, daß es hier einen ganz großen und sehr interessanten Markt an Radiohörern und an Radioempfangsgeräten gibt. Es ist ganz wichtig, hier ganz früh Problemlösungen anzudenken, denn hier wird nachher der Engpaß sein, in der Reichweitenentwicklung. Im Endeffekt denke ich, hat auch der öffentlich-rechtliche Hörfunk hier die gleichen Interessen, denn der Hörer ist unser Leben und die Hörerreichweite ist unser Leben. Erstens fragen wir ihn, was er haben will und zweitens stellen wir doch sicher, daß wir mit DAB auch ganz viele von ihnen erreichen.

Prof. Schwarze:
Herr Stumkat, hier ist eine Frage mit verbunden gewesen, die mir schon die ganze Zeit auf der Zunge lag: Wenn es sich nur um den Sektor "mobile reception" in Form von Autoradio handelt und dies die berühmten 25% sind, obwohl es 6 Milliarden Mark auf dem europäischen Kontinent sind, aber auch das Interesse besteht, dieses z.B. über Kabel in die Haushalte hineinzubringen. Würde dieses funktionieren, wäre denn im Kabel noch etwas frei? Nachdem ich die Datenkompression und die Datenreduktion im Fernsehen gestern und heute ja auch mitbekommen habe, müßte es im Prinzip möglich sein.

Herr Stumkat:
Wir sind leider eine so große Behörde, daß ich nicht der Zuständige dafür bin. Aber ich meine, wir hätten da so einen gewissen Reservepool namens Hyperband. Ich würde den Postkollegen bitten, mir zu widersprechen, aber ich glaube, dieses Feld ist sozusagen noch nicht endgültig entschieden, was da alles im Einzelnen drauf laufen wird, angefangen von HD-MAC bis hin zu PAL. Ich meine aber, daß das DAB-Signal relativ schmalbandig, relativ robust ist, daß es also sehr wohl noch unterzubringen wäre.

Prof. Schwarze:
Sind wir beide uns darin einig, daß Sie Ihren Generaldirektor bitten, daß er seine schützende Hand wenigstens über einen Bereich hält, damit man das auch in die einzelnen Häuser und Wohnungen hineinbringen kann. Nun aber zu den Endgeräteherstellern selbst. Das hat mich ja heute vormittag ein wenig verwirrt als ich hörte, es geht eigentlich bloß um den Sektor der Autoradios. Das kann doch, nachdem was sie hier gehört haben, nicht sein. Wie sehen Sie das, Herr Dr. Saalfrank? Ich habe das heute vormittag so verstanden, daß nur der Sektor für Endgeräte angegangen werden soll, wenn er in Automobile eingebaut wird und nicht das, was eben von Frau Adelt angesprochen wurde. Wir sind daran interessiert, daß die Signale, die wir auch über DAB verbreiten, auch zu Hause ankommen und nicht allein über eine eigene Antenne, sondern auch über ein Kabel. Dazu müßte es stationäre Geräte geben, und meine Frage ist die, ob in Ihrer Planung auch vorgesehen ist, stationäre Endgeräte zu entwickeln und auf den Markt zu bringen.

Dr. Saalfrank:
Ich sagte gerade eben, wir werden beginnen mit der Entwicklung von Autoradios. Ich sage das ganz schwarz-weiß-gemalt. Wenn mich dann

bei uns im Hause Leute vom Hifi-Bereich fragen, ich brauche jetzt auch einen DAB-Empfänger, dann schraube ich an das Autoradio links und rechts eine Mahagoni-Blende hin und verkaufe es als Fine-Arts made by Grundig. Wir werden aber - da muß ich Herrn Dr. Lütteke deutlich widersprechen - nicht Priorität für Heimgeräte setzen, sondern zuerst Autoradio und gleichzeitig Mobilgeräte.

Prof. Schwarze:
Herr Dr. Lütteke, wollen Sie jetzt auch widersprechen, oder erklären Sie sich mit dem, was Ihr Kollege aus Fürth gesagt hat, einverstanden?

Dr. Lütteke:
Ich glaube, ich bin höchstens mißverstanden worden. Natürlich werden auch wir mit Autoradios in erster Priorität anfangen. Wir kooperieren ja auch im EUREKA 147 Projekt. Ich wollte nur sagen, daß es damit nicht zu Ende sein sollte. Herr Dr. Saalfrank hat es ja gerade gesagt - der Schritt vom Autoradio zum Heimempfänger ist kein sehr großer. Es ist eine Frage des Marktes und nicht so sehr eine Frage der Gerätetechnologie. Was wohl wichtig ist, wenn wir Massenprodukte fertigen wollen, dann kann man natürlich nicht mit einem großen Schritt gleich bei dem Produkt sein, das alles kann, das nichts wiegt, das nichts kostet und das nie mehr kaputt geht. Das ist nicht möglich. Dazu brauchen wir schon einige Schritte, um das zu erreichen und deswegen ist es sicherlich auch wichtig, mit dem richtigen Produkt zum richtigen Zeitpunkt zu beginnen. Massenproduktion bedeutet auch, daß erhebliche Investitionen in die Produktion gemacht werden müssen. Das sollte man auch nicht vergessen. Ein Produkt, das in der Vorentwicklung z.B. 1 Mio kostet, wird hinterher in der Produktentwicklung etwa 10 Mio kosten und in der Produktion, wenn die dann danebengeht, 100 Mio. Auch das muß man berücksichtigen.

Prof. Schwarze:
Ich habe jetzt eine ganz konkrete Frage: Wenn 1997 die Einführung erfolgen soll, wobei ich die Einführung mit größeren Netzen meine - was kostet ein Autoradio zu diesem Zeitpunkt? Nehmen wir an, wir hätten keine Inflation und Deflation. Herr Dr. Saalfrank, Sie haben doch sicher Berechnungen angestellt. Haben Sie davon einen Schreck bekommen? Oder ist es eher so, daß es noch realistisch ist? Ich weiß, daß es eine kleine bedeutende deutsche Firma im Südwesten Deutschlands gibt, da bekommt man ein Autoradio eigentlich nicht unter DM 1.600. Das war mir in der Regel immer zu teuer. Aber es gibt ja auch andere Firmen, die das Ganze preiswerter, nämlich etwa zu einem Fünftel, verkaufen. In welchem Rahmen muß ich mir dann einen DAB-Automobilempfänger vorstellen?

Dr. Saalfrank:
Ich bleibe bei dem Preis, den Sie eben genannt haben. Ich kann mir durchaus vorstellen, für DM 1.600 ein Komplettgerät anzubieten. Es wird ja nicht nur DAB sein, sondern es muß von der Mittel-, Kurz-, Langwelle, UKW einschließlich DAB alles anbieten.

Prof. Schwarze:
Vielen Dank, das ist ein Wort. Herr Dr. Lütteke, machen Sie es preiswerter?

Dr. Lütteke:
Selbstverständlich. Es kommt nur auf den Zeitpunkt an.

Prof. Schwarze:
Dann sind wir uns also einig. Nun wissen wir wenigstens ungefähr, was uns der Spaß kostet. Das ist immerhin schon ziemlich viel wert. Ich erinnere mich an RDS, das die öffentlich-rechtlichen Rundfunkanstalten 1949 eingeführt haben, ohne wie die Engländer, die da sehr clever waren, eine PR-Arbeit einsetzen zu lassen, sondern wir haben es so eingeführt, und es hat sehr lange gedauert. Heute ist es dort, glaube ich, so, daß in jedem Autoradio für UKW, FM-RDS eingebaut ist. Wenn Sie sich heute ein Autoradio kaufen, bekommen Sie E-ON, d.h. also networks natürlich sofort automatisch mit. Das heißt also, es gibt die Empfänger, die Sie dann anbieten werden, bereits mit den Zusatzsignalen, die heute verlangt werden, die jeder Autofahrer in seinem Auto auch in Zukunft haben muß. Wir als Süddeutscher Rundfunk engagieren uns da in einem Projekt, das von der Europäischen Kommission gefördert wird, gemeinsam mit der Industrie, um ein Verkehrsmanagementsystem für den Großraum Stuttgart und für Lyon aufzubauen. Es geht also immer darum, wenn man dieses tut, daß man auch die Zusatzsignale mit implementiert in einen solchen Autoradioempfänger.

Herr Müller-Römer:
Die letzten 5 Minuten sind alle mit zwei schönen Lachern recht freundlich verlaufen. Fast so, als ob wir übermorgen diese Geräte kaufen könnten. Ich bin viel zu pragmatisch, um nicht nochmal hartnäckig auf die Fristen zurückzukommen. Wir haben heute vormittag erfahren, daß die Industrie etwa 20 Monate braucht - nach einer verbindlichen Entscheidung über die Einführung von DAB. Ich habe vorhin ausgeführt, daß wir 2 bis 3 Jahre brauchen, um überhaupt Frequenzen zu räumen, und etwa noch einmal den gleichen Zeitraum, was aber auch parallel geschehen kann, um Sendernetze für DAB in diesem Kanal 12 aufzubauen. Das heißt, wenn wir 1997 starten wollen, muß Anfang bis Mitte 1994 die Entscheidung fallen. Das ist ja schon übermorgen. Ich darf die Politiker aufrufen. Da müssen sich eben mal der Bundeskanzler und die Ministerpräsidenten bei einem Kamingespräch zusammensetzen und verabreden, wie das finanziert wird. Es geht nicht darum, daß der Staat bezahlt, sondern über die Rundfunkgebühr als Zuschlag oder irgendwie anders. Wenn dies nicht bald geschieht, ist DAB wirklich nicht mehr zu sehen. Ich fordere alle, die hier im Saal sind auf, dies mit in die Diskussion einzubringen.

Noch eine abschließende Bemerkung: Wir fördern aus 1000 Metern Tiefe jedes Jahr Steinkohle, mit 10 Milliarden bezuschußt. Keiner von uns will Steinkohle verheizen, wir wollen Gas oder Öl, weil das bequemer ist. Hier geht es um etwas, das man im Sinne des Technologiestandortes Deutschland fördern kann - mit einem zweckgebundenen Technologiezuschlag zur Rundfunkgebühr in Höhe von 30 Pfennig pro Hörer und Monat - ich kann nur sagen, das ist für mich überhaupt kein Verhältnis mehr. Dieses muß man in die Öffentlichkeit tragen, wofür hier das richtige Plenum ist.

Prof. Schwarze:
At the beginning of our discussion at this table I had a very short question about the situation in the North American Continent to Mr. Garforth: What will happen with NAFTA? The European Industry and the Canadian Industry are working very close together

and I think it can be very interesting what will happen when NAFTA comes in work. Can you say something about that?

Mr. Garforth:
I am not sure if I can. It is not clear in my mind which impact NAFTA will have on discussions such as this. I think what is, is that the electronic industry association in the United States is committed to carry out a full evaluation of all Digital Audio Broadcasting Systems that are tabled with them before the end of this year. EUREKA 147 will be one of those systems. Certainly, it is fair to say that Canada is watching these developments with a fair amount of interest and we were very pleased to hear that EUREKA 147 was going to take part in that evaluation. Whether or not NAFTA in its entity will influence the outcome of that, is hard to say.

Prof. Schwarze:
Thank you so much. Dr. Saalfrank, Sie möchten noch etwas sagen?

Dr. Saalfrank:
Ich hätte gerne noch eine Bemerkung gemacht zu den Frequenzen. Das ging mir vorhin ein klein wenig zu schnell. Wir reden seit einigen Minuten nur noch von Deutschland und deutschen Problemen, Kanal 3, Kanal 4 und unser L-Band-Problem. Wir brauchen europäische Empfänger, und wir müssen dafür sorgen, daß wir in Europa einheitliche Frequenzen haben und damit einheitliche und preisgünstige Empfänger.

Prof. Schwarze:
Das sollte eigentlich der Übergang sein, weshalb ich noch einmal auf die NAFTA zurückkam. Dies sollten wir auch noch diskutieren, nämlich wie sieht es in ganz Europa aus? Herr Dr. Saalfrank war so freundlich und hat gesagt, wir brauchen eigentlich innerhalb der CEPT ein gemeinsames Konzept, und damit ist dieses Gespräch zu Ende. Lassen Sie mich nun einmal zusammenfassen:

Aus allem was diskutiert worden ist, gibt es ganz bestimmte Prämissen, die zu beachten sind. Aber die wichtigste Forderung - obwohl ich diesen Ausdruck nicht so gerne gebrauche - das Wichtigste ist, eine Entscheidung in den dafür zuständigen Gremien jetzt zu finden und nicht erst in einem Jahr. Denn wenn es in einem oder in zwei Jahren passiert, kann es zu spät sein. Ich bitte daher alle diejenigen, die in solchen Gremien vertreten sind, dieses dort anzuregen, damit es zu einem Spitzengespräch der Ministerpräsidenten der Länder und dem Bundeskanzler kommt und zwar bitte auch mit zwei oder drei oder vier Advisern, die etwas von der Sache verstehen, und die nicht nur Juristen oder Volkswirte sind.

Ich bedanke mich für Ihre Aufmerksamkeit.

Liste der Autoren / Index of Authors

Leonardo C h i a r i g l i o n e
Head, Multimedia and Video Services
CSELT
Via G. Reiss Romoli, 274

I-10148 Torino

Peter F a n n o n
Executive Director
Advanced Television Test Center Inc.
1330 Braddock Place, Suite 200

USA-Alexandria, Virginia

Dr. Aleksander T. F u t r o
Director, Technology Assessment
CableLabs
Cable Television Laboratories, Inc.
1050 Walnut Street, Suite 500

USA-Boulder, Colorado 80302

David L. G a r f o r t h
Director
Transmission & Distribution Dept.
CBC Engineering
Canadian Broadcasting Corporation
7925 Cote Saint Luc Road

CD-Montreal, Quebec H4W 1R5

Jürgen H e i t m a n n
BTS Broadcast Television Systems GmbH
Robert-Bosch-Str. 7

64293 Darmstadt

Dr. Georg K o f l e r
Geschäftsführer
PRO 7 Television GmbH
Bahnhofstr. 28

85767 Unterföhring

Philippe L e v r i e r
TDF Groupe France Telecom
Le Cabinet du Président et
du Directeur Général
21-27, rue Barbes

F-92120 Montrouge Cedex

Dr. Rainer L ü d e r
Siemens AG - HL UE PD1
Balanstr. 73

81541 München

Dr. Pierre M e y r a t
Generaldirektor
Soc. Européenne des Satellites S. A.

L-6815 Château de Betzdorf

Dipl.-Ing. Frank M ü l l e r - R ö m e r
Technischer Direktor
Bayerischer Rundfunk
Rundfunkplatz 1

80335 München

Prof.Dr.-Ing. Hans-Georg M u s m a n n
Inst.für Theoretische Nachrichtentechnik
und Informationsverarbeitung
Universität Hannover
Appelstr. 9 A

30167 Hannover

Gerhard O. P f e f f e r m a n n
Staatssekretär
Bundesministerium für Post
und Telekommunikation
Postfach 80 01

53105 Bonn

Dr.-Ing. Werner S a a l f r a n k
Grundig AG
Kurgartenstr. 37

90762 Fürth

Dr.-Ing. Ralf S c h ä f e r
Heinrich-Hertz-Institut für
Nachrichtentechnik Berlin GmbH
Einsteinufer 37

10587 Berlin

Prof. William F. Schreiber
MIT - Department of Electrical
Engineering and Computer Science
36-545 MIT

USA-Cambridge, Mass. 02139-4307

Prof. Dr.-Ing. Dieter Seitzer
Fraunhofer-Institut für
Integrierte Schaltungen
Am Weichselgarten 3

91058 Erlangen

Dr.-Ing. Ludwig Stenger
Deutsche Bundespost Telekom
FTZ - FI 15
Am Kavalleriesand 3

64295 Darmstadt

Stephen Temple
dti Telecommunications and
Post Division - Department of
Trade and Industry
Room 219, Red Zone
151 Buckingham Palace Road

GB-London SW1 W 9SS

Dr. Dietrich Westerkamp
Deutsche Thomson-Brandt GmbH
Thomson Consumer Electronics
Göttinger Chaussee 76

30453 Hannover

Frans A. Westra
Manager Predevelopment Car Systems
Philips Consumer Electronics
Buiding SFJ-7
P. O. Box 218

NL-5600 MD Eindhoven

Dr. Otto Wiesheu
Bayerischer Staatsminister für
Wirtschaft und Verkehr
Prinzregentenstr. 28

80525 München

Dr.-Ing. Henning Wilkens
Geschäftsführer
Institut für Rundfunktechnik GmbH
Floriansmühlstr. 60

80939 München

Dr. Takehiko Yoshino
Nippon Hoso Kyokai (NHK)
Science and Technical Research Labs.
1-10-11 Kinuta Setagaya-ku

J-Tokyo 157

Dr. Albrecht Ziemer
Technischer Direktor
Zweites Deutsches Fernsehen
Postfach 4040

55100 Mainz

Sitzungsleiter / Session Chairmen

Dipl.-Ing. Frank M ü l l e r - R ö m e r
Technischer Direktor
Bayerischer Rundfunk
Rundfunkplatz 1

80335 München

Volker S t e i n e r
DBP Telekom Generaldirektion
GB MK 32
Postfach 20 00

53105 Bonn

Prof.Dr.-Ing. Ulrich R e i m e r s
Technische Universität Braunschweig
Institut für Nachrichtentechnik
Pockelstr. 14

38106 Braunschweig

Dr. Albrecht Z i e m e r
Technischer Direktor
Zweites Deutsches Fernsehen
Postfach 4040

55100 Mainz

Dr. Klaus R u p f
Ministerialdirigent
Bundesministerium für Forschung
und Technologie
Heinemannstr. 2

53175 Bonn

Teilnehmer an der Podiumsdiskussion / Participants in the Panel Discussion

Ursula A d e l t
Verband Privater Rundfunk und
Telekommunikation / Geschäftsführung
Burgstr. 69

53177 Bonn

Dr. Klaus R u p f
Ministerialdirigent
Bundesministerium für Forschung
und Technologie
Heinemannstr. 2

53175 Bonn

D. L. G a r f o r t h
CBC Engineering
Director of Transmission & Distribution
7925 Cote Saint Luc Road

CD-Montreal, Quebec H4W1T5

Dr.-Ing. Werner S a a l f r a n k
Grundig AG
Kurgartenstr. 37

90762 Fürth

Dr. H. L o s s a u
Staatskanzlei des Landes
Nordrhein-Westfalen
Mannesmannufer 1 a

40213 Düsseldorf

Prof.Dr. Dietrich S c h w a r z e
Technischer Direktor
Süddeutscher Bundfunk
Neckarstr. 230

70190 Stuttgart

Dr. Georg L ü t t e k e
Philips Consumer Electronics
Alexanderstr. 1

20099 Hamburg

Horst S t u m k a t
DBP Telekom Generaldirektion
FB MK 321
Postfach 20 00

53105 Bonn

Dipl.-Ing. Frank M ü l l e r - R ö m e r
Technischer Direktor
Rundfunkplatz 1

80335 München

GPSR Compliance

The European Union's (EU) General Product Safety Regulation (GPSR) is a set of rules that requires consumer products to be safe and our obligations to ensure this.

If you have any concerns about our products, you can contact us on ProductSafety@springernature.com

In case Publisher is established outside the EU, the EU authorized representative is:

Springer Nature Customer Service Center GmbH
Europaplatz 3
69115 Heidelberg, Germany

Batch number: 10683531

Printed by Printforce, the Netherlands